Der Kampf um einen geistigen Lebensinhalt

Neue Grundlegung einer Weltanschauung

von

Rudolf Eucken

Fünfte umgearbeitete Auflage

Berlin und Leipzig 1925

Walter de Gruyter & Co.

vormals G. J. Göschen'sche Verlagshandlung / J. Guttentag, Verlagsbuchhandlung
Georg Reimer / Karl J. Trübner / Veit & Comp.

Druck von Walter de Gruyter & Co., Berlin W. 10

Vorwort zur ersten Auflage.

Die folgenden Darlegungen wissen sich in vollem Gegensatz zu den geistigen Strömungen, die heute äußerlich noch vorherrschen.

Sie müssen abgelehnt werden von dem konventionellen und offiziellen Idealismus. Denn sie behandeln viel zu sehr die Probleme als im Fluß und verlangen viel zu eingreifende Umwandlungen, als daß sie demjenigen gefallen könnten, dem alles fest und fertig dünkt.

Sie müssen ferner abgelehnt werden von dem Naturalismus jeder Färbung. Denn viel zu energisch verfechten sie eine geistige Wirklichkeit jenseits des sinnlichen Daseins, und viel zu entschieden verwerfen sie alle Kompromisse zwischen den in Wahrheit unversöhnlichen Gegensätzen, als daß sie nicht die volle Gegnerschaft jener Richtung auf sich nehmen müßten.

Endlich müssen sie auch abgelehnt werden von der selbstbewußten und selbstgerechten Fachgelehrsamkeit. Wo alles Streben nach Weltanschauung und zusammenhaltender Überzeugung eine leere Utopie dünkt, wo man die Philosophie nur so weit gelten läßt als sie auf alle Prinzipienfragen verzichtet und entweder Geschichte oder Naturwissenschaft wird, da kann sich kein Verständnis finden für ein Streben nach einer inneren Wendung aus dem Großen und Ganzen.

So sind wir auf die Minorität angewiesen und müssen uns besonders in unserer eignen Wissenschaft recht vereinsamt fühlen. Aber das schreckt uns nicht im mindesten. Einmal ist diese Minorität nicht so klein wie sie sich bei der Zerstreuung der Geister ausnimmt, und dann gibt es keine bessere Position als die einer Minorität, welche ein unabweisbares Bedürfnis ist und auch schon den inneren Zug der Zeit für sich hat.

Daß dem heutigen Kulturleben eine alles durchdringende und zusammenhaltende Hauptüberzeugung, ein gemeinsames Ideal fehlt, das kommt immer deutlicher zur Empfindung, zugleich aber auch dieses, daß wir damit einer geistigen Substanz entbehren, ja überhaupt einen Lebensinhalt, der diesen Namen verdient, einzubüßen drohen. So haben wir um ein geistiges Leben überhaupt wie um etwas Neues zu kämpfen. Ist aber ein solches Problem einmal wach geworden, so kann es nicht wieder einschlummern, so läßt es sich auch nicht als eine Nebensache behandeln. Vielmehr wird es die Gemüter immer mächtiger bewegen und immer mehr den Vordergrund des Lebens einnehmen. Die Zeit dürstet nach einem fester begründeten und zugleich größeren Leben, nach mehr Verwandlung der Wirklichkeit in innere Erfahrung der Menschheit; sie bedarf dafür einer größeren Aktivität des Geistes, sie bedarf einer kräftigen Urerzeugung und Neubewährung geistigen Lebens. Und einem solchen Problem sollte die Philosophie ihre Mitarbeit versagen, es als ein minder „exaktes“ von sich schieben!

Will sie aber daran mitarbeiten, so muß sie neben den Spezialuntersuchungen, deren Wert in vollen Ehren veibt, wieder eine Wendung ins Prinzipielle und Ganze vollziehen; so darf sie den Gegensatz des Idealismus und des Naturalismus — die unliebsamen Schlagwörter seien hier der Kürze halber entschuldigt — nicht verschleiern und durch einen matten Synkretismus abschwächen, sondern sie hat sich entschieden für den Idealismus zu erklären, freilich zugleich auch eine neue, wesenhaftere Art des Idealismus zu fordern; so kann sie sich endlich bei der Entfaltung der Geisteswelt nicht mit einer bloßen Schilderung und Zurechtlegung empirischer Art begnügen, sondern sie muß einen überlegenen Standort gegenüber der zerstreuten und fließenden Erfahrung erringen, von hier aus eine Umwandlung der Welt des ersten Eindruckes unternehmen und auch dem Leben neue Kräfte zuführen. Gegenüber der unerträglichen Verworrenheit der gegenwärtigen Lage muß sie auf einer schärferen Scheidung der Geister bestehen; die notwendige Vertiefung des Lebens kann sie nur erreichen durch einen Bruch mit dem nächsten Dasein, durch eine Umkehrung der vorgefundenen Lage. Ohne Wagnis läßt sich dabei nicht auskommen, *numquam periclum sine periclo vincitur.*

In den Dienst dieser Aufgaben stellen sich die folgenden Ausführungen. Ihrer Unvollkommenheit ist sich der Verfasser vollauf bewußt; gern hätte er besseres geboten als hier geboten ist. Aber die Gesinnungsgenossen darf er bitten, der Schwierigkeiten eingedenk zu sein, mit denen ein solches Unternehmen in dem geistigen Dunkel der Gegenwart zu kämpfen hat, und von Herzen würde er sich freuen, wenn die leitenden Ideen, über deren schließlichen Sieg kein Zweifel sein kann, von anderen glücklicher und eindringlicher verfochten würden.

Jena, im Herbst 1895.

Rudolf Eucken

Vorwort zur fünften Auflage.

Ein Blick auf das anfängliche Vorwort zeigt, daß die Fragen im wesentlichen unverändert sind; der Verlauf der Jahrzehnte hat sie eher verschärft als gemildert, sie sind immer dringlicher geworden. Um so wünschenswerter erschien es, in der neuen Auflage die Beziehungen zur Gegenwart kräftiger herauszuarbeiten und eine deutlichere Stellung zu den sie bewegenden Fragen zu nehmen, im besonderen sind hier Religion, Philosophie, gesellschaftliches Leben erheblich eingehender behandelt. Möchte das Buch nach bestem Vermögen sowohl zur Sammlung als zur Scheidung der Geister wirken!

Jena, im Dezember 1924.

Rudolf Eucken

Inhalt.

Einleitung.

Unsere Untersuchung gründet sich auf die Tatsache des Lebens; diese Tatsache voranzustellen und von ihr aus die Gedankenwelt zu entwickeln, das gibt ihrem Streben eine Eigentümlichkeit. Von einer Philosophie des Lebens wird neuerdings viel gesprochen, aber meist erhält der Begriff einen zu engen Sinn, man unterscheidet nicht genügend zwischen zwei Hauptstufen: im menschlichen Bereich zeigt das Leben zwei Arten, es ist sowohl naturgebundenes als selbsttätiges oder vielmehr ein sich zur Selbsttätigkeit aufringendes Leben. Jenes gebundene Leben entbehrt einer Innerlichkeit, es bleibt an die Fläche des Daseins gekettet, ein unermeßliches Gewebe stellt hier Punkt und Punkt nebeneinander, es erreicht aber weder ein Gesamtleben noch ein Beisichselbstsein. Auf der Höhe der Menschheit entsteht aber ein Verlangen nach einem solchen Beisichselbstsein und zugleich nach einem geistigen Lebensinhalt. Daraus erwächst der Philosophie die Aufgabe, diesen Begriff zu erläutern und seine Forderungen zu prüfen. Wir werden sehen, daß hier nach drei Hauptrichtungen ein Kampf zu führen ist.

Ein Kampf ist zunächst darum zu führen, ob beim Menschen das Leben eine Selbständigkeit und eine selbständige Aufgabe gegenüber dem Daseinsleben in Natur und Gesellschaft erreicht; ein Kampf ist weiter darum zu führen, ob jenes Leben die übliche Vagheit zu überwinden und einen ausgeprägten Charakter anzunehmen vermag, der dem Streben deutliche Richtungen gibt; ein Kampf ist endlich darum zu führen, ob jenes Leben fest genug wurzelt, um die unablässigen Zweifel und die ungeheuren Hemmungen drinnen und draußen zu überwinden.

Alle drei Fragen verbinden sich schließlich zu einer Hauptfrage und zu einem Hauptergebnis, das für alle Seiten und Gebiete des Lebens, auch für das Erkenntnisproblem, tiefgehende Folgen hat.

Diese Folgen sollen in einem absteigenden Teil erörtert werden, er soll eine engere Verbindung mit den Fragen der unmittelbaren Gegenwart suchen und erwägen, was die von uns vertretene Überzeugung für die Lösung oder die Förderung dieser Fragen zu leisten vermag; eine möglichst knappe und klare Fassung wird hier zur Hauptpflicht; namentlich die neue Auflage wird hier manches Neue bringen.

Möchten die verschiedenen Stufen und Gebiete sich möglichst zu einer Einheit verbinden und mit der Kraft einer solchen wirken!

I. Aufsteigender Teil.

Die Stufen der Bewegung.

A. Der Kampf um die Selbständigkeit des Geisteslebens.

1. Die Unhaltbarkeit der ersten Lage.

a) Das Hinauswachsen des Menschen über die Natur.

Wer heute nach einem Sinn unseres Daseins und nach einem Ziel unseres Handelns fragt, dem bringt nicht nur eine Hochflut der Zeitmeinung, sondern ein mächtiger Strom der weltgeschichtlichen Arbeit eine entschiedene und siegesgewisse Antwort entgegen. Der Mensch, so heißt es, gehört ganz und gar zur Natur; nicht nur von außen umfängt ihn ihre überlegene Gewalt, auch innerlich beherrscht ihn ihr Zwang, mit sicheren Zügen weist sie ihm den einzigen Weg zu Wahrheit und Glück. Wenn den Menschen ein keckes Unterfangen von dieser Heimat losriß und ihm ein selbständiges Reich geistiger Art vorhielt, so hat es ihn damit ins Irre und Leere geführt; je mehr sich solcher Wahn im Lauf der Zeiten befestigte und unser Denken und Tun durchdrang, desto mehr hat er echtes Leben gehemmt, desto energischer muß ihn ein Gewinn besserer Einsicht bekämpfen und austreiben. Das wird zu einer Hauptaufgabe der Neuzeit und Gegenwart. Ein Wendepunkt der Zeiten scheint gekommen, dessen Rückkehr zu uralter Wahrheit zugleich eine gründliche Erneuerung verspricht; eine erkünstelte und greisenhafte Kultur weiche einer wahren und jugendfrischen. Verzichten wir nur auf die hochmütige Absonderung von den Dingen, und die Berührung mit unserer Mutter Erde wird uns unerschöpfliche Kraft verleihen.

Das sind zunächst nur Meinungen und Stimmungen. Aber hinter diesen Meinungen und Stimmungen steht die Arbeit der Menschheit, steht eine weltgeschichtliche Bewegung. In der Tat hat die Neuzeit den Menschen enger und fruchtbarer der Natur verbunden. Sie hat das getan, indem sie zunächst eine Scheidung vollzog und zugleich der Natur zu ihrem Rechte verhalf. Das Zusammenfließen beider, das ein naiverer Lebensstand enthielt, war durch lange und zähe Gedankenarbeit des Altertums und Mittelalters wissenschaftlich durchgebildet und festgelegt, so daß ein dichtes Netz menschlicher Begriffe die Welt umspannte. Dies Gewebe war aufzulösen, die Natur mußte in ihrer Selbständigkeit anerkannt sein, um ihre Eigentümlichkeit deutlich zu offenbaren. Diese Eigentümlichkeit aber zeigte bald einen weiten Abstand, ja einen schroffen Gegensatz zur menschlichen Art. Wir sahen aus der Natur alle seelischen Größen durch seelenlose Massen und Bewegungen vertrieben, alle Gesamtgebilde in kleine und kleinste Elemente aufgelöst, alles Geschehen aus einer vermeintlichen Innerlichkeit in die gegenseitigen Berührungen jener Elemente verlegt, alle Werte und Zwecke als Einbildungen zugunsten einer reinen Tatsächlichkeit entfernt. Indem sich solche Antriebe im Lauf der Jahrhunderte mehr und mehr in fruchtbare Arbeit umsetzen und alle Weite ergreifen, erhebt sich immer anschaulicher und immer eindringlicher das Bild einer selbstgenugsamen Wirklichkeit der Natur jenseits des menschlichen Treibens und Tuns. Eine Welt, unerschöpflich in dem Reichtum ihrer Bildungen und denkbar einfach in den Grundformen ihres Lebens, aus lauter Einzelpunkten bestehend, aber sie alle untrennbar verwebend; rastlos bewegt im Spiel der Erscheinungen, unveränderlich im Grundbestande; ohne Spuren einer menschenartigen Vernunft, aber mit ihrer unverbrüchlichen Gesetzlichkeit und ihrem strengen Kausalgefüge das gewaltigste System einer immanenten Logik; von durchsichtiger Klarheit in ihren Äußerungen, von tiefem Dunkel in ihrem Grunde, aber unter so deutlicher Abgrenzung beider, daß das Geheimnis die Arbeit des Tages nicht stört.

Diese neue Welt erhob sich zunächst dem Menschen gegenüber als ein abgegrenztes Reich, sie beließ daneben der seelischen Innerlichkeit ein eignes Gebiet. Ja die deutliche Auseinandersetzung schien dies noch mehr in seiner Art zu bestärken. Bald aber widersprach die Natur jener Sonderstellung des Menschen und zog ihn immer mächtiger an sich. Die Abschüttelung der mittelalterlichen Vorstellungsbilder und der Fortgang zu einer objektiven und exakten Naturerkenntnis war zunächst ein Triumph des Intellekts über die sinnliche Welt. Aber wie oft, so überwand auch hier der Besiegte schließlich den Sieger. Durch den präzisen Inhalt, den die Natur den Begriffen gab, bezwang sie die geistige Arbeit, um so sicherer und nachhaltiger, je unmerklicher sich diese Wirkung vollzog. So groß war die Macht der an der Natur gewonnenen Festigkeit, Anschaulichkeit, Gliederung der Begriffe, daß das dort gefundene Bild auf die Innenwelt übergriff und immer mehr auch ihre Gestaltung beherrschte. Auch direkte Gegner konnten sich diesem Einfluß nicht entziehen, so hat z. B. selbst ein Leibniz in der Bekämpfung des »Naturalismus« eine Hauptaufgabe gefunden und zugleich durch die nähere Fassung seiner Begriffe dem Gegner vielfach die Wege bereitet.

Ward so von innen her einem neuen Leben der Boden gesichert, so wirkte ins Weite mehr die erst langsame, dann rasche Entfaltung einer technischen und industriellen Kultur, dieses Sprößlings der neuen Naturwissenschaft. Bacon hatte recht mit dem Worte, der Mensch werde nur durch willfähriges Dienen zum Herrn der Natur; er vergaß aber hinzuzufügen, daß er in ihrem Dienste verbleibt, auch nachdem er ihr Herr geworden ist, daß er immer tiefer in ihren Bann gerät, je mehr er aus ihr zu machen versteht. Denn der Fortschritt der Technik verlegt mehr und mehr die Arbeit in das Werkzeug, die Maschine mit ihrer Nutzung der Naturkraft; das Erzeugnis menschlicher Einsicht und Geschicklichkeit wird selbständig gegen seinen Erzeuger, es weist seinem Tun die Bahnen und meistert schließlich auch sein Denken. Innerhalb unseres eignen Daseins erhebt sich damit ein Naturprozeß, dringt von der Arbeit in die Gesinnung, von der Gesinnung in das Wesen und wird endlich unser ganzes Leben. Die technische Arbeit mit ihrer ausschließlichen Richtung auf die Leistung, ihrer zusehends wachsenden Verzweigung, ihrer Anhäufung riesiger Massen, ihrer Ausbildung schroffer Gegensätze, ihrer fieberhaften Hast, ihrer Verschärfung des Kampfes ums Dasein wird zum Maß unseres ganzen Lebens; das erfahren nicht nur die einzelnen in ihren gegenseitigen Beziehungen, das erfährt auch die Menschheit als Ganzes; auch sie wird in den Wirbel hineingezogen, in fieberhafter Aufregung gehalten, sie wird ein bloßes Mittel eines rast- und sinnlosen Kulturgetriebes, das im Grunde nur den mechanischen Naturprozeß fortsetzt. So hat die Natur uns auf unserem eignen Gebiete geschlagen; indem wir sie unterwerfen wollten, sind wir ihr unterlegen.

Es stellt aber diese Wendung zur Natur der geschichtlichen Lage eine große Aufgabe. Die Losreißung von der Natur hat unter uns zuviel Bestand erlangt, um nicht viel Widerspruch und Widerstand zu leisten. So bedarf es angestrengter Arbeit, um alles Unechte auszutreiben, das Echte freizulegen und zu verbinden; es gilt alle »Werte« umzuwerten, um sowohl die ganze Seele des Menschen als alle Verzweigung der geistigen Arbeit naturgemäß zu gestalten. Immer eifriger wird dieses Streben, immer stärker die Bewegung; hier vornehmlich finden sich die Kräfte zusammen, hierher geht viel Eifer unserer Zeit, auch viel Glaube und Hoffnung.

So vordringen und so die Menschen bezwingen hätte jene Bewegung jedoch nicht vermocht bei stärkerem Widerstand anderer Gedankenmassen. An Widerstand fehlte es freilich nicht: sowohl ein religiöses System mit seiner überweltlichen Ordnung als eine weltliche Kultur mit ihrer Veredlung des Daseins durch Kunst und Wissenschaft widerstehen dem Naturalismus. Aber ihnen fehlt auf dem Boden der Zeit die Kraft zu überzeugen, zu verbinden, vorzudringen. Sie fehlt namentlich deshalb, weil jene Bewegungen heute wenig ursprüngliches Schaffen erzeugen, weil die ewigen Wahrheiten, die sie vertreten, kein festes Verhältnis zur Zeit erlangen und nicht ihre Seele gewinnen. So bleiben wir auf überkommene Gestaltungen angewiesen, die dem Stande der weltgeschichtlichen Arbeit und den Bedürfnissen der Gegenwart nicht entsprechen, und die oft Unentbehrliches mit Unmöglichem verquicken. Es fehlt auf der geistigen Seite ein die Arbeit beseelendes und verbindendes, die Individuen aufrüttelndes und erhöhendes Lebensziel. Das Natursystem dagegen bietet ein solches; kein Wunder, daß ihm einstweilen die Gewalt über die Gemüter verliehen ist. Die Verworrenheit und Halbwahrheit der anderen Lebensordnungen verstärkt dabei den Eindruck seiner Einfalt und schlichten Tatsächlichkeit. Wohl fordert es schwere Opfer vom Menschen, er muß vielen Lieblingswünschen und aller Sonderstellung entsagen. Aber das Entsagen selbst hat den Reiz einer mannhaften Tat, und mit den Vorrechten fallen die Schranken zwischen Mensch und All, so daß dessen unermeßliches Leben ihn ungehemmt zu durchfluten vermag.

Das sind eingreifende Wandlungen, auch insofern einzig in ihrer Art, als nie zuvor der Naturalismus so wie jetzt einen selbständigen Aufbau der Kultur unternahm, nie so alle Verzweigung des Daseins ergriff. Dieser neuen Lage gegenüber versagen alle geschichtlichen Hilfen. Auch vermögen gegen jenen Strom von Tatsachen und Ideen nichts individuelle Stimmungen, noch auch einzelne Bedenken; einem Ganzen der Wirklichkeit ist nur ein ebensolches Ganzes gewachsen.

Aber dürfen wir überhaupt nach einem anderen fragen, nachdem die Zeit und die Menschheit, wie es scheint, für das Natursystem schon entschieden hat? Wir dürfen es nur, wenn wir die Endgültigkeit dieser Entscheidung bezweifeln; das aber tun wir in Wahrheit. Wir tun es aus der Überzeugung, daß die sichtbarste Strömung der Zeit keineswegs die ganze Zeit bedeutet, daß überhaupt das menschliche Leben nicht in eine besondere Zeit und Zeitlage aufgeht. Steht es so, dann gibt es eine Berufung von der Leistung der Zeit an die Seele der Zeit, sowie eine von der bloßen Zeit an eine ewige Wahrheit und zeitlose Wirklichkeit. Diesen höchsten Richter rufen wir an, und vor ihm gedenken wir jene ausschließliche Verwandlung des menschlichen Daseins in einen Naturprozeß, jene Unterordnung und Einfügung des Geisteslebens in die Natur, als eine Irrung zu erweisen. Begründen kann diese Behauptung nur der Aufweis eines andersartigen, überlegenen Lebens, das vom Grunde aus wirkt, aber unserer Zuwendung bedarf, um für uns eine volle Wirklichkeit zu werden. Eine solche Untersuchung kann ihren Standort nicht im Bewußtsein der Individuen, sondern nur in dem weltgeschichtlichen Leben und Schaffen der Menschheit nehmen, d. h. in dem weltgeschichtlichen Leben nicht wie es unmittelbar vorliegt, sondern wie es sich eindringender Prüfung und Selbstbesinnung zu erkennen gibt. Es handelt sich hier um den Ewigkeitsgehalt der Geschichte, den erst geistige Arbeit herausheben kann.

Daß die Bewegung der Menschheit bei allem, was sie der Natur verdankt, und worin sie von ihr abhängig bleibt, den Kreis der Natur durchbricht und eine neue Welt eröffnet, das sei zunächst am allgemeinsten Umriß des Lebens aufgezeigt. In drei verwandten Richtungen zeigt er eine deutliche Weiterbewegung des Ganzen.

Zunächst ergibt der Aufstieg der Kultur ein neues Verhältnis zwischen sinnlichem und unsinnlichem Leben. Der Naturprozeß in der präzisen Fassung der neueren Wissenschaft kennt kein Wirken von innen her, kein Fürsichsein, keine Selbsttätigkeit der Dinge. Vielmehr ist jedes Element eng mit seiner Umgebung verschlungen, es besteht nur als Glied einer fortlaufenden Kette, alle Leistung erfolgt auf eine Reizung von draußen her und in der Richtung nach draußen; nur miteinander, nur in unablässigem Austausch sind die Dinge, was sie sind. Auch das Seelenleben könnte als eine Fortführung der Natur seinen Gehalt nur aus der Berührung mit der Umgebung schöpfen; eine solche Bildung aber würde all unserem Denken und Tun einen sinnlichen Charakter geben und es auch in seiner höchsten Entfaltung daran binden. Es möchte dann etwa Unterschiede einer gröberen und einer feineren, einer unmittelbaren und einer abgeleiteten Sinnlichkeit geben, nicht aber ein völliges Losreißen vom Sinnlichen, einen selbständigen Ausgangspunkt, ein Bearbeiten und Umwandeln des sinnlichen Daseins aus einem neuen Leben. Zugleich müßten die Grundformen der Sinnlichkeit, müßten Raum und Zeit unser ganzes

Leben beherrschen, ohne als eine Einengung empfunden zu werden. Nun reicht jene sinnliche Art weit auch in das menschliche Leben hinein, weit über den ersten Eindruck hinaus. Aber sie erfüllt es nicht ganz, ein unsinnliches Leben erscheint nicht nur hie und da, sondern in umfassenden Zusammenhängen, nicht nur als eine Ergänzung, sondern als eine Umkehrung des bisherigen Daseins.

In aller Munde ist das Wort Kultur, und von der Kultur will auch der Anhänger der Natur nicht lassen. Aber den Begriff der Kultur können wir nicht genauer fassen, ohne in ihr eine innere Wendung des Lebens anzuerkennen. Schon das Wort (*colere*, bestellen, bebauen) verrät ein selbständiges Vorgehen und eignes Unternehmen des Menschen. Mag diese Bewegung zunächst innerhalb des sinnlichen Daseins liegen, bei wachsender Kraft führt sie darüber hinaus und erzeugt sie eigne Größen und Güter; aus einer bloßen Unterstützung der natürlichen Erhaltung wird die Kultur mehr und mehr die Werkstatt eines neuen Lebens. Dies neue Leben versetzt über alle Sinnlichkeit hinaus in ein Reich der Gedanken und Ideen. Sein eignes Bild verschiebt sich dem Menschen allmählich von jener Sinnfälligkeit der alten Zeiten, wo der Körper das wahre Selbst und die Seele nur einen Schatten bildete, in ein gedankliches Sein; nicht nur die Wissenschaft erstrebt eine Ausscheidung aller sinnlichen Elemente aus dem Seelenbegriff, auch die Überzeugung und Lebensführung des Menschen behandelt unsinnliche Größen, wie das Ich, die Individualität, die Persönlichkeit, als den Kern seines Wesens. Die menschliche Gemeinschaft erhebt sich in Staat und Recht über die räumliche Nähe und die sinnlichen Formen, ein stärkeres Band als alles physische Zusammensein werden gemeinsame Schicksale, Ideen und Ziele; was an den Handlungen äußerlich ist, das sinkt aus einem Hauptbestandteil mehr und mehr zu einem Zeichen, einem nebensächlichen Mittel, um Entschluß und Gesinnung zu bekunden. Auch die Arbeit wird mehr und mehr auf das Denken gestellt, vom Denken getränkt, ja in ein Gedankenreich umgewandelt. So zeigt es besonders deutlich die Wissenschaft selbst mit ihrer Zerstörung des naiven Weltbildes, ihrem Auflösen, Neubegründen, Wiederaufrichten der Wirklichkeit. Wohl kehrt auch sie schließlich zu dem Ausgangspunkt der Erfahrung zurück, aber die Welt ist ihr inzwischen verändert, der Verlauf der Arbeit hat sie in ein Reich von Gedankengrößen verwandelt.

Mit dem Gehalt verändert sich auch die Form des Lebens. Jene Gedankengrößen gewinnen ein eignes Leben und befreien sich von unserer Macht wie von unseren Zwecken. Zugleich schließen sie sich untereinander zusammen und bilden immer ausgedehntere Zusammenhänge. Diese wollen sich durchsetzen und ausleben, sie tun das mit elementarer Gewalt, unbekümmert um das Wohl und Wehe der Menschen, in rücksichtslosem Dahinschreiten über die Individuen, Völker und Zeiten. Die starrsten Interessen und Vorurteile überwindet schließlich die Macht des Gedankens, nichts übertrifft an bewegender Kraft die Leidenschaft der Prinzipien und Ideen. Je mehr wir aber im Licht des Gedankens sehen und aus der Kraft des Gedankens handeln, desto mehr wird das Sinnliche in die Außenseite des Lebens gedrängt und zum dienenden Mittel herabgesetzt. Den Wert der äußeren Ereignisse mißt jetzt nicht sowohl ihr sinnlicher Umfang als ihr Ertrag für eine unsinnliche Welt; der Kern des Lebens verlegt sich aus dem Verhältnis zur Umgebung in die Aufgaben und Bewegungen einer inneren, vom Denken getragenen Welt.

Solche Wandlungen überwinden die Macht von Raum und Zeit. Die herkömmliche Meinung, des Menschen Leben verlaufe gänzlich in Raum und Zeit, ist so falsch, daß gerade umgekehrt es nichts unterscheidend Menschliches gibt, das nicht Zeit und Raum überwinden möchte. Wohl stehen wir in der Zeit und scheinen lediglich ihrem Strome zu folgen. Aber wir tun das nicht mit unserem ganzen Wesen; täten wir es, so gäbe es keine Geschichte im eigentümlich menschlichen Sinne. Denn eine solche Geschichte entsteht nicht aus einem hastigen Vorbeiziehen der Dinge, auch nicht aus einem Aufspeichern äußerer Leistungen. Zur Geschichte gehört, daß der Mensch nicht nur die besondere Spanne der Zeit erlebt, die das Geschick ihm zuweist, sondern daß sein Gedanke ihn in frühere Zeiten zurückführt; er kann das Vergangene zu neuer Wirkung erwecken, sowie den Lauf der Zeiten in ein Ganzes fassen. Wir betrachten die Vergangenheit nicht nur, wir verknüpfen sie mit unserem Tun; das Frühere soll unser Leben ergänzen und stärken, uns von dem zufälligen und beschränkten Augenblick zu einer zeit-umspannenden und zeitüberlegenen Gegenwart führen. Dazu aber bedarf es einer Scheidung zwischen Vergänglichem und Bleibendem; ewige Wahrheiten und beharrende Wirklichkeiten sind dem Wechsel und Wandel zu entringen. Solches Scheiden eines sterblichen und eines unsterblichen Teiles macht alle echte Befassung mit der Vergangenheit zu einer Zerstörung der bloßen Vergangenheit, alles Eingehen in die Zeit zu einem Kampf gegen die bloße Zeit. — Aber nicht nur an der Vergangenheit, immerfort wirkt bei uns ein überzeitliches Streben. Alle geistige Arbeit enthält als Voraussetzung und als Triebkraft die Idee einer an sich gültigen ewigen Wahrheit; eine Wahrheit für heute und morgen, für die jeweilige Zeitlage und auf Kündigung, ist ein Widerspruch in sich selbst. So sehr uns also die Zeit festhält, eine Ewigkeit wirkt ihr entgegen, der Zusammenstoß beider durchdringt unser Leben. Mag das schwere Verwicklungen ergeben, die Mühen und Zweifel selbst befreien von der Enge eines bloß natürlichen Daseins.

Was aber von der Zeit, das gilt auch vom Raum. Die geistige Arbeit überwindet das Nebeneinander ebenso gewiß wie das Nacheinander; die räumliche Berührung weicht mehr und mehr einer inneren Zusammengehörigkeit, einer sachlichen Verknüpfung der Dinge, einer Anordnung der Teile nach der Leistung für das Ganze. In der geistigen Arbeit wird die Zeit von der Ewigkeit und der Raum von einer unräumlichen Welt aus erlebt. Aber diese Fragen seien hier nur gestreift, da sie für unsere Arbeit nur Vorfragen sind. Hier gilt es nur die Überzeugung zu rechtfertigen, daß Zeit und Raum und mit ihnen die sinnliche Natur das menschliche Dasein nicht ganz erfüllen, und daß uns über sie nicht nur ein Ahnen und Hoffen einer jenseitigen Ordnung der Dinge, sondern alle selbständige geistige Arbeit erhebt.

Der Wendung vom Sinnlichen zum Unsinnlichen entspricht eine Befreiung vom Einzeldasein; Gesamtgrößen entstehen und richten das Handeln über das Ich hinaus auf andere Wesen und auf andere Zusammenhänge, das aber in schroffem Gegensatz zur Natur. Denn der Naturprozeß gewährt ein eignes Leben und eine ursprüngliche Kraft nur dem Einzelnen, Kleinen, Elementaren, er kennt keinen anderen Zusammenhang als die Zusammensetzung der Elemente, keine andere Gesamtwirkung als die Summierung der Einzelvorgänge. Die einzige Kraft der Bewegung bildet demgemäß hier der Naturtrieb der Selbstbehauptung von Element gegen Element; mag das Streben insofern die Umgebung einschließen als jedes einzelne damit verkettet und für sein Befinden darauf angewiesen ist, immer verbleibt die Zurückbeziehung auf das Ich; auch bei wachsender Ausdehnung darf die Kette nicht zerreißen; nie kann die Lebensbewegung sich an eine andere Stelle versetzen und dem natürlichen Wohl widersprechen. Eine innere Unterordnung unter ein Ganzes, die Anerkennung eines fremden Rechtes, Liebe und Aufopferung für andere sind in diesem Zusammenhange unbegreifliche Wunder.

Nun unterliegt unser Dasein zunächst jener Vereinzelung, und mit starkem Zwange hält die Natur uns fest. Aber alle geistige Arbeit und alle Bildung menschlicher Gemeinschaft durchbricht jene Schranken und erzeugt innere Zusammenhänge. Schon das unmittelbare Bewußtsein bedarf eines Einheitspunktes, an dem die Vorgänge zusammentreffen; je mehr aber das Leben aus einem gebundenen Vorgehen zu eignem Tun und Schaffen wird, je mehr die geistige Arbeit von sich aus Ziele entwirft und Wege ersinnt, desto mehr Einheit erscheint im Wirken, desto selbständiger hebt sich diese Einheit heraus, desto mehr übt sie eine Kraft des Zusammenhaltens und Umwandelns. Die Hauptrichtung der geistigen Arbeit geht weder vom Einzelnen zum Einzelnen, noch vom Einzelnen zum Ganzen, sondern von einem unbestimmten, erst entworfenen, nur umrissenen zu einem bestimmten, ausgeführten, durchgebildeten Ganzen; alles einzelne liegt innerhalb dieser Bewegung des Ganzen und erhält daraus seine Stellung und Bedeutung. Nur die Verbindung zum Ganzen gibt der geistigen Arbeit einen ausgeprägten Charakter, das einzelne für sich hat keinen Sinn und erhält ihn auch nicht durch massenhafte Anhäufung. Man sollte z. B. meinen, nichts sei leichter und einfacher als das Eigentümliche des Urteils, jener Grundfunktion alles Denkens, zu erfassen. Aber die großen Denker, Männer wie Descartes und Locke, Leibniz und Kant, erteilen uns recht verschiedene Antworten; es ergibt sich aber eines jeden Antwort aus seiner Gesamtauffassung des Erkenntnisprozesses, ja aus dem Ganzen seiner Gedankenwelt. Eben das sind große Denker, deren geistige Individualität bis in die kleinsten Elemente hineinreicht. Das raubt der direkten Wahrnehmung des einzelnen Falls nicht ihren Wert; nur in Wechselwirkung von Ganzem und Einzelnem kommt unsere Arbeit vorwärts, unablässig gilt es, die Behauptung des Ganzen am Einzelnen zu prüfen, zu bestätigen, weiterzuführen. Aber die Entscheidung über die Hauptrichtung, die Herausbildung eines Charakters, die führende und treibende Kraft bleibt immer beim Ganzen.

Ebenso wird das Ganze zur treibenden Kraft unseres Handelns. Wohl müht sich seit Jahrtausenden kleinkluger Scharfsinn, all unser Handeln auf das »wohlverstandene Interesse« der Individuen zurückzuführen; von Haus aus, meint man, sei der einzelne mit seiner Umgebung zu sehr verwachsen, um sie nicht in seine Selbsterhaltung mit einzuschließen, dann verflechte die Kultur ihn immer enger mit der Gesellschaft und binde immer mehr das Glück jedes einzelnen an das Wohlergehen der anderen; so könne er nicht selbst glücklich sein, ohne das Wohl der anderen zu fördern. Das ist nicht ganz aus der Luft gegriffen, aber es beweist nicht, was es beweisen soll. Denn man muß von der Moral recht niedrig denken, man muß ihr Wesen völlig verkennen, um durch den Nachweis, daß der Mensch nach der natürlichen Verkettung der Dinge auch die Umgebung in sein Streben aufnimmt, Moral begründet zu glauben. Denn dort handelt es sich um eine bloße Ausbreitung, hier um eine Überwindung des Ich, dort um Leistungen, die auch den anderen zugute kommen, hier um Gesinnungen, die direkt auf die anderen und das Ganze gehen; der höchste Erfolg jenes Scharfsinns besteht also in dem Nachweis, daß die Mittel des sozialen Mechanismus etwas erreichen lassen, was von draußen her wie Moral aussieht und einem Nichtkenner als solche erscheinen mag. In Wahrheit hat jenes Getriebe mit der Moral nicht das mindeste zu tun. Denn welche Aufopferung liegt in dem Wirken für fremdes Wohl, wenn es lediglich zum eignen Vorteil erfolgt, und was gewinnt die Gesinnung dadurch, daß wir klug genug werden, in der Aufopferung direkter Vorteile zugunsten indirekter ein besseres Geschäft zu erkennen? Die Sache stünde anders, wenn der Mensch mit allen Fasern seines Wesens so eng der Umgebung verwachsen wäre, daß eine Sonderung und Entgegensetzung gar nicht eintreten könnte und uns nie vor die Notwendigkeit einer Entscheidung stellte. Aber gab es je einen solchen Unschuldsstand, so hat die geschichtliche Bewegung uns längst daraus vertrieben; mit Eröffnung der Kluft aber entsteht sofort die Frage, was nunmehr zur Haupt- und was zur Nebensache wird; je nach der Entscheidung wird sich das Leben grundverschieden gestalten. Wohin dabei die Entscheidung der Individuen falle, und wie es mit der Durchschnittsleistung stehe, das ist eine Frage für sich; jedenfalls lassen sich aus dem Menschenwesen und aus der weltgeschichtlichen Arbeit Mächte wie Gerechtigkeit, Liebe, Pflicht auch durch angestrengtesten Scharfsinn nicht ganz vertreiben.

So sehen wir das menschliche Dasein an Hauptpunkten die Natur durchbrechen und eine neue Ordnung einführen. Schwerlich wäre das möglich ohne einen neuen Lebensprozeß. Ein solcher entsteht in der Tat. Als naturhaftes Sein wäre unser Leben nur ein Stück eines endlosen Gewebes physischer Wirkungen und Gegenwirkungen; das Geschehen wäre in seiner nackten Tatsächlichkeit ohne allen Versuch einer Durchleuchtung und inneren Aneignung hinzunehmen; über die sinnliche Berührung hinaus hätten die Dinge für uns keine Anziehungskraft; das Dasein des einzelnen erschöpfte sich in das Befinden des besonderen Punktes. So ein Leben nur in Trieb und Empfindung, ein völliges Gebundensein an die Umgebung, ein Aufgehen in das unmittelbare Dasein ohne alles Gefühl seiner Schwere und Sinnlosigkeit, ohne andere Probleme als die der natürlichen Selbsterhaltung.

Diesen naturhaften Stand des Daseins finden wir aber überschritten, soweit die geschichtliche Erinnerung zurückreicht. Die Forschung zeigt uns ein anthropomorphes und mythologisches Zeitalter, wo der Mensch alle Dinge vermenschlicht, alles von sich aus mißt, alles auf sein Ergehen als den Mittelpunkt der Welt bezieht. Ein solches Einspinnen der Wirklichkeit in das menschliche Vorstellen und Begehren war sicherlich eine Irrung, aber in aller Irrung war es zugleich eine Leistung, ein Zeugnis der Kraft, ein Überschreiten der bloßen Natur. Über dem Besonderen sei nicht das Gemeinsame der Tatsache, über der falschen Deutung und über dem verkehrten Verhältnis zum All nicht das Große dessen vergessen, daß überhaupt gedeutet, überhaupt ein seelisches Verhältnis zum All gesucht ward. Denn das forderte das Zerreißen der natürlichen Verkettung, ein Abschütteln des physischen Druckes der Dinge, ein Zusammenfassen des Menschen bei sich selbst und ein Ringen mit der Umgebung. Selbst der krasse Egoismus dieser Stufe mit seiner Beugung der ganzen Weite unter die Zwecke des Menschen beweist seine Kraft; wie weit ist sein Abstand von der tierischen, durch das Bedürfnis begrenzten, man möchte sagen schuldlosen Selbsterhaltung!

Dann aber bildet diese Stufe nicht den Abschluß, sondern nur einen Durchgang. Es kommt die Zeit, wo der Mensch sein eignes Gewebe zerreißt und eine eigne Natur der Dinge anerkennt; zugleich wird er sich selbst zu gering, um das Maß der Dinge und den Mittelpunkt der Wirklichkeit zu bedeuten. Subjekt und Objekt, Mensch und Welt, deren Leben bis dahin unmittelbar zusammenfloß, scheiden sich jetzt und die Bewegung führt zunächst immer weiter auseinander bis zum schroffsten Gegensatz. Das nächste Verhältnis wird das einer völligen Spaltung, kalt und fremd stehen gegen uns die Dinge, eine himmelweite Kluft scheint den Menschen von ihrer Wahrheit zu trennen. Dazu greift der Zweifel bald von außen nach innen, er kehrt sich von der Welt gegen das eigne Wesen. Jenes Getriebe des Empfindens und Begehrens, jenes Reich subjektiver Zuständigkeit, worin bis dahin unser Leben aufging, wird zu einer Oberfläche, hinter der wir ein wahres Sein erst suchen. Aber wir ahnen es mehr, als daß wir es ergreifen und entwickeln könnten; zunächst scheinen wir an die Außenseite der Dinge gebannt, ohne daß der einmal geweckte Zweifel uns genügen läßt, was hier an Erkenntnis und Glück erreichbar ist. So zerfällt der Mensch nicht nur mit seiner Umgebung, sondern auch mit sich selbst, der Spalt zerreißt sein eigenes Wesen. Es kommt eine Zeit des Zweifels, der Erschütterung, der Demütigung. Diese Krise wird aber nicht rasch ein für allemal erledigt, sondern sie entsteht immer von neuem, dauernd wird uns ein bequemes Fortschreiten in gerader Linie verwehrt, dauernd aller geistigen Arbeit ein Zug der Kritik und Verneinung eingeprägt.

Aber auch hier ist die Erfahrung der Kleinheit zugleich ein Zeugnis der Größe. Denn jene Schranken der subjektiven Lebensführung werden uns nicht von außen, sondern von innen, durch die eigne Tätigkeit, bemerklich gemacht; es ist der Mensch selbst, der das Bloßmenschliche empfindet, verwirft und bekämpft; eine größere Art, ein wesenhafteres Leben, muß in ihm stecken, wenn ein solches Wollen und Wagen möglich sein soll. Mag dies Neue zunächst als eine Kraft der Zerstörung wirken, mag es uns weniger die Dinge zeigen als den Schleier, der sie verhüllt, mag es uns höhere Ziele nur vorzuhalten scheinen, um uns alle Wege dahin zu versperren, eine Verzweiflung oder Entsagung könnte daraus nur entstehen, wenn jener Stand den letzten Abschluß bedeutete. Das aber tut er nicht. Jenseits der Kritik und Verneinung entsteht ein geistiges Schaffen und mit ihm der Versuch, die Kluft zu überbrücken und das Unmögliche durchzusetzen, ein Versuch, den Lebensvorgang bei sich selbst soweit zu vertiefen, daß er auch den Kern ergreift, und zugleich so zu erweitern, daß er aus eignem Vermögen einen Zusammenhang mit den Dingen gewinnt, die sich ihm von draußen her verschlossen. Diese innere Fortbildung, dieses bei sich selbst Vordringen des Lebens und was daraus an Wirklichkeit entspringt, ist ein Hauptproblem, ja das Hauptproblem unserer ganzen Untersuchung; an dieser Stelle sei nur an einige greifbare Züge erinnert.

Nur die Gewohnheit hat die Empfindung für das Merkwürdige der Tatsache abgestumpft, daß innerhalb unseres Daseins der Begriff einer Sache, einer sachlichen Wahrheit, eines sachlich Guten aufkommt und Macht ausübt. Denn damit wird ein Widerspruch nicht nur erzeugt, sondern auch überwunden, ein Rätsel gestellt und zugleich gelöst. Die Sache tritt uns gegenüber als etwas Fremdes, sie erzeugt eigne Gesetze, Kräfte und Forderungen, sie darf unseren Wünschen und Meinungen nicht das mindeste zugestehen. Aber bei solcher Entfernung wird sie uns keineswegs fremd, sie liegt nicht außerhalb, sondern innerhalb unseres Lebens; für uns will sie etwas sein und bedeuten, aus uns etwas anderes machen. So entsteht ein schroffer Widerspruch: jenes Sachliche soll uns entgegentreten, ohne sich von uns abzulösen, allein sich selber leben und doch für uns etwas sein, unser Wohl und Wehe gleichgültig nehmen und dabei uns als ein hohes Gut anziehen, alle Affekte unterdrücken und selbst einen neuen Affekt erzeugen. Alles dies Unmögliche umfängt uns aber fortwährend mit unwidersprechlicher Wirklichkeit.

Ohne ein Aufnehmen der Sache in den Lebensprozeß gibt es keine Arbeit, Arbeit im Sinne des Menschen, Arbeit innerlich angesehen. Wir verehren die befreiende, befestigende, beruhigende Macht der Arbeit, aber worauf anders gründet sie sich als auf dem Eingehen unserer Tätigkeit in den Gegenstand, auf der Hingebung an seine Probleme, der Freude an seiner Förderung? So allein wird das kleine Ich gebändigt, überwunden, vergessen. — Eine Wissenschaft gegenüber den bloßen Meinungen und überhaupt eine geistige Arbeit jenseits der Lagen und Launen der Individuen gibt es nicht ohne ein Selbständigwerden des Denkens gegenüber dem gebundenen Vorstellungsgetriebe. Dem Denken aber ist wesentlich das Umspannen der Sache. Mögen wir Begriffe bilden oder Urteile fällen oder Schlüsse ziehen, immer gilt es eine Eröffnung der Sache, immer hängt an ihr die Entscheidung. Nur sie verleiht dem Denken seine zwingende Kraft und seine Allgemeingültigkeit, nur sie begründet eine uns allen gemeinsame Innenwelt.

Die Sache ist es auch, mit deren Hilfe wir die bloß subjektive Lust überwinden. Einem Wesen, das so schwere Erschütterungen durchzumachen und so hart um sich selbst zu kämpfen hat, muß jene Lust, die dem Beginne genügt, leer und läppisch, das Sicheinspinnen in ein subjektives Wohlbefinden zu einem unerträglichen Kerker werden. Ein Leben für so sinnlose Ziele wäre nach allen jenen Erfahrungen nicht lebenswert. Aber wenn sich das Leben ein edleres Glück erringt, wenn das Angenehme und Nützliche dem Guten weicht, was anderes ist es wiederum als die Sache, an die sich solche Wandlungen und Erhöhungen knüpfen?

Jene Wandlungen verändern zugleich die Art des Lebens, sie befreien es von der dunklen und starren Tatsächlichkeit des Anfangs. Mit der Richtung auf die Sache erhält unser Tun ein dem unmittelbaren Eindruck überlegenes Ziel; ein Normalstand schwebt vor und übt durch Messen und Richten einen Zwang. Dieser Zwang kommt aber nicht von außen und überwältigt nicht mit physischem Drucke. Denn die Sache mit ihrer Welt ist ohne unsere Tat und Aneignung für uns gar nicht vorhanden, sie bindet uns nicht ohne unsere Zustimmung. Dieser Zwang durch Freiheit gewinnt eine besondere Anschaulichkeit in der Idee der Pflicht, verbindet sie doch mit höchster Gebundenheit höchste Freiheit, und vollzieht sie dadurch einen deutlichen Bruch mit dem Naturstand.

Das alles ist im einzelnen und nach der Seite der Leistung bekannt und anerkannt. Aber die gewöhnliche Ansicht verbleibt bei den einzelnen Erscheinungen und erreicht keine Zusammenfassung zum Ganzen, keine Wendung ins Innere. Mit der Wendung aber ist das Aufkommen eines neuen Lebens gesichert, das nicht zwischen den Dingen hin und her pendelt, sondern sie umfaßt, mit ihnen lebt, durch sie weiterkommt. Ein solches neues Leben läßt sich nun und nimmer von draußen zuführen, nie einer äußeren Erfahrung entlehnen. Auch der sinnfälligste Eindruck verleiht den Dingen nicht eine innere Gegenwart und erzeugt nicht die Idee einer objektiven Wahrheit. Nur als Selbstentfaltung des eignen Wesens sind jene Bewegungen möglich; in ihren Mühen und Kämpfen erstrebt das Leben selbst eine höhere Stufe. Zugleich verwandelt sich die Kluft zwischen uns und den Dingen in einen Gegensatz bei uns selbst, den Gegensatz eines auf Empfindung und Begier des Einzelpunktes beschränkten und eines die Wirklichkeit von innen her umfassenden, eine Welt aus sich erzeugenden Lebens. In diesem Leben bedeutet die Hingebung an die Sache die Entfaltung unseres wahren Selbst, sie wird zur Treue gegen unser eignes Wesen. — Zugleich eröffnet sich eine neue Art der Innerlichkeit, eine universale Innerlichkeit der geistigen Arbeit, gegenüber der halbseitigen des bloßen Individuums; nur jene Innerlichkeit kann eine Tätigkeit erzeugen, die als Volltätigkeit den Gegenstand umspannt, sich nicht von draußen her an den Dingen zu tun macht.

Wie sich mit der so eröffneten Zweiheit des menschlichen Lebens die Lehre vom All abfindet, und wie sich mit ihr das Weltproblem verwickelt, darf uns an dieser Stelle nicht kümmern. Bequem ist jener Zwiespalt der ersten Lage nicht, aber bildet Bequemlichkeit den Maßstab der Wahrheit? Es wäre eine neue Art des Anthropozentrismus, zum Prüfstein der Wahrheit den Grad der Leichtigkeit zu machen, mit dem sich die Dinge für den Standpunkt des Menschen ordnen. Wenn sie sich in Wahrheit nicht so leicht zusammenfinden, wenn die Wirklichkeit sich reicher und damit auch verwickelter zeigt, dürfen wir die Probleme herabmindern, um nur ja dem Schein eines Dualismus, dem Schein einer geringeren Fürsorge für die Einheit des Alls zu entgehen? Was sich heute mit besonderem Nachdruck Monismus nennt, wird so rasch fertig nur, weil es außer der sinnlichen Natur lediglich ein an die Individuen verstreutes und ihrer Erhaltung dienstbares Seelenleben kennt, weder eine Gemeinschaft geistigen Lebens noch eine Entfaltung geistiger Arbeit in der Geschichte. Bei Preisgebung so bedeutender Stücke der Wirklichkeit ist eine Einheit des Ganzen mühelos erreichbar. Es fragt sich nur, ob diese Einheit mehr als eine Einbildung ist.

b) Der Widerspruch im unmittelbaren Dasein.

Das Weltproblem sollte uns an dieser Stelle nicht bemühen. Aber unser nächster Vorwurf enthält einen Widerspruch, der sich nicht leichtnehmen läßt. Das ist der Widerspruch zwischen dem inneren Gehalt des Neuen und der Art seiner Verwirklichung beim Menschen. Das neue Leben sollte bei seinem Anspruch auf Überlegenheit selbständig sein, ungestört seine eigne Bahn verfolgen, aus solcher Unabhängigkeit die Kraft zu reiner Ausprägung und voller Durchsetzung schöpfen. Statt dessen zeigt die Erfahrung das geistige Leben des Menschen an Fremdes gebunden, von Fremdem durchkreuzt und entstellt, fremden, ja feindlichen Zwecken unterworfen, zurückgeworfen unter eben das, was es überwinden wollte. Das macht notwendig den Wahrheitsgehalt jener ganzen Bewegung zweifelhaft.

Das neue Leben wollte die Sinnlichkeit samt Raum und Zeit überwinden, mit kühnem Schaffen alle Wirklichkeit durchleuchten, verjüngen und erhöhen. Eine solche Bewegung beginnt in der Tat, aber sie gerät bald ins Stocken, sie sieht sich auf allen Seiten gehemmt und zurückgeworfen. Das Sinnliche wirkt nicht nur von außen her mit der Macht der Handgreiflichkeit, es umstrickt und bewältigt auch das Innere. Es fließt in das vermeintlich Geistige ein und zieht es in seine Bahn; wir glauben uns oft zu reiner Geistigkeit erhoben und haben doch nur für eine gröbere Form des Sinnlichen eine feinere eingetauscht. Die Geschichte ist voller Beispiele dessen, daß, was früheren Epochen als reingeistig galt, dem geschärften Blick späterer sich als ein verblaßtes Sinnliches erwies; was zuerst die Sache selber dünkte, sank später zu einem bloßen Bilde, einer sinnlichen Verkörperung. So z. B. bei den Begriffen von Gott, so auch bei denen der Seele. Wird das nicht immer so weiter gehen, wird nicht immer nur ein neues Bild das frühere ersetzen, werden wir je über eine wachsende Verfeinerung des Sinnlichen hinaus zu einer echten Unsinnlichkeit gelangen?

Ähnlich ergeht es den Zielen unseres Handelns. In dem Streben nach übersinnlichen Gütern entdeckt ein genaueres Zusehen und eine schärfere Beurteilung oft einen sinnlichen Grundstock, ein Verlangen nach sinnlicher Reizung und sinnlichem Genuß; dies Sinnliche mag um so sicherer die Bewegung beherrschen, je unvermerkter es einen fremden Deckmantel benutzt. Wie sinnlich, wie von Lust und Genuß beherrscht sind die gewöhnlichen religiösen Vorstellungen von einem jenseitigen Leben! Wie oft verschmelzen verblaßte Geistigkeit und raffinierte Sinnlichkeit untrennbar miteinander!

Wieviel aber die unsinnlichen Größen an Wirklichkeit besitzen mögen, sie erscheinen bei uns an einem sehr späten Punkt der Entwicklung, als ein Ergebnis mühsamer und langwieriger Arbeit, als eine Krönung, nicht als eine Grundlegung des Gebäudes. Sie enthalten zahllose Voraussetzungen und Vermittlungen. Werden sie sich davon ablösen und aus eignem Vermögen leben, werden sie nicht ohne jene Hilfen und Stützen zusammenbrechen, damit aber die Unmittelbarkeit und Ursprünglichkeit einbüßen, deren die Kraft des Lebens und das Gelingen des Schaffens bedarf? Sicherlich ist das Nein weit deutlicher als das Ja. Das Sinnliche wird abgelehnt, aber der Gehalt des Nichtsinnlichen bleibt dunkel; so erscheinen jene Größen nicht als volle Wirklichkeiten, sondern als Trugbilder, nach denen wir haschen, ohne sie je zu fassen. Behauptet sich trotzdem jene Halbwirklichkeit, so wird sie schwerlich die Sinnlichkeit mit ihrer handgreiflichen Fülle unterwerfen. Weit näher liegt die Wendung, daß sie mit allem ihrem Vermögen in den Dienst des anderen gezogen wird, daß die Geistigkeit nur als ein Mittel dient, das naturhafte Leben zu verfeinern oder auch zu verbilden. Dann würde das, was die Natur überwinden wollte, uns nur noch fester an sie ketten, das aber nicht an die echte und einfache, sondern an eine zurechtgemachte und aufgestutzte Natur.

Nicht anders ergeht es der Bewegung zu einem Ganzen des Lebens und zu inneren Zusammenhängen der Dinge. Was an Gesamtgrößen entsteht, das schwebt meist wie ein Nebelgebilde über den Dingen, statt sie zu durchdringen und umzuwandeln. Schließlich, so scheint ein genaues Zusehen zu zeigen, enthält das Gewebe unseres Daseins lauter Einzelgrößen und Einzelvorgänge; nur an diesem Einzelnen findet sich ein Allgemeines mit einem Verbinden und Zusammenhalten, und es erhält sich nur bei unablässiger Zurückbeziehung auf jene Elemente; es davon ablösen und ihm den Schein einer eignen Existenz geben kann nur die abstrahierende Reflexion, die aller Anschaulichkeit entbehrt. — In aller Gemeinschaft der Völker und der Menschheit sind leibhafte Wirklichkeiten, Wesen von Fleisch und Blut, lediglich die Individuen; wohl entwickelt ihr Zusammensein vieles über das Vermögen der gesonderten Elemente hinaus, aber bedarf es zu dessen Erklärung eines alle umfassenden Lebens?

Auch mit der Unterwerfung des Willens unter überselbstische Zwecke ist es ein eignes Ding. Von einer selbstlosen Liebe, einer Aufopferung für das Ganze usw. wird so viel geredet, daß wir schließlich daran glauben. Aber zugleich ist unbestreitbar, daß als Menschenkenner von jeher nicht die Optimisten, sondern die Pessimisten galten, um so mehr, je entschiedener sie es waren. So bleibt die Frage offen, ob hinter jener Behauptung eine echte Wirklichkeit steht, und ob es jenen Größen nicht geht wie den Gestalten des Märchens, die jeder zu sehen erklärt, um nicht einem bösen Schein zu verfallen, die aber niemand gesehen hat.

Selbst die Grundform des neuen Lebens, die Überwindung der bloßen Zuständlichkeit, das Aufnehmen der Weite und Wahrheit der Dinge in das eigne Leben, teilt die Anfechtung und Erschütterung. Wohl drängt es uns über den engbegrenzten Kreis des natürlichen Daseins hinaus in eine unbestimmte Weite. Aber überwinden wir damit wirklich unsere Subjektivität, begleitet sie uns nicht in alle Weite, und umklammert sie uns dabei nicht noch fester als zu Beginn? Müssen wir untereinander nicht noch viel härter zusammentreffen, wenn jeder sich zu einem All erweitern und die ganze Wirklichkeit von sich aus gestalten möchte, wenn Welten auf Welten stoßen, die doch alle nur Sonderwelten sind? Denn wenn der Kulturmensch zu einer Welt wächst, so tut er das zunächst nur in seinen eignen Gedanken, in diesen Gedanken aber steckt er selbst, in ihrer Verfechtung bejaht er sich selbst. Ja, wenn eine sachliche Wahrheit alle Vereinzelung und allen Eigensinn der Individuen siegreich durchbräche, allen Nebel vorgefaßter Meinung zerstreute, alles Unternehmen der Individuen zu einer Gemeinschaft des Schaffens verbände! Aber das Gegenteil liegt deutlich zutage. Wir reden viel von der Sache, aber jeder pflegt unter ihr eben das zu verstehen, was er für sich will und wünscht. Alle Meinungen und Irrungen, alle Interessen und Leidenschaften der Menschen fließen in sie ein; nichts hat den Fanatismus, den Parteisinn, die Selbstgerechtigkeit mehr geschürt und gestärkt als die Berufung auf die Forderung der Sache.

So wird überall das Neue von dem festgehalten und zu dem zurückgezogen, das es zu überwinden strebte. Eine eigne Wirklichkeit begründen und darin unser Wesen aufnehmen kann es scheinbar nicht; vielmehr dünkt es eine bloße Zutat und Begleiterscheinung einer im Grunde naturhaften Welt, die zu Unrecht mit einem eignen Sein bekleidet wird. Dabei ist das Wirken des vermeintlichen Neuen recht bestreitbarer Art. Es zerstört die Einfalt der reinen Natur, ohne einen Ersatz dafür zu bieten; es steigert die Kämpfe und gewährt keine Aussicht auf Frieden; es erweckt Wünsche über Wünsche, ohne sie zu erfüllen. Mit dem allen macht es das Leben aufgeregter und schwankender, begehrlicher und friedloser als zuvor. So weit daher der Mensch von sich aus zu entscheiden hat, müßte die Lebensweisheit empfehlen, jener Bewegung möglichst zu widerstehen, jene angeblich höheren Ziele als irreleitende Wahnbilder aufzugeben.

Aber können wir das, auch wenn wir es wollten? In aller Unfertigkeit hat das Neue für eine leere Einbildung zuviel Wirklichkeit. Mag der Widerstand es noch so sehr hemmen, durchkreuzen, entstellen, irgendwelche Wirklichkeit muß er ihm lassen; hat es zur vollen Selbständigkeit nicht Kraft genug, so hat es ihrer zuviel, um ganz verschwinden zu können. Gewiß bleibt die Bewegung weit hinter ihrem Ziel zurück, aber sie ist begonnen und erhält sich; die Antworten genügen nicht, aber die Fragen verstummen nicht; die Probleme haben uns gepackt und lassen uns nicht wieder los, auch sie sind Tatsachen, auch sie geben unserm Leben einen inneren Stand, der sich nicht willkürlich abschütteln läßt. Namentlich übt das Neue im Verneinen, Zersetzen, Zerstören eine gewaltige Macht; trotz seiner Schattenhaftigkeit hat es das Sinnfällige, das sich bis dahin völlig sicher fühlte, gründlich erschüttert; mit der Naivität der ersten Lage, dem kindlichen Glauben an die sinnliche Wirklichkeit wie der Befriedigung durch ihre Güter, ist es für immer vorbei; nicht mehr können wir die Umgebung gedankenlos hinnehmen, nicht an die Erhaltung des natürlichen Daseins unser ganzes Streben setzen, nicht das Weltproblem als etwas Fremdes von uns weisen. Keine Gewalt kann uns in einen Stand zurückversetzen, dem wir innerlich entwachsen sind.

Dazu fehlt dem Neuen nicht alle Befestigung und Bewährung in einem größeren Zusammenhange. Sein Werk ist die Geschichte im auszeichnend menschlichen Sinne, die weltgeschichtliche Arbeit. Sie gesellt zur Wirklichkeit des sinnlichen Daseins eine andere Art der Wirklichkeit, sie läßt im Menschen nicht nur ein natürliches, sondern auch ein geschichtliches Wesen erkennen. Als ein solches trägt er das Wirken der Jahrtausende in sich, es hat ihn in eine bestimmte Verfassung gebracht, die er nicht glatt abschütteln kann. Das hält allem Unternehmen einen Lebensstand vor, zu dem es sich erheben muß, um voll zu genügen. Damit gewinnen jene ideellen Größen bei aller Schattenhaftigkeit eine Macht für den einzelnen wie für die Zeit. Und zwar auch gegen ihr eignes Meinen und Wollen. Denn was Menschen und Zeiten als Bekenntnis leugnen, ja verfolgen, das üben sie oft in den einzelnen Fällen ohne Bedenken, und was die Überzeugung verwirft und verketzert, das behauptet oft einen weiten Raum im Gebiete des Lebens. Prinzipien und Überzeugungen, welche die Ideen einer sachlichen Wahrheit, innerer Zusammenhänge, einer Pflicht aus einem Ganzen begründen, verwirft der Hauptzug unserer Zeit unbedenklich. Aber trotzdem üben jene Ideen auch auf ihrem Boden viel Macht. Demnach ist der Begriff der Wirklichkeit nicht so einfach, wie er oft genommen wird. Was einmal als ein leeres Gedankending (ens rationis) wie wesenlos und nichtig aussieht, das gewinnt in anderer Hinsicht eine Wirklichkeit, das durchdringt unsere Arbeit, das scheint unserem Wesen untrennbar verwachsen. So widersteht das neue Leben einer Auflösung in bloßen Schein, es ist mehr als ein trüber Nebel, den menschliche Einbildung und Eitelkeit um die Dinge hüllten, und den ein kräftiger Entschluß rasch verscheuchen könnte. Zugleich aber bleibt jenes andere in Geltung, daß jenes Leben keine volle Körperlichkeit, keine volle Selbständigkeit bei uns erreicht, daß es wie heimatlos über den Dingen schwebt.

Das ergibt eine unerträgliche Lage. Wir können weder vorwärts noch rückwärts, das Alte ist unzulänglich geworden, und das Neue kann nicht geboren werden. Im besonderen geraten das sinnliche Dasein und die geschichtliche Art des Menschen in den härtesten Streit. Dort die Natur in weitem Übergewicht, hier ein Reich innerer Größen und Werte im Aufstieg. Solche Entzweiung versetzt unsere geistige Arbeit in die unsicherste Lage; die Art, wie sie bei uns aufkommt und wirkt, als Anhang und Begleiterscheinung eines anderen Lebens, widerstreitet ihrer eignen Natur: eine unselbständige Seele soll eine selbständige Welt erzeugen und tragen!

Das ist ein Problem, das sich nicht wie Verwicklungen an der Grenze unseres Daseins beiseite schieben oder der Zukunft zuweisen läßt. So gewiß wir bei der Frage unseres eignen Glückes nicht müßige Zuschauer sind, so gewiß müssen wir eine Entscheidung treffen, so notwendig jenen Spalt überwinden. Und zwar müssen wir es gleich jetzt, nicht erst in späteren Zeiten. Die reine Betrachtung kann ihre Entscheidung verschieben, nicht aber kann es die Tat, da ihr sich die ganze Unendlichkeit in ein Jetzt zusammendrängt und Vergangenheit wie Zukunft der Gegenwart unterwirft.

Nun ist darüber kein Zweifel, daß das unmittelbare Dasein jener Spaltung unterliegt. So ist entweder alle Einheit des Lebens und alles Wollen des ganzen Menschen preiszugeben, oder es sind die Schranken jenes Daseins irgendwie zu durchbrechen. Ein drittes ist ausgeschlossen, einer Entscheidung daher nicht zu entgehen.

c) Die Forderung einer selbständigen Tatwelt.

Das unmittelbare Dasein lief in einen unerträglichen Widerspruch aus; so gewiß das Verlangen nach einem Charakter des Lebens und nach geistiger Selbsterhaltung über ihn hinausdrängt, so gewiß muß es auch jenes Dasein überschreiten. Aber sehen wir, was das bedeuten kann. Ein zweites, abgeschlossenes Dasein, eine andere, neben uns befindliche Welt, diese Zuflucht früherer Zeiten, ist uns Neueren viel zu fremd und ungewiß geworden, um uns einen Halt zu gewähren. So kann jenes

Weiterstreben zunächst nur auf innere Wandlungen gehen. Die Richtung aber, in der wir solche zu suchen haben, ist durch die bisherige Erörterung deutlich genug bezeichnet. Die Verwicklung entsprang vornehmlich aus dem Widerspruch des Gehalts des neuen Lebens und seiner Daseinsform bei uns Menschen: jene Welt befindet sich hier innerhalb eines fremdartigen Bereiches, sie ist hier gebunden an eben das, was sie überwinden wollte.

Eine Befreiung von diesem Widerspruche bietet nur ein einziger Weg: jene Entwicklung übersinnlichen Lebens darf nicht als ein Erzeugnis unserer besonderen Lage, nicht als eine Privatangelegenheit der Menschheit gelten, sondern als Eröffnung, Erweisung, Betätigung einer tiefer begründeten und bei sich selbst befindlichen Wirklichkeit; sie kann nicht aus den bloßmenschlichen Kräften und Bedürfnissen, sondern nur aus der inneren Bewegung des Alls entsprungen sein. Was not tut, ist daher eine Befreiung jenes Lebens vom Menschen, d. h. eine Befreiung von dem, was in jener Entfaltung bloßmenschlich und kleinmenschlich ist; zu dieser Befreiung aber gehört, daß sich das Leben über den nächsten Befund hinaushebt und bei sich selbst zu einem Ganzen verbindet. Nur als selbständige und zusammengehörige Welt, nicht in der Zerstücklung und Abhängigkeit des menschlichen Befundes, kann sich höheres Leben halten; nur bei solcher Ablösung kann es die ihm eignen Kräfte und Gesetze rein entfalten, die bei uns die Hemmung und Trübung nicht zu überwinden vermögen. Auch kann nur mit diesem Selbständigwerden jenes Leben als Selbstzweck unser Handeln bewegen und es innerlich unabhängig machen, während sonst der Erfolg bei den Menschen die letzte Instanz bedeutet und mit ihm alles Äußerliche, Scheinhafte, Unwahre, das von ihm untrennbar ist. Nur bei solcher Emanzipation hängt das Bestehen geistigen Lebens und die Geltung geistiger Werte nicht mehr an dem Grad der Verwirklichung unter den Menschen; erst damit, nur als selbständiges Leben gewinnt Geistigkeit einen deutlichen Sinn und wird ihre Welt eine Tatwelt.

Eine solche Befreiung des Lebens von der Kleinheit des

Menschen und dem Zufall seiner Lage hat schon Plato mit seiner Ideenlehre vollzogen. Mit der Siegeskraft voller Jugendfrische ist hier der Gedanke durchgebrochen, daß im Menschen eine Welt aufgeht, die nicht aus dem bloßen Menschen stammt, daß ein an sich Wahres, Gutes, Schönes besteht, unabhängig davon, wie wir uns zu ihm verhalten, und wie wir zu ihm gelangen; der Mensch hört damit auf, das Maß der Dinge zu sein. Mag die besondere Gestalt der platonischen Lehre durch die Erfahrungen und Erschütterungen der Jahrtausende hinfällig geworden sein, mag uns namentlich jene Welt nicht mehr als fertig vorhanden und in raschem Aufstieg erreichbar gelten, der Grundgedanke ist die stillschweigende Voraussetzung alles Schaffens und das Bekenntnis alles Idealismus geworden und wird es bleiben für alle Zeiten. Jede Abweichung von ihm ist ein Hinabgleiten zur Sophistik mit ihrem Verflüchtigen der Wahrheit, ihren kaleidoskopisch wechselnden Standpunkten und Gesichtspunkten, ihrer kecken Erhebung des bloßen und einzelnen Menschen zum Maß aller Dinge. Die Sophistik bleibt aber auch dann Sophistik, wenn an den Platz der Individuen ihre Durchschnitte, die Massen, treten, wenn das »Zeitbewußtsein«, die »öffentliche Meinung«, das »Milieu« sich zum Richter aufwirft, oder wie immer die Schlagwörter lauten, mit denen das Bloßmenschliche seine Dürftigkeit versteckt und sich bei sich selbst in die Höhe redet. Zwischen der Anerkennung einer vom Menschen unabhängigen Wahrheit als eines festen Poles und einem ziellosen Hin- und Hertreiben auf den Wogen menschlicher Lagen und Launen gibt es kein Mittelding.

Jedoch darf jener Grundgedanke nicht in jenseitiger Hoheit über uns schweben, er muß mit umwandelnder und erneuernder Kraft unser Dasein ergreifen. Wie aber ein solches Eingehen erfolgen kann, das beherrscht als ein Hauptproblem alle weitere Untersuchung.

Zuvor aber sei in kurzem der Wandlung des Weltbilds gedacht, die mit der Behauptung einer selbständigen Tatwelt eintritt. Ein Überspringen dieser Frage würde im Hintergrunde einen gefährlichen Zweifel lassen, der jeden Augenblick störend hervorbrechen könnte. Für den ersten Anblick mag jene Behauptung die Einheit des Weltalls für immer zu zerreißen scheinen und damit alle Neigung der Wissenschaft gegen sich haben. Aber einen Schritt weiter, und die Sache gewinnt einen anderen Anblick. Denn durch die Anerkennung einer selbständigen Tatwelt wird das Verlangen nach Einheit nicht unterdrückt, sondern nur in eine eigentümliche Richtung gelenkt; es versperren sich gewisse, nicht aber alle Wege. Unvereinbar damit sind alle Systeme, welche eine Einheit des Alls auf Kosten des Innenlebens suchen, indem sie dieses in roherer Weise zu einem Erzeugnis, in feinerer zu einer Begleiterscheinung oder einer Parallele der sinnlichen Natur herabdrücken; demgegenüber ist auf einer Einheit zu bestehen, die das Eigentümliche beider Reiche zu gebührender Geltung bringt.

Einen Weg, im Streben zur Einheit die Verschiedenheit festzuhalten, eröffnet aber die Idee, daß gebundenes und selbsttätiges Leben, also Natur und Geist, die Hauptstufen einer Bewegung des Alls bedeuten, daß Ein begründendes und umfassendes Leben sich in ihnen und durch sie entfaltet. Die Natur mit ihrem Gewebe von lauter Einzelkräften zeigt die Wirklichkeit als ein bloßes Nebeneinander einzelner Punkte; sie zeigt sie zugleich in einem Stande der Veräußerlichung, sofern hinter aller Betätigung ein dunkler Grund verbleibt. Ein solches System läßt demnach zwischen Betätigung und Grund eine unüberwindliche Kluft; es hat, vom Beisichselbstsein aus gewürdigt, weder Zweck noch Sinn; alle Sinnfälligkeit und aller Lebenstrieb ergibt hier nur ein Gewebe von Beziehungen, eine seelenlose Beziehungswelt.

Wohl weist die Natur selbst über den Mechanismus eines solchen Gewebes hinaus. Irgendwelchen Zusammenhang verrät die durchgängige Wechselwirkung der Körper, die Gesetzlichkeit alles Geschehens, die unerschöpfliche Formbildung, der aufsteigende Gestaltungstrieb, endlich auch das Seelenleben, das überall aus der Natur aufquillt. Aber den Mechanismus lockern heißt nicht ihn überwinden, eine neue Ordnung ahnen nicht sie begründen. Auch bei jenen Milderungen verbleibt ein peinliches Mißverhältnis, ja ein schroffer Widerspruch zwischen der Kraft, ja Gier, welche dies Leben erweckt, und dem Ertrage, den es gewährt. Zähe klammern sich die Wesen an dies Dasein und kämpfen darum bis zu gegenseitiger Vernichtung; was aber haben sie an ihm, was gewinnen und genießen sie mit ihm? Wohl heißt es, daß durch Kampf und Tod der Individuen hindurch das Ganze weiterkommt, aber wo ist in einem seelenlosen All ein Ganzes jenseits der Individuen, das solchen Fortgang erlebt, und das aus all jener endlosen Mühe Freude und Förderung schöpft? Dazu ist jeder Fortschritt im Kreislauf der Natur begrenzt, die elementaren Kräfte brechen immer wieder hervor und üben Zerstörung, schließlich wirft der Zerfall der Welten immer wieder zum Ausgangspunkt zurück. Entweder ist dieser Kreislauf nicht das Ganze, und es hat die Natur eine größere Tiefe des Lebens in sich und eine Bewegung zur Tatwelt vor sich, oder der Weltprozeß verläuft in leere Sinnlosigkeit, und ein Wesen wie der Mensch, das denkt und eine Innerlichkeit nicht aufgeben kann, ist ein unerklärlicher Mißgriff der Natur; aus der Krone der Schöpfung wird ein wunderliches Zwitterding, das einer Vereinsamung und inneren Vernichtung nicht zu entgehen vermag.

Einen solchen Ausgang verhütet lediglich und allein die Anerkennung eines selbständigen Lebens, eines Lebens, das nicht eine Welt außer sich findet, sondern eine solche aus sich selber hervorbringt und daher nicht an der Außenseite der Dinge haftet, das aus einem bloß anhängenden ein bis sich selbst befindliches, auf sich selbst gestelltes Leben wird.

Dieser Wendung widerspricht nicht die Tatsache, daß in unserem Bereiche die Betätigung der höheren Stufe durchgängig an das Mitwirken der niederen gebunden bleibt. Denn wird nur der verführerische, aber schiefe und schließlich den Geist der Natur aufopfernde Gedanke eines Parallelismus beider Reiche ferngehalten, so gestattet die Überzeugung von der wesentlichen Selbständigkeit eines schaffenden Lebens ganz wohl, eine Abhängigkeit aller Lebensäußerung beim Menschen von Naturbedingungen anzuerkennen.

Doch statt einer weiteren Ausführung dessen seien lieber die Konsequenzen jener Wendung für das Lebensproblem schon hier in Kürze angedeutet. Das so verstandene Geistesleben erscheint von hier aus nicht als eine bloße Zierde und Zutat zur Wirklichkeit, sondern als die Erschließung ihrer eignen Tiefe; es beschränkt sich nicht auf einen besonderen Kreis, sondern es macht Anspruch auf das All, es kann sich als wahr nicht behaupten, ohne als Weltmacht zu gelten. Demnach hat auch das Streben nach jenem Leben nicht den Sinn, einer vorhandenen Wirklichkeit nur diese oder jene Eigenschaft hinzuzufügen oder sie nach dieser oder jener Richtung auszubauen, sondern nichts Geringeres steht hier in Frage als ein echtes Leben überhaupt; jenes Streben nach einem Grundleben ist ein Kampf um eine Tiefe des eignen Wesens. Erst als solches Suchen eines Wesens kann jenes Streben eine Macht und eine Wärme erreichen, die den Triebkräften des physischen Daseins gewachsen, ja überlegen ist. Zugleich verwandelt sich unser ganzes Dasein in Ein großes Problem; so wie es vorliegt, ist es ungeklärt und unbefestigt; in schwankender Stellung zwischen den Weltstufen bildet es eine trübe Mischung von Wahrheit und Schein, ein Durcheinander höherer und niederer Art. Kann es diesen haltlosen Stand überwinden, wird das Selbstleben auch in uns als eine lebendige Kraft zur Scheidung, Erhöhung, Erneuerung wirken?

2. Das neue Leben.

a) Die Hauptthese.

Aus den Verwicklungen der ersten Lage fand sich kein anderer Ausweg als die Wendung zu einer selbständigen Innenwelt, einem Beisichselbstsein des Lebens. Aber diese Wendung, das erhellte zugleich, muß so lange unfruchtbar bleiben, als nicht jene Welt sich auch für uns eröffnet, nicht auch in unserem Kreise neues Leben schafft. Sehen wir nun, was das heißen, und wie das geschehen kann.

Soll jene Selbständigkeit des Innenlebens auch uns eine Umwälzung bringen, so darf jenes Leben bei uns nicht nur ein Stück der vorgefundenen Lage bleiben, an ihre Bedingungen gebunden und ihren Gegensätzen unterworfen, sondern es muß sich von dieser Lage ablösen und ihr gegenüber eine selbständige Bewegung erzeugen; es wird seine Aufgabe nicht in der Leistung für jene, sondern in seiner eignen Verwirklichung finden, nicht aus jener, sondern aus sich selber Kräfte schöpfen, nicht in jenem verworrenen Gemenge, sondern in sich selbst Ausgangspunkte und Ziele finden, überhaupt dem Ganzen des Daseins ein Ganzes der Tatwelt entgegenhalten. Ein solches Leben dürfte nicht Dinge außer sich anerkennen und sich von draußen her an ihnen zu schaffen machen, sondern es müßte als Volltätigkeit in dem oben erörterten Sinne den Gegenstand umfassen und aus sich entwickeln. Es dürfte nicht bloß innerhalb einer gegebenen Welt etwas leisten, es müßte ein selbständiges Reich gegenüber aller Gegebenheit bilden; es dürfte nicht in einer vorhandenen Welt nur dieses und jenes verbessern, es hätte eine neue Welt eigentümlicher Größen und Güter zu schaffen.

Das ergibt eine zwiefache Art des Lebens, da das Dasein nicht einfach verschwindet, zwei Wirklichkeiten treten auseinander. Hier das Gegebene voran und alle Bewegung ihm anhangend, dort ein Tun das Ursprüngliche und alle Leistung sein Erzeugnis; hier ein Fortspinnen eines überkommenen Fadens, dort ein ursprüngliches Einsetzen und Beginnen; dort Geistiges und Sinnliches unter starkem Übergewicht des Sinnlichen ineinander geschoben, hier ein Aufsteigen einer reingeistigen Wirklichkeit; dort der Durchschnitt der menschlichen Art und Lage als Maß, hier das Geistige über jene Stufe hinausgehoben und als Maß und Norm dem Menschen gegenübergestellt; dort überall einengende Schranken einer naturhaften Besonderheit, hier ein Leben und Schaffen aus der Unendlichkeit; mit einem Wort dort eine gebundene, hier eine selbsttätige Lebensführung. Das eröffnet die Aussicht auf unermeßliche Bewegungen und Spannungen, auf einen unser ganzes Dasein durchdringenden Kampf. Denn friedlich nebeneinander bestehen können die beiden Lebensarten unmöglich, die eine muß die andere zu unterwerfen oder aufzulösen streben.

Dieser Gegensatz verbietet es auch, den Beweis für die Möglichkeit und die Notwendigkeit des Neuen vom Überkommenen her zu führen. Es wäre eine Erniedrigung des Ursprünglichen, wollte es sein Recht durch die Leistung für das andere begründen. Eine derartige Weiterbildung der Wirklichkeit ist überhaupt eines Erweises von außen her weder fähig noch bedürftig, sie muß sich an erster Stelle durch die Fruchtbarkeit und den Zusammenhang ihrer eignen Entwicklung erweisen; dann erst kann sie sich durch ein Sichten und Steigern des Überkommenen bezeigen. Ein so tiefgreifender Gegensatz beruft den Menschen zu einer persönlichen Entscheidung und zwingt ihn zu einer Antwort auf die Frage, ob er ganz in die Welt der Gegebenheit aufzugehen vermag, oder ob ihn ein Grundtrieb seines innersten Wesens zu einer Welt selbsttätigen Lebens treibt. Das ist das große Entweder-Oder, das Fichte in seiner »Bestimmung des Menschen« packend geschildert hat; nicht weit können wir mit dem gewaltigen Stürmer gehen; um so entschiedener möchten wir betonen, daß sein Ausgangspunkt, sein Grundgedanke eines ursprünglichen und weltschaffenden Lebens im Menschen, auch uns als die Grundlage nicht nur aller ausgeprägten Philosophie, sondern aller kräftigen Geistesarbeit gilt. Das Ansichwahre und Ansichgute Platos wird zu einer lebensvollen Wirklichkeit für uns nur in Verbindung mit jener Selbsttätigkeit Fichtes.

Aber je umwälzender die Idee eines ursprünglichen Lebens ist, desto vorsichtiger ist sie von Anfang an vor Entstellung zu behüten, es sind besondere Bedingungen, unter denen allein sie leisten kann, was sie leisten soll. Drei Punkte sind es, die dabei vornehmlich in Frage kommen.

1. Jene Wendung zur Selbsttätigkeit muß den ganzen Umfang unserer Kräfte umspannen, nicht eine einzelne Seite herausgreifen und sie über die anderen hinausheben. Denn nur die Zusammenfassung unseres ganzen Lebens gibt der Bewegung eine volle Ursprünglichkeit und Gewißheit, sonst wird der begünstigte Teil seine besondere Natur dem Ganzen des Lebens auferlegen, zugleich aber das Zurückgestellte Widerstand leisten und das Recht des anderen bestreiten. So verwerfen wir die heute beliebte Scheidung einer theoretischen und einer praktischen Vernunft und das Ausspielen der einen gegen die andere. Wohl stehen auch wir zu der Überzeugung, daß zentrale Erfahrungen des menschlichen Geisteslebens, nicht ontologische Spekulationen, unsere letzten Überzeugungen

zu bestimmen haben und in Wahrheit bestimmen; aber das ist etwas anderes als jene Zerlegung und leicht auch Entzweiung der Vernunft. Nicht um Seiten, sondern um Stufen des Lebens handelt es sich, um den Gegensatz eines gebundenen, vermengten, fremden Zwecken unterworfenen und eines autonomen, rein ausgeprägten, sich selbst angehörigen Lebens. Dieser Gegensatz geht wie durch alle Lebensentfaltung so auch sowohl durch das Erkennen als durch das Handeln. Bei diesem auf der einen Seite ein selbsttätiges Wirken unter Schöpfung eigner Größen und Werte, das Aufbauen eines Reiches reiner Innerlichkeit; auf der anderen ein Streben und Wirken innerhalb des gegebenen Daseins, ein Getriebenwerden durch dunkle Kräfte, eine starre Gebundenheit oft inmitten wilden Lebensdranges. Ähnlich bei der Theorie dort eine Urerzeugung von Gedanken unter innerer Aneignung und Durchleuchtung des Gegenstandes, die Entfaltung einer selbständigen Gedankenwelt aus der eignen Bewegung des Lebens; hier die Richtung auf ein fremdes und unzugängliches Dasein, ein bloßes Feststellen und Ordnen gegebener Daten. — So die Aufgabe einer Befreiung des ganzen Wesens, ein Gegensatz für den ganzen Bereich unseres Daseins. Vor allen Unterschieden innerhalb der Vernunft steht der Gegensatz einer vollen Vernunft und einer Halbvernunft.

2. Dem Menschen ein ursprüngliches Leben zuerkennen, das heißt nicht die ganze Vernunft auf den Menschen stellen und zur Sache des bloßen Menschen machen. Ohne eine sich selbst angehörige, alles menschliche Unternehmen begründende und umfangende Welt kommt unser Tun nicht über seine natürliche Enge hinaus und in ein schaffendes Leben hinein; eine Welt, die es aus sich allein hervorspänne, würde leicht ein haltloses Gewebe. Die Abschüttelung aller Voraussetzungen und Zusammenhänge verhilft dem Subjekt noch nicht zu einem selbständigen Schaffen und einem neuen Lebensgehalt. Eine neue Welt gegenüber dem Dasein kann Bestand und Wahrheit nur gewinnen, wenn unser Streben in einem Gesamtleben wurzelt und von ihm getrieben wird. Unser menschliches Schaffen ist kein absolutes Schaffen, sondern ein Mitschaffen,

ein Teilnehmen an einem ursprünglichen, wirklichkeitbildenden Leben; für uns gibt es keine Freiheit ohne eine Bindung und keine Stärke ohne eine Beugung unter eine überlegene Macht.

3. Ist derart unser Vermögen innerlich gebunden, so hat auch seine Leistung feste Bedingungen und Schranken. Ein selbsttätiges Leben als Ursprung und Kern aller Geistigkeit setzen, das heißt nicht behaupten, daß dieses Leben bei uns Menschen lediglich aus sich selbst allen Inhalt erzeuge und unmittelbar unsere ganze Wirklichkeit schaffe. In unserem menschlichen Kreise, wie später näher erörtert wird, erreicht jenes neue Leben eine volle Gestalt und eine gleichmäßige Durchbildung nur bei Beziehung auf die Welt der Erfahrung und bei Ergreifung des in ihr enthaltenen Tatbestandes. Das besagt nicht, daß es von dort einen Stoff fertig aufnehme und seine Welt aus inneren und äußeren Bestandteilen zusammensetze. Denn wenn die Selbsttätigkeit zu dem zurückkehrt, von dem sie sich losreißen mußte, so sieht sie es nunmehr in neuem Lichte, umfaßt es mit überlegener Kraft und nimmt von ihm nichts auf, ohne es in der Aneignung umzugestalten und zu erhöhen. Das ursprüngliche Leben bleibt daher auch in der Anerkennung des anderen immer führend, bewegend, durchleuchtend; es entwickelt den Raum, wohin das andere zu versetzen ist. Was immer das Dasein an Eignem und Neuem enthalten mag, das eröffnet es nur der geistigen Arbeit und nach dem Maße der Selbsttätigkeit; diese hat den Entwurf vorzuzeichnen, worin jenes einzutragen ist, diese stellt die Fragen, die jenes beantworten soll. So bedarf das Erkennen der Erfahrung, aber es kann aus ihr nicht schöpfen, ohne die äußere Welt in Begriffe und Gesetze, d. h. in geistige Größen zu verwandeln. So kann auch das praktische und das künstlerische Handeln sich nicht vollenden und seine eigne Durchbildung finden, ohne zur sichtbaren Leistung fortzuschreiten und am Äußeren das Innere zu gestalten.

Demnach bleibt auch in der Wendung der Arbeit nach außen das Schaffen überlegen; die Forderung eines Zusammenwirkens besagt keineswegs eine Gleichstellung, vielmehr bleibt die Entscheidung beim inneren Werk. Ja die nähere Beschaffenheit, welche die Selbsttätigkeit im Ringen mit der Gegebenheit annimmt, ist schließlich ein Fortschreiten bei sich selbst, eine Entfaltung ihres eignen Wesens; alle echte Erfahrung wird damit zur Selbsterfahrung. — Das ergibt einen anderen Weg als den der konstruktiven Systeme mit ihrer Mißachtung der Erfahrung, als den des Empirismus mit seinem Herleiten der Vernunft aus der Unvernunft oder doch Halbvernunft, aber auch als den des Dualismus mit seiner Spaltung und Zusammensetzung des Lebens.

b) Das Zeugnis der weltgeschichtlichen Arbeit.

Soviel zur Abgrenzung und Verwahrung. Alles zusammen gibt aber der Hauptidee noch nicht die Anschaulichkeit und die Überzeugungskraft, die wir ihr vor der näheren Ausführung und ihrer Verwicklung wünschen. In dieser Richtung sei in Kürze das Zeugnis der weltgeschichtlichen Arbeit angerufen. Denn es hat jenes neue Leben seine Selbständigkeit in gewaltigen Wirkungen auf dem Boden der Geschichte bewährt, und es führt hier einen harten Kampf gegen die Welt des Durchschnitts und der Gebundenheit. Ja, der Zusammenstoß beider Welten bildet ein Hauptstück der geschichtlichen Bewegung. Besonders einleuchtend ist das bei den schaffenden Persönlichkeiten des Denkens wie des Handelns, der Religion wie der Kunst; sowohl durch die Schärfe des Gegensatzes als durch die Fülle und Macht des Neuen sind sie alle Beweise des Geistes und der Kraft für die Wirklichkeit einer neuen Welt. Denn es haben alle jene Männer ihr Lebenswerk nicht aufgenommen aus jenem trüben Durcheinander des Alltags, es nicht geführt mit seinen Mitteln und für seine Zwecke, sondern aus einer anderen Welt, die bei aller Unsichtbarkeit ihrem Wirken näher, vertrauter, gewisser war als alles handfeste Dasein. Sie konnten aber die neue Welt nicht entfalten, die Grundüberzeugungen nicht in Arbeit und Schaffen umsetzen, ohne jenes andere als eine unerträgliche Hemmung zu empfinden und sich einen sicheren Platz dagegen zu erstreiten. Dabei sahen sie den Fehler des vorgefundenen Standes nicht in einem bloßen Zurückbleiben hinter den Forderungen des neuen Lebens, in irgendwelchen

Mängeln und Lücken, sondern darin, daß hier das Höhere mit Niederem verquickt und unter ein Fremdes gebeugt war, und daß dies widerspruchsvolle Gemenge als eine selbstherrliche Macht auftrat, ja sich als die höchste Instanz gab. Es war die Anmaßung, die innere Unwahrheit, die Scheinhaftigkeit jenes anderen Lebens, die jene Männer erregte und entflammte; der Eifer um die Wahrheit, die Entrüstung über die Lüge, ist der Grundtrieb alles geistigen Schaffens.

In dem Kampf aber gegen das, was dem Menschen sonst als die ganze Welt galt, waren jene Männer von vornherein verloren, hätten sie nicht eine feste Stellung jenseits jenes Getriebes gewonnen und aus ihr freudig gewirkt. So haben sie in Wahrheit — im Fortgang der Zeit immer bewußter — einen archimedischen Punkt gesucht, um von dort die vorhandene Welt zu bewegen und umzuwandeln. Jenen Punkt aber konnten sie nirgends finden, als in einer Zusammenfassung ihrer eignen Tätigkeit, in einer Vertiefung zu den inneren Notwendigkeiten des Schaffens, an denen für sie — für jeden nach seiner Art — die Möglichkeit eines geistigen Bestehens hing, im Ergreifen der Stelle, wo ein ursprüngliches Leben bei ihnen durchbrach und sie sowohl über alle zufällige Besonderheit als über alle tastende Erwägung in die Gewißheit einer neuen Welt emporhob. Von hier aus entsprangen zwingende Forderungen, die dem Wirken seine Hauptrichtung wiesen. So fand sich ein Übergang von stürmischem Antrieb zu fruchtbarer Arbeit, aus dem Nein entsprang ein Ja, im Niederreißen erschien ein Erbauen. Diesem Aufbauen aus ursprünglichem Schaffen und Schauen verdanken wir den Geistesgehalt der Kultur und alle seelische Vertiefung des Daseins.

Dieser schroffe Gegensatz und solches Neueinsetzen einer anderen Ordnung der Dinge erstreckt sich in alle Verzweigung der Arbeit. Alle Höhepunkte der philosophischen Bewegung enthalten einen Bruch des Denkens mit der Durchschnittsmeinung. Auch diese Meinung bereitet ein Weltbild und fügt die Erscheinungen irgendwie zusammen; sie beruhigt sich nicht nur bei solcher Leistung, sie behandelt sie als abschließend und vollgenügend, sie mißt danach alles andere, sie erschleicht damit die Stellung und die Rechte einer letztgültigen Wahrheit. Das aber erweckt unvermeidlich den Widerspruch des Denkens, sofern es zur Selbständigkeit geweckt ward. Es erweist diese Selbständigkeit zunächst verneinend durch Aufdeckung der unsicheren Grundlage jenes ersten Weltbildes, durch Herausstellung unerträglicher Widersprüche, durch Auflösung der vermeintlichen Zusammenhänge; es erweist sie weiter bejahend durch ein Entwerfen einer neuen Welt im Zusammenwirken erhöhenden Schaffens und logischer Kraft, durch ein energisches Ausführen neugewonnener Anfänge mittels zäher, nur ihrer eignen Folgerichtigkeit vertrauender Begriffsarbeit. So wird nicht bloß innerhalb des alltäglichen Weltbildes zurechtgerückt, gedeutet, zusammengefaßt, sondern es entsteht eine neue Welt, gegenüber der jene andere, wenn nicht zu bloßem Scheine, so doch zur Nebensache herabsinkt. Nie sind große Wendungen der Philosophie aus den Meinungen und Bedürfnissen jener Umwelt hervorgegangen, in das eine matte Zeit ihr ganzes Wesen setzt. Vielmehr wird jede Hauptepoche der Philosophie durch die Aufdeckung eines Hauptwiderspruches in dem unwissenschaftlichen oder halbwissenschaftlichen Weltbilde eingeleitet, und es wird die eigne Behauptung gegenüber diesem Widerspruch zum springenden Punkte des Schaffens. Die Besonderheit dieses Widerspruchs und die Art seiner Überwindung erweist am meisten den eigentümlichen Charakter der verschiedenen Epochen; jenen Konflikt durch seine Hauptphasen verfolgen, das heißt dem Gewirr der Lehren und Meinungen eine innere Geschichte der Philosophie entringen.

So wird einem Plato die Vermengung von Werden und Sein, von Fließendem und Festem im herkömmlichen Weltbilde unerträglich; indem er beides deutlich scheidet und ein wahrhaftiges Sein in seiner Ideenwelt festlegt, weicht die Welt der Meinung und des Scheines einer wesenhaften Ordnung der Dinge. In anderer Richtung, aber einer Selbständigkeit des Denkens nicht minder gewiß, wirkt Descartes, indem er das bisherige Durcheinander von Seele und Außenwelt, von Denken und Ausdehnung zerstört, wirkt Kant mit seiner schärferen Scheidung von Subjekt und Objekt, von Form und Stoff, jeder dabei gleich energisch darauf bedacht, für den zerschlagenen Zusammenhang durch Gedankenarbeit einen neuen wiederherzustellen. In dem allen ein schroffer Gegensatz der Philosophie und der Durchschnittsmeinung; was dieser selbstverständlich dünkt, wird jener zum schwersten Problem, und worauf sie unbedingt bestehen muß, das gilt der anderen leicht als Überspannung und Torheit. Was immer die Denker trennen mag, eine Selbständigkeit des Denkens bekennen sie alle. Könnte aber das Denken eine solche Stellung behaupten, könnte es seine Welt als die wahre erweisen, wenn nicht das Ganze des Lebens eine neue Wirklichkeit in sich trüge, aus der es jene Tätigkeit zu schöpfen vermöchte?

Eine fast noch größere Schroffheit erlangt der Gegensatz freier und gebundener, reiner und vermengter Geistigkeit auf dem Gebiete des Handelns. Das Glück des Durchschnittslebens und die Tugend des gesellschaftlichen Durchschnitts gelten einem Plato, einem Augustin, einem Kant nicht nur als hie und da mangelhaft, sondern als von Grund aus verfehlt. Denn was solcher Stand an geistiger Regung, an Bedürfnissen und Bestrebungen höherer Art erreicht, das ist nur eine Zutat zu einem andersgearteten Leben, das richtet sich auf den äußeren Erfolg und dient der Meinung der Menschen. Nicht die eigne Befriedigung, ein im eignen Wesen Weiterkommen, sondern nur ein Glücklich- und Tüchtigsein in der Schätzung anderer, ein Glücklich- und Tüchtigscheinen wird hier das Ziel. Wenn nun dieser Schein sich selbstgenugsam in seine eignen Kreise einspann, wenn er nicht nur lautere Wahrheit, sondern der Quell aller Wahrheit sein und nichts außer sich dulden wollte, so mußte das echterem und ursprünglicherem Leben als eine ungeheure Verkehrung erscheinen, die zum Schutz der Wahrheit und zum Heile der Menschheit nicht entschieden genug bekämpft werden könne. Zu einer heiligen Aufgabe wurde es ihnen, die Scheinhaftigkeit jener Lebensführung aufzudecken und ihre Anmaßung abzuweisen. Jenes Durchschnittsglück mit seiner Selbstgenugsamkeit galt ihnen als ein »schimmerndes Elend«, die Tugenden jenes Standes als »glänzende Laster«, das ganze Dasein als eine finstere Höhle, aus der nur ein gewaltsamer Ruck den Menschen befreien und zur lichten Höhe emporheben könne. Diese Angriffe schöpften aber ihre innere Wahrhaftigkeit und ihre gewaltige Wucht aus der lebendigen Gegenwart eines selbständigen und selbsttätigen Lebens.

Ähnliche Spannungen zeigen die anderen Gebiete des Lebens. Die Geschichte der Religion ist voll harten Kampfes zwischen einer Beugung des Göttlichen unter die Zwecke des menschlichen Wohlseins, sei es der Individuen, sei es der Massen, und einer Erhöhung des Menschlichen durch göttliche Macht und Liebe, wobei der Weg zum Ja durch ein entschiedenes Nein ging. Auch was im künstlerischen Schaffen zu echter Größe und schlichter Einfalt entstand, das schöpft aus anderen Zusammenhängen und wirkt mit anderen Kräften als denen des Durchschnitts.

Daß durchgängig so das menschliche Leben einen Gegensatz und eine Spannung in sich trägt, das drängt sich auf den einzelnen Gebieten viel zu deutlich auf, um sich bestreiten zu lassen. Dabei bildet die Erfahrung des einzelnen Gebietes nur ein Stück einer Gesamttatsache, und die besonderen Gegensätze entwickeln einen einzigen großen Gegensatz: den Gegensatz einer selbständigen, ursprünglichen, vollausgeprägten und einer abhängigen, abgeleiteten, vermengten Geistigkeit. Die Schroffheit des Zusammenstoßes aber, wie sie der Spiegel der Geschichte uns vorhält, bekundet die Stärke eines Hinausstrebens über den Durchschnittsstand, die Stärke des Verlangens nach einem vollen Leben.

Dieser Gegensatz beschränkt sich nicht auf die Punkte des direkten Zusammenstoßes, er begleitet und durchdringt die ganze Bewegung. Die Durchschnittsmeinung legt sich die Sache bequem zurecht. Den harten Konflikt und die oft tragischen Wendungen kann sie nicht leugnen, aber sie beschränkt den Gegensatz auf einzelne Stellen und beruhigt sich bei dem Gedanken, daß das Gute und Große später um so mehr anerkannt und für die erlittene Unbill durch einen vollen Sieg entschädigt werde. Demgemäß hält jene Meinung das Feindliche mit der einmaligen Zurückweisung für endgültig überwunden; es scheint z. B., als sei die Sophistik durch S o k r a t e s, der Pharisäismus durch Jesus, wie er ihn verstand, ein für allemal ausgerottet. In Wahrheit gibt jenen Verirrungen die Zeitlage nur die örtliche Färbung, in der Sache kehren sie immer wieder, oder vielmehr sie erhalten sich unter wechselnden Namen und Gewändern durch alle Zeit. Sehr viel weiter müßten wir sein als wir sind, wenn das äußere Durchdringen des Guten auch einen inneren Sieg besagte. Oft verhält sich die Sache umgekehrt, und schädigt der äußere Triumph den inneren Stand. Wenn nämlich das Durchschnittsleben jenen anerkannte und mit Lob und Ehren überhäufte, so hat es das Gefeierte zugleich zu sich selbst herabgezogen, es verflacht und vermenschlicht; es hat in der Huldigung selbst seine eigne Art auch dem anderen aufgedrängt, in der Anerkennung selbst es bezwungen und entstellt. Die Überzeugung von der überlegenen Macht des Guten aufrechthalten kann nur, wer einen anderen Lebensbereich als den des gesellschaftlichen Durchschnitts anerkennt; gibt es überhaupt in unserem Kreise einen Sieg des Guten, so kann er nicht in Erfolgen auf jenem Boden bestehen, sondern nur in einem deutlicheren Heraustreten des Höheren aus der Verwicklung, einer reineren Gestaltung und kräftigeren Entfaltung zu einer selbständigen Tatwelt.

So vereinigt sich alles zu dem Schluß: kein Sinn und kein Charakter, kein Mark und keine Kraft irgendwelches Geisteslebens ohne eine Erhebung über den Durchschnitt, keine solche Erhebung ohne eine Selbsttätigkeit, keine Selbsttätigkeit am einzelnen Punkte ohne eine Selbsttätigkeit im Ganzen, ohne ein begründendes Gesamtleben, ohne die Eröffnung einer neuen Welt.

c) Der Umriß der neuen Wirklichkeit.

Wir können den Grundgedanken nicht entwickeln ohne das Bewußtsein, einstweilen nur Umrisse zu entwerfen. Aber das liegt an der Sache, nicht an der Behandlung. Es läßt sich einmal bei einem Aufbau nicht anders als vom Umriß beginnen; daß namentlich das selbständige Leben seinen Gehalt nicht fertig mitbringt, sondern ihn erst durch Kampf und Erfahrung, durch Scheidung und Wiederverbindung gewinnt, das ist ein Grund gedanke unserer ganzen Untersuchung.

In jenem Leben erkannten wir eine neue Stufe des Alls, den Fortgang von einer Welt der Beziehungen zu einer Welt des Beisichselbstseins. Dies Neue fällt aber uns Menschen nicht mühelos in den Schoß, es verlangt eigne Arbeit und Erfahrung; eine Grundwelt umfängt uns nicht als gegeben, sie ist nur durch das ursprüngliche Schaffen eines selbsttätigen Lebens zu gewinnen. Diese Erzeugung einer Wirklichkeit aus der Selbsttätigkeit hat aber verschiedene Seiten, und sie stellt verschiedene Forderungen; ihr gibt eine durchgehende Spannung die Tatsache, daß einerseits keine Wirklichkeit zustande kommt ohne eine Scheidung des anfänglichen Chaos, ohne ein Festwerden der Arbeit gegenüber dem unsteten Spiel der Kräfte, daß andererseits das Abgehobene seinen geistigen Charakter einbüßen müßte, bliebe es nicht von dem Lebensprozeß umspannt, und führte jene Ablösung zu einer völligen Trennung. Diesen Gegensatz hat der Lebensprozeß herauszustellen und zu überwinden; er wird damit sich selbst eigentümlich gestalten und namentlich in sich abstufen müssen.

Das erste, was das ursprüngliche Leben besitzen muß, um eine Wirklichkeit zu erzeugen, ist ein Weltcharakter; weder eine Besonderheit des Trägers darf es innerlich begrenzen, noch dürfen fremde Mächte es von außen beengen, wenn in ihm eine neue Welt aufsteigen soll; ohne ein Weltvermögen im eignen Wesen gibt es für den Menschen kein Mitbauen einer neuen Welt.

Das besagt zunächst eine Ablösung des selbsttätigen Lebens von der Enge und Gebundenheit des Einzelwesens. Könnten wir an keiner Stelle uns davon befreien, wäre unser Geistesleben bis zu seiner tiefsten Wurzel an die Beschaffenheit jenes gebunden, so würde alle seine Entfaltung durch ein fremdes Element getrübt, gebrochen, entstellt, und wie es nie mit reiner Gestalt aus dem trüben Gemenge hervorscheinen könnte, so würde es auch nie die bezwingende Kraft eines Selbstzwecks erlangen und uns damit beherrschen. Auch könnte bei solcher Gebundenheit an den Einzelpunkt die Gemeinschaft der Arbeit nie über ein leidliches Zusammentreffen an den Ergebnissen hinaus und zu einem Zusammenwirken im Kern des Lebens, zu einer Verbindung der Gemüter führen.

Kein kräftiges und glückliches Wirken zum Ganzen ohne ein ursprüngliches Wirken aus dem Ganzen!

Aber die Besonderheit des einzelnen ist nicht der schlimmste Gegner der geistigen Arbeit, weit gefährlicher ist die Besonderheit des Menschen als Menschen. Da die Bewegung zu jenem Leben nicht sowohl darauf geht, dem menschlichen Dasein diesen oder jenen Nutzen zu bringen, sondern den Menschen von Grund aus umzubilden und die gesamte Wirklichkeit zu erhöhen, so muß jedes Einfließen einer menschlichen Sonderart sie nicht nur verengen, sondern entstellen und irreleiten. Nun bleibt es eine Tatsache, die uns später genug zu tun geben wird, daß eine Besonderheit menschlicher Art alles geistige Schaffen begleitet und umspinnt. Aber es macht einen großen Unterschied, ob solche Bedingtheit den Grundgehalt des Geisteslebens trifft oder nur seine Entfaltung für unsere Lage, ob das Unternehmen eines Weltlebens an der Sandbank menschlicher Kleinheit von vornherein scheitert, oder ob es in seinem Verlauf Widerstände und Gefahren zu überwinden hat. Wäre dem Menschen jede Scheidung zwischen einer universalen, kosmischen und einer partikularen, bloßmenschlichen Art versagt und fiele damit alle Kritik seiner selbst, aller Kampf gegen vorgefundene Schranken, so blieben wir immer im Netz des Kleinmenschlichen gefangen und müßten wir, wie der Wahrheit der Dinge, so auch einer Tiefe des eignen Wesens entbehren.

Die Universalität muß sich aber von der Wurzel des Lebens auch in sein Wirken erstrecken, der Befreiung von inneren Schranken muß eine Überwindung aller äußeren Grenzen entsprechen. Die Selbsttätigkeit kann den Anspruch auf volle Wahrheit nicht durchsetzen, wenn sie nur einen Ausschnitt des Lebens ergreift und das übrige nicht berührt; sie darf ihre Welt nicht als ein besonderes Reich neben anderen geben, sondern sie muß alles Wirkliche und Mögliche umspannen, sie muß alles von sich aus beleben und nach ihren Gesetzen gestalten, überzeugt, es damit der eignen Tiefe zuzuführen. Einer Einschränkung von außen würde bald eine innere Erschütterung folgen, denn wie könnte sich als die Seele des Ganzen behaupten, was Fremdes neben sich dulden müßte?

Dabei kann nicht die bloße Ausdehnung, die vage Unbegrenztheit, dem Weltleben geistigen Schaffens genügen. Bei aller Weite muß dies Schaffen einen inneren Zusammenhang wahren, alle Mannigfaltigkeit zu einer Einheit fügen und mit einem lebendigen Ganzen umspannen. Damit erhebt sich gegenüber dem vorwiegend negativen Begriff der Endlosigkeit ein positiver der Unendlichkeit: dort ein unbeschränktes Fortgehen von einem Punkt einer gegebenen Welt zu anderen, hier ein allumfassendes Wirken des Ganzen. Spekulative Denker ersten Ranges, Männer wie Descartes, Spinoza, Hegel, waren eifrig beflissen, jene Begriffe zu scheiden; nur in der positiven Unendlichkeit fanden sie die der Ursprünglichkeit des Lebens und der Selbständigkeit seines Schaffens entsprechende Lebensform. Auch die geschichtliche Erfahrung bestätigt diesen Zusammenhang: dieselben Neuplatoniker, welche ein reines Beisichselbstsein des Lebens verkündeten, haben die Idee der positiven Unendlichkeit aufgebracht; wo immer jener Grundgedanke Eingang fand, da stand diese Idee in Ehren.

Solche Zusammenhänge stellen in ein helleres Licht, was der erste Abschnitt von einem Wirken überlegener Gesamtgrößen und einer Herrschaft des Ganzen über das Einzelne zeigte. Diese Begriffe blieben im nächsten Dasein ungeklärt und unbegründet, ein Ganzes vor den Teilen ist im vorgefundenen Nebeneinander der Dinge eine Unmöglichkeit. Der Widerspruch verschwindet erst, wenn die Tätigkeit als Selbsttätigkeit zur Quelle der Wirklichkeit wird; dann kann nicht nur, dann muß das Ganze vor den Teilen stehen. Zugleich erhellt, daß es eine innere Einheit nur innerhalb solcher Tätigkeit und für sie gibt. Was wir draußen davon vorzufinden glauben, das stammt aus jenem Leben und weist darauf zurück.

Solche Begründung des Triebes zum Ganzen muß unmittelbar zu seiner Kräftigung wirken und ein mutiges Vordringen über die gegebene Lage empfehlen. Wohl geht durch das Leben ein Streben nach inneren Zusammenhängen und ein Wirken aus inneren Zusammenhängen; keine geistige Arbeit, keine Verbindung der Menschen ohne ein Überwinden der Vereinzelung.

Aber die Zusammenhänge sind mit vieler Zufälligkeit behaftet und wirken nicht aus der Kraft voller Ursprünglichkeit; bald schiebt sich mannigfaches kreuz und quer durcheinander, bald verbleiben klaffende Lücken. Erst mit der Wendung zur Selbsttätigkeit siegt der Zug nach einem allumfassenden, alle Mannigfaltigkeit umschließenden, alle Verschiedenheit ordnenden und abstufenden Zusammenhange; nun kann die eigentümliche Kraft des Ganzen jeder Stelle zugegen sein und den Ertrag der besonderen Leistung in das Ganze zurückführen.

Eine solche Unendlichkeit des Lebens läßt sich nicht von draußen her übermitteln; nur wer zu ihr angelegt ist, kann zu ihr emporwachsen. Nur wenn das Weltleben unmittelbar zur Entfaltung eines Selbst, zum Erleben eines Selbst wird, kann es uns von der Enge einer Sonderexistenz befreien, ohne uns einer leeren und matten Allgemeinheit preiszugeben; nur so kann uns die sonst fremde und kalte Unendlichkeit eine eigne Angelegenheit und eine innere Notwendigkeit werden. Das neue Selbst aber, das sich in solchen Wandlungen entfaltet, steht in vollem Gegensatz zu dem naturhaften Selbst und seiner Behauptung des besonderen Punktes. Hier eine starre Einengung, dort eine unendliche Weite; hier ein alles ausschließendes, dort ein alles einschließendes Selbst; hier die blinde Tatsächlichkeit eines Naturtriebes, der uns willenlos bindet, dort das Leben auf die eigne Tat gestellt, das Wesen durch Freiheit geweckt und erhöht.

Solche Befreiung von der Enge und Gebundenheit einer Sondernatur, wie sie alles gegebene Dasein umklammert, bildet den ersten Schritt zum Aufbau einer geistigen Wirklichkeit. Aber auch nur den ersten Schritt. Alles Wogen und Wallen unbegrenzter Lebensfluten gibt der Arbeit noch keinen festen Boden, bloßer Sturm und Drang findet nicht schon den Weg zur Gestaltung, die Bewegung schwebt in jener anfänglichen Unbestimmtheit über den Dingen wie der Geist vor der Schöpfung über den Wassern.

Aber schon das Frühere enthielt Ansätze zu weiterem

Fortgang. Von einer einseitigen Kraftentfaltung, die sich den Dingen gegenüberstellt und von draußen her nicht sowohl mit ihnen als an ihnen beschäftigt, schied sich die Volltätigkeit, welche den Gegenstand ergriff und beide Seiten umspannte. Eine neue Art des Lebens ward damit eingeleitet. Die Welttätigkeit des Geisteslebens ist sicherlich nur als solche Volltätigkeit zu verstehen. Aber die Volltätigkeit kann das Problem einer Weltbildung nicht angreifen, ohne selbst über den Anfangsstand und den allgemeinsten Begriff hinausgetrieben zu werden. Denn dieser Begriff bezeichnet die Aufgabe mehr als er sie löst. Die Volltätigkeit hält beide Seiten des Lebens zusammen und bringt Kraft und Vorwurf in Wechselwirkung. Aber sie tut das zunächst nur der Gesamtrichtung nach; sie verweist beide Seiten aufeinander, ohne zu zeigen, wie sie sich finden und wie sie einander weitertreiben; sie behauptet eine Zusammengehörigkeit, ohne sie auszubilden und durch die Ausbildung jedwede Seite zu gestalten. Zur Wendung zu einem Weltleben und zur Forderung einer selbständigen Wirklichkeit genügt nicht jener Stand der Halbverbindung und Halbbestimmung, er steigert die Unfertigkeit zu einem schmerzlichen Mangel; die Volltätigkeit selbst wird zu einer offenen Frage, das Leben sucht bei sich selbst ein Ziel und stellt eine Forderung.

Dies Ziel einer vollen Einigung und gegenseitigen Bestimmung wird aber nur erreichbar durch eine Verbindung beider Seiten zu einem gemeinsamen Schaffen, durch die Herausbildung und Festlegung eines Werkes. Der Fortgang zum Werk ist der Hauptwendepunkt der Lebensbildung. Erst hier erreichen die beiden Seiten des Lebens einen festen Zusammenhang, die Arbeit am Werke eröffnet eine Stätte der Erfahrung und einer gegenseitigen Mitteilung, die Kraft vermag hier ihre Leere, der Vorwurf seine Fremdheit abzulegen, die Lebensbewegung sich zusammenzuschließen und in sich selbst zu befestigen. — Im Werk vollzieht das Leben einen bedeutenden Fortschritt bei sich selbst, einen Anstieg, der sich nicht aus den gegebenen Daten ableiten läßt, sondern der etwas wesentlich Neues bringt. Dabei ist es voller Gegensätze. Das Werk entspringt aus der Tätigkeit und darf sich nicht von ihr trennen, und es ist zugleich etwas Eignes gegenüber der Tätigkeit, es scheint unser Dasein zu spalten und führt es allererst zur Einheit, es begrenzt das Leben und will zugleich seiner Unendlichkeit genügen.

Ihr volles Licht erhält diese Wendung zum Werk erst bei einer Fortbildung des Begriffs über die Fassung des Alltags, das aber namentlich an zwei Punkten. — Zunächst darf das Werk nicht vornehmlich als eine Leistung nach draußen, als ein fremden Händen anvertrautes Ergebnis gelten, sondern es bedeutet eine Schöpfung bei uns selbst, ein Zusammenschießen, eine Konzentration und Kristallisation im eignen Bereich. Das Werk entspringt in dieser Innerlichkeit nicht nur, sondern es verbleibt hier für die Dauer. Es draußen in sichtbaren Leistungen vorfinden kann nur, wer unvermerkt das Sichtbare aus dem Unsichtbaren beseelt, und wer bloße Wirkung für die erzeugende Kraft nimmt. Wenn das Streben zum Werk unser Tun durchdringt und der Fortgang zu ihm soviel verspricht, so erklärt sich das daraus, daß wir bei dem Werk um die Weiterbildung, die Befestigung und Vollendung des eignen Wesens kämpfen, daß wir bei uns selbst mit dem Werke werden und wachsen. Alle Leistung ist auch bei den erstaunlichsten Erfolgen nach außen leer und tot bei sich selbst, wenn sie sich nicht auf diesen Boden versetzt und hier sich bewährt.

Die Forderung der Innerlichkeit des Werkes ergibt aber unmittelbar die einer allumfassenden Ganzheit. Wie bei der Selbsttätigkeit ein Glied des Ganzen alle Mannigfaltigkeit zu tragen hat, so muß auch das Werk, das diese Tätigkeit weiterführt, in erster Stelle ein umfassendes Ganzes, ein Gesamtwerk, ein Lebenswerk sein. Mag die menschliche Tätigkeit zunächst nur einzelne Werke hervorbringen und erst allmählich größere Zusammenhänge herstellen, es treibt und richtet die Idee des Ganzen auch das einzelne Werk; erst sie drängt zur Verbindung und Ausgleichung der einzelnen Leistungen, erst sie verleiht dem Besonderen eine Festigkeit und volle Gestaltung. Wir pflegen von der Wirklichkeit als einer Ordnung der Dinge zu reden, die uns von draußen umfängt und uns ohne unser

Zutun einnimmt. In Wahrheit entsteht eine Wirklichkeit als das Werk der Werke nur durch einen Zusammenschluß unseres eignen Tuns, sie ist eine Forderung und eine Leistung des Geisteslebens bei sich selbst; nur soweit verwandelt sich uns das Chaos der Erscheinungen in eine Wirklichkeit, als ein Zusammenhang geistiger Tätigkeit aus ihm herausgehoben wird. So ist das, was die unphilosophische Ansicht als den selbstverständlichen Ausgangspunkt hinnimmt, in Wahrheit der Endpunkt und die schwierigste Aufgabe; unser Leben steht nicht von vornherein auf einem sicheren Grunde, sondern es hat einen solchen der Ungewißheit, Verworrenheit und Scheinhaftigkeit des nächsten Daseins erst abzuringen, es kann das nur von innen her durch eine Fortbildung, Zusammenfassung und Befestigung seiner selbst. Aber es hat an einer solchen echten, durch Arbeit erkämpften Wirklichkeit auch unvergleichlich mehr als an jener vermeintlich vorgefundenen des Anfangs, es hat an ihr nicht ein leeres Gefäß, sondern eine sachlich erfüllte, durchgebildete Welt.

Wenn die Zurückführung des Werkes auf die Selbsttätigkeit und die geistige Selbsterhaltung alles aufhellt und begründet, was die Weite der Erfahrung an Streben zum Werke zeigt, so erhebt sie zugleich die Sache über den Durchschnittsstand und überwindet sie die bloße Erfahrung. Denn bei dieser ist die Werkbildung keineswegs ein reines Erzeugnis der Tätigkeit. Von draußen strömen unerwiesene Voraussetzungen ein, von draußen werden undurchleuchtete Ziele aufgedrängt, unsere Arbeit findet überall Schranken an einer fremden Welt, auch innerhalb ihres Bereiches vermengt sich unablässig mit dem Eignen Fremdes. Demgegenüber bedarf es für die Zwecke des Geistes einer ständigen Gegenwirkung, sie erfolgt auf allen Höhepunkten geistigen Schaffens. Hier heißt es alles Vorgefundene einer Prüfung zu unterziehen, am Werk alles auszuscheiden, was von draußen stammt, es rein aus der Tätigkeit zu entwickeln, mit dem allen das Leben zu erneuern, zu verjüngen, zu vertiefen. Zeugnis dessen ist der Gesamtverlauf der Geschichte. Denn ein durchgehender Fortschritt ist namentlich darin sichtbar, daß was früheren Zeiten als ohne weiteres gegeben und als selbstverständlich galt, späteren zum schweren Problem und zur Sache eignen

Entscheidens wurde; was zunächst fertig dargeboten schien, das ward weiterhin auf die Tätigkeit gestellt; es galt das Warum des Warum zu ergründen, den Zielen ein Ziel zu stecken. So wird immer mehr »Selbstverständliches« zerstört, immer weiter die Grenzen des Lebens zurückgeschoben, immer mehr in es hineingezogen, zugleich aber es bei sich selbst mehr zu einer Welt zusammengeschlossen. Von hier aus erscheint die Geschichte als eine wachsende Umsetzung des Daseins und vornehmlich des Wirkens in volle Selbsttätigkeit.

Diese Anerkennung des Werkes begründet vollauf die Schätzung des Werkes und der Arbeit, die das Bewußtsein und Leben der Menschheit durchdringt. Das Werk bietet gegenüber dem Schwanken der ersten Lage einen festen Halt, gegenüber dem Tasten und Suchen ein deutliches Ziel, gegenüber der Zerstreuung des Lebens eine Geschlossenheit. Hier können die Kräfte sich zusammenfinden und in ein Gleichgewicht setzen, hier kann das Leben sich entfalten und klären. Der Übergang zum Werk zwingt zur Entscheidung zwischen sonst offenen Möglichkeiten; Falsches wird erkannt und verworfen, was aber jene Prüfung besteht, bestärkt und enger verbunden. Jetzt können sich Haupt- und Nebensachen scheiden, die Mannigfaltigkeit sich gliedern und abstufen. Erst solches Drängen und Zwängen in eine feste Bahn führt zu einer Erfahrung der Dinge und vor allem unser selbst, es erhebt uns über schwankendes Grübeln und macht uns sicher im eignen Leben. Wie das Werk den Menschen über sich selbst hinausführt, so gibt es ihm eine volle Unabhängigkeit gegen alle Außenwelt und alle menschliche Meinung, eine unangreifbare Stellung in geistigen Zusammenhängen, die Gewißheit der Arbeit an einem Reich des Geisteslebens.

Bei solcher Bedeutung des Werkes entscheidet es über den Gehalt und das Glück des Lebens, ob der Fortgang zu ihm gelingt oder nicht, ob sich mit ihm das Streben und Handeln in ein charaktervolles Ganzes zusammenfaßt, oder ob es nur Ungewißheit und Zerstreuung bleibt. Bei der Unableitbarkeit des Werkes, bei seiner Individualität und Positivität ist dieser Fortgang keineswegs selbstverständlich, alle seelische Erregung und alle emsige Betriebsamkeit an der Oberfläche des Daseins vermag ihn nicht zu erzwingen. Natur und Geschick müssen günstig sein: die eigne Art muß eine Richtung enthalten, und die Umstände müssen die Entwicklung dieser Richtung, wenn nicht fördern, so doch gestatten. Aber alle Mitteilung von innen und von außen führt zum Werk nicht ohne erhöhende eigne Tat; solche Tat muß den Umkreis des Daseins beleben, zusammenfassen und richten, auch die äußeren Verhältnisse unterwerfen, sonst ist alle jene Gunst vergeblich.

Daß der Fortgang zum Werk den inneren Erfolg des Lebens entscheidet, das zeigt vielfachste Erfahrung. Um von den Individuen zu beginnen, wie hätte z. B. ein Kant bei aller Größe seines Denkvermögens und bei aller Treue seiner Arbeit die Höhe seines eignen Wesens und damit eine innere Befriedigung erreicht, wäre ihm nicht der Aufstieg zum Werke seiner Vernunftkritik gelungen, und hätte sich ihm nicht damit alles, was in ihm lebte und strebte, in eine einzige Tat zusammengefaßt. Nicht anders steht das Problem bei Völkern und Zeiten. Wo die Bewegung durch alle Hemmung erfolgreich zum Werke vordringt, und wo sich mit solchem Werk das ganze Wesen erhöht, da entstehen klassische Leistungen, da wird alle Mühe und Not des Kampfes von der Freude des Schaffens überboten, da findet sich auch das Edle und Große zur Gemeinschaft der Arbeit zusammen. Wo aber die vorhandenen Kräfte durch Schuld oder Schicksal den Weg zum Werke verfehlen, da unterliegt der Mensch dem Zweifel, der Spaltung, der Ohnmacht, da summiert sich leicht das Gemeine und Kleine, da wird ein Sinken unvermeidlich. Auch die letzte Überzeugung vom Werte des Menschenlebens bemißt sich vornehmlich nach der Beantwortung der Frage, wieweit die Kräfte der Menschheit in dem Gesamtwerke einer geistigen Wirklichkeit eine Befestigung, Verbindung, Erhöhung finden, und ob sich damit das Leben zur Einheit zusammenschließt, oder ob es in sich selbst durch eine unüberwindliche Kluft gespalten bleibt.

So läßt sich vom Werke kaum groß genug denken. Aber es hat diese Bedeutung immer nur im Zusammenhange der geistigen

Bewegung, es verliert sie, sobald es ihn aufgibt. Wird das Werk nicht unablässig von dem Grundleben durchströmt, aus dem es entsprang, so muß es erstarren, in einzelne Stücke zerfallen, seinen Geist verlieren. Dabei zeigt die Erfahrung der Geschichte deutlich genug, daß im Geistesleben nicht wie in der Außenwelt der einmal erreichte Stand ohne weiteres beharrt, sondern daß sofort ein Sinken beginnt, wenn die schaffende Tätigkeit nicht immer mit neuer Kraft einsetzt.

Diese Gefahren einer Erstarrung werden nicht schon dadurch gehoben, daß das Individuum das Werk auf sein subjektives Befinden bezieht und es sich nach seiner Fassungskraft naherückt. Denn das trifft nicht den inneren Gehalt des Werkes und führt nicht zu der unerläßlichen Durchdringung und Belebung seiner; daß eine Vergröberung und Veräußerlichung des Lebensganzen mit großer Zartheit und Innigkeit des Gefühls zusammengehen kann, das zeigt z. B. das Mittelalter. Notwendig ist eine Innerlichkeit nicht neben dem Werke, sondern über und in dem Werke; die Belebung schmiege sich nicht nachträglich an, sondern sie umspanne und beseele von vornherein das Werk.

Daß aber so das Leben seine Überlegenheit wahrt und die schaffende Kraft sich nicht in die Schöpfung verliert, daß das Werk einen belebenden Hintergrund hat, das fordert einen weiteren Fortgang der Bewegung: das Grundleben muß nicht nur in das Werk eingehen, sondern auch aus ihm zurückkehren; es muß nicht nur dem Werke mitteilen, sondern auch von ihm empfangen und aus ihm gewinnen. Die Erfahrung des Werkes wird aber eine Förderung des Wesens nicht schon durch ein einfaches Zurückfließen, sondern nur durch eine fortschreitende Tat, durch ein Ringen des Ganzen des Lebens mit dem Ganzen des Werkes, durch ein Bewältigen des Werkes mittels Weiterbildung des Wesens. Die Ausbildung des Werkes stellt das Leben vor eine neue Aufgabe. Das Werk führt unter Bedingungen, und seien es solche des eignen Wesens, es kann sich nicht zusammenschließen, ohne eine Einschränkung und Ausscheidung zu vollziehen, es erhält damit eine Positivität, die leicht in Starrheit verfällt. Demgegenüber steht der durchgehende

Lebensdrang mit seinem Verlangen nach Unbedingtheit, Unendlichkeit, Universalität. Um diesen Zwiespalt zu überwinden und die Zweiheit wieder zur Einheit zu bringen, bedarf es eines weiteren Schrittes aus freier Tat. Das bisher unbestimmte Grundleben hat sich mit Hilfe des Werkes und unter Festhaltung des Werkes näher zu bestimmen, sich zu näherer Durchbildung, zu einem ausgeprägten Charakter zu erheben; erst dann kann der Spalt zwischen ihm und dem Werke sich schließen, erst dann können Leben und Werk eine volle Wirklichkeit bilden, die, fest und innerlich zugleich, eine vollgeistige zu heißen verdient.

Erst dies Zurückkehren des Lebensvorganges zu sich selbst macht es möglich, von einem Sinne des Lebens zu reden und nach ihm zu fragen, es erklärt zugleich das Verlangen des Menschen nach einem solchen. Was wir bei der Frage des Sinnes suchen: ein Messen von einer Einheit her, ein inneres Verhältnis zu dem Erlebten, einen Ertrag für das Ganze unseres Lebens, das läßt sich nicht von draußen empfangen, sondern nur da erringen, wo das Leben bei sich selbst verläuft und aus aller Entfaltung zu sich selbst zurückkehrt, wo es ein Sicherleben wird und in allen Bewegungen ein eignes Wesen erfaßt, erfährt und erhöht. Ein solches Selbstleben trug unsere ganze Entwicklung und erwies sich an allen Hauptpunkten. Aber zu voller Klarheit und Durchbildung bringt es erst der letzte Schritt; erst mit ihm wird klar, daß alle Bewegung auf die eigne Vollendung geht, und daß der Fortgang des Selbstlebens vom Umriß zur Durchbildung, sein Kampf um ein völliges Wirklichwerden, die Seele aller geistigen Arbeit bildet.

Solche Selbstentwicklung und Selbsterhöhung des Lebens ist etwas anderes als ein Bewußtwerden, ein bloßes Finden dessen, was von Haus aus vorhanden war. Das würde weder dem Reichtum und der Tiefe des Lebens, noch seiner Spannung und Verwicklung entsprechen. Denn dann wäre es bei aller rastlosen Bewegung innerlich festgelegt und in eine vorgezeichnete Bahn gewiesen, wesentlich Neues könnte es nicht erzeugen. Zugleich würde das Geistesleben zu einer nur intellektuellen Leistung verengt. Unsere Fassung erhöht die

Gefahr, aber auch den Ertrag. Nicht das Bewußtwerden, sondern das Selbständigwerden, das Sichselbstvollenden steht hier in Frage. Dazu aber bedarf es notwendig jener drei Stufen, dazu bedarf es des Werkes als der Achse der Bewegung. Weltbildung, Werkbildung, Selbstbildung miteinanderführen zum Ziel; in Befreiung, Befestigung, Verinnerlichung entsteht Leben, Schaffen und Geist.

Mit diesen Stufen und mit dem Gegensatz des Eingehens in das Werk und des Zurückkehrens aus dem Werk erhält das Leben bei sich selbst eine unablässige Spannung. Denn es sind die früheren Stufen nicht nur Durchgangspunkte, die nach getaner Schuldigkeit wegfallen, sondern das Spätere würde erstarren und zusammenbrechen, die Freiheit des Ganzen erlöschen, wenn nicht das Frühere verbliebe und fortwirkte. Damit werden die den einzelnen Phasen charakteristischen Leistungen Erweisungen und Eigenschaften des Ganzen. In der Weltbildung zeigt es eine unermeßliche Weite, in der Werkbildung das Vermögen fester Gestaltung, in der Selbstbildung die Kraft der Konzentration. Alle Leistung aber wird von freier Tat umfaßt und getragen, diese ist es, welche die ganze Ausdehnung selbständigen Lebens von aller natürlichen Entwicklung, allem bloßen Hervorgehen aus einem Gegebensein deutlich unterscheidet. Nur in freier Tat wurzelt das Weltleben des Geistes mit seinem Gegensatze zu allem natürlichen Lebensdrange, nur die freie Tat gibt dem Leben den Stand der Beweglichkeit, der ein Zusammenschließen der Kräfte zum Werk möglich macht, nur die freie Tat läßt endlich das Selbst durch das Werk gewinnen. Die freie Tat ist in dem allen unmittelbar auch eine ethische Tat, sofern aus der Freiheit immer auch ein Gesetz entspringt, welches das Handeln bindet. Ohne eine Unterordnung, ja Aufopferung ist kein Teilhaben an jenem Selbstleben des Geistes möglich; so bildet die deutliche Ausprägung des ethischen Charakters der Bewegung einen Prüfstein ihrer Echtheit.

So die allgemeinsten Umrisse der Bewegung zur geistigen Wirklichkeit. In allen Kämpfen und Erfolgen untersteht sie dem Gesetz des geschichtlichen Werdens, wie es als eine ebensowenig selbstverständliche als irgendwie erklärliche Tatsache unser Dasein und unsere Weltlage beherrscht. Diese Geschichtlichkeit besagt nicht nur, daß wir die Wahrheit erst zu suchen haben und erst allmählich zu finden vermögen, sondern weiter auch, daß unser Streben an jeder Stelle der Ungewißheit und Irrung ausgesetzt ist. So verläuft die Sache nicht so glücklich und glatt wie der erste Überblick es uns vorhält. Die Stufen verbinden sich nicht ohne weiteres in ein zusammenhängendes Leben, sie können miteinander in Widerspruch geraten, und es kann das Leben sich auf einer von ihnen festlegen, wie denn nach der vorwiegenden Richtung auf die Lebensentfaltung, auf die Werkbildung, auf die Verinnerlichung die verschiedenen Epochen weit auseinandergehen. Ferner läßt solche Ungewißheit nicht erwarten, daß die aufsteigende Bewegung in einem einzigen Zuge durchdringt und an jeder Stelle sofort die volle Wahrheit erreicht. Vielmehr ist unser Unternehmen immer ein Suchen und Versuchen, ein Wetten und Wagen; selbst im Gelingen werden wir die Wahrheit nur zum Teil, nur in einer besonderen Richtung erreichen. Darüber aber treibt der Drang unseres Wesens nach letzter und ganzer Wahrheit immer wieder hinaus, die Bewegung vollzieht durch ihre eigne Entwicklung ein Gericht über alle besondere Leistung, sie muß den versuchten Abschluß immer wieder bezweifeln und neue Anfänge setzen. So zerlegt sich die eine Bewegung in eine Kette von Bewegungen, es scheiden sich große Epochen, und aus dem Untergang der einen steigt oft eine andere empor. Aber damit wird nicht aller Zusammenhang aufgehoben. Jene Selbstkritik des Lebens wäre unmöglich, der Forttrieb der Bewegung unbegreiflich, jede Verständigung der Epochen ausgeschlossen, wirkte nicht durch alle Vielheit und Gegensätzlichkeit eine überlegene Einheit des Ganzen, und würde nicht jede besondere Leistung auf diese bezogen und von ihr gemessen, auch innerhalb ihrer mit den übrigen verbunden. Ohne das unablässige Wirken einer absoluten und zeitlosen Wahrheit inmitten alles Wechsels und Wandels, aller Ungewißheit und Irrung gäbe es keine Gesamtbewegung, nicht einmal ein Streben nach Wahrheit und Wirklichkeit. Diese übergeschichtliche Natur des Geisteslebens erweist sich deutlich auch innerhalb unserer Erfahrung, indem sie immerfort aus dem Vergänglichen Bleibendes heraushebt und der Zeit ein Zeitloses abringt. Jede ausgeprägte Epoche schreibt sich mit festen Zügen in das Geistesleben ein und steigert den geistigen Besitz der Menschheit. So vermag sich die geistige Arbeit mehr und mehr von der Zeit zu befreien, in sich selbst einen Halt gegen ihre Schwankungen zu finden, einen Grund zu schaffen, der die Bewegungen trägt.

Das alles ergibt einen eigentümlichen Anblick des Menschenlebens. Es treffen in ihm nicht bloß verschiedene Stufen der Wirklichkeit zusammen, sondern es kann sich von der vorgefundenen Vermengung befreien, von den Ergebnissen zu den bewegenden Gründen dringen, sich zu einem Weltleben erheben. Dies Weltleben muß uns freilich von vornherein umfangen und treiben. Aber solange wir bei der bloßen Gegebenheit verharren, ist es viel zu zerstreut und zersplittert, auch bildet es hier zu sehr einen Anhang eines andersartigen Daseins, als daß es sich zu einem Ganzen zusammenfassen und eine neue Wirklichkeit eröffnen könnte. Das wird erst möglich mit der Wendung zur Selbsttätigkeit, mit dem Aufnehmen eines ursprünglichen Lebens. Nun erst können wir die Kraft eines Weltlebens in uns erkennen, dieses Weltleben ergreifen und an unserer Stelle fördern. Indem sich jetzt die einzelnen Züge zum Ganzen zusammenschließen, erhellt, daß es sich bei der Bewegung nicht um Ergänzungen und Weiterbildungen, sondern um eine völlige Umwälzung, um den Aufbau einer neuen Wirklichkeit handelt. Wie diese Wirklichkeit alles von Grund aus umwandeln muß, was ihr zugehören soll, so entwickeln auch die einzelnen Hauptstufen Forderungen für alle Ausdehnung des Lebens; hier kann nichts Eingang finden, ohne in dem Ganzen einer Welt einen Platz zu suchen, ohne nach einer Gestaltung im Werk zu streben und der Durchbildung des Selbst zu dienen.

Wie solche Wandlungen, wie der Gewinn eines neuen Bodens, das Aussichherausgehen und Zusichzurückkehren des Lebens, durch die ganze Verzweigung des Daseins wirken und an jeder Stelle neue Aufgaben und neue Erfahrungen eröffnen, wie sie uns zu unermeßlicher Arbeit aufrufen, das kann nur die

Herstellung einer engeren Beziehung jener Ideen und Kräfte zum Befunde des menschlichen Daseins erweisen. Daß der Anspruch des Neuen auf das Ganze geht, und daß die Entwicklung der Selbsttätigkeit dem nächsten Dasein eine Tatwelt gegenüberstellt, das steht schon jetzt außer Zweifel.

Diese Anerkennung einer neuen Wirklichkeit verändert auch die Grundform des Lebens. Nun läßt sich das höchste Ziel nicht mehr durch ein Fortspinnen des von Natur und Geschick überkommenen Fadens erreichen, nun bedarf es eines Abbrechens und Neubeginnens, nun versagen alle vermittelnden Begriffe, wie z. B. der einer natürlichen Entwicklung, welche die Spannung verringern und das Geistesleben der Natur unterwerfen. Einer Entscheidung des ganzen Wesens ist hier nicht auszuweichen, sie ist unsere Tat und unsere Schuld, wie immer sie ausfällt; auch die Ergebung in das Dasein, auch der Verzicht auf die Freiheit, ist schließlich ein Werk der Freiheit. Solche Entscheidung ist nicht eine Sache des Augenblicks, sondern des ganzen Lebens; sie bedeutet nicht ein Bekenntnis zu irgendwelcher Formel, sie trägt in sich eine Umsetzung in Arbeit und Schaffen, ein Mitbauen der neuen Welt.

So unfertig das Bild des neuen Lebens hier bleibt, der Gesamtart und der Grundstimmung nach trägt es deutliche Züge. Indem jenes Leben alle Mannigfaltigkeit, ja Unendlichkeit in ein Beisichselbstsein zu verwandeln sucht und damit statt des naturhaften ein geistiges, statt des punktuellen ein universales, statt des leeren ein erfülltes Selbst herausarbeitet, kann die Kraft und der Affekt der Selbstbehauptung sich über das ganze Sein ergießen und damit sich selbst veredlen. Weit überwunden ist nun die natürliche Selbsterhaltung, die Tätigkeit steigert mit der Vertiefung die ihr innewohnende Freude und läßt darin das Glück des Lebens finden, nicht in der sinnlichen Lust und dem subjektiven Befinden. Echtes Glück und volle Tätigkeit verbinden sich hier zu untrennbarer Einheit.

Dazu gesellt sich ein anderes. Wie das neue Leben nicht ein vorhandenes Sein nur bearbeitet, sondern alle Wirklichkeit aus der Tätigkeit hervorbringt, so ist es von der Überzeugung durchdrungen, die ganze Tiefe der Dinge zu erfassen, eine absolute Wahrheit zu erreichen. Wo keine dunkle Tiefe hinter dem Geschehen beharrt, da darf es nicht heißen, daß das Leben in Beziehungen aufgeht und das Erkennen nur Erscheinungen erfaßt; wo das Leben nicht eine fertige Welt vorfindet und sie erst nachträglich an sich zieht, da braucht es sich nicht seine Wahrheit von draußen her verbürgen zu lassen, sondern es wird ihrer durch seine eigne Entwicklung, durch seinen Fortgang zur vollen Durchbildung gewiß. Soweit dabei eine volle Ursprünglichkeit erreicht wird, soweit wird es auch eine volle, ausschließliche und absolute Wahrheit. Denn es kann nichts Ursprünglicheres geben als das Ursprüngliche und ebensowenig verschiedene Grade der Wahrheit. Wohl erkannten wir schwere Aufgaben und Verwicklungen in der Erhebung des Lebens zur Selbsttätigkeit und der Erringung einer ursprünglichen Wirklichkeit. Die Sache liegt nicht so bequem, daß sich rasch und ein für allemal ein unbedingt fester Ausgangspunkt ergreifen und von ihm mit voller Sicherheit fortschreiten ließe; sondern der Kampf greift immer wieder zum Ausgang zurück, erst allmählich werden die Schranken zurückgeschoben, immer von neuem gilt es das Ganze zu gewinnen und zu befestigen. Aber was immer daraus an Zweifeln erwächst, das trifft nur die Ausführung; das Hauptgeschehen bleibt ihnen überlegen, die Bewegung zu einem ursprünglichen Leben und damit zugleich die Tatsache einer in uns wirksamen Selbsttätigkeit bleibt unbestritten. Der sieht den Wald vor lauter Bäumen nicht, dem die Verwicklungen der näheren Gestaltung die durchgehende Tatsache verdecken.

Mit der Überzeugung aber, daß unsere erste Lebenslage ein Weltleben aus der Wahrheit der Dinge hinter sich hat, und daß wir uns dieses Lebens zu bemächtigen und es weiter und weiter uns anzueignen vermögen, ist darüber entschieden, wo der Kern des Lebens und die Hauptspannung unseres Daseins liegt. Die Hauptsache bildet nun weder das Verhältnis zur Außenwelt noch das zu den Menschen neben uns noch das zu unserer eignen Subjektivität, sondern das zu dem Alleben, das in der geistigen Bewegung von innen her aufsteigt; weder die Erfassung der Außenwelt noch die Verbesserung der gesellschaftlichen Lage noch das subjektive Wohlbefinden des Individuums kann den Menschen noch befriedigen, nachdem sich jene Tiefe der Wirklichkeit eröffnet und der Kampf der Welten begonnen hat; gegenüber der kosmologischen, der sozialen, der subjektivistischen Lebensführung erhebt sich hier eine neue, die noologische, die ihnen allen überlegen ist, die das Recht und die Bedeutung einer jeden erst abzumessen hat und aus einem größeren Zusammenhange ihnen Sinn und Seele erst zuführt.

Dies alles hat sich später weiter zu entwickeln und zu bewähren. Hier sei zum Abschluß dieses grundlegenden Abschnittes nur noch ein kurzer Rückblick auf das gestattet, was sich uns an Hauptforderungen für die Selbständigkeit des Geisteslebens ergab. In der Mannigfaltigkeit der einzelnen Punkte wurde eine zusammenhängende Bewegung, ein Forttrieb vom einen zum anderen erkannt. Zunächst galt es, das Durcheinander von Geist und Natur aufzulösen, das die erste Lage beherrscht, gegenüber allen Vermittlungen und Abschwächungen erwies sich eine unvergleichliche Eigentümlichkeit des Geisteslebens. Sich halten, rein ausprägen und zu kräftiger Wirkung bringen kann sich aber diese Eigentümlichkeit nur, wenn in dem Geistesleben ein Selbständigwerden des Lebens, die Tiefe der Wirklichkeit erkannt und anerkannt wird. Aber diese Selbständigkeit des Lebens bliebe für uns eine wertlose Anweisung, vermöchte sich nicht in uns ein ursprüngliches Leben zu entfalten, und dieses endlich konnte seiner Aufgabe nur genügen, indem es eine zusammenhängende Wirklichkeit schuf und in sie alles Vorhandene hineinzog. Das alles bildet eine einzige fortlaufende Kette, deren einzelne Glieder in so enger Wechselwirkung stehen, daß das erste schon auf das letzte hinweist, und daß der Kampf um das letzte auch das Recht des ersten verficht.

So verbindet auch alle Stufen ein gemeinsamer Grundgedanke: es gibt keine Selbständigkeit des Lebens und damit kein echtes Geistesleben ohne eine Ablösung von der Durchschnittslage des Menschen, ohne ein Sichzusammenschließen bei sich selbst, ohne ein Gegenwirken gegen jene Lage. Die Durchführung jenes Gedankens aber erfolgt vornehmlich in zwei Richtungen. Einmal gilt es die Gegensätze deutlich zu scheiden, im besonderen nicht nur Geist und Natur, sondern noch mehr das gegebene Dasein und eine Welt der Selbsttätigkeit, eine Tatwelt, scharf voneinander abzuheben. Sodann aber ist das durch die Scheidung Herausgehobene bei sich selbst zu ergreifen und zur Selbständigkeit des Lebens und Wirkens zu bringen. Dort bedarf es einer präziseren Anschauung, hier einer größeren Lebensenergie, welche die Dinge nicht gleichgültig nimmt und sie stehen läßt, wie sie sich finden, sondern welche sie ergreift, sich aneignet und umgestaltet. Solche Präzision der Anschauung und solche Energie des Lebens sind wiederum nur zusammengehörige Seiten eines selbständigen Eintretens in die Bewegung.

Wo als die Hauptthese des Ganzen gilt, daß eine Selbständigkeit des Lebens nicht aus der gegebenen Welt heraus, sondern nur ihr gegenüber und im Kampf mit ihr zu erreichen und zu behaupten ist, da wird notwendig das ganze Wesen des Menschen zur Tat und Entscheidung berufen. Jenes Eintreten in die Bewegung ist durch alle Beweise von draußen her nicht zu erzwingen; auch die Bestätigung, welche die Bewegung selbst durch die Fruchtbarkeit ihrer eignen Entwicklung, den Fortgang zu einer näheren Durchbildung, den engen Zusammenhang der einzelnen Stufen liefert, wird voll nur den überzeugen, der jene als sein eignes Wesen ergriffen hat.

So kommen wir von allen Seiten auf das Ganze, es handelt sich um eine Annahme oder eine Verwerfung des Ganzen. Schlechthin unhaltbar ist jene Mittelstellung der Durchschnittsmeinung, die, ebenso lau in Liebe und Haß wie verschwommen in den Begriffen, bejahen möchte, aber vor den Konsequenzen des Ja zurückscheut, die das Einzelne in Ehren hält, aber das Ganze verwirft und wie eine Torheit verketzert. Haben wir den Mut und die Kraft, ganz zu wollen, was wir wollen! Ein volles Nein ist in diesen Dingen einem halben Ja vorzuziehen. Denn dieses erweckt den falschen Schein des Besitzes und wirkt zu lähmender Schlaffheit, da doch in Wahrheit unser unter schwere Aufgaben und schroffe Gegensätze gestelltes Leben aller Kraft bedarf, um jenen gewachsen zu werden.

B. Der Kampf um den Charakter des Geisteslebens.

1. Das Problem des Charakters.

a) Erster Entwurf.

Im Kampf um ein geistiges Leben galt es zunächst seine Selbständigkeit zu sichern. Dazu bedurfte es einer Ablösung von der menschlichen Lage in unserer Welt. Ohne eine solche Befreiung fand sich kein Zusammenschluß zu klarer Gestalt, keine siegreiche Erweisung eigner Art gegenüber fremden und feindlichen Elementen. Jede Abschwächung oder Verdunklung dieser Befreiung vermindert seine Kraft und verwischt seine Eigentümlichkeit. So bildet jene Ablösung nicht einen flüchtigen Durchgangspunkt, sondern ein bleibendes Werk, das immer von neuem einsetzen muß.

Aber zugleich unterliegt es keinem Zweifel, daß solcher Stand der Ablösung sich nicht als endgültig hinnehmen läßt; sowohl die geistige Arbeit selbst als die Sorge für eine Einheit des Lebens treibt über ihn zwingend hinaus. — Daß das Leben der Tatwelt eine andere Welt neben sich hat, ohne sich ihren Inhalt anzueignen, muß ihm selbst zum Schaden gereichen. Sein Streben geht auf die ganze Wirklichkeit; um bei sich selber wahr zu sein, muß es alles an sich ziehen. Das Draußenbleiben jener Welt bedeutet nicht nur eine äußere Schranke, auch seine innere Durchbildung kann dann nicht gelingen. Was immer das neue Leben erschloß, das war mehr ein Umriß, ein Schema der Wirklichkeit, als diese selbst; jener Entwurf zeigt uns weder einen Weg in die Mannigfaltigkeit der Dinge noch ein Mittel, sie zu unterwerfen; wir würden inmitten des Weges bleiben, wollten wir an dieser Stelle enden. Das bestätigt auch die Erfahrung der Geschichte. Seit Jahrtausenden hat die Idee, alle und jede Wirklichkeit aus freischwebender Tätigkeit des Geistes hervorzubringen, eine berückende Macht geübt und immer neue Versuche hervorgetrieben. Aber die Verfolgung dieses Weges in der Philosophie von Plotin bis Hegel zeigt deutlich, daß dabei entweder das Leben bei Umrissen verblieb, oder daß es unvermerkt die geringgeschätzte Erfahrung zur Hilfe rief, um jene zu ergänzen und zu beleben. Ähnliches erfuhr die Religion wie auch die Moral.

Auch der Mensch als Ganzes kann jenes Auseinanderfallen der beiden Welten nicht ertragen, es spaltet peinlich sein eignes Wesen. Einerseits fesselt ihn die gegebene Welt mit der Kraft des unmittelbaren Eindrucks und dem Schwergewicht des Vorhandenseins; hier fühlt er sich auf festem Boden, hier scheint sich der Grundstock des Lebens zu finden. Von hier aus mag aber eine Geisteswelt als etwas Jenseitiges erscheinen, als eine Nebensache, die den Grund des Menschen wenig berührt, ihn jedenfalls nicht zu gewinnen vermag. — Aber demgegenüber wirkt das neue Leben fort, und zwar nicht nur in einzelnen Erscheinungen, sondern in einem umfassenden Zusammenhange. Unfertig wie es ist, hört es nicht auf, uns zu beschäftigen, in aller Zurückdrängung behauptet es sich als ein Hauptstück unseres Lebens. Sind wir doch nicht von draußen, sondern von innen her zu ihm gelangt. Selbst in der Beschränkung muß es jenem anderen seine Schranke zeigen und einen Abschluß bei ihm verbieten. Jenem Geistesleben einen höheren Wert beizulegen und bei ihm den Standort der Beurteilung zu nehmen, können wir nicht unterlassen. So zieht es uns nach verschiedenen Seiten und droht uns auseinanderzureißen; anderswo liegt der Trieb und die Kraft, anderswo liegen die Ziele und Werte unseres Lebens. Was wir als das Höchste zu schätzen nicht aufhören, das beherrscht nicht die Breite unseres Daseins, die Hingebung aber an dieses genügt nach erfolgter Freilegung einer Tatwelt nicht mehr. Wie zwei Seelen in unserer Brust, so wirken zwei Welten in unserem Leben; unvermittelt stehen oft auch in der Kultur freischwebende Geistigkeit und sinnlicher, seine Roheit kaum verhüllender Naturtrieb nebeneinander.

Bei jener Spaltung kann und darf es nicht verbleiben; sie muß überwunden werden und wird überwunden werden, wenn anders unser Leben einen Sinn haben soll. Kann nun das eine das andere nicht einfach verdrängen, so bleibt nur eine solche Lösung, die jedem zu seinem Rechte verhilft und zugleich verwertet, was hier und dort an Gehalt und Kraft vorliegt. Zur Lösung genügt aber nicht ein einfacher Kompromiß, eine friedliche Abgrenzung. Dazu ist der Gegensatz viel zu schroff und zu starr. So ist im besonderen der Versuch verfehlt, den Lebensprozeß in Form und Stoff zu zerlegen und der Selbsttätigkeit die Form, dem Dasein den Stoff zuzuweisen. Denn was immer der Selbsttätigkeit zu einer vollen Wirklichkeit fehlen mag, die Rolle einer bloßen Seite, die einer anderen zur Ergänzung bedarf, kann sie nicht übernehmen, ohne ihre Unabhängigkeit aufzugeben und damit innerlich zu sinken. Das Dasein aber steht der Tatwelt viel zu kalt und fremd, viel zu eigenwillig und zurückhaltend gegenüber, um sich ihr unmittelbar als stoffliche Seite anzugliedern. Wie könnte eine solche Zusammensetzung dem Leben eine Einheit verleihen, wer sollte die Verbindung herstellen, wer das Ganze als sein eigen erleben? Endlich müßten wir uns mehr als antike denn als moderne Menschen fühlen, um das Hauptproblem der geistigen Arbeit in das Verhältnis von Form und Stoff zu setzen. So ist dieser Ausweg versperrt; wer die Autorität des gewaltigen Kantischen Systems zu seiner Empfehlung herbeizieht, der übersieht, daß Kant selbst ihn verlassen hat, sobald er sich von der Kritik zu positivem Schaffen wandte, wie z. B. bei seinem Begriffe der Persönlichkeit. — Demnach gestattet der bis jetzt eröffnete Lebensraum keinen Ausgleich; ohne innere Wandlungen und Weiterbildungen des Ganzen kommen die beiden Welten nicht zusammen, sie können zunächst einander weder vertragen noch entbehren.

Wiederum befinden wir uns an einem großen Wendepunkte und fordern wir eine weitere Erschließung der Wirklichkeit. Wenn gegenüber jenem notwendigen Fortgange zur Selbsttätigkeit das Alte beharrt und die unerläßliche Scheidung in eine unerträgliche Spaltung ausläuft, so muß das daher kommen, daß jene Bewegung zunächst nicht wesenhaft genug ist, um eine allbezwingende Macht zu üben, daß hingegen die niedere Stufe manches enthält und festhält, dessen Aneignung das Leben zu seiner Kraft und Wahrheit bedarf. Dieses Unentbehrliche ihm zu entwinden und durch seine Aneignung zur eignen Vollendung fortzuschreiten, das hätte damit die Tatwelt als Aufgabe zu ergreifen; in dem scheinbar nach außen gerichteten Kampfe müßte sie auch bei sich selber wachsen, ja eine wesentlich höhere Stufe erreichen.

Näher gestaltet dies Problem sich folgendermaßen. Wenn die Selbsttätigkeit im ersten Anlauf die Trägheit des Daseins nicht überwinden und seinen Reichtum nicht an sich ziehen konnte, so lag dies vornehmlich an einem Hauptmangel: jener fehlte bei allem Streben zu einem Selbstleben eine feste, die Mannigfaltigkeit umspannende Einheit, es fehlte damit dem Selbst die volle Wesenhaftigkeit. Ohne eine solche aber schwebt jenes Gewebe von Tätigkeiten in der Luft, und die Gesamtbewegung erreicht nicht die Kraft einer Selbstbehauptung. Eine solche wirkt aber aus dem Reich der Natur und Gegebenheit mit einem gewaltigen Triebe und elementaren Ungestüm; das darf als Zeugnis dafür gelten, daß dieses Gebiet sich nicht zu einer bloßen Erscheinung herabsetzen läßt. Hier also ist der entscheidende Punkt: es gilt, die Grund- und Urkraft, welche in der Natur- und Gegebenheit steckt, ihr zu entwinden und der Stufe der Tatwelt zuzuführen, eben damit aber diese so zu vertiefen, daß sie im eignen Bereich ein Wesen zu entwickeln, das Fremde anzueignen, das bis dahin gespaltene Leben zur Einheit zu bringen vermag. Es muß sich sowohl gegenüber der Gegebenheit als gegenüber der freischwebenden Tätigkeit eine neue Stufe wesenhafter Selbsttätigkeit erweisen, wenn die Bewegung gelingen soll. Erst solches Leben ist volle Wirklichkeit, ist wahrhaftiges Geistesleben; erst dieses kann den Kampf gegen die Unbestimmtheit und Mattheit bestehen, die bisher alle Tätigkeit hemmte. In Wahrheit wird dem Leben mit der Wesenhaftigkeit zugleich ein Charakter gewonnen.

Mit der Idee einer wesenhaften Geistigkeit, deren Tätigkeit weder einem fremden Sein anhaftet noch aus freischwebender Tätigkeit alles Sein hervorbringen will, eröffnet sich ein neuer Anblick unserer Welt und unseres Lebens, eine neue Erfahrung der Wirklichkeit. Die beiden Welten, deren jede bis dahin aus eignem Rechte leben und für sich das Ganze bedeuten wollte, werden nun zu Äußerungen und Stufen eines tiefer gegründeten Lebens; auch die freischwebende Tätigkeit muß ein ursprünglicheres Leben hinter sich anerkennen. Indem so das bisher am ersten

Platz Befindliche sich mit dem zweiten begnügen und sich auf jenes andere stützen muß, vollzieht sich im Weltanblick eine gründliche Umkehrung. Diese Umkehrung macht unser Leben größer und gespannter, sie stellt es in höherem Grade auf unsere eigne Entscheidung. Denn mag jenes Wesenhafte von Anfang an in beiden Reichen wirken, erst der Zusammenstoß der Welten treibt es deutlich hervor; es erlangt keine volle Wirklichkeit ohne Ergreifung und Vollendung durch eigne Tat. Diese durch den Kampf geweckte, selbständig vordringende Tat verbannt durchaus den Gedanken einer natürlichen Entwicklung. So notwendig und fruchtbar dieser Begriff anderswo sein mag, bei der Frage der Wesensbildung verschleiert er die Aufgabe, unterdrückt er das eigne Beginnen, kann er ein Asyl der Trägheit (asylum inertiae) werden.

Jene Idee der Wesensbildung erlangt aber eine nähere Fassung in folgender Weise. Es heißt, das Tun solle das Sein in sich aufnehmen und sich dadurch zum Wesen erhöhen. Das kann nur so geschehen, daß innerhalb der Tätigkeit eine Abstufung eintritt: es muß eine Scheidung zwischen einzelnen Betätigungen samt ihren Komplexen und einer den ganzen Umkreis des Lebens umfassenden, in sich selbst ruhenden Haupt- und Gesamttätigkeit erfolgen; dort eine Richtung über sich hinaus, hier eine Zurückbeziehung zu einer Einheit; dort eine Mannigfaltigkeit und ein unablässiger Wechsel, hier ein Beharren und Zusammenhalten; in dem allen eine Befestigung und Vertiefung der Tätigkeit bei sich selbst. Die Gesamttätigkeit dürfte nichts Fremdes an oder hinter sich dulden, sie müßte ihren ganzen Bestand in ursprünglichem Schaffen entfalten. Soweit dies gelänge, gewänne das Tun in sich selbst einen festen Grund und ein Sein, nun hätte der Grund die anfängliche Starrheit und Dunkelheit abgelegt, und das Sein, als von der Tätigkeit selbst getragen und durchleuchtet, würde erst recht unser eigen, erst in dieser Aneignung und Erschlossenheit verdiente es Wesen zu heißen.

Mit diesem Probleme der Abstufung und Vertiefung der Tätigkeit, dem Problem der Wesensbildung durch Tätigkeit, entsteht ein Gegensatz für alle Lebensentfaltung; sie wird grundverschieden ausfallen, je nachdem sie entweder ein solches Wesen hinter sich hat, sich darauf bezieht und es weiterführt, oder ohne einen solchen Rückhalt, ohne solchen beseelenden Grund schwankende Kräfte aufbietet und sie in wechselnde Beziehungen bringt. Das ist der Gegensatz einer wesenhaften und wesenlosen, einer charakterhaften und charakterlosen Lebensführung. Nur da, wo das Tun in sich selbst die Aufgabe der Aufgaben findet, erhält das Leben ein volles Ziel bei sich selbst und kann die Frage nach einem Sinn des Tuns entstehen. Daß aber eine solche Frage durch das Leben der Individuen, Völker und Zeiten geht, wer möchte und könnte es leugnen? Wie wären Begriffe wie Überzeugung, Gesinnung, Charakter usw. denkbar ohne eine begründende Einheit innerhalb des Tuns, ohne eine umfassende Gesamttätigkeit? Daß wir nicht nur wirken, sondern in dem Wirken ein Wesen erweisen und für das Wesen etwas gewinnen können, das erst gibt dem Begriff des Handelns eine schärfere Fassung und eine volle Bedeutung. Wird nunmehr klar, daß alle diese Größen, die wir leicht als selbstverständliche Formen nehmen, einen eigentümlichen Inhalt fordern und bekennen, so erhellt, daß sie unserem Leben ein hohes Ziel vorhalten, und daß sie alle in die Idee der Wesensbildung münden. Viel Erkennen und Wollen, Fühlen und Wirken kann aufkommen und den Menschen beschäftigen, ohne daß ein Wesen und eine Seele darin erscheint und durch sie etwas gewinnt, und wie leer und nichtig ist trotz aller Selbstbewußtheit solches Tun, solche bloße Kraftäußerung! Kurz, ein Gegensatz ist klar, er bezeugt deutlich, daß hier ein echtes Problem vorliegt und die Idee der Wesensbildung keine Einbildung ist. Daß sie aber den Ausgangspunkt einer neuen Welt und eines neuen Lebens bedeutet, das bedarf einer näheren Darlegung.

b) Neue Aussichten und Aufgaben.

Daß die wesenbildende Tätigkeit in Wahrheit geeignet ist, ein neues Leben zu erzeugen und uns in ihm von der Zerrissenheit zur Einheit, von bloßschematischem Umriß zu einem Charakter zu führen, das wird am ehesten sichtbar in der Überwindung der schroffen Widersprüche, die sonst unser Leben zerreißen.

Unerträgliche Widersprüche im Grundbestande zeigt das bisherige Leben in dreifacher Richtung: sowohl über die Form der Tätigkeit, das Woher und Wie, als über die Kraft, das Womit und Wodurch, als über den Ort und die Hauptrichtung des Lebens waltet härtester Streit. — Die Form des Lebens zeigt den Gegensatz, daß wir einerseits als Stücke einer gegebenen Welt an die sinnliche Mitteilung der Dinge gebunden sind und damit den Schranken einer solchen unterliegen, daß wir andererseits als Teilnehmer eines freischwebenden Schaffens aus eigner Bewegung eine Welt erzeugen, die nichts duldet, was nicht dem Denken entstammt und von ihm durchleuchtet wird. So in der Wissenschaft der ewige Streit des Empirismus und des Rationalismus, im Grunde nur ein Ausdruck eines größeren Gegensatzes, des Gegensatzes eines Lebens, das alles aus der Berührung mit der Umgebung schöpft, und eines anderen, das aus eignem Schaffen eine neue Welt hervorbringt. Das sind nicht nur zwei Seiten, die sich zu einem Leben zusammenfinden, sondern zwei grundverschiedene Lebensvorgänge, die zunächst einander ausschließen und die kaum zu einem fruchtbaren Streit gelangen.

Das wesenbildende Geistesleben strebt nach einer Überwindung dieses Gegensatzes. Zunächst muß es mit dem Rationalismus darauf bestehen, daß die geistige — nicht bloß die erkennende — Tätigkeit sich über das gegebene Dasein erhebe und sich fest bei sich selbst zusammenschließe. Ohne das keine Ausprägung einer selbständigen Art, kein innerer Zusammenhang des Denkens, kein Gehalt und Sinn des Lebens. Wenn der Empirismus durch allmähliche, langsame Anhäufung der Eindrücke dem Sinnlosen einen Sinn entnehmen möchte, so setzt er die Geistigkeit, die als Ergebnis vorschwebt, schon voraus und übersieht er über der Beschäftigung mit dem einzelnen die Umkehrung, die durch das Ganze geht. Nur so scheint ohne Selbsttätigkeit die Erfahrung leisten zu können, was sie nur mit ihr vermag.

Aber solche Erhebung über das Dasein braucht dem neuen Leben nicht zu einer Geringschätzung des Daseins mit seiner Erfahrung zu werden. Nachdem ein Leben hinter der

Gegebenheit anerkannt ist, gilt es dieses zu erringen und mit dem Hauptleben zu verbinden. Das kann nicht von außen her, sondern nur durch Herstellung einer inneren Berührung geschehen, und sei es zunächst zu schroffem Zusammenstoß. Das Geistesleben muß das andere auf seinen Boden ziehen; es kann dies nur, indem es in seine Ausbreitung, seine Lebensformen, seine Erfahrung eingeht. Es kann dem Äußeren ein Inneres, der Zerstreutheit einen Zusammenhang, dem Fluß der Zeit ein Ewiges abringen nur, wenn es sich in die Äußerlichkeit, Zerstreutheit, Zeitlichkeit versenkt, sich in sie versenken kann, ohne darüber seine eigne Art zu verlieren oder auch nur abzuschwächen. Solche Aneignung, solches Ansichnehmen des Fremden, mag zunächst die Spannung noch steigern. Denn nun wird jenes aus einem äußeren Widerstand zu einer inneren Hemmung; aus dem Gegensatz der Welten wird ein Kampf um die Einheit des eignen Wesens, um die Aufrechterhaltung des Selbst.

In diesem Kampfe aber liegt aller Erfolg daran, daß der Erfahrungsbestand zerlegt, und daß ihm abgerungen wird, was er an Wesenhaftem enthält, während der Rest zu bloßer Umgebung herabsinkt; jenes hat eine innere Verbindung mit der Selbsttätigkeit einzugehen, dies aus dem Kern des Lebens auszuscheiden. In solchem Läuterungsprozeß wird die Erfahrung rationalisiert; aus dem, was bis dahin als ein Blindpositives gegenüberstand, erwächst eine Bewegung, Weiterbildung, Determination des geistigen Lebens, eine Fortführung innerer Bewegungen, die ohne solche Hilfe stocken müßten. So wirkt die Aufnahme der Erfahrung in den Geist zur Vernichtung der bloßen Erfahrung; es wird dabei nicht ein fertiger Bestand aufgenommen, wie er sich findet, sondern alles Mitgeteilte erfährt mit der Versetzung auf einen neuen Boden eine Vergeistigung.

Der Umwandlung der Erfahrung entspricht eine Weiterbildung der Tatwelt, das Positive läßt sich nicht rationalisieren, ohne daß das Rationale positiv wird, die äußere Erfahrung nicht vernichten, ohne daß das Innere selbst einen Erfahrungscharakter annimmt und sich über den Allgemeinbegriff hinaus gestaltet. Diese Eigentümlichkeit läßt sich weder von außen mitteilen, noch aus Innerem und Äußerem zusammensetzen, sie entspringt allein der inneren Arbeit, die das Allgemeine der Tätigkeit mit der Besonderheit der Erfahrung zusammenbringt; die Positivität hat hier eine Bewegung des Geistes hinter sich und erhält daraus eine Durchleuchtung, einen Gehalt, einen Sinn; die Erfahrung wird hier aus einem Wahrnehmen eines Vorhandenen ein Vordringen des Lebens bei sich selbst.

Damit ergibt sich ein eigentümliches Grundverhältnis des Geisteslebens zur Welt, die ihm gegenüberliegt. Nur durch ein Aufnehmen dieser Welt, durch die Fortbildung mittels dieser Welt wird es von der anfänglichen Schattenhaftigkeit befreit, gewinnt es eine volle Wirklichkeit, wird es dieses besondere, individuelle und unvergleichliche Leben. Denn nur als solches ist es eine volle und feste Wirklichkeit, nicht mit jenen Allgemeingrößen, in die uns noch immer eine Nachwirkung antiker Denkart das Wesen der Dinge setzen heißt.

Diese echte Wirklichkeit kann nicht von außen kommen, die Arbeit des Geistes hat sie bei sich selbst zu erringen, aber sie erringt sie nur in Beziehung auf jenes Dasein, nur in Freilegung und Aneignung des Gehalts und der Kraft, die in ihm stecken. So hat die menschliche Arbeit bei aller inneren Erhebung über das Dasein immer wieder zu ihm zurückzukehren. Auch was als klassisch aus dem Wandel der Zeiten hervorscheint und als Eröffnung ewiger Wahrheit und Schönheit verehrt wird, ist uns nicht aus jenseitiger Höhe in ruhiger und glatter Erschließung zugefallen, sondern es ist in engster Berührung und hartem Zusammenstoß mit der Zeit errungen, im Streben, die Zeit von der bloßen Zeit zu befreien. Nur aus der Richtung auf das Hier und das Jetzt entzündete sich die Flamme des Schaffens, in diesem Erdreich mußten Liebe und Sorge feste Wurzeln schlagen, von hier aus strömte Kraft und Glut in das Handeln, um allen Widerstand zu brechen und alle Trägheit zu überwinden. Nur der fernstehende Beobachter konnte diese Kämpfe des Werdens, diese Wehen der Geburt, übersehen und unterschätzen.

Wie solche Überzeugung vieles verändert und vieles anregt, so gestattet sie, eine zeitüberlegene Natur des Geistes zusammen mit einer geschichtlichen Bewegung des Lebens anzuerkennen. Ohne jenes, ohne das, was die Schulsprache a priori nennt, würde das Geistesleben ein Spielball wechselnder Eindrücke; ohne einen festen Einsatz in die Bewegung mitzubringen, könnte es nie zur Selbständigkeit gelangen, nie eine kräftige Gegenwirkung gegen das Äußere üben. Es darf aber dieses Ursprüngliche nicht ein Nebeneinander einzelner Anregungen, es muß ein Trieb und eine Bewegung zum Ganzen sein; es muß sich über das Erkennen hinaus auf alle Selbsttätigkeit erstrecken; es darf nicht eine bloße Form, es muß einen Entwurf, einen Entwicklungskeim volltätigen Lebens enthalten. Aber aus solcher Tätigkeit wächst sofort ein Problem hervor. Nicht nur ist die Grundtatsache der Verworrenheit des Durchschnittslebens erst zu entwinden, sie bedarf auch zu ihrer vollen Verwirklichung einer weiteren Durchbildung, und zu dieser ist unentbehrlich die lange und mühsame Erfahrung der Arbeit. So genügt es zum Aufbau der Erkenntnis nicht, ein Vermögen in uns aufzudecken, das die Vorgänge kausal verbindet, die Eindrücke auf den Einheitspunkt eines Dinges bezieht, das Chaos der Erscheinungen in ein Reich gemeinsamer Begriffe umsetzt. Denn es muß bloße Entwürfe für volle Wirklichkeit nehmen, wer nicht in jenem allen offne Fragen erblickt, Forderungen, die sagen, was geschehen soll, nicht aber zeigen, wie es geschehen kann. Welche besondere Verbindung eine kausale Ordnung ergebe, wo der Einheitspunkt zu setzen sei, in welcher Richtung die Begriffsbildung das Gemeinsame zu suchen habe, das ist erst zu ermitteln, und das beschäftigt die Arbeit der Jahrtausende. Das a priori ist demnach so entfernt, eine geschichtliche Ansicht der Dinge zu verbieten, daß im Gegenteil nur da eine wirkliche Geschichte entsteht, wo ein a priori wirkt und sich durchzubilden strebt. Denn nur das gibt der Geschichte einen inneren Zusammenhang.

Der Überwindung des Gegensatzes in der Form entspricht eine solche in der treibenden Kraft des Lebens. Hier stehen seelisches Fürsichsein und geistiges Schaffen gegeneinander, jenes im engen Kreise abschließend, dieses sich zur Unendlichkeit eines Alls erweiternd, jenes allein um den eignen Zustand besorgt, dieses auf eine sachliche Wahrheit gerichtet. Wir sahen, daß das Leben keine Selbständigkeit und daher keinen geistigen Charakter erlangte, ohne sich von dem engen, dumpfen, selbstischen Fürsichsein zu befreien, das zu unerträglicher Verengung alles in seine Besonderheit preßt und nach seinem Wohl und Wehe bemißt. Daß der Mensch dies erste Leben mit seinen Affekten hinter sich lassen und über den Freuden und Sorgen geistigen Schaffens sein eignes Wohl und Wehe vergessen könne, das galt mit Recht als ein Zeugnis einer größeren und edleren Art, daran hing aller Aufstieg des Lebens. Gewiß mußte auch dies neue Leben mit seelischen Kräften wirken, aber sie hatten hier dem andern zu dienen; je mehr das Seelenleben des Subjekts ein Mittel und Werkzeug der geistigen Bewegung geworden war, desto besser schien es seine Aufgabe zu lösen, desto höher dünkte der Stand des Ganzen. Mit jener Unterordnung des Seelenlebens wurde ein Leben ohne Liebe und Haß, lediglich aus der Wahrheit und der Notwendigkeit der Dinge zum höchsten Ziel. So z. B. in der Gedankenwelt eines Spinoza.

Gewiß hat diese Befreiung ein gutes Recht; ob aber freischwebendes Schaffen ohne Schaden sich allein auf sich selber stellen und jenes andere ganz zurückschieben kann, das ist eine andere Frage. Die Gedankenwelten, welche den Menschen in ein dienendes Gefäß der geistigen Arbeit verwandeln möchten, verwerfen mit dem Kleinmenschlichen zugleich anderes, das sich nicht wohl aufgeben läßt; Größen wie Gesinnung, Überzeugung, Freiheit, Charakter, Moral können sich hier nur auf Umwegen einschleichen, nicht aber eine volle Anerkennung und eine kräftige Gestaltung finden. Ein solcher Verzicht aber verrät einen Mangel im eignen Kern der Gedankenwelten: jene ausschließliche Hingebung an die geistige Arbeit nimmt ihnen eine zentrale Innerlichkeit und zugleich eine durchgehende Beseelung. Ohne sich in dieser Richtung zu ergänzen, würden sie bald zu seelenlosen Mechanismen sinken.

So scheint in jenem Fürsichsein mehr zu stecken und ein tieferer Gehalt zu wirken, der nicht zu verwerfen, sondern zu gewinnen ist; zur Aufgabe wird damit eine Scheidung von Niederem und Höherem, die Befreiung einer Grundkraft von der Stufe der Natur und Gegebenheit, die sie zunächst bei sich festhält. Dies aber ist es, was das wesenhafte Geistesleben unternimmt, in der zusammenhaltenden, zurückbeziehenden, beseelenden Tätigkeit, die es entwickelt, wird ein Fürsichsein angeeignet, aber zur Stufe der Selbsttätigkeit erhoben und damit völlig verwandelt; hier liegt das Wesen nicht außerhalb, sondern innerhalb der Tätigkeit, so muß es zur Befestigung, Vertiefung, Beseelung des Lebens wirken.

Solche Scheidung zwischen einer unverwerflichen Grundkraft im Seelenleben und ihrer ersten Entfaltung bei uns ergibt eine eigentümliche Überzeugung von den Zielen und Aufgaben des Lebens. Nun wird es zu einem gefährlichen Irrtum, das Selbstleben mit seinen Affekten deswegen herabzusetzen und möglichst zu unterdrücken, weil die nächstvorliegende Form der geistigen Bewegung widerspricht; denn die Sache erschöpft sich nicht mit dieser Stufe und Form. Die Liebe ist zunächst ein natürlicher Affekt, welcher der Selbsterhaltung dient und gewöhnlich nur das ergreift, was uns sinnlich nahesteht und durch die Notwendigkeit des Lebens verknüpft ist; als solche kann sie den kleinen Kreis nicht enger zusammenschließen, ohne alles andere auszuschließen; sie verengt das Leben, indem sie es erwärmt; sie wird mit ihrer Neigung, das Eigne über das Fremde und den subjektiven Zustand über das Gesetz der Sache zu stellen, zu einer Gefahr für die Wahrheit. Aber ist das alle und jede Liebe? Ist nicht eine Liebe möglich, welche den Menschen von der dunklen Gewalt des natürlichen Ich befreit und ihn durch die Zerstörung hindurch ein weiteres, reineres, echteres Selbst eröffnet, eine Liebe, die neue Zusammenhänge schafft und die natürlichen Empfindungen überwindet, die den Menschen in die tiefsten Nöte des Lebens begleitet und ihn zugleich über Welt und Tod hinaushebt? Eine solche Liebe ist keine Feindin der Wahrheit, vielmehr können Wahrheiten, welche dem Leben einen Sinn und einen Wert verleihen, sich nicht erschließen ohne eine wesenhafte Gemeinschaft mit Menschen und Dingen, wie nur die Liebe sie herstellt. Wie aber der Schlüssel zur Wahrheit, so liegt hier auch die Triebkraft des Lebens. Ein Leben ohne Liebe und Haß wäre ein Leben ohne Seele, ein Schattenspiel, ein Zerrbild echten Lebens. So verwerfen wir jene Weisheit als greisenhaft, welche die Affekte unterdrücken möchte, statt ihre Kraft zu gewinnen und für höhere Ziele zu verwerten, welche die Natur fortwirft statt ihr einen unentbehrlichen Kern zu entwinden.

Was aber von den Affekten, das gilt auch von den Werten des Lebens. Die Sehnsucht nach Befreiung von aller kleinmenschlichen Art sah in ihnen oft nur ein Erzeugnis unserer Zuständlichkeit. In Wahrheit sind die Werte allem seelischen Leben so eng verwachsen, daß sie austreiben jenes selbst vernichten hieße. Aber es gibt nach den Stufen des Lebens Werte niederer und höherer Art, und das Eindringen der niederen in die geistige Arbeit ergibt viel Verwirrung und Verzerrung. Wollen wir aber nicht lieber solche Irrung bekämpfen als das Ganze verwerfen, wollen wir nicht dem geistigen Gebiet seine eignen Werte zuerkennen und sie möglichst zu fördern suchen? Gerade das Ganze der Wesensbildung mit seiner Aufnahme des Seins in die Tätigkeit macht begreiflich, wie sich Wesen und Wert untrennbar zu verbinden vermögen, und wie das Beisichselbstsein des Lebens zum Gut der Güter zu werden vermag. Daß alle Lebensbewegung schließlich durch die Idee des Guten — natürlich nicht im bloßmoralischen Sinn — beherrscht werde, das ist nicht eine Sondermeinung Platons, sondern ein Ausdruck gemeinsamer Wahrheit, die immer wieder alle Verdunkelung abstreifen wird. Mit ganzer Kraft begehren können wir nur, was unser schaffendes Selbst angeht und fördert, und dies eben nennen wir gut; auch die Wahrheit kann nur als ein Gut unser Streben bewegen.

Von hier aus läßt sich dem Menschen nicht ein Verzicht auf Glück zumuten und das wohl gar als Gipfel edler Gesinnung erklären. Ja, wenn es kein anderes Glück gäbe als das des naturhaften Selbst, des kleinen Ich! Aber das behaupten, heißt das Geistesleben vom Kern unseres Wesens trennen. Denn was solchem Kern angehört, dessen Gelingen oder Mißlingen muß uns glücklich oder unglücklich machen, mit dem müssen wir lieben und leiden, das können und dürfen wir nicht als gleichgültig von uns weisen. Ein Verzicht wäre hier nicht sowohl Größe als Mattheit.

Die Philosophie im besonderen ist keine geistige Askese, kein Mittel, das Leben blutleer und schattenhaft zu machen, sondern ein Weg zu seiner Verstärkung und Vertiefung; sie hat das Glücksverlangen dem Menschen nicht auszureden, sondern es auf die rechte Bahn zu leiten. An Kampf und Entsagung wird es dabei schwerlich fehlen. Aber auch dabei ist die treibende Kraft schließlich positiver Art, und der tiefste Zug des Strebens geht immer auf eine Bejahung, nicht auf eine Verneinung des Lebens.

So werden wir ein solches Verlangen nach Selbstbehauptung des Lebens nicht als eine Empfehlung wilden Lebensdranges oder auch kleinbürgerlichen Behagens verstehen. Denn wo das Leben seine eigne Tiefe nicht erreichen kann, ohne in das Fremde einzugehen und sich mit ihm auseinanderzusetzen, da trägt die Arbeit in sich einen Widerstand, der zwingend ein ruhiges Verweilen wie ein bequemes Fortschreiten verbietet. Alles Aneignen erfolgt hier durch ein Verwerfen und alles Bejahen durch ein Verneinen hindurch; wir können nicht suchen ohne zu fliehen, nicht lieben ohne zu hassen. Mit solcher Gegensätzlichkeit wird unserem Leben ein verneinender Zug eingepflanzt und alle satte und selbstische Befriedigung ausgetrieben.

Die bisher behandelten Gegensätze führen zu einem weiteren und abschließenden Problem: dem Problem des Ortes und der Hauptrichtung des Lebens. Auch hier nämlich zeigt die Gestaltung der Arbeit wie die Bewegung der Geschichte einen völligen Gegensatz. Wo wir alles von der bloßen Erfahrung erwarten, und nicht nur die Dinge, sondern auch uns selbst als etwas Äußeres behandeln, wo ferner das sinnlichunmittelbare Seelenleben unser ganzes Leben bildet, da wird seine Hauptstätte das menschliche Zusammensein, wie es in Zeit und Raum vorliegt, da entsteht eine Lebensführung gesellschaftlicher Art. Wo wir hingegen glauben, aus freischwebender Tätigkeit unsere Wirklichkeit erzeugen und in solchem Schaffen unser ganzes Wesen entfalten zu können, da wird das Streben zum

All, vornehmlich in Wissenschaft und Kunst, zur Hauptsache, da fühlen wir uns vor allem als Weltwesen und erstreben wir eine Lebensführung kosmischer Art. So streiten Gesellschaft und All um den Menschen.

Damit entstehen grundverschiedene Typen, deren Gegensätzlichkeit sich nur deshalb verbirgt, weil das Durchschnittsleben ein Gemenge beider bietet. — Die soziale Lebensführung beschäftigt sich vor allem mit der Bildung von Lebensgemeinschaften und findet in dem Wohlbefinden der Gesellschaft das höchste Ziel; die Verhältnisse und Bedürfnisse der Gesellschaft stecken dem Handeln seine Ziele und weisen ihm seine Wege; wie alle Ethik hier aus dem Zusammenleben erwachsen soll, so ist sie nichts anderes als das Wirken für andere Menschen, „Altruismus" und Moral bedeuten dasselbe. Die Arbeit an den Weltproblemen ist hier weniger Selbstzweck als ein Mittel, die gesellschaftliche Lage zu verbessern. In der kosmischen Lebensführung hingegen ist es der Aufbau einer Geisteswelt, das Ergreifen und Fördern der Weltprobleme, das allererst dem menschlichen Leben einen Wert verleiht und einen Trieb zur Arbeit einpflanzt. Hier gilt es ein Weitwerden des Wesens ins Unermeßliche unter Abstreifung der menschlichen Kleinheit; zum Kern der Ethik wird das volle und lautere Aufgehen des Menschen in die geistige Arbeit, die selbstlose Hingebung an die Sache. Hier stammt alle Verbindung aus der Gemeinschaft jener Arbeit; das soziale Zusammensein hat nur Wert als Bedingung und Mittel für sie, davon abgelöst scheint es niedrig und klein. Dort eine sinnliche, hier eine Gedankenkultur; dort ein demokratischer Zug zur breiten Masse, hier ein aristokratischer zu großen Individuen; dort der Mensch an die menschliche Umgebung und die äußere Lage, hier an das geistige Vermögen und das innere Schicksal gekettet.

Die Geschichte zeigt die Menschheit zwischen beiden Lebensführungen hin- und hergeworfen, sie zeigt sie bald von hier, bald von dort angezogen, bald mehr auf eine schärfere Scheidung, bald auf eine engere Verbindung beider bedacht. Zu vollem Bewußtsein kam das Problem mit der Losreißung der geistigen Arbeit von der bloßsozialen Sphäre, wie sie die

Höhe des klassischen Altertums, in der Philosophie der Platonismus vollzog. Seitdem ist die Sache nicht wieder zur Ruhe gekommen. Die inneren und äußeren Schranken unseres weltbauenden Vermögens trieben immer wieder zum sozialen Leben als zur sicheren Heimat des Menschen zurück, die Enge und Flachheit der bloßmenschlichen Sphäre hießen immer wieder das Streben zum All zurückkehren und das Weltproblem auf sich nehmen. Wenn heute die soziale Richtung alles Denken und Sinnen beherrscht, so zeigt sie auch ihre Mängel mit besonderer Stärke. An Versuchen der Überwindung des Gegensatzes hat es nicht gefehlt, namentlich bildet eine großartige Leistung das kirchliche Lebenssystem des Mittelalters, wie es einerseits die Organisation der menschlichen Gesellschaft an Weltzusammenhänge band, andererseits das All in dieser Organisation gipfeln ließ. Es ist aber dies System bei aller Größe der Leistung schließlich hinter der geschichtlichen Bewegung zurückgeblieben, zum Teil auch deshalb, weil die Verbindung nicht tief genug angelegt war und der Selbsttätigkeit des Lebens zu wenig Raum vergönnte. In Wahrheit können beide Lebensführungen nur zusammengehen, wenn sie sich in Seiten und Äußerungen eines ursprünglicheren Lebens verwandeln, und sie darin umzusetzen gestattet in der Tat das selbsttätige Leben mit seiner Wesensbildung. Hier verdankt der Mensch die Vergeistigung seines Daseins letzthin nicht dem Zusammensein mit den Nebenmenschen, aber auch nicht dem Vermögen einer freischwebenden Tätigkeit, sondern der inneren Zugehörigkeit zu einem Beisichselbstsein des Lebens. Die hier wirksame wesenhafte Innerlichkeit bildet die Hauptstätte seines Lebens, hier weiter zu kommen und im Miterleben des unendlichen Ganzen zugleich eine Unvergleichlichkeit eigner Art zu erkämpfen das Hauptziel. Dies Ziel ist aber nur mit Hilfe sowohl der Gesellschaft als auch der Weltarbeit erreichbar. Der Mensch muß sich vom Menschen losreißen und in ein freischwebendes Schaffen versetzen, um zur nötigen Weite und Ursprünglichkeit des Lebens vorzudringen; aber er würde sich damit ins Leere verlieren, wollte er nicht zum Menschen zurückkehren und das Geistesleben durch die inneren Erfahrungen weiterbilden, die sein besonderer Kreis eröffnet. Jene Lebensführungen bilden die Entfaltungen, nicht den tiefsten Kern der Geistigkeit; an ihnen und durch sie, nicht aber aus ihnen entwickelt sich schaffendes Leben; nur weil sie eine ursprüngliche Tiefe hinter sich haben, können sie für die Vergeistigung des Lebens leisten, was sie leisten, kann im Menschen mehr gesehen werden als der bloße Mensch, kann die Weltarbeit zur Entfaltung eignen Wesens werden. Mit der Zurückbeziehung auf jenes andere müssen sie sich aber auch die Prüfung, Sichtung, innere Umwandlung gefallen lassen, welche diese neue Stellung mit sich bringt; immer weisen sie über sich selbst hinaus, immer haben sie sich einem ursprünglicheren Zusammenhange einzufügen. Lösen sie dieses Band, und wollen sie — jede für sich — das Letzte und Ganze sein, so werden sie aus einer Entfaltung des wesenhaften Lebens zu Halbwirklichkeiten und verlieren sie zugleich ihre Seele.

Hier wie auch vorher wird klar, daß die Überwindung der Gegensätze, ja die Arbeit an solcher Überwindung eine Umkehrung des Lebens, die Ausbildung einer neuen Unmittelbarkeit gegenüber den Unmittelbarkeiten des sinnlichen Eindrucks und der freischwebenden Tätigkeit fordert. Jene wesenhafte Geistigkeit darf nicht mühsam erschlossen werden und den andern als bloßer Hintergrund dienen, sondern sie muß die erste und ursprüngliche Lebensquelle werden, die Kraft, die alles übrige trägt und treibt, der feste Punkt, woran sich alles andere hält. Dazu gehört an erster Stelle, daß ein Alleben wesenhafter Geistigkeit in uns unmittelbar durchbricht, daß es gegenüber allen Schranken und Gefahren unserer Sondernatur sein Wesen unverfälscht bei uns aufrecht erhält. Ohne diese begründende Tatsache gibt es keine Wahrheit und keinen Sinn unseres Lebens. Aber die unbestreitbare Tatsache ist zugleich ein schweres Problem; jener tiefere Grund, der von Haus aus in uns wirkt, ist immer erst durch freie Tat anzueignen, auszubilden, gegen alle andere durchzusetzen. Dazu gehört eine Umkehrung der nächsten Lebensführung, die ihre Unmittelbarkeit als die letzte gibt und, bedingt wie sie ist, als unbedingt auftritt. Von ihr aus erscheint das wahrhaft Ursprüngliche und

Unmittelbare als etwas Jenseitiges und Unfaßbares, von ihr aus läßt es sich fortwährend angreifen.

Bei solcher Spannung ist dem Menschen sein eignes Leben ein unablässiges Problem, eine Sache harten und heißen Kampfes, immer neuen Entscheidens und Ergreifens. Was immer uns an Zweifeln packt und bewegt, Zweifel an der Welt und an Gott, an den Menschen und am Leben, das führt schließlich auf diesen Punkt zurück, auf den Zweifel an uns selbst, den Zweifel an der Geistigkeit unserer eignen Natur, an der Gegenwart eines wesenhaften schaffenden Lebens in unserem Bereich. Hier ist die größte Spannung, hier aber auch die beste Möglichkeit, alle Kraft in Eins zusammenzufassen. Wird in solchem Kampf des Menschen um sein eignes Wesen eine Gewißheit erreicht, so läßt sich das übrige in Ruhe erwarten und getrost der Verwicklung der Weltprobleme entgegensehen.

2. Die Entwicklung des Charakters.

Das echte Geistesleben könnte nicht so zwingend über die Gegensätze des Lebens hinaustreiben, ohne eine selbständige Art zu besitzen; ob es sich damit aber zu einem Lebensganzen zu gestalten, dieses durchzusetzen und uns nach Weite und Tiefe darin aufzunehmen vermag, das bleibt zu untersuchen, und das erst entscheidet über jenen Anspruch. Die Behandlung dieser Frage aber wird durch die Verworrenheit des unmittelbaren Lebensbefundes gehemmt, der Höheres und Niederes, Eignes und Fremdes, Schaffen und Aneignen, Wirkung und Gegenwirkung zusammenwirft; sie wird erst angreifbar, wenn wir zwischen geistiger Arbeit und dem Verhalten des Menschen zu ihr deutlich scheiden. Die Art, wie sich der nächste Befund unseres Daseins zu der uns eröffneten Geisteswelt stellt, enthält besondere Aufgaben, eigentümliche Erfahrungen und Verwicklungen, die für sich betrachtet sein wollen. Das zerlegt unsere Untersuchung in zwei Hauptabschnitte. — Jene Heraushebung des Geisteslebens kann nicht erfolgen ohne eine Entfernung vom unmittelbaren Eindruck. Aber was von Geistigkeit erkannt ist, das braucht deshalb nicht auf eine fortlaufende Bestätigung durch die Erfahrung zu verzichten. Sie vermag eine solche in doppelter Richtung zu finden: einerseits durch ein Aneignen, Aufhellen, Zusammenfassen vorhandener Daten, andererseits durch die Eröffnung neuer Aufgaben und die Weckung neuer Kräfte. Es gilt, sowohl den bisher eröffneten Tatbestand anzueignen als den Lebensprozeß über ihn hinaus zu steigern, sowohl in den Dingen mehr zu sehen als an ihnen mehr umzuwandeln.

Das alles ruht auf der Hauptüberzeugung unserer Untersuchung, daß uns nicht eine Welt von draußen her fertig zufällt, sondern daß wir von innen her einer Ordnung der Dinge angehören, die selbst erst im Werden begriffen ist, und deren Vollendung unserer eignen Arbeit bedarf. — Es seien aber zunächst einzelne Hauptpunkte betrachtet, die eine Umwandlung der überkommenen Lage fordern, sodann sei ein Gesamtbild entworfen, endlich seien die Hauptkonsequenzen für das Leben des einzelnen wie für die Kulturarbeit entwickelt.

a) Einzelne Hauptpunkte.

Das neue Leben erweist seine Eigentümlichkeit am deutlichsten in den Veränderungen, die es an dem überkommenen Bestande vollzieht. Diese also seien hier verfolgt, und zwar in der Richtung von der Form zum Gehalt.

1. Das wesenbildende Leben wird durch sein Bestehen auf voller Selbsttätigkeit zu einem unerbittlichen Kampf gegen alles starre Sein getrieben; sein Streben, den Lebensbestand allein aus der Tätigkeit, und zwar einer aufsteigenden Tätigkeit, zu entwickeln, kann es nicht ausführen ohne einen harten Zusammenstoß mit dem vorgefundenen Dasein. Denn hier scheint vor aller Tätigkeit ein ruhendes Sein gegeben, feste Zusammenhänge umfangen uns, und unser Tun erhält sowohl seinen Ausgangspunkt als sein Ziel wie vom Schicksal zugewiesen. Irgendwelche Freiheit, Selbständigkeit, Ursprünglichkeit ist hier ausgeschlossen. Demgegenüber entfaltet sich jetzt ein energisches kritisches Wirken, das von der Tätigkeit ausgeht und nach der Tätigkeit mißt. Jenem Sein wird jetzt seine Grundlage entzogen, die Zusammenhänge lösen sich auf, die vermeintlichen Anfangs- und Endpunkte erscheinen nicht mehr als unverrück-

bare, schicksalgegebene Marksteine, sondern als die Grenzen, welche die Tätigkeit selbst sich setzte, vielleicht nur weil sie an dieser Stelle erlahmte. Überall erhellt, daß viel Tätigkeit enthält, was aller Tätigkeit voranzugehen schien. Aber es war eine verschleierte, gebundene, zerstückelte, vor ihren eignen Erzeugnissen sich beugende Tätigkeit, und die genügt jetzt nicht mehr. Tritt mit dem Grundgedanken der Wesensbildung die Selbsttätigkeit als Ganzes, Autonomes, Alleinherrschendes in Wirkung, so heißt es, alles Fremde auszuscheiden, das Eigne aber kräftiger zusammenzuschließen, so müssen alle Ziele und Richtungen aus der Tätigkeit selbst entspringen, alle Festigkeit ihr entstammen, in Ausführung dessen die Welt sich erneuern. Das Geistesleben sieht dann nicht mehr darin seine Hauptaufgabe, in einer vorhandenen Welt oder einem vorhandenen Lebensstande dieses oder jenes zu verschieben oder umzuwandeln, sie in dieser oder jener Richtung weiterzuführen, sondern zum Problem wird das Ganze; es handelt sich nicht um eine Verbesserung einer gegebenen Welt, sondern um das Ganze einer besseren Welt, um die allein wahrhaftige und wesenhafte Welt.

Diese Begründung der Welt auf reine Tätigkeit fordert eine Erweiterung des Begriffs der Tätigkeit und eine Abstufung in ihr. Bis dahin galt das Gesamtgefüge der Welt, die Absteckung des Daseinsraumes, die Ausdehnung und Begrenzung des Lebens als eine Tatsache unantastbarer Art; vor der Handlung war ihr Hintergrund und ihre Atmosphäre gegeben. Das wird mit der Wendung zur Wesensbildung hinfällig, jene Voraussetzungen verwandeln sich ihr in schwere Probleme, in ein Gesamtproblem. Nunmehr muß die Arbeit zwischen Grundlegung und Ausführung, zwischen prinzipieller und spezieller, zwischen grundlegender und ausführender Aufgabe scheiden. Die geschichtliche Arbeit hat diese Aufgabe in Wahrheit gelöst; nichts trennt mehr die ältere von der modernen Art, als daß dort das Wirken seine Welt als eine gegebene Ordnung und ein unabweisbares Schicksal hinnimmt, während hier die Grundlagen und Zusammenhänge selbst erst errungen sein wollen, und die Arbeit lieber in die tiefsten Abgründe des Zweifels hinabsteigt als fremder Anweisung folgt. Diese Wandlung erstreckt sich über das Denken hinaus auf das Ganze des Lebens, im besonderen auch auf das Handeln. Ebenso notwendig wie jenem eine begründende Prinzipienlehre — mag sie Metaphysik oder Erkenntnislehre heißen —, ist dem Handeln eine ursprüngliche Erzeugung von Ideen, ein Gesamtsystem der Werte und Zwecke, eine noologische Art.

Diese neue Aufgabe gibt der Arbeit eine neue Gestalt. Denn wenn sie nicht mehr sofort auf das Einzelne geht, sondern zunächst mit dem Ganzen zu tun hat, so gewinnt freies Entwerfen und kühnes Wagen einen weiteren Raum; ohne Phantasie und Spekulation ist hier nicht weiterzukommen, nur eine energische Zusammenfassung der Kräfte kann einen Plan des Ganzen entwerfen. Es besagt aber jene Scheidung nicht, daß die eine Aufgabe erst völlig zu erledigen wäre, ehe die andere angreifbar wird, vielmehr steht für unser erst im Werden befindliches Geistesleben beides in unablässiger Wechselwirkung. Gerade dieses, daß an jeder einzelnen Stelle auch das Recht des Ganzen wieder in Frage kommt, daß das Ganze sich immer von neuem zu erweisen hat, das erst eröffnet eine echte Erfahrung und gibt dem Leben des Menschen und der Menschheit eine wahrhaftige Geschichte. Denn das wäre keine rechte Geschichte, die nur eine Anwendung und Ausführung unbestreitbarer Wahrheiten enthielte, die nicht auch immerfort um das Ganze zu kämpfen hätte, nicht auch in dem Ganzen weiterstrebte. Wenn die Antike die Geschichte nicht recht zu schätzen und auch dem Leben des Individuums keine innere Geschichte zu geben wußte, so verschuldete das namentlich das Schlummern jenes Problems.

Auch weiter ergibt jene Scheidung erhebliche Umwandlungen im Gefüge und im Gehalt des Lebens. Die volle Begründung des Lebens auf Tätigkeit und die Ausdehnung dieser Tätigkeit auf seine Grundlagen und Bedingungen zieht eine tiefe Kluft zwischen dem, was aus dem Ganzen ursprünglicher Selbsttätigkeit hervorgeht und hier seinen Platz hat, und dem anderen, was unergriffen draußen liegt, was ihm fremd und starr gegenübersteht. Jenes allein kann hier als berechtigt und sinnvoll gelten, während dieses am bloßen und blinden Tatbestand hängt. So tritt das Problem des Rechts in den Vordergrund. Schwerlich ist es ein Zufall, daß derselbe Kant, dem die Wendung zu einer kritischen Behandlung der Lebensprobleme weitaus das meiste verdankt, sein Unternehmen der Vernunftkritik unablässig durch das Bild des Rechtsstreits erläutert, ja daß er gern seine ganze Arbeit als die Herstellung eines sicheren Rechtsstandes faßt. Denn es bedeutet hier das Verlangen des Rechts nichts anderes als ein Bestehen auf Begründung aus ursprünglicher Geistestätigkeit. Die Durchführung jenes Verlangens aber und seine Ausdehnung auf das Ganze der Arbeit mit all ihrer Gliederung ist wieder ein charakteristischer Hauptzug der Neuzeit. Mit dem scharfen Auseinanderhalten dessen, was geschieht, und dessen, was geschehen soll, verbindet sich hier ein energisches Drängen nach Überwindung dieses Widerspruches, indem nicht sowohl das Recht den Umständen angepaßt, sondern der Tatbestand unterworfen wird. So ein gewaltiger Antrieb zur Umwandlung und Erneuerung, von der felsenfesten Überzeugung aus, daß das innerlich Notwendige sich schließlich auch nach außen zur Geltung bringen und die ganze Welt einnehmen werde; so die umwälzende Macht der Ideen, ein Flüssigwerden alles Bestehenden. Ohne einen solchen Grundtrieb besäße auch die soziale Bewegung der Gegenwart nicht die Gewalt, welche sie in Wahrheit besitzt.

Endlich erklärt sich erst in diesem Zusammenhange vollauf eine weltgeschichtliche Tatsache, die schon früher zur Sprache kam: die Wendung unseres Lebens zur Unsinnlichkeit, die Umsetzung aller Größen in Gedankengrößen, in ideelle Mächte, die Neuzeit bildet dabei einen neuen Abschnitt. Ohne eine Zusammenfassung der Tätigkeit zu einem selbständigen Ganzen und ohne eine Zurücklegung des Schaffens hätte sie nicht aufkommen und sich durchsetzen können. Denn solange die Tätigkeit sich zerstreut und an vorgefundene Dinge bindet, bleibt alle Geistigkeit an den sinnlichen Eindruck gebunden; aller Fortschritt innerhalb dieser Lage ergibt nur eine Mischung von Sinnlichem und Unsinnlichem, nicht aber eine Befreiung vom Sinnlichen und die Eröffnung eines Reichs ideeller Größen. Wird hingegen die Grundlage selbst, der Lebensraum usw., in die Tätigkeit hineingezogen, und wird zugleich anerkannt, daß bei echter geistiger Arbeit in jeder besonderen Leistung eine umfassende steckt, ja ihr ideell vorangeht, so verliert das nächste Dasein seine Gewißheit und Handfestigkeit, das Sinnliche muß die erste Stelle mit der zweiten vertauschen und sich bescheiden, eine unsichtbare Ordnung zu verkörpern.

Wie diese Bewegung sich in alle einzelnen Gebiete erstreckt, so haben auch die einzelnen Kulturvölker der Neuzeit die gemeinsame Aufgabe an verschiedenen Punkten angegriffen. In der Philosophie bildet es einen unvergänglichen Ruhm deutscher Art, das Problem mit weltbewegender Kraft erfaßt und die Denkarbeit erst zu voller Selbständigkeit gebracht zu haben. Solche Wandlungen im innersten Gefüge des Lebens lassen sich zeitweilig verdunkeln und verleugnen, nun und nimmer aber zurücknehmen und außer Wirkung setzen, soweit irgendwelcher geschichtlicher Zusammenhang reicht. — Auch gestattet solche Weckung des Lebens keinen Zweifel darüber, daß, wer jenes noologische Problem ablehnt, damit keineswegs alle eigne Behauptung aufgibt und den Boden reiner Tatsächlichkeit betritt. Seine Behauptung ist nur ungeprüft, zerstückelt und vom ungeklärten Gesamteindruck der Dinge abhängig; sie glaubt das Problem gelöst, weil sie es nicht bemerkt. Das ist ein Dogmatismus, der nicht nur eine falsche Ansicht vom Leben gibt, sondern dies selbst schädigt.

Die Wirklichkeit des neuen Lebens aus voller Selbsttätigkeit wurde durch das Ganze der geschichtlichen Bewegung bestätigt, nun und nimmer könnte ein bloßsubjektives Meinen und eingebildetes Verlangen soviel Neues bringen, so schwere Erschütterungen bewirken, so sehr den Gesamtstand des Lebens verändern. Einen Zusammenhang aber gibt der Mannigfaltigkeit erst der Grundgedanke der Wesensbildung; erst damit gewinnt die geschichtliche Bewegung einen festen Grund und eine innere Einheit.

Aber zugleich treibt die Erhebung ins Ganze über alle besondere geschichtliche Gestaltung hinaus. Jede Behandlung aus einer besonderen geschichtlichen Lage hat ihre Zufälligkeit und ihre Schranken; immer von neuem gilt es demgegenüber die Arbeit neu aufzunehmen, eine Scheidung zwischen Eignem und Fremdem zu vollziehen, das Eigne fester zu einem Ganzen zusammenzuschließen, der Bewegung die Richtung auf das Wesenhafte zu geben. Der unmittelbare Eindruck zeigt im Fortgang der Geschichte weit mehr die Verneinung als die Bejahung. Die überkommenen Zusammenhänge lösen sich auf, das scheinbare Feste wird flüssig, die Anschaulichkeit des unmittelbaren Eindrucks verblaßt. Lange nicht so deutlich sehen wir den solchem Verlust entsprechenden Gewinn: die Befestigung der Tätigkeit in sich selbst, die Eröffnung neuer Erfahrungen, den Aufbau neuer Ordnungen, die Entwicklung einer vom Gedanken getragenen Welt. Nur eine selbständige Aneignung des Problems, nur ein ursprüngliches Einsetzen der Arbeit kann den Gewinn erkennen lassen und zur vollen Wirkung bringen. Zugleich müssen weitere Erschließungen der Welt eines wesenhaften Geisteslebens erfolgen.

2. Solche Erschließungen erfolgen zunächst in der Richtung der Verinnerlichung des Daseins; dem Kampf der Selbsttätigkeit gegen alle bloße Gegebenheit entspricht ein Kampf der Innerlichkeit gegen alles Außensein, einer Innerlichkeit, die gegen die anfängliche Fassung noch weiter gesteigert ist. Sobald das Leben sich in sich selbst zusammenfaßt und über seine eignen Bedingungen Klarheit gewinnt, kann es nicht ein Verkehren mit einer Außenwelt, einen Austausch von Wirkung und Gegenwirkung bedeuten. Denn nun leuchtet ein, daß etwas völlig außerhalb unseres Kreises Befindliches uns in keiner Weise erregen und bewegen könnte, ja daß es für uns überhaupt nicht vorhanden sein würde; ein vermeintlich Äußeres kann nur soweit uns anziehen, als es irgendwie zu uns gehört; in jener Verhüllung und Entfremdung aber wird es nie seine volle Kraft und reine Wahrheit erlangen. So wird eine Versetzung ins Innere zur zwingenden Forderung eines nach Kraft und Wahrheit dürstenden Lebens, in der Tat zeigt der Lauf der Geschichte ein deutliches Vordringen in dieser Richtung.

Eine volle Selbständigkeit erreicht aber die Innerlichkeit

nicht als ein subjektives Fürsichsein des Individuums, auch nicht als ein Gewebe freischwebender Gedanken, sondern nur als eine wesenhafte Welt. Nur wenn die Tätigkeit sich zu einem Selbst vertieft und von ihm her alle Mannigfaltigkeit erlebt, entsteht eine feste Grundlage, eine umfassende Einheit, eine Gegenwart des Ganzen im Einzelnen, ein Sinn und Inhalt des Lebens. Hier kann das Leben seine Aufgabe nicht in einer Leistung nach außen, sondern nur in seiner eignen Wirklichkeitsbildung finden, d. h. darin, im eignen Kreis alle Mannigfaltigkeit zu verbinden, alle Widersprüche zu überwinden, alle Möglichkeit zur Wirklichkeit zu führen. Alle Arbeit geht hier auf das eigne Selbst, das Erkennen wird zum Selbsterkennen, die Erfahrung zur Selbsterfahrung usw. Auch das Problem der Wirklichkeit liegt hier innerhalb des Lebens, es hat nun keinen anderen Sinn, als daß die Hauptbewegungen unseres Lebens, die jede für sich unfertig und halbwirklich blieben, sich zu einer Einheit zusammenschließen, daß nunmehr der Zwiespalt der erst aufstrebenden Selbsttätigkeit und der Wesenhaftes bei sich festhaltenden Gegebenheit überwunden wird. Erst das gibt dem Leben einen festen Kern.

Aber die Innerlichkeit, die soviel leisten soll, ist für uns eine schwere Aufgabe, ein hohes Ideal; sie ist mühsam und Schritt für Schritt einem scheinbar gleichgültigen Dasein erst abzuringen. Erst unter vielfachen Bewegungen und Wandlungen werden sich Beziehungen, Berührungen, Verbindungen finden, mittels derer sich das Fremde in das eigne Lager herüberziehen läßt. Dabei pflegt die Arbeit zwei Stufen zu durchlaufen. Zunächst gilt es, mit dem draußen Befindlichen nur irgendwelche Fühlung zu gewinnen und es irgendwie, wenn auch in ungeschiedenem Rohbestande, dem eignen Lebenskreis einzuverleiben. Wir müssen z. B. von den Dingen wissen, um uns mit ihnen zu befassen, irgendwie durch sie erregt sein, um uns für sie zu erwärmen. Aber damit beginnt erst die Verwicklung. Nun ist etwas in den Lebenskreis aufgenommen, das den Forderungen der Selbsttätigkeit widerspricht; es wird damit zu einem Widerstand, ja einem Widerspruch; innerhalb jenes Kreises stehen sich jetzt zentrales und peripheres Geschehen gegenüber, aufeinander angewiesen, aber zunächst mehr Gegner als Freunde. Diesen Spalt überwinden kann nur eine Weiterbildung beider Seiten, eine Anpassung des Fremden an das Selbst und eine Weiterbildung des Selbst in seiner Aneignung. Nur dieser Weg führt vom Kennen zum Erkennen, und es wird zugleich klar, daß ein Erkennen der Dinge letzthin nichts anderes bedeutet als ein sich in den Dingen Erkennen; ebenso wird auch das Wollen aus einem Wollen der Dinge zu einem sich selbst in den Dingen Wollen. Daß solche Verinnerlichung nicht nur eine neue Art der subjektiven Aneignung, sondern eine sachliche Umwandlung des Lebens bedeutet, daß es dem Gesamtanblick der Wirklichkeit neue Aufgaben, neue Kräfte, neue Erfahrungen bereitet, das wird am ehesten anschaulich werden durch seinen Kampf gegen Fremdes und Feindliches.

Das Leben der Menschheit hat zunächst enge Grenzen, ohne daß die Enge Sorge erregt und die Grenzen zu peinlichen Schranken werden. Dann aber kommen solche zur Empfindung, wir fühlen uns und unser Vermögen klein. Eben dies aber erweist eine größere Weite des Seins und einen Trieb über das Engmenschliche hinaus. Denn wie ließe sich eine Einschränkung, ein Unvermögen, eine Bindung als eine solche erkennen, fühlen, erleben, wären wir ganz in der Enge befangen; wie könnten wir eine Leistung als zu klein befinden, wenn nicht unsere eigne Natur uns größere Maßstäbe auferlegte? Nunmehr erscheinen die Schranken nicht mehr als äußere Widerstände, sondern als Hemmungen im eignen Lebenskreise, sie werden namentlich dort bemerklich, wo ein Grundtrieb unseres Wesens und unsere Arbeit an den Dingen sich nicht zusammenfinden.

Die deutliche Erkenntnis dessen verändert das Gesamtbild unseres Lebens: nicht nur das Diesseits, auch das Jenseits gehört nunmehr zu uns, wir gewinnen ein größeres und reicheres, aber auch ein bewegteres und minder fertiges Sein. Zugleich verwandelt sich die Verneinung in eine Bejahung. Die schmerzliche Empfindung unserer Endlichkeit wird nun unmittelbar zur Erweisung einer Unendlichkeit in unserem Wesen, in der Kleinheit erleben wir die Größe und im Unvermögen die Kraft des Strebens. Das Denken kann sich jetzt nicht mit Widersprüchen befassen, ohne eines überlegenen Verlangens nach Einheit innezuwerden, das Handeln kein Gesetz als innerliche Norm, als ein Soll anerkennen, ohne sich mit ihm zu verbinden und in ihm ein eignes Grundwollen zu erkennen. So gibt es kein Böses ohne ein Gutes vor ihm. Diese Anerkennung des Umfaßtseins der Gegensätze vom Leben ist wieder ein unterscheidendes Kennzeichen der neueren, übrigens schon im Ausgang des Altertums kräftig einsetzenden Art gegenüber den klassischen Lebens systemen; nun entsteht jene unablässig im Schweben befindliche Stimmung, wie sie, aus einem bloßen Durchgangspunkt zur Hauptsache gemacht, die Mystik und die Romantik kennzeichnet.

Aber so gewiß alles, was solchen Widerspruch in unserm Wesen nicht selbst empfunden hat, starr, dürftig und seelenlos bleibt, dabei verharren und mit solcher Stimmung das ganze Leben erfüllen können wir nicht. Ein solcher Widerspruch im eignen Wesen muß selbst ein starker Antrieb werden, die Grenzen des Könnens vorzuschieben und das Unmögliche irgendwie möglich zu machen. Die Arbeit der Jahrtausende hat in Wahrheit vieles errungen, was früher völlig unmöglich schien, beim Großen wie beim Kleinen, im Wirken zur Welt, in den gesellschaftlichen Verhältnissen und beim Innenleben, im Wissen sowohl als im Handeln. Wenn jede Lösung neue Probleme hervorruft und die Aufgabe ins Unermeßliche steigert, so vermag auch die Kraft weiter und weiter wachsen. Nur wo die Widersprüche keinerlei Gegenwirkung mehr erzeugen, keinerlei Weiterbildung des Lebens anregen, müßten wir endgültig Halt machen; aber wer will diesen Punkt im voraus bestimmen, wer kann wissen, wie neue Erfahrungen und vordringende Taten neue Vermögen eröffnen und neue Angriffspunkte zeigen? Nikolaus von Cues erklärte ein präzises Erfassen mathematischer Naturgesetze als dem Menschengeiste für immer versagt, Kepler erwies die Möglichkeit des Unmöglichen durch seine Leistung.

Solche Kraft der Verinnerlichung wirkt noch eindringlicher gegenüber dem Feindlichen in unserm Dasein, gegenüber dem Bösen. Das Böse galt anfänglich als etwas Naturgegebenes, schlechthin Unverrückbares, in der Welt und der gesellschaftlichen Ordnung, wie in der Seele und Gesinnung des Menschen.

Dann konnte es zur Summe der Lebensweisheit werden, sich möglichst wenig mit ihm zu befassen, es der schaffenden Arbeit möglichst fernzuhalten, es in die Außenseite des Lebens zu schieben.

Dann aber vollziehen weltgeschichtliche Umwälzungen einen völligen Umschwung: das Böse wird in das Innere des Lebens aufgenommen, es erscheint als unsere eigne Tat, als eine Folge unserer Entscheidung, aus einem Schicksal wird es zur Schuld. Damit tritt das moralische Übel vor das physische, und das Aufsichnehmen der Verantwortung muß das Leben schwer belasten, ja bis zum Grunde erschüttern. Aber aus der Erschütterung entspringt eine Vertiefung und Erneuerung des Lebens; alles andere Verlangen ermattet jetzt gegenüber dem einen Drange, jenen Stand der Schuld und Zerrissenheit zu überwinden und ein ihm überlegenes Leben zu erreichen. So die Macht, man kann wohl sagen Allmacht der Idee der Befreiung und Erlösung über das menschliche Gemüt, so auch als stärkste Triebkraft alles Wirkens das Verlangen, durch unermüdliche Arbeit gegen Schäden und Leid des Daseins die Schuld der Menschheit daran zu mildern. Diese Bewegungen gehen in großen Wogen durch die Geschichte der Menschheit, sie überschreiten weit alle dogmatische Fassung. Alles Dunkel jener Verantwortlichkeit, alle Unvereinbarkeit mit einer kausalen Ordnung der Dinge hindert nicht ihr Fortbestehen und ihre Macht. Jene Bewegungen sind innere Erfahrungen, neue Eröffnungen, Zeugnisse unergründlicher Tiefen und Zusammenhänge, solcher Tiefen, welche nicht eine grübelnde Reflexion, sondern nur Kampf und Vordringen, eigne Erfahrung und Umwandlung zugänglich machen.

Solche Verschiebungen und Wandlungen bestätigen augenscheinlich die Selbständigkeit eines geistigen Geschehens gegenüber dem bloßseelischen. Jene Erfahrungen und Vertiefungen im Lauf der Geschichte sind offenbar Erfahrungen des Menschen. Aber wir machen und erleben sie nicht aus unserer individuellen Besonderheit, sondern nach unserer geistigen Natur, nicht in der Vereinzelung, sondern in geistigen Zusammenhängen, nicht vom Dasein aus, sondern auf Grund der

Tatwelt. Damit erweist sich eine andere und größere Art des Lebens, des Lebens, nicht der bloßen Betrachtung. Nur weil in Wirklichkeit mehr vorgeht, kann eine neue Art der Betrachtung aufkommen, kann sich dem psychologischen Verfahren gegenüber ein noologisches mit selbständiger Art entwickeln. Daß jenes dem Bestande des geistigen Lebens nicht gewachsen ist, darüber sind bei den einzelnen Gebieten die meisten einig; wir scheiden die logische Behandlung scharf von der psychologischen, wir wissen, daß die Ethik auf empirische Psychologie gründen, sie zerstören heißt. Aber wir sträuben uns gegen eine Erhebung dieser Überzeugungen ins Ganze, gegen ein Anerkennen der Tatsache, daß überhaupt ein ursprünglicheres und wesenhafteres Leben von der Tatwelt aus in uns waltet als das psychische des unmittelbaren Daseins. Erst die kräftige Entfaltung dieses Lebens macht die Innerlichkeit stark genug, eine Welt zu bereiten und damit den Menschen ebenso von der Bindung an eine äußere Welt zu befreien als ihn über die Kleinheit und Zufälligkeit des einzelnen Punktes zu erheben. Gegenüber dem kosmologischen und dem psychologischen Verfahren entwickelt sich damit ein noologisches mit eigentümlichen Aufgaben, Leistungen und Erfahrungen; erst allmählich wird es sich rein herausarbeiten, alsdann aber nicht nur den Gesamtanblick des Lebens verändern, sondern auch die einzelnen Gebiete eigentümlich gestalten. So besagt es z. B. viel für die Vertiefung und die Befestigung der Religion, wenn sie für Grundlage und Gehalt an erster Stelle weder auf den Kosmos noch auf die Einzelseele, sondern auf die Gesamtwelt des Geisteslebens angewiesen wird. Doch darüber näheres in anderen Zusammenhängen.

3. Die Verwandlung des Lebens in reine Innerlichkeit und volle Selbsttätigkeit ist innerhalb der nächsten Lage nicht zu erreichen, es bedarf dazu einer Umkehrung, einer Wendung zum begründenden Wesen; erst sie zeigt das Ziel und den Gehalt des neuen Lebens. Dem Grundgedanken nach ward das zur Genüge erörtert, hier handelt es sich um die nähere Ausführung, um die Frage, was das wesenhafte Selbst an sich weiterbilden

kann und muß, um jene Umwandlung durchzusetzen. Die Antwort kann aber keine andere sein, als daß es vom Entwurf zu einer vollen Wirklichkeit fortschreiten muß, daß es sich vom unbestimmten Antrieb zur Stufe der Werkbildung aufzuarbeiten hat, die wir oben als die Achse des Lebensprozesses erkannten; damit erst kann eine geistige Individualität und eine unvergleichliche Konzentration der gesamten Wirklichkeit entstehen. Dies Eingehen in die Besonderheit, die unbegrenzte Erzeugung eigentümlicher Lebenspunkte, lebendiger Keime eigner Welten, bildet eine Grundtatsache ebenso unableitbarer wie unbestreitbarer Art.

Sofern ein Lebenskomplex in jenem Sinne eine geistige Individualität geworden ist, oder, von der anderen Seite angesehen, sofern sich in ihm eine Individualisierung des Geisteslebens vollzogen hat, heiße er uns eine Energie; der einheitliche Sinn aber einer solchen Energie, die ihren ganzen Umfang durchdringende, belebende und gestaltende Kraft, heiße Idee. In diesem Sinne können wir von der Idee eines Einzellebens, eines Kunstwerkes, eines Staatswesens usw. reden. Überall geht ein gewisses Dasein voran, aber es ist in eine zerstreute, nur von außen zusammengehaltene Vielheit aufgelöst, seine Geistigkeit ist gebundener Art, es fehlt ein erleuchtender Sinn und eine zusammenhaltende Kraft, es ist im Grunde sich selber fremd und hat als Ganzes kein Eigenleben. Eine Wandlung dahin erfolgt erst, wenn sich in dem Ganzen ein geistiges Selbst entdeckt und in ihm zu einer konkreten Individualität sowie zu einer vollen Wirklichkeit aufstrebt, wenn eine Idee mit innerer Einheit alles belebt und verbindet. Eine solche Idee als eine den Dingen innewohnende Einheit ist grundverschieden vom abstrakten Begriff, sie trotzt aller Zerlegung und behauptet eine Überlegenheit gegen das unmittelbare Seelenleben. Aber was sich nicht in eine Formel bannen läßt, kann bei sich selbst eine Einheit besitzen; daß in Wahrheit solche Einheiten in den Lebensbereichen durchbrechen und den Lebensprozeß bis zum Grunde verwandeln, das ist der einzige Weg zu einer Durchgeistigung der Wirklichkeit.

So verstanden, ist die Idee für uns nicht sowohl eine Tatsache als eine Aufgabe, die einzelnen Bereiche haben sie erst zu erringen; ob sie darin Erfolg haben oder nicht, das faßt ihre ganze Lebensarbeit in ein einziges Problem zusammen und entscheidet über Gelingen oder Mißlingen. Gewiß bedarf jene Bewegung einer Vorbereitung: ein gewisses Dasein wird entgegengebracht, gewisse Ansätze zur Bildung sind vorhanden, gewisse Bahnen stehen offen, während andere sich versperren. Aber das alles ergibt noch keineswegs ein wesenhaftes Selbst, ein Zusammenschießen zur inneren Einheit, die Ausprägung einer alles durchwaltenden Idee. Das kann nur geschehen, wenn eine schaffende Tätigkeit sich losreißt, voraneilt und jenseits der Schwere wie der Trübheit des nächsten Daseins sich bei sich selbst zusammenschließt; bei solcher Befreiung und inneren Sammlung kann sie ein geistiges Ganzes entwerfen, dabei wagen und schaffen; nur inmitten solcher Bewegungen kann die Idee aufleuchten, eine Konzentration zur Energie sich vollziehen. So ist uns unser eignes Wesen zunächst ein Ideal, und unsere treueste Gehilfin in dem Kampf um unser geistiges Selbst bildet die Phantasie. Nicht bloß in der Kunst bringt sie das Schaffen in Fluß, zur künstlerischen Phantasie gesellt sich eine logische, praktische, technische. Die Hypothesen der Forscher wie die Spekulationen der Denker, die Erneuerungen in Moral und Religion, die umwälzenden Erfindungen der Technik, sie alle entsprangen in der Region freischaffender Tätigkeit, nicht in der Breite des vorgefundenen Daseins.

Alle diese Mannigfaltigkeit ist aber nur eine Verzweigung und Äußerung eines unser ganzes Wesen umfassenden Vermögens, des Vermögens, dem ersten Stande voranzueilen, uns über uns selbst zu erhöhen, von der Zerstreutheit zur Einheit, von der Sinnlosigkeit zu einem Sinn vorzudringen. Ihre höchste Aufgabe und ihre tiefste Wirkung hat die Phantasie nicht nach außen hin, sondern gegen uns selbst: in der Weiterbildung, ja Umbildung unseres innersten Wesens.

So in den Dienst der Wesensbildung gestellt, ist die Idealbildung nicht eine Flucht aus der Wirklichkeit und ein Suchen ferner, entlegener, jenseitiger Dinge, sondern ein Streben von einer scheinbaren oder nur halbwahren Wirklichkeit zu einer echten in Selbstvertiefung des eignen Lebens. Auch empfiehlt sie nicht ein Schweben und Schwelgen in unbestimmten Gedanken, sondern sie will eine eigentümliche und individuelle Gestaltung, eine solche muß sie auch unsrer Arbeit verleihen. Das Schwärmen für die vagen Gedanken des Guten, Wahren und Schönen war weniger eine Werkstatt hoher Dinge als eine Zuflucht geistiger Armut. Endlich verwirft jene Idealbildung die beliebte und bequeme Idealisierung als eine Karikatur ihres eignen Unternehmens. Denn statt wie diese das Dasein in möglichst rosigem Lichte zu malen und durch solche Schönfärberei das Leben zu schädigen, stellt sie ihm ein anderes Sein gegenüber, als ein nicht schon verwirklichtes, sondern erst zu verwirklichendes; so muß sie die Schäden jener Welt mit besonderer Grellheit beleuchten und zu besonders energischem Kampf dagegen treiben. Solche Zerlegung der Wirklichkeit und solches Voraneilen des Schaffens ergibt eine kräftigere Bewegung des Daseins, eine lebendigere Ansicht von der Geschichte und ein aktiveres Verhalten zu den Problemen der Bildung der Menschheit und der ehungErzi der Individuen als eine Entwicklungslehre, welche auch das Geistesleben wie einen Naturprozeß Schritt für Schritt aufsteigen läßt.

Deutlich genug bezeugt auch an dieser Stelle die Erfahrung, wenn nur etwas genauer betrachtet, daß charakterhaftes Geistesleben mehr ist als eine Blüte der Natur. Gewiß kann bei Individuen, Völkern und Zeiten nicht jedes aus jedem entspringen. Aber die Höhe der geistigen Arbeit war überall weniger eine Fortführung als eine Gegenwirkung gegen die Natur, es gab keine Selbstbildung ohne eine Selbstüberwindung. Die durch und durch individualistischen und glücksdurstigen Inder fanden ihre geistige Höhe in dem gänzlichen Aufgehen des Individuums in das All und dem Verzicht auf alles selbstische Glück, und von den unruhigen und leidenschaftlichen Griechen ist das Ideal des Maßes und der in ihrer eignen Anschauung ruhenden Tätigkeit ausgegangen. So erfolgt auch beim einzelnen meist der Aufstieg zur geistigen Energie im Kampf mit dem nächsten Befunde.

Dies Streben zu einer geistigen Energie und einer lebenbeherrschenden Idee bedeutet bei allem Bestehen auf Individualität keine Abschließung und Absonderung. Als geistige Energie läßt sich das eigne Wesen nur mit dem Ganzen und in dem Ganzen wollen, seine Bejahung enthält die Bejahung und Verfechtung einer Geisteswelt überhaupt. Das eben ist eine Grundbedingung des geistigen Lebens, daß wie alles Einzelne am Ganzen hängt, so auch das Ganze an den einzelnen Stellen unmittelbar gegenwärtig sein kann, ohne dabei der Besonderheit zu unterliegen; es kann auch im Eingehen in die Mannigfaltigkeit die Überlegenheit einer einheitlichen, allen gemeinsamen Wahrheit behaupten. Das eben verlangt und erweist die unvergleichliche Art einer Lebensenergie, daß Gemeinsames und Besonderes an einem Punkte zusammentreffen und eine untrennbare Verbindung eingehen ohne ineinander überzulaufen.

So wächst die Individualität zum Mikrokosmos und das All zu einer Welt von Welten. Zugleich aber erhellt, daß jene Ausbildung von Energien das Weltall nicht in zerstreute Stücke zerreißt, sondern daß innerlich das eine auf das andere angewiesen und jedes an die große Welt gebunden bleibt. So unfaßbar die Einheit dieser Welt uns ist, die wir von den Teilen aus arbeiten und von ihnen her Bilder entwerfen, jedenfalls muß das All, geistig verstanden, mehr sein als ein Nebeneinander allgemeiner Formen; auch hier bedarf es einer selbständigen und eigenartigen Einheit, die auch die gemeinsamen Wahrheiten trägt.

Demnach vermag die Energie als Mikrokosmos ein unbegrenztes Leben zu bilden, Selbstleben und Weltleben in Ein Leben zusammenzuschließen. Freilich gelingt ihre Vereinigung nicht leicht, der Gegensatz von Weite und Kraft des Lebens, dem wir schon öfter begegneten, erreicht hier seine höchste Spannung, er findet einen greifbaren Ausdruck in dem Streit über die Persönlichkeit und die persönliche Gestaltung des Lebens. Es bietet sich hier das merkwürdige Schauspiel, daß dasselbe, was die einen als höchstes Ziel und leitenden Wert verehren, die anderen als etwas Niederes und Hemmendes ablehnen. Einige Schuld an dieser Verwirrung trägt der vieldeutige Ausdruck Persönlichkeit; wie oft, so verrät auch hier der Streit um das Wort einen sachlichen Gegensatz. Es erscheinen hier zwei grundverschiedene Lebenstypen und Lebensideale. Auf der einen Seite der Drang ins Große und Weite, ein Verlangen nach Reinheit und Klarheit in lichter Höhe eines Allebens, ein Abstreifen aller eigentümlichen Menschenart, ein Unterdrücken der Affekte zugunsten eines völligen Aufgehens in die Dinge, ein Verzichten auf Glück zugunsten sachlicher Wahrheit. Auf der anderen dagegen ein engeres, aber wärmeres und geschlosseneres Leben, ein Unterwerfen und Zusammendrängen der Dinge, ein Gestalten gemäß dem Verlangen des Selbst, ein Gefühlsleben voll Feuer und Flamme, ein allverzehrender Drang nach Glück. Über die geistige Art der einzelnen Epochen entscheidet kaum etwas mehr als das Überwiegen der einen oder der anderen Richtung; das Gesamtleben der Menschheit scheint keine von ihnen entbehren zu können.

Freilich reicht der Gegensatz zu sehr in den Grund des Lebens hinein, um sich friedlich beschwichtigen zu lassen; soll sich daher nicht das Leben zwischen jenen Widersprüchen zerreiben, so muß der eine Typus sich siegreich über den anderen erheben und sich als biegsam genug erweisen, um das Fruchtbare und Berechtigte jenes aufzunehmen und zur eignen Fortbildung zu verwerten; es gilt eine Entscheidung für den einen gegen den andern. Sie kann aber nach den Zusammenhängen unserer Untersuchung nur für das Selbstleben fallen. Denn auch die Unermeßlichkeit kann uns nur soweit anziehen, als wir in ihr irgendwie unser eignes Wesen erfassen; ohne eine Beziehung dazu wäre sie für uns ohne Gehalt und Wert, sie wird uns in dem Maße kälter und leerer, als sie den inneren Zusammenhang mit jenem Selbstleben aufgibt. Aber zugleich ist die Richtung zum unpersönlichen All für unser menschliches Streben unentbehrlich. Jenes persönliche Leben pflegt, selbst wo es sich der Natur entgegenstellt, ihren Einfluß nicht leicht abzuschütteln; ja es entsteht eine gefährliche Verwirrung daraus, daß Natur- und Geistesgrößen sich ineinander schieben und zu scheinbar unzertrennlicher Einheit verwachsen. Damit scheint leicht das ungeschiedene Ganze als schlechthin wertvoll; was in Wahrheit das äußerste Ziel, das dünkt hier ein fertiger Ausgangspunkt; statt einer Konzentration innerhalb des Ganzen einer neuen Welt wird das Einzelwesen ein selbstgenugsamer Mittelpunkt, es schließt sich bei aller äußeren Erweiterung dadurch innerlich ab, daß es alles Geschehen auf sein eignes Wohl und Wehe bezieht, es hegt und pflegt damit einen Egoismus feinster Art, bald im Selbstgenuß des gebildeten Individuums, bald in einem ungestümen Verlangen nach Fortdauer und Seligkeit um jeden Preis unter Herabsetzung der Unendlichkeit und Ewigkeit zu einem Mittel eignen Wohlseins.

So tiefen Schäden ist kein Berichtigen im kleinen, kein allmähliches Zurechtrücken gewachsen. Ein Bruch mit jener Lage und eine Überwindung der Enge jenes Selbst ist unabweisbar. Damit aber gelangt jenes andere zur Geltung, was sich zunächst als unpersönlich, ja widerpersönlich ausnimmt. Nur das Schmelzfeuer des Allebens kann die gemeine Lebensgier vernichten und das Selbstleben von dem zähe anhaftenden Kleinen und Naturhaften befreien, nur jenes kann Kraft ohne Egoismus erzeugen. Um aber das zu leisten, darf solche Läuterung kein flüchtiger Durchgangspunkt sein. So wenig der Pantheismus und die Mystik uns als letzter Abschluß gefallen, eine Lebensgestaltung, die nicht sie durchgemacht hat und nicht sie als eine Stufe der Bewegung festhält, verfällt in die enge und selbstische Art zurück, die es zu überwinden gilt. Aber bei aller Notwendigkeit einer Gegenwirkung gegen die erste Form des Selbstlebens bleibt dieses die überlegene Macht, der das andere nur zur Läuterung und Erweiterung dienen muß. So darf in allem Streben zur Unendlichkeit die Energie sich nicht der Unendlichkeit willenlos unterwerfen, sondern sie muß diese meistern und zu einer charakteristischen Einheit zwingen.

Je mehr aber jene Bewegung des Selbstlebens zu einer höheren Stufe in unabsehbare Probleme verwickelt, desto notwendiger ist es, rasch über Anregungen und Antriebe hinaus zu fruchtbarer Arbeit und innerer Umwandlung zu gelangen. Das aber ist nur möglich, wenn unsere geistige Organisation von vornherein auf die Weite angelegt ist, wenn sie ein

Eingehen und Sichentfalten von Neuem innerhalb des eignen Kreises gestattet. Würde nämlich der Lebensvorgang alles, was an ihn gebracht wird, sofort sich angleichen und nach seiner Besonderheit färben, so wäre alle äußere Erweiterung fruchtlos, alle Unendlichkeit würde einer Sondernatur dienen. In Wahrheit steht es anders. Wir sehen unablässig Fremdes in den Lebenskreis eingehen, auf diesem Boden seine Eigentümlichkeit zeigen, seine Konsequenzen hervortreiben, als Macht gegen das andere wirken. Aller Einfluß des übrigen Lebens läßt sich dabei zunächst fernhalten, so daß die besondere Art sich rein aussprechen kann. Solche Selbständigkeit beschränkt sich nicht auf einzelne Punkte, sie kann größere Reihen und Zusammenhänge, ja ganze Reiche bilden. Der Lebensvorgang wird damit aus einem einzigen Faden oder einem alles fortführenden Strome ein vielfach verschlungenes und reichhaltiges Gewebe, innerhalb dessen sich verschiedene, gegeneinander selbständige Reihen bewegen, untereinander in Beziehung und Wechselwirkung treten, eigne Lebenszentren innerhalb des weitern Raumes werden. Diese innere Weite und Beweglichkeit ist die Grundbedingung alles geistigen Wachstums, sie allein gestattet eine Zuführung von Neuem, eine fruchtbare Erfahrung, eine Umbildung durch die Erfahrung. Nur durch dies Vermögen, Neues in den Lebensvorgang zu verpflanzen und es hier ungestört gedeihen zu lassen, erklärt sich alles, was Eingehen in andere Wesen, Versetzung auf den Standpunkt eines andern, Anerkennung sachlicher Notwendigkeiten usw. heißt; nur dadurch wird eine innere Gemeinschaft mit anderen, sei es der Liebe, sei es des Rechtes, eröffnet, nur daraus ergibt sich ein Denken und Handeln aus dem Recht und nach den Forderungen der Sache. In aller scheinbaren Selbstentfremdung ist es aber immer das Selbst, das in den Gegenwurf übergeht, ihm sein Leben einflößt, ihm die Kraft der Bewegung verleiht. Als ein Urphänomen erweist sich hier die Tatsache, daß etwas scheinbar aus dem Lebenskreise heraustritt und zu ihm einen Gegensatz bildet, und daß es dabei innerlich gegenwärtig bleibt und sich somit als noch vom Lebensvorgang umfaßt erweist, daß es zugleich dem Ich und dem Nicht-Ich angehört. So eröffnet sich ein Verkehr des

Lebens mit sich selbst, es zeigt sich ein engeres und weiteres Selbst, die Möglichkeit einer Spannung zwischen beiden, die Aussicht auf eine unbegrenzte Erweiterung durch ihr Zusammenwirken. Da es eine dem Selbstleben entliehene Kraft ist, mit der das scheinbar Entgegenstehende wirkt, so muß schließlich aus aller Ferne die Bewegung immer wieder zum Ausgangspunkte zurückkehren und der Bildung des Selbst alles zuführen, was sich der Unendlichkeit abringen ließ. Bei solcher innern Weite des Lebens verschwindet aller Zweifel daran, daß die Energie in der Einheit eine Unendlichkeit und im Selbstleben ein Weltleben zu erreichen vermag.

Mit dem allen erwachsen gegenüber dem Durchschnittsstande gewaltige Aufgaben: die Erweckung selbständiger Lebenszentren, ihre Durchbildung zur Individualität im Ringen mit der Unendlichkeit, ihre Verbindung zu einer Wirklichkeit des Sinnes und der Vernunft. Was dabei an einzelnen Zügen erkennbar wurde, das weist hin auf ein zusammenhängendes Ganzes, auf ein charakteristisches Lebenssystem. Ob aber ein solches aus jener Bewegung hervorzugehen vermag, das fordert eine eigne Untersuchung.

b) Der Umriß des Lebenssystems.

Daß das Prinzip des Wesensbildung starker Wirkungen fähig ist, daß viel Bewegung aus ihm entspringt und ins Unermeßliche strebt, darüber kann kein Zweifel sein. Aber noch immer ist nicht entschieden, ob sich jene Bewegungen zu einem Ganzen zusammenschließen, zu einem Ganzen, das einerseits alles von ihm Umfaßte vollständig bestimmt und ohne Rest diesem Zusammenhang einfügt, das andererseits alles Draußengelegene unter sich bringt und sich als die einzig echte Wirklichkeit durchsetzt. Das allein würde ein Lebenssystem ergeben, das den Anspruch erhebt, als das einzig mögliche, ausschließlich wahre zu gelten. Erst diese Wendung bringt eine geschlossene Wirklichkeit mit deutlichem Ja und Nein; erst hier kann das Mannigfache sich gegenseitig beleuchten und stützen, erst hier eine Gliederung und Abstufung des Ganzen erfolgen, erst hier läßt sich die Frage nach dem Vermögen und den Grenzen des Ganzen stellen und zugleich herausheben, was an Weltbildung in ihm angelegt ist. Denn je nach der inneren Fassung des Lebensvorganges werden sich auch die Voraussetzungen und Umgebungen, wird sich das Gesamtbild der Wirklichkeit eigentümlich gestalten. Was immer an Besonderheit des Gehalts und an Kraft der Bewegung in dem Ganzen steckt, das wird erst damit hervorgetrieben und zu voller Wirkung gebracht, erst so ist eine Vermittlung zwischen dem leitenden Gedanken und der Einzelarbeit zu gewinnen. Wie sich aber das Gewebe in seinem inneren Gefüge fester zusammenschlingt, so wächst der Lebensprozeß auch ins Große und Weite. Daß bei der Frage des Lebenssystems verschiedene Antworten möglich sind und in der Tat gegeben wurden, wird uns gleich beschäftigen. Damit erscheint die Verfechtung eines besonderen Lebenssystems als eine Behauptung über das Ganze und für das Ganze, als eine einzige Frage an die Wirklichkeit. So kommt in das Leben eine Bewegung vom Ganzen zum Ganzen, nirgends mehr als hier wird es als Ganzes zur eignen Tat und Entscheidung.

Daher geht ein Drang nach solcher Selbstkonzentration durch alle Kulturarbeit. Die verschiedenen Zeiten mögen diese Aufgabe verschieden angreifen, die einen sich mit Entwürfen begnügen, die anderen eine strenge Durchbildung fordern, die einen Fremdes und Eignes verschmelzen, die anderen nur zur eignen Art stehen, irgendwie mit der Sache sich befassen müssen sie alle. Indem sie es aber tun, wird ihr eigner Bestand zerlegt, es wird geschieden zwischen dem, was einem Lebenssystem angehört oder doch seinem Zuge folgt, und dem anderen, was draußen verbleibt und sich mit jenem erst auseinanderzusetzen hat. So entsteht eine Bewegung vom einen zum andern: das System sucht jenes andere an sich zu ziehen und von sich aus zu gestalten; das weitere Leben hingegen übt seinerseits eine ständige Kritik am System, in aller Unfertigkeit kann es inhaltlich reicher, tiefer, wahrer sein, als jenes andere, das formell überlegen ist und eine größere Geschlossenheit einsetzt. Keine Bewegung trifft tiefer den inneren Bestand der Kultur als dieser Kampf zwischen weiterer und engerer Art, dies Ringen um einen Charakter des Lebens.

Die Möglichkeit verschiedener Lebenssysteme erklärt sich in folgender Weise. Eine einheitliche Durchbildung der ganzen Weite des Lebens ist nur in der Weise erreichbar, daß sich zunächst eine besondere Tätigkeit über alles andere hinaushebt, es unter sich bringt und nach ihrer Art gestaltet, daß aber dieselbe Tätigkeit zugleich als der Höhepunkt einer Weltbewegung erscheint und die ganze Weite gestaltet. Wird so eine Verbindung zwischen dem Zentrum unseres Lebens und der Weite des Alls gewonnen, so läßt sich eine allbeherrschende Haupttätigkeit herausarbeiten, so ist ein Hebel für die Bewegung des trägen Stoffes und ein Schlüssel für das Verständnis unser selbst und der Welt gewonnen; nun kann die geistige Arbeit sich in den Mittelpunkt der Wirklichkeit stellen und die Ausbildung eines Lebenssystems unternehmen.

Eine derartige Haupttätigkeit kommt uns nicht mit sinnlicher Anschaulichkeit entgegen, sondern sie ist dem Durcheinander erst abzuringen und zu selbständiger Wirkung freizulegen; die weltgeschichtliche Erfahrung zeigt hier verschiedene Versuche; je nach dem Stande der geistigen Betätigung, nach dem Verhältnis zur Außenwelt, nach den Erfahrungen des gemeinsamen Lebens kann der Mensch seinen eignen geistigen Mittelpunkt an verschiedenen Stellen suchen und von da aus eine eigentümliche Wirklichkeit bilden. So ergeben sich verschiedene, einander widerstreitende Lebenssysteme. Gewiß wirkt in aller Abweichung und Gegensätzlichkeit eine einzige Wahrheit — wie könnten ohne die ihr innewohnende Macht die einzelnen Systeme die Arbeit beherrschen und die Gesinnung erfüllen? —, aber das erste Bild ist das der Entzweiung und des Streites; erst nach Ergreifung des allbeherrschenden Zieles wird es möglich, die Wahrheit der besonderen Stelle von dem anhaftenden Irrtum zu befreien, sowie die verschiedenen Versuche miteinander zu verständigen. Ein bequemer Kompromiß verbietet sich nirgends mehr als hier, wo jeder das Ganze will.

α) Die älteren Lebenssysteme.

Die Geschichte übermittelt uns namentlich zwei volldurchgebildete Lebenssysteme, ein älteres und ein neueres, ein künstlerisches der Gestaltung und ein dynamisches der Kraftentfaltung. Beide reichen auch in die Gegenwart hinein; daß sie aber weder getrennt noch vereint mehr genügen, darüber lassen schwere Erschütterungen, sowie das Auftauchen neuer Fragen keinen Zweifel. Daß die Gegenwart sichtlich nach einem neuen Lebenssystem verlangt, das gibt auch dem philosophischen Problem die größte Spannung. Kein Problem ist zwingender als dieses.

Das ältere System ist ein Werk des Griechentums; es quoll nicht aus seinem Alltagsleben hervor, die Höhe geistiger Arbeit hat es durch Mühe und Kampf errungen. Es hat, wenn auch vergröbert und verflacht, das Mittelalter beherrscht, dann wiederholt seine ursprüngliche Art wieder aufzunehmen gesucht; so wirkt es auf uns von verschiedenen Stellen her und in verschiedener Weise. — Dies System verficht als die Haupttätigkeit das künstlerische Gestalten, die Verbindung der Mannigfaltigkeit zur Einheit künstlerischen Schaffens und Schauens, und zwar aus der besonderen Art des plastischen Kunstwerks. Es ist aber diese Verbindung keine äußerliche Zusammenfügung, sondern ein inneres Zusammenschießen, ein Sichzusammenfinden und damit eine Beseelung, die alle Teile erhöht. In dieser Bildung scheint das Leben seine eigne Wahrheit zu finden, zugleich aber einen Zusammenhang mit der großen Welt zu erlangen, die sich damit als ein Reich der Vernunft darstellt. Die Dinge erreichen hier ihr Wesen, indem sie sich zu einem lebensvollen Kunstwerk zusammenschließen, es gilt, dies Kunstwerk aus dem Chaos des ersten Eindrucks herauszusehen oder, wo die Sache uns selbst betrifft, es klar und kräftig herauszuarbeiten. Diese Aufgabe reicht von dem großen All durch mannigfache Abstufungen bis ins Leben des einzelnen hinein: ein Kunstwerk ist die sichtbare Welt, dem Denker auch die Gedankenwelt, ein Kunstwerk werde der Staat, ein Kunstwerk die Einzelseele. Auch alle geistige Tätigkeit folgt dieser Anweisung. Das Denken wird ein Herausheben des Beharrenden aus dem Wechsel und ein Verbinden der Mannigfaltigkeit zu einem festen Gefüge, seine Arbeit stellt die Synthese vor die Analyse; ihre Begriffe und Methoden gewinnen ihr rechtes

Licht erst aus jenem künstlerischen Bilden. Die Metaphysik als Prinzipienlehre darf diesen Zusammenhang nicht aufgeben; die Begriffe, welche hier die Formen der Wirklichkeit herausheben, verlieren bei deren Erstarrung ihr frisches Leben und ihre Anschaulichkeit. Die praktische Tätigkeit scheidet sich deutlich von der künstlerischen, und das Ethische wird diesem vorangestellt, aber ein genaueres Zusehen zeigt das künstlerische Gestalten in die eigne Tat verlegt, das Ethische selbst empfängt eine künstlerische Art.

Ein solches Bilden verflicht eignes Beginnen und gegebene Ordnung. Nur die eigne Arbeit kann das Kunstwerk erzeugen, nur eine fortdauernde Tätigkeit es gegenwärtig halten; so ist eignes Tun unentbehrlich für Inhalt und Glück des Lebens. Aber dies Tun hat feste Grundlagen und steht in einer geschlossenen Welt; Richtungen und Kräfte werden vorgefunden; das Empfangene läßt sich weiterführen, durchleuchten, veredeln, nicht aber in völlig freie Tat verwandeln. Ebenso wirken hier feste und unverrückbare Ziele; die Bewegung schreitet nicht unter Anbildung immer neuer Vermögen ins Endlose fort, sondern sie erreicht einen Höhepunkt, den sie nicht zu überschreiten vermag, den sie in menschlichen Verhältnissen nicht dauernd festhalten kann. So gibt es hier kein weltgeschichtliches Weitergehen, kein mühsames Aufstreben zur Wahrheit durch die Erfahrungen der Geschichte, kein Hoffen und Harren auf eine bessere Zukunft. Vielmehr steht das Leben vornehmlich auf der Gegenwart und findet hier alle erreichbare Wahrheit. Demnach hat das Wirken nach allen Richtungen feste Grenzen, die später beengend wurden, aber es hat zugleich eine ruhige Sicherheit und innere Geschlossenheit.

Überhaupt hält dieses System die Gegensätze unseres Lebens noch in einem Gleichgewicht, das schwere Erschütterungen und neue Erfahrungen später zerstörten. Wie Natur und Freiheit, so sind auch Subjekt und Objekt, Mensch und Welt noch nicht schroff auseinander gerissen und einander entzweit. Wohl ist der anfängliche Stand überwunden, wo der Mensch sein eignes Bild in alle Welt hineintrug; ein Abstand ist zur Empfindung gekommen und fordert viel geistige Arbeit. Aber diese

Überwindung scheint nicht allzu schwer. Denn es gilt der Mensch als dem All innerlich verwandt, und es scheint sich in der Begegnung, es scheint sich namentlich in der künstlerischen Anschauung zusammenzufinden, was zueinander gehört und sich gegenseitig suchte. Es scheint draußen und drinnen im wesentlichen dasselbe vorzugehen und Wirkungen von hier nach dort leicht zu erstrecken. Das Geistige bleibt hier auch in der Entgegensetzung gegen das Sinnliche diesem verwandt, und seine Grundbegriffe sind von sinnlichen Vorstellungen durchwoben. So besteht noch kein schroffer Bruch zwischen dem Menschen und der Welt. Das Menschliche klärt und veredelt sich an der Welt, aber es verzichtet nicht auf seine innerste Art, es wird nach jener Läuterung unbedenklich als Ausdruck und Höhe des Weltgeschehens behandelt.

Ausgeglichen scheint in jener Gestaltung der Wirklichkeit zum Kunstwerk auch der Gegensatz von Einheit und Vielheit. Denn nur als ein Glied des Ganzen hat hier das einzelne einen Sinn und Wert, auch eine Freiheit liegt hier nur innerhalb des Ganzen. Das Ganze aber bedarf der Mannigfaltigkeit der Teile, um sich auszubilden und anschaulich darzustellen. Ausgeglichen scheint hier auch der Gegensatz von Ruhe und Bewegung. Denn die künstlerische Anschauung, die hier als das Urbild echten Lebens gilt, erstrebt nichts über sich selbst hinaus, sie ist Bewegung, aber auf sich selbst gerichtete, zu sich zurückkehrende Bewegung, das Glück besteht hier weder im bloßen Streben, noch im trägen Besitz, sondern in der fortdauernden tätigen Aneignung. Endlich hat hier auch der Gegensatz des Guten und des Bösen noch nicht die spätere Schroffheit. Unter Fernhaltung alles flachen Optimismus fließt Ruhe und Befriedigung aus der Überzeugung, daß die Hemmungen und Störungen nicht den innersten Kern des Lebens treffen, daß die geistige Kraft überlegen bleibt, daß das Böse mehr einen Mangel, eine Störung, als eine völlige Verkehrung bedeutet. Ja selbst jener Mangel scheint ein unbedingtes Übel nur für die am Einzelpunkt hängende Betrachtung; in dem Zusammenschluß zum Ganzen, wie ihn das künstlerische Denken und Bilden vollzieht, vermag sich der Fehler der besonderen Stelle in einen Vorteil des Ganzen zu verwandeln, und schließlich aus allen Disharmonien eine große Harmonie hervorzugehen.

Dies Lebenssystem enthält eigentümliche Wertschätzungen, sowie Ziele und Angriffspunkte. Verworfen wird hier durchgängig das Unendliche als das Gestaltlose und der Bearbeitung Unzugängliche; eine Grenze sowohl nach dem Großen als nach dem Kleinen hin wird in der Welt als vorhanden angenommen, in den menschlichen Verhältnissen aber eifrig erstrebt. Ebenso erfolgt im Gehalt der Wesen eine deutliche Scheidung besonderer Teile, eine kräftige Ausprägung und scharfe Abgrenzung gegeneinander, eine Verwerfung aller fließenden Übergänge und aller Vermengung der Gebiete, ein Zug nach Spezialisierung und Differenzierung, das aber innerhalb des Ganzen, nicht ohne das Ganze und gegen das Ganze. Daher zugleich durchgängig ein Streben nach Wiedervereinigung des Geschiedenen zur Gemeinschaft eines Werkes, nach einem Gleichgewicht aller Mannigfaltigkeit, nach Abstufung, Ebenmaß und Harmonie.

Als leitender Wertbegriff wirkt dabei die Form, nicht als totes Schema, sondern als lebendige Gestalt, nicht von draußen den Dingen auferlegt, sondern als Ausdruck ihres eignen Wesens. Das Leben enthält hier den Glauben an die Unwandelbarkeit, Allgegenwart, Überlegenheit der lebendigen Form; sie erzeugt ein Ideal edler Bildung, das sich in alle einzelnen Gebiete erstreckt, allen Stoff beseelt, alle Mannigfaltigkeit zusammenhält. So durchdringt alle Arbeit eine gemeinsame Lebensstimmung, eine Stimmung freudiger, aber maßvoller und gehaltener Art. Der Mensch steht hier in einer Welt der Vernunft und wird von sicherer Wahrheit umfangen; er hat die Aufgabe, den ewigen Bestand auch im menschlichen Kreise zu wahren, treu die heilige Flamme zu hüten. Was sein Wirken an Grenzen hat, das empfindet er nicht als eine Einengung, da kein inneres Verlangen ihn darüber hinaustreibt.

So ein Lebenssystem geistiger Kraft und geistigen Schaffens, ein System, das nicht nur mit seiner Ausgleichung der Gegensätze dauernd ein hohes Ziel vorhält, sondern das auch mit dem Besonderen seiner Behauptung, mit der beseelten Gestalt und dem Verlangen der Formgebung, ein Urphänomen und eine bleibende Aufgabe vertritt. Denn wie immer sich die Stellung der Form in der Welt verändert hat, wie sehr auch die Form in den Fluß des Geschehens hineingezogen ist, und wie sehr sie auch beim Aufbau von Mensch und Menschheit andere Mächte neben, ja über sich anerkennen muß, sie behauptet in allen Wandlungen eine Tatsächlichkeit, die jedes Lebenssystem irgendwie würdigen und sich aneignen muß.

Seine herrschende Stellung aber hat dies System nicht behauptet. Von Anfang an forderte es mit seiner Verwandlung des Lebens in künstlerisches Bilden eine geistige Kraft und eine Vornehmheit der Gesinnung, welche nur Ausnahmszeiten darbieten. Das unvermeidliche Sinken des Schaffens mußte bald einen Abstand zwischen den Forderungen jenes Lebensganzen und dem Vermögen der Menschheit zeigen, und die Erweiterung dieser Kluft wurde zu einer peinlichen Leere. Auch litt jenes Ganze insofern an einem innern Widerspruch, als der enge Zusammenhang des Menschen mit der Welt, die Zugehörigkeit zu einem Reich der Wahrheit, welche hier alle Ausführung trägt, in ihm nicht sowohl erwiesen als aus dem naiveren Lebensstande mitgebracht ist, über den jener geistige Aufbau hinausstrebt; jenes Ganze wollte das griechische Volksleben mit seinen Überzeugungen und Einrichtungen überwinden, und es blieb in dem Eigentümlichen seiner Behauptung daran gebunden. — Was aber in den geschichtlichen Verhältnissen vornehmlich einer Gegenbewegung zum Siege verhalf, das war das Problem des Bösen, die Erfahrung härterer Widerstände und die Empfindung schwererer Leiden im menschlichen Dasein, vor allem aber das Gewahrwerden eines tieferen moralischen Konfliktes, als jenes System anzuerkennen und anzugreifen vermochte. Die Menschheit sah sich vor einem jähen Abgrund, es galt einen Kampf um Sein oder Nichtsein. Die Schwere dieses Kampfes und die tiefe Erschütterung durch ihn drängten jenes Lebensideal geistiger Kraft und freudigen Schaffens weit zurück; gegenüber der Empfindung eines unerträglichen Zwiespalts und bei dem Ringen um das Heil der unsterblichen Seele konnte den alten Christen die Freude an jenem Ideal sogar als ein Unrecht erscheinen, und die Sorge um den Gehalt des Lebens sie zu barbarischer Geringschätzung der Form verleiten.

Bei späterem Sinken der Spannung und bei der Notwendigkeit, die christlichen Überzeugungen zu einem geschlossenen Systeme auszubilden, erfolgte wieder eine Ausgleichung mit der antiken Lebensordnung. Denn es hat das geschichtliche Christentum ein durchgebildetes Lebenssystem aus eignem Vermögen und gemäß seiner eignen Art nicht hervorgebracht; ein allumfassendes Ganzes ist es nur geworden mit Hilfe des antiken Systems und in leidlicher Verschmelzung mit ihm. Eine solche Verschmelzung, groß in äußerer Ausdehnung und Anordnung, voll Klugheit, ja Weisheit in der Abmessung der verschiedenen Aufgaben, aber mit einem innern Widerspruch behaftet und daher nur einer mittleren Höhe genügend, bildet die hierarchische Ordnung des Mittelalters.

Die Erschütterung dieser Ordnung erfolgte zunächst durch eine Erstarkung und Befreiung des Individuums, das sich dem hergebrachten Zusammenhange entwand, direkt auf die Antike und auf das alte Christentum zurückgriff und bei stärkerem Erleben der Eigentümlichkeit beider sofort die Unmöglichkeit einer unmittelbaren Einigung erfuhr. So fielen die beiden Welten auseinander, und es kam damit in das Leben ein Zwiespalt, der bis zur Gegenwart fortwirkt. Dann aber entstand auf dem neuen Boden ein eigentümliches Leben, und zwar von vornherein unter anderen Bedingungen und in anderer Richtung als im Altertum. Das alte System fand kein andersartiges Lebensganzes im Besitz, das es anzugreifen und zu verdrängen hatte, es durfte sich selbst für das einzig mögliche, unbedingt richtige halten. Das neue Leben fand dagegen den Platz besetzt, es konnte sich selbst nicht bejahen ohne das andere zu verneinen, es mußte verwerfen und verdrängen, um seine eigne Art durchzusetzen. Schon deswegen ist es weit mehr auf erwägende Arbeit gestellt und hat einen höheren Grad der Bewußtheit; es muß den eignen Weg mühsamer suchen und sich mit stärkeren Zweifeln plagen. Über solche geschichtliche Verwicklungen hinaus greift aber der Zweifel bis in den Grundbestand des Lebens zurück. Nach so vielen Wandlungen und Erschütterungen, nach so schmerzlichen Erfahrungen des Irrtums hat der Mensch den Glauben daran verloren, unmittelbar von der Wahrheit umfangen und von Natur zum rechten Ziel gewiesen zu werden; er sieht sich auf die eigne Seele mit ihrem Denken als auf das Einzige zurückgeworfen, was ihm in sonstiger Verworrenheit bleibt. Aber die Seele steht nun allein auf sich selbst und ist von der großen Welt abgelöst. So bildet den Ausgangspunkt jetzt statt des Zusammenhanges der Gegensatz; es erscheint eine tiefe Kluft zwischen Subjekt und Objekt, deren Überwindung eine völlige Umwandlung des nächsten Weltbildes fordert. — Mit dem Gegensatz von Subjekt und Objekt verschärft sich zugleich der von Mensch und Welt, von Innerm und Äußerm, von Seelischem und Sinnlichem. Überall ist die Verbindung, die in der Antike wie eine Gabe des Schicksals zuzufallen schien, mühsam erst herzustellen, und die Herstellung fordert eingreifende Wandlungen; die geistige Arbeit gibt uns die Dinge wesentlich anders zurück als wir sie an sie brachten. Im besonderen wird, wo harte Gedankenarbeit durch Zweifel und Zerlegung hindurch alles Erkennen zu vermitteln hat, der erste Eindruck der Dinge verblassen, der ganze Umkreis der Wirklichkeit sich mehr ins Gedankliche, Ideelle verschieben. So begründet sich jene Wendung zur Unsinnlichkeit, die als eine geschichtliche Tatsache uns schon oben entgegentrat.

Aber das alles ergab mehr Voraussetzungen eines neuen Lebenssystems als ein solches System selbst. Die Wendung dahin hat sich erst allmählich vollzogen; beherrschte von Anfang an die Gemüter die Entfaltung der Kraft des Menschen an der Welt um ihn und in ihm, so hat die Kraft sich immer selbständiger gestellt und schließlich in ihrer eignen Betätigung ihre Hauptaufgabe gefunden, ihre eigne Steigerung wurde damit zum höchsten aller Ziele. Ohne den Glauben an eine größere eigne Kraft und ihr Recht sich durchzusetzen hätte man nicht wagen dürfen, das eingewurzelte alte Leben anzugreifen; jeder Erfolg des Neuen aber hat diesen Glauben bestätigt. Zunächst mochte sich die neue Kraft in den Dienst der alten Ziele stellen und nur eine frischere und vollere Aneignung des überkommenen Besitzes erstreben. Bei weiterem Erstarken aber mußte sie diese

Bindung als eine Hemmung empfinden und sich von ihr befreien; nun suchte und fand sie ihren Zweck in sich selbst, nämlich in der eignen, ins Unermeßliche wachsenden Steigerung.

Diese Wendung gibt dem Leben vom Großen bis ins Kleine eine nähere Zielsetzung und Zuspitzung. Die Hauptaufgabe wird nun, alle Wirklichkeit in uns und außer uns immer mehr in Bewegung zu bringen, sie mehr und mehr aus dem geschlossenen Nebeneinander in eine Verbindung und volle Betätigung überzuführen. Auch wenn das Geistesleben dabei nicht als ein neuer Ausgangspunkt, sondern als eine Fortführung der Natur gilt, so hat es gegenüber der niederen Stufe eine besondere Art und überschreitet jene mit seinen Leistungen weit. Zum Kern des Lebens wird hier die Bewegung um der Bewegung, d. h. des Wachstums der Bewegung willen, seinen Ertrag bildet das Mehr der Bewegung, das Maß seines Gelingens wird der Grad der Kraftentwicklung, sein Glück die Empfindung gesteigerten Lebens. Was immer hier das Leben an Bestand erhält, das liegt nicht vor der Bewegung, sondern das ist aus ihr hervorgegangen und von ihr aus zu verstehen; als ein solches Erzeugnis der Bewegung aber bleibt es selbst veränderlich und darf nie als endgültiger Abschluß, nie als bindende Norm weiterer Bewegung entgegentreten. So werden auch die Formen erweicht und in den Fluß hineingezogen. Es verschwinden die harrenden Größen und Werte. Denn als wertvoll kann hier nur gelten, was die Bewegung fördert, die Kraft sich freier und reicher entfalten läßt; dies aber wird nach den verschiedenen Lagen der Bewegung verschieden ausfallen, so daß alles in Wechsel und Wandel gerät. Wo das Nützliche im Sinne des der Bewegung Förderlichen die alleinige Norm bedeutet, da ist der Sieg des Relativismus über alle absolute Gestaltung entschieden, da erhält jede Zeit ihre eigne Wahrheit und ihr eignes Glück; da heißt es nicht die Zeit an einer ewigen Wahrheit zu messen, sondern jeden Augenblick in seiner Besonderheit zu erfassen und nach dieser Besonderheit einzurichten, die ganze Seele an diesen Zeitpunkt zu setzen.

So verzweigt sich das Leben ins Unendliche, die Spannung teilt sich seiner ganzen Ausdehnung mit, jedes einzelne gewinnt, indem es, ohne sich abzulösen, seiner eignen Art leben darf; das Ganze der Wirklichkeit wird damit reicher und freier, durchsichtiger und beweglicher. Dabei hat diese Bewegung keinen Anfang und kein Ende, keine Grenze nach dem Großen wie nach dem Kleinen; ohne eine Unermeßlichkeit nach jeder Richtung vermöchte sie nicht sich als selbstherrlich und allgenugsam zu geben. So erhält der Lebensprozeß eine unbegrenzte Ausdehnung, welche den älteren Daseinskreis als verschwindend darstellt; ist äußerlich packender die Eröffnung unendlicher Weiten in Zeit und Raum, so greift in die innere Gestaltung mehr die Wendung ins Kleine, die Unendlichkeit des Kleinen. Das Denken wie das Leben geht auf elementare und molekulare Vorgänge zurück: vom Kleinsten her soll es verstanden, vom Kleinsten her die Wirklichkeit durch Befreiung der Kräfte, durch Herstellung neuer Verbindungen usw. gehoben werden. So in der Technik, so in der Erziehung, so in Staat und Gesellschaft, so durch das ganze Leben. In dem allen ein unablässiges Anschwellen der Lebensflut, eine wachsende Beschleunigung der Bewegung, eine unabsehbare Fülle bestätigender Erfahrungen und Leistungen durch die ganze Weite des Daseins.

Aber bei aller solchen Bestätigung ist das Lebensganze der Kraftentwicklung kein Werk der bloßen Erfahrung. Auch dies System hat seinen Glauben, der alle Erfahrung und Beweisführung überschreitet. Es ist der Glaube an die Allmacht der Bewegung, an ihr Vermögen, alles in Fluß zu bringen und auch die zähesten Widerstände zu überwinden; es ist der Glaube an einen Aufstieg zu immer größerer Höhe, an einen unablässigen Fortschritt, wenn nicht im einzelnen, so doch im ganzen. Mit diesem Glauben steht und fällt das System, alle von ihm enthaltene Tatsächlichkeit kann nach seiner Erschütterung nicht mehr das Letzte und Ganze bedeuten.

Solche Überzeugung bringt die Arbeit durchgängig in einen Gegensatz zur älteren Art. Nicht die Ordnung und Schönheit, sondern das Leben und die Kraft, nicht die ewigen Formen, sondern den unablässigen Wandel gilt es nun an den Dingen zu suchen und auszubilden. So sucht die Wissenschaft nicht darin ihre Hauptaufgabe, aus dem Chaos und dem Fluß der sinnlichen

Eindrücke einen umwandelbaren Kosmos, eine „ewige Zier" herauszuheben, vielmehr hat sie jetzt die gegebene, scheinbar ruhende Welt in ein Reich lebendiger Kräfte umzusetzen; die Begriffe eröffnen ihr nicht die Formen, sondern die Kräfte der Dinge. Das verlangt eine weit stärkere Umwandlung des ersten Befundes; das nächste Dasein ist aufzulösen, ein sicherer Standort erst zu erringen. Nur mühsame Analyse ermittelt die Elemente, die ein Durchschauen der Wirklichkeit möglich machen. Zugleich ergibt sich ein anderes Verhältnis der Teile untereinander und zum Ganzen als bei der älteren Art. Die Wirklichkeit besteht aus lauter einzelnen Elementen, aber diese Elemente sind nur miteinander, nur in gegenseitiger Verkettung, was sie sind, die Kraft entfaltet sich nicht ohne einen Gegenwurf, immer bleibt das einzelne auf den Zusammenhang angewiesen und erhält aus ihm seine nähere Gestalt. Damit entfallen alle starren Begrenzungen und Abstufungen; die Zwischenbildungen, die Übergänge von der einen Form und Stufe zur anderen, von der älteren Art als eine Störung der Ordnung abgelehnt, werden hier ein willkommenes Zeugnis für das alles verbindende und durchflutende Leben. Das System der plastischen Anordnung weicht einem System aufsteigender Bewegung. In diesem System hat das Einzelwesen nicht eine naturgegebene Grenze zu wahren, sondern es scheint einer unbegrenzten Erweiterung fähig, die ganze Welt steht ihm offen. Das verändert nicht nur die Betrachtung, sondern auch das Leben, es ergibt andere Ideale der Bildung, andere Ordnungen der Gesellschaft.

Ein System, das soviel fordert und so hart mit dem vorgefundenen Stande zusammenstößt, kann die Widersprüche, das Dunkel und die Unvernunft des Lebens unmöglich leicht nehmen. Im Gegenteil wird es vielfach die Empfindung dafür schärfen und mehr Kraft dagegen beleben. Aber Eine Überzeugung steht ihm unerschütterlich fest: die Überzeugung, daß die Kraft den Widerständen gewachsen sei, daß sie weder von vornherein durch sie gelähmt, noch in ihrem Fortgange durch sie gebrochen werde; das Böse ergreift hier nicht die Elemente des Lebens. So gibt es hier ebensowenig ein radikales Böse wie die Antike es kannte. Hier wie dort scheint alle Unvernunft schließlich sich in Vernunft aufzulösen. Hier ist es der Gedanke, daß eben die Widerstände die Kräfte zu größerer Leistung treiben und dem Weltprozeß mit einer stärkeren Spannung mehr Eigenleben verleihen, wodurch sich schließlich alle Wirklichkeit in ein Reich der Vernunft zu verwandeln scheint. So der Grundgedanke von Leibniz.

Schon diese Grundzüge konnten mit Mühe einen Gegensatz unbeachtet lassen, der die ganze Weite des neuen Lebenssystems durchdringt; jede nähere Ausführung muß sich mit ihm befassen. Das ist der Gegensatz einer idealistischen und einer realistischen, einer spekulativen und einer empiristischen, einer schaffenden und einer gegebenen Art des Lebens. Dort bedeutet der Lebensvorgang die ganze Wirklichkeit und zugleich die absolute Wahrheit, hier entwickelt er sich aus den Beziehungen der Dinge untereinander, hinter denen eine Wirklichkeit unzugänglich liegen bleibt, seine Wahrheit wird damit nur relativ. Dort ist die Welt im Kerne geistig, hier bildet das Geistesleben, wenn nicht ein Erzeugnis, so doch nur eine Begleitung eines andersartigen Geschehens. Dort wird zur Grundkraft die Intelligenz. und den Fortschritt des Lebens bildet das Wachstum der Bewußtheit, das Sichselbstfinden des Geistes, die intellektuelle Bildung soll alles Gute liefern, alle Schäden heilen; hier entscheiden naturgegebene Kräfte, und alle geistige Entwicklung hängt am materiellen Gedeihen, so daß der wirtschaftliche Fortschritt zum Hauptziel des Strebens wird; ihm hat auch das Denken zu dienen. Dort erwächst die Welt des Menschen von innen heraus durch die Bewegung des Denkens, hier aus der Berührung mit der Umgebung. Dort ist das Leben ein einheitliches Ganzes, und dies Ganze treibt alle Mannigfaltigkeit aus sich hervor, auch ist das Ganze jeder Stelle gegenwärtig, hier liegt alle Wirklichkeit beim Einzelnen, und alles Ganze, das mehr sein will als eine Zusammensetzung der Elemente, wird als ein Unding verworfen. Dort vollzieht sich der Aufstieg durch eine Bewegung des Ganzen, das im Ausgehen und Zurückkehren, durch Satz und Gegensatz hindurch, mittels großer Umwälzungen seiner eignen Höhe zustrebt; hier durch ein Zusammenwirken der zahllosen Elemente, die ihre Wirkungen anhäufen und damit langsam, aber immer weiter ins Ungemessene vordringen.

So und weit darüber hinaus stoßen die beiden Richtungen hart zusammen, um so unversöhnlicher, weil sie denselben Platz fordern, weil sie denselben Grundgedanken vertreten, der sich nicht durchbilden kann, ohne die eine oder die andere Richtung zu wählen. So reizen und treiben sie sich gegenseitig und machen auch innerlich aus dem Leben einen unaufhörlichen Kampf. Aber durch alle Gegensätzlichkeit hindurch erhält sich und wirkt dieselbe Grundrichtung, vor dem Streit liegen gemeinsame Behauptungen, sie kommen zu besonders deutlichem Ausdruck in der Verneinung, in der auflösenden und zerstörenden Kraft, die beide vereint an allem Starren und Fremden üben. Gerade dieses Auseinandergehen des einen Hauptstroms in zwei Arme hat stark dahin gewirkt, alle Gebiete in die Bewegung hineinzuziehen und den ganzen Umkreis der Arbeit damit zu durchsetzen. Nicht nur die Leistungen, auch die Probleme und Konflikte geben dem Ganzen eine einheitliche Macht. Viel zu viel ist durch die Entwicklung dieser Tatsächlichkeit zerstört, viel zu viel an neuen Erfahrungen und Bewegungen gewonnen, viel zu sehr das Leben selbst verändert, als daß sich nicht von hier aus dauernde Wirkungen behaupten müßten.

Aber dies Lebensganze will nicht bloß eine Tatsache neben anderen, es will die letzte und ganze Wirklichkeit sein, und dieser Anspruch begegnet immer härterem Widerstand, Widerständen nicht nur von draußen her, die sich zurückschieben und der Zukunft überweisen ließen, sondern Widerständen, die aus der Bewegung selbst entspringen, sich mit ihrem Fortgange steigern und ihr selbst überlegen zu werden drohen. Sie haben den Glauben an die Allmacht jenes Systems schon stark erschüttert, sie setzen ihr Zerstörungswerk unablässig fort, sie bereiten den Boden für neue Gestaltungen. Offenbar hat das System der Kraftentwicklung seine Höhe schon hinter sich; was uns von außen her noch als lebendige Gegenwart umfängt und auch die Zukunft für sich verlangt, das berührt uns innerlich oft schon wie eine Vergangenheit.

Die Erschütterung beginnt, ähnlich wie bei der Auflösung

des alten Systems, nicht von allgemeinen Erwägungen her, sondern aus den Erfahrungen des Menschheitslebens, vornehmlich aus der Erfahrung und Empfindung des Bösen. Immer zwingender macht sich bemerklich, daß die Befreiung der Kräfte keineswegs einen sicheren Zusammenschluß und die Richtung auf die Vernunft verbürgt; jene Befreiung, als einziges, letztes, unbedingtes genommen, wirkt nicht nur zur Erhöhung des Lebens, sondern auch zur Entfesselung wilder Leidenschaften und zerstörender Selbstsucht sowohl der Individuen als auch der Massen und Völker; die Kräfte wenden sich feindlich gegeneinander und gefährden im Zusammenstoß allen Sinn des Lebens. Das Neue hat so viele Verwicklungen und Übelstände erzeugt, der vermeintlich reinen Vernunft ist so viel Unvernunft entwachsen, und es hat sich beides so eng verschlungen, daß das Vertrauen auf das Ganze zu verschwinden droht, ja weithin verschwunden ist. In solcher Lage aber zu scheiden und zu sondern, sowie den Kampf gegen das anhaftende, ja überwuchernde Böse aufzunehmen, dazu müßte dieses Lebensganze seine eigne Grundlage umgestalten, dazu seine herrschende Stellung aufgeben, dazu ein anderes werden als es ist. So wie es vorliegt, hat es gegen jene Verwicklungen keine genügende Wehr.

Aber alle Erfahrung von Schranken brauchte den Kern des Ganzen nicht anzufechten, bei allem Schmerze wäre das Böse erträglich, wenn das Leben in seinem Kern kräftig und wertvoll bliebe, wenn wir aus aller Not und Unsicherheit uns in eine sichere Wahrheit zu flüchten vermöchten. Aber eben das ward dem modernen Leben ungewiß. Nur deshalb wirken die einzelnen Schäden so tief, weil sie einen Mangel und eine Leere des Ganzen erfahren und empfinden lassen. Als unzulänglich, ja leer erweist sich schließlich ein System absoluten Werdens, ein System, das alles in den Wechsel und Wandel hineinzieht und nirgends einen festen Punkt erreicht, um sich dem Strome zu entziehen, ihm ewige Wahrheiten zu entringen, die unsägliche Arbeit für ein Selbstleben zu verwerten. In unaufhörlicher und unaufhaltsamer Flucht ziehen hier die Erscheinungen an uns vorbei und über uns hinweg, die Leistungen jagen einander,

Individuen verdrängen Individuen, Völker die Völker, Zeiten die Zeiten. Heißt es aber, daß durch Freud und Leid, durch Werden und Vergehen, durch Vernunft und Unvernunft der Lebensprozeß zunehme und sich damit alles ins Gute kehre, so fragen wir entgegen, was ist dieser Lebensprozeß, dieses allverzehrende Wesen, dieser Moloch, dem wir Gut und Blut, Arbeit und Glück, Ehre und Gewissen opfern? Wer erlebt sich in dem Ganzen, wer hat etwas von dem Ganzen, wem frommt das Ganze? Hat das moderne System keine Antwort darauf, so ist ihm damit das Urteil gesprochen. Es fühlte sich glückselig im Bewußtsein des Fortschreitens und hing mit seinem Blick ausschließlich an der Zukunft. So sah es nicht die andere Seite, es sah nicht das unaufhörliche Versinken, es sah nicht die Schmalheit der Linie, die seine Wirklichkeit trägt.

Das alles wurde bei frischer Jugendkraft nicht empfunden, welche kühn die Zustimmung der Erfahrung vorausnahm; es wurde wenig beachtet, solange dem Werden aus anderen Zusammenhängen ein fester Bestand entgegenwirkte und einen Halt gegen die Verflüchtigung bot. Aber jener Bestand ist mehr und mehr durch die Bewegung aufgezehrt, nun hat diese mit eigner Kraft für das Ganze aufzukommen, nun wird der Mangel an Gehalt, die Leere und Sinnlosigkeit des Ganzen unverkennbar. Das um so mehr, als jene Bewegung den Durst nach Glück sehr gesteigert und dem Menschen anscheinend ein Recht auf die volle Befriedigung seiner Wünsche gegeben hat. Alles aber ist eher zu ertragen, Leid und Not, Enge und Druck, als eine Leere bei völliger Wachheit des Lebens und einmal erregtem Verlangen. Eine solche Lage muß überwunden werden und sie wird überwunden werden, so gewiß der Mensch nicht in die Fläche des Daseins aufgeht.

β) Das System der Wesensbildung.

Eine Gegenwirkung gegen die Ausschließlichkeit des modernen Kultursystems ist schon lange im Gange. Von Anfang an enthielt das Leben der Neuzeit mehr als jene besondere Art, das weitere Leben brachte mannigfachste Ergänzung und Berichtigung. Zu größerer Tiefe und Wärme wirkte das Christentum, zu Förderung der Kulturarbeit bot sich die antike Welt. Schien doch das eine eben das zu enthalten, was dem anderen fehlte: dort die Form, hier die Kraft, dort Ruhe, Ordnung, Schönheit, hier Werden, Freiheit, Leben; dort die Bewegung vom Objekt zum Subjekt, hier vom Subjekt zum Objekt usw. So schienen sie zusammen das ganze Leben einzunehmen und seine Gegensätze auszugleichen. In Wahrheit bewegt sich zwischen diesen beiden Polen die Kulturarbeit der letzten Jahrhunderte. Die höchste Stufe einer Verschmelzung des Alten und Neuen hat die klassische Literatur Deutschlands erreicht, und es haben schöpferische Persönlichkeiten eine individuelle Lösung des Problems gefunden. Aber das ist keine Lösung für alle. Jene Lebenssysteme widersprechen einander viel zu sehr, als daß sie sich unmittelbar aneinanderlegen und zu gemeinsamem Werke verbinden könnten, der Boden für eine bleibende Verständigung ist erst zu gewinnen. Ferner erschöpfen sie auch miteinander nicht das gesamte Leben, gewisse Grenzen sind dem modernen und dem antiken System gemeinsam. Beide gleiten zu rasch über das Böse hinweg, beide wissen die Innerlichkeit, die sie verfechten, nicht vollauf zu begründen, beide das freie Handeln nicht scharf gegen die Natur abzugrenzen, beide der ethischen Aufgabe nicht die nötige Selbständigkeit zu geben; beide sind im tiefsten Grunde ungeschichtlich, das eine, weil es die Bewegung, das andere, weil es das Beharren unterdrückt, ja aufhebt. So ist der Blick nicht rückwärts, sondern vorwärts zu richten, wir bedürfen einer neuen Lebensordnung, nur sie kann in den überkommenen Ordnungen das Wahre vom Verfehlten, das Bleibende vom Vergänglichen scheiden. Für eine solche Ordnung aber bietet sich als Gedankengerüst die Wesensbildung; prüfen wir, ob sie in Wahrheit geeignet ist, ein Ganzes der Wirklichkeit einzuleiten und die Dinge ihrer eignen Tiefe zuzuführen.

aa) Allgemeine Züge.

Seine Eigentümlichkeit gegenüber den Mitbewerbern bekundet das Lebensganze der Wesensbildung zunächst in einigen allgemeinen Eigenschaften, die hier rasch betrachtet seien;

wir vergessen dabei nicht, daß Wesensbildung hier nicht die bloße Ausbildung eines schon vorhandenen Wesens, sondern die Urerzeugung eines Wesens bedeutet im Gegensatz zu einzelnen Tätigkeiten.

1. Das System der Wesensbildung kann beim Geistesleben zwischen begründendem Entwurf und näherer Durchbildung deutlich scheiden und zugleich eine Bewegung des Lebens bei sich selbst anerkennen. Die älteren Systeme verwirren die Lage, indem sie beides zu sehr ineinanderschieben, sie unterscheiden nicht genügend weitere und engere Art und entbehren zugleich eines Antriebs, von einem zum andern fortzuschreiten. Dies Durcheinander führt leicht zu einer Entzweiung beider Seiten und läßt die Arbeit zwischen ihnen schwanken. Bald sollen die Formen und Kräfte aus eignem Vermögen einen vollen Lebensgehalt erzeugen, ein starker Glaube an die Macht freischwebender Gedankengrößen bereitet aus bloßen Möglichkeiten Wirklichkeiten; bald hingegen unterliegen wir einer dunklen und starren Tatsächlichkeit. Beides findet sich bei denselben Personen und in denselben Zeiten nicht selten miteinander vereint: Hangen an abstrakten Prinzipien und blinder Tatsachenkult; auch unsere Zeit leidet an solchem Zwiespalt. So ist es nichts Geringes, wenn die Wesensbildung mit der Anerkennung der Zweistufigkeit des Lebens und einer inneren Bewegung in ihm Wandel darin schafft.

2. Die anderen Systeme vermögen nicht dasjenige Verhältnis von selbsttätiger und gebundener Geistigkeit, das der Verlauf der Untersuchung zeigte, in sich aufzunehmen; wohl aber vermag es die Wesensbildung. Dem antiken System verlaufen Selbsttätigkeit und Gegebenheit zu sehr ineinander, als daß ein jedes seine Eigentümlichkeit deutlich entfalten und der Gegensatz seine Probleme kräftig hervortreiben könnte. Das moderne Leben hat die Scheidung vollzogen, aber ein bloßes Kraftsystem kann nicht beide Reiche nebeneinander dulden, es muß das eine dem anderen gänzlich einfügen, sei es, daß die Tatwelt das Dasein, oder daß das Dasein die Tatwelt unter sich zwingt, ein Unternehmen, das höchst gewaltsame Verrenkungen der Wirklichkeit ergibt und schließlich mißlingen

muß. Läßt das neue System dagegen ein Wesen erst aus dem Zusammenwirken und dem Zusammenstoß freier und gebundener Tätigkeit gewinnen, so ist zugleich beides geschieden und aufeinander angewiesen. Diese Fassung des Verhältnisses gestattet sowohl die Bedeutung freien Schaffens als die Macht der Widerstände des Lebens vollauf zu würdigen, während sich sonst leicht die Sache zu einfach ausnimmt und die Aufgabe überrasch mit Einem Zugriff gelöst werden soll.

3. Die Wesensbildung setzt Werk und Grundleben in ein richtigeres Verhältnis und bringt zugleich den Charakter des Selbstlebens mehr zur Geltung als die älteren Systeme. Diese wenden Aufmerksamkeit und Tun einseitig dem Werke zu und versenken sie in das Werk; das Leben erschöpft sich ihnen in das Schaffen und Schauen des Kunstwerks oder in die Förderung der Kraftentfaltung. Die Zurückwendung zum Selbst, der Gewinn des Selbst für die Arbeit und seine Befriedigung durch die Arbeit werden hier zu Nebensachen. — Wir sahen die Innerlichkeit, Kraft und Wahrhaftigkeit des Lebens durch solche Mißachtung einer beherrschenden und zusammenhaltenden Einheit in schwere Gefahr geraten; wir müssen daher erhebliche Wandlungen davon erwarten, wenn die Wesensbildung jenes Problem voranstellt. Auch sie will den Fortgang zum Werk und muß ihn wollen, um dem Leben einen vollen Gehalt und eine echte Wirklichkeit zu geben. Das Werk konnte aber, wie wir sahen, eine Eigentümlichkeit nicht entfalten, seine Zusammenhänge nicht finden, seine Konsequenzen nicht entwickeln, ohne sich vom Grundleben zu scheiden und ihm gegenüber eine Selbständigkeit auszubilden. So wird hier ein Heraustreten aus dem ersten Lebensstande, ein Objektivwerden gegen uns selbst, gefordert. Aber bei der Wesensbildung verbleibt das Werk bei aller Gegensätzlichkeit innerhalb des Lebensvorganges; das Selbst hört nicht auf, in ihm zu wirken und es zu sich zurückzuziehen; begreiflich wird nun, wie es sich in dem Werk erleben, aus ihm gewinnen und zugleich ihm überlegen bleiben kann. Ein so fruchtbares Verhältnis zum Ganzen des Lebens kann das Werk nicht erreichen, ohne sich selbst zu beleben und von innen her zu einer Einheit zusammenzustreben, ohne ein Ver-

langen, jenem Ganzen gewachsen zu werden. Wo immer die Arbeit in den Grund zurückreichen und das Selbst weiterführen soll, da muß sie das Werk beseelen, durchleben und innerlich überwinden; zu dem allen aber bedarf es einer Wesensbildung.

4. Jedes System findet den Gipfel seiner Tätigkeit in einem eigentümlichen Höhepunkt, der das übrige beherrscht und dem Ganzen einen anschaulichen Ausdruck gibt. Das ältere System hatte diesen Höhepunkt im plastischen Gestalten, das neuere entweder in der wachsenden Entfaltung der Naturkräfte oder in der logischen Bewegung des Denkprozesses, das System der Wesensbildung muß ihn im ethisch bestimmten Handeln suchen. Denn der Aufstieg zum Wesen erfolgt hier durch freie Tat, und es waltet dabei die Überzeugung, daß echte Freiheit ein festes Gesetz enthält, einen eigentümlichen Inhalt des Lebens erzeugt, ja eine neue Wirklichkeit jenseits aller Willkür der Individuen schafft. Das aber kann nicht geschehen, ohne daß der Mensch gegenüber aller Verflechtung in die umgebende Welt eine Aufgabe der reinen Innerlichkeit, gegenüber aller Vielheit der Betätigungen eine Bewegung des ganzen Lebens, gegenüber aller Abhängigkeit von fremden Ursachen eine eigne Entscheidung anerkennt; mit solcher Innerlichkeit, Einheit, Selbständigkeit empfängt er ein neues Leben, das ein Reich ethischer Größen aufbaut. Wo immer dies Handeln zu reiner Entfaltung und klarer Bewußtheit kam, da trug es in sich die Überzeugung, daß die neue Stufe allem anderen Leben unvergleichlich überlegen sei, und daß ein Leben ohne die Wendung dahin ohne Saft und Kraft, ohne Seele und Tiefe bleibe. So werden die Systeme, die nicht hier ihren Mittelpunkt finden, ungenügend. Das ist eine alte Überzeugung, dem, was Stoa und altes Christentum, Reformation und kritische Philosophie über die einzigartige Hoheit dieses Lebens gelehrt haben, ist kaum etwas hinzuzufügen. Aber die alte Wahrheit stellt zugleich ein immer neues und immer dringlicheres Problem. Die Wendung zur neuen Ordnung kann nicht aufkommen und erstarken ohne eine Losreißung und Entgegensetzung zum übrigen Leben, und es ist diese Umkehrung kein bloßer Durchgangspunkt, sie muß bleibend festgehalten werden, wenn das neue Leben seine Eigentümlichkeit wahren

und den Kampf mit der Welt bestehen soll, statt von dem Fremden abgestumpft, geschwächt und schließlich verschlungen zu werden. Aber die notwendige Forderung enthält zugleich eine große Gefahr. Will jenes überlegene Leben sich nicht verengen, ja erstarren, so darf es nicht ausschließlich in dem Gegensatz verbleiben, es muß unter Festhaltung der Überlegenheit zur Breite des Daseins zurückkehren und sie den neuen Zielen gemäß gestalten. Die ethische Idee muß die Seele eines eigentümlichen Lebenssystems, das Salz der Welt, der Sauerteig eines neuen Lebens werden. Hier bleibt bei aller Größe der Vergangenheit der Zukunft viel zu tun. An den klassischen Höhepunkten ethischen Schaffens verblieb die Bewegung viel zu sehr beim Gegensatze und begnügte sich vornehmlich damit, die Gesinnung der Individuen zu gewinnen, ihnen einen festen Halt zu geben, sie aller Unruhe und Unbill des nächsten Daseins zu entwinden. Was nicht direkt dieser Aufgabe diente, das dünkte gleichgültig oder doch minderwertig; die Beschäftigung mit ihm galt leicht als ein Raub an wichtigeren Dingen. So kam es nicht zu voller Durchdringung der geistigen Arbeit und voller Durchbildung des gemeinsamen Lebens, nicht zum Ausbau der ethischen Idee zu einem allumfassenden Lebensganzen, zugleich auch nicht zu einer Verwandlung des ganzen Menschen. Hier hat weitere Arbeit einzusetzen. In der schweren Erschütterung aller geistigen Größen und der scheinbaren Entwertung aller überkommenen Güter, in dem harten Kampf um ein geistiges Leben und dem Zweifel an allem Sinn unseres Daseins muß und wird es schließlich doch die ethische Idee sein, deren Aneignung dem Menschen wieder Mut und seinem Leben einen Wert geben wird. Dahin treibt die innere Notwendigkeit der Sache, die durch das Verlangen nach geistiger Selbsterhaltung schließlich auch unsere eigne Notwendigkeit wird; alle Irrung der Individuen wird diese Wendung nicht verhindern. Die Erfahrungen der Jahrtausende unterstützen das, indem sie zeigen, daß die ethische Idee, im Alltagsleben oft verspottet, in schweren Krisen sich der Menschheit stets als der sicherste Halt erwiesen hat. Der ethischen Kräftigung möchte auch das System der Wesensbildung dienen; gewinnt es in der ethischen

Idee eine belebende Seele, so vermag es seinerseits jener einen breiteren Grund zu gewähren und ihr Streben nach Weltbeherrschung zu fördern. Nur in Ergreifung eines solchen Zieles kann die Arbeit die Sinnlosigkeit der Durchschnittskultur überwinden, nur so können zur Gemeinschaft des Wirkens sich diejenigen zusammenfinden, die sowohl der Gebundenheit einer kirchlich hierarchischen Ordnung als der Flachheit einer naturwissenschaftlich verbrämten Aufklärung widerstehen.

bb) Welt und Natur.

So grenzt das System der Wesensbildung sich gegen die anderen Systeme deutlich ab; wenden wir uns jetzt zu seiner eignen Entwicklung und sehen wir, wie sich unter seinem Einfluß das Grundgeschehen des Lebens, das Bild der Welt, vor allem aber der menschliche Kreis gestaltet. Welche Aufgaben jenes System enthält, und in welche Bewegung es den überkommenen Stand der Dinge bringt, das muß sich dabei Punkt für Punkt erweisen. — Die Wesensbildung hat ihre eignen Überzeugungen vom Leben und Sein. Wo die Welt erst in der Wendung des Lebens zu einem vollen Beisichselbstsein, — das bedeutet uns ja das Geistesleben — echte Wirklichkeit wird, da muß alles eine Beziehung zum Geistesleben besitzen, da kann es nichts völlig Außergeistiges geben. Mag in unserem Bereich das Beisichselbstsein des Lebens als die späte Frucht einer langwierigen Weltbewegung erscheinen: schon von der Wurzel her muß ein Trieb dahin wirken, wenn das Ganze jene Frucht hervorbringen soll; mag ferner jene Erfahrung eine erdrückende Übermacht des Untergeistigen sowie einen Stand der Zersplitterung und der Veräußerlichung zeigen, sie selbst bedeutet hier nicht die ganze Wirklichkeit, vielmehr muß gegenüber der Zersplitterung eine Einheit und gegenüber der Veräußerlichung eine Tiefe unablässig am Werke sein, wenn die Wendung zum Wesen erfolgen soll, die in unserem Bereiche erfolgt. Nie könnte aus dem völlig Sinnlosen ein Sinn, ja auch nur der Gedanke, das Verlangen eines Sinnes, nie aus der Zerstreuung toter Elemente ein lebendiges Selbst entspringen.

Zugleich wird auch der Lebensprozeß fester in sich zusammengeschlossen und strenger auf sich selbst gerichtet. Er ist hier kein Verkehren mit einem fremden Sein, kein Suchen einer draußen befindlichen Welt. Sondern sein Grundtrieb ist das Suchen seiner selbst, der Drang nach eigner Vollendung, nach Überwindung alles Unfertigen, Widersprechenden, Feindlichen im eignen Bereiche. In solchem Zusammenhange bedeutet Wahrheit nicht eine Übereinstimmung mit einem jenseitigen, der Tätigkeit gegenüberliegenden Sein, sondern ein Einswerden mit sich selbst, das heißt aber eine Erreichung eignen Wesens, eine Erhöhung des Lebens bei sich selbst, eine Aufbietung und Zusammenfassung alles seines Vermögens. Eine solche Wahrheit liegt nicht hinter, sondern vor uns, sie läßt sich nicht einfach entdecken, sie ist zu erringen, ja zu schaffen. So verstanden, kann das Leben nicht einfach hinnehmen, was immer von draußen an es kommt, auch im Aufnehmen muß es alles verwandeln und erhöhen. Damit wird alles flüssiger, durchsichtiger, innerlicher; das Ereignis vertieft sich zum Erlebnis, die äußere Erfahrung fremder Dinge zu einer inneren Erfahrung eignen Vermögens, eigner Taten, eigner Geschicke.

Aber mit der Aufgabe wächst auch der Widerstand der Verhältnisse und die Spannung der Arbeit. An dem Verlangen eines wesenhaften Lebens gemessen, scheint die vorgefundene Lage uns einem sinnlosen Dasein auszuliefern; eine Selbstentfremdung des Lebens ließ eine Welt entstehen, die bei unermeßlicher Bewegung und strenger Gesetzlichkeit kein Eigenleben, keinen Sinn, ja keine echte Wirklichkeit hat. Diese Welt ist uns wie von draußen auferlegt und gehört doch zu unserem eignen Sein; sie erscheint wie ein fremdes Gewand und läßt sich doch nicht wie ein solches abtun; wir müssen unser eignes Wesen in ihr suchen und können das nicht, ohne ihren unmittelbaren Befund zu zerstören. Werden solche Konflikte genügend entfaltet, so muß der Drang nach Einheit und Wahrhaftigkeit allem anderen Streben überlegen werden und sich inmitten aller Dunkelheit unserer Weltstellung und aller Ungewißheit unserer Begriffe fest, ja trotzig behaupten.

Diese Überzeugungen erweisen und bewähren sich zunächst

an unserer Stellung zur Natur wie auch an dem eignen Bilde der Natur. Von hier aus fällt Licht auf das Doppelverhältnis des Menschen zur Natur, wie es die geistige Arbeit zeigt: ein Verhältnis der Entfernung und der Annäherung, der Abstoßung und der Anziehung. Die Austreibung menschlicher Vorstellungsbilder und Zwecke durch die Wissenschaft macht die Natur uns fremd und unzugänglich, ihre Elemente hüllen sich uns in tiefes Dunkel, ihre Unermeßlichkeit spottet aller Versuche einer Zusammenfassung; hier ist das Reich, wo jenseits alles Geschehens unergriffen und teilnahmlos Dinge verharren, wo die schroffe Scheidung zwischen Erscheinung und Sein zu Recht besteht. Aber das ist nur die eine Seite. Bliebe es gänzlich bei solcher Entgegensetzung, so könnte uns die Natur unmöglich soviel sein, wie sie ist; ein völlig Fremdes könnte den inneren Aufbau unseres Lebens unmöglich fördern. Das Streben hält uns fest, die Natur wiederzugewinnen und zu ihr ein inneres Verhältnis auszubilden. Wir hören nicht auf, sie als ein Ganzes zu behandeln, unermüdlich sind wir am Werke, sie in Gedankengrößen umzusetzen, in Begriffe, die der Arbeit des Geistes entstammen. Denn wir verwandeln sie in ein Gewebe von Beziehungen, wir erkennen in ihr einen durchgängigen Kausalzusammenhang, wir führen sie auf Kräfte und Gesetze zurück. Alle diese Größen sind nicht Mitteilungen der Außenwelt, sondern Gebilde des Denkens; sie sind nicht bloße Umschreibungen, sondern Umwandlungen des Empfangenen. Bei Zurückziehung dieser geistigen Leistung als einer ungehörigen Zutat würde die Natur allen Zusammenhang verlieren und wie ein Gerippe auseinanderfallen. Auch die Hoffnung, das Geistesleben durch den Verkehr mit ihr zu erweitern, zu läutern, zu befestigen, fordert einen Kampf um eine Vergeistigung der Natur. Nur sofern wir unsere Kräfte an ihr messen und sie zu uns herüberziehen, kann sie uns von der Enge und Dürftigkeit kleinmenschlicher Art befreien; ihre Ordnung, Festigkeit, Unermeßlichkeit, ihr Erhabensein über unser Meinen und Begehren, sie können uns nur ergreifen und weiterbilden, sofern sie in unseren Gedankenkreis eingehen und ein Stück unseres eignen Lebens werden. So ist es gerade die Doppelheit des Verhältnisses, das Wechselspiel von Anziehung und Abstoßung, wodurch die Natur so tief auf das Geistesleben wirkt.

Im eignen Bereich der Natur vermag die Wesensbildung den Stand der Vereinzelung und Zerstreuung, die Auflösung in lauter Beziehungen, die starre Gleichgültigkeit der Elemente gegeneinander, die Gewalt des blinden Kampfes ums Dasein voll zu würdigen, das Recht der exaktmechanischen Erklärung anzuerkennen und alle Einmengung spekulativer Prinzipien und Methoden in ihr Gebiet zu verwerfen. Aber diese Art des Geschehens erschöpft ihr nicht die Wirklichkeit, sie wird nicht nur einen tieferen Grund verlangen, sondern auch in jenem Geschehen selbst mehr finden, als jene Erklärung anerkennt.

Was immer die mechanische Theorie als letzte Tatsachen und Voraussetzungen hinnimmt, das verwandelt sich der Wesensbildung in Probleme; schon das Bewußtwerden solcher Probleme verändert das Bild des Ganzen. Die Zusammenhänge, auf denen der Naturprozeß ruht: die Wechselwirkung der Dinge und die durchgängige Gesetzlichkeit des Geschehens, sie werden hier Zeugnisse für eine das Ganze zusammenhaltende Einheit. Die Kraftentwicklung und die Formbildung im Reich der Natur bedeuten hier nicht den letzten Kern des Geschehens, sondern sie werden zu Äußerungen, zu Seiten und Stufen eines Aufstrebens zur Selbständigkeit, einer Zusammenschließung und Belebung des Daseins. Nur so erklärt sich der Fortschritt des Ganzen, das Wachstum der Differenzierung, Spezifizierung, Formbildung, das Aufsteigen immer weiterer und festerer Lebenskomplexe aus dem Strom des Geschehens, das unablässige Hervorquellen des Seelenlebens aus der Natur. Mit so gutem Recht der Mechanismus das alles zunächst aus einer Verwebung der Elemente versteht, diese Verwebung weist über sich selbst hinaus auf eine Einheit und das Wirken eines Ganzen. So gewiß ferner die Bewegung im Reich des Lebendigen nicht ohne den Kampf ums Dasein vordringt, so unentbehrlich der Trieb und die Not der Einzelwesen zur Aufrüttelung der Kräfte und zur Ausnutzung aller Vorteile ist, mit aller solcher Leistung wird der Kampf ums Dasein noch nicht die das Ganze schaffende Macht; vielmehr setzt er ein ursprüngliches Schaffen anderer Art voraus, er ist der Geburtshelfer, nicht der Vater, der Dinge. So kommt nicht der ganze Befund der Natur auf die Interessen und Zwecke der streitenden Wesen zurück, die Natur ist mehr als eine Nützlichkeitsfabrik. Wohl kann sich hier nichts durchsetzen und behaupten, ohne den Individuen zu nützen, aber das besagt keineswegs ein volles Aufgehen in die Nützlichkeit, es kann, ja es muß eine Ablösung von den Zwecken der nur um das eigne Wohl besorgten Individuen erfolgen, und eine in sich ruhende Ordnung der Dinge sich allem Wechsel und Wandel, aller Hast und Leidenschaft entwinden. Schließlich behauptet sich gegenüber aller Ableitung aus dem Werden ein Verstehen aus beharrender Tiefe des Lebens, mit ihm das Recht einer unmittelbaren Erklärung sowie das einer künstlerischen Anschauung als eines tieferen Erfassens der Wirklichkeit. Mag dabei viel Dunkel verbleiben, schon die Anerkennung einer größeren Tiefe behütet die Forschung vor hastigem Abschluß und gibt der Kunst das Bewußtsein, einer echten Wahrheit zu dienen. Wer die mechanisch-exakte Erkenntnis zur letzten Grenze der Wirklichkeit macht, dem muß sich Leben und Welt recht dürftig gestalten.

Ist aber einmal der Blick nach dieser Richtung gelenkt, so gewinnt an Zusammenhang und an Bedeutung auch, was sich im Seelenleben der einzelnen Naturwesen an Befreiung vom Zwange der Selbsterhaltung, an freiem Spiel der Kräfte, an gegenseitiger Teilnahme zeigt. Mag jene Befreiung selbst auf der Höhe der Tierwelt sich recht bescheiden ausnehmen, mag die Intelligenz nur selten und flüchtig sich dem Zwang des Begehrens entwinden, mögen Liebe und Aufopferung noch so sehr mit Naturtrieben verquickt sein, auch bei geringer Ausdehnung bleibt die Tatsache bemerkenswert als eine Ankündigung eines neuen Lebens und eine Vorstufe einer anderen Ordnung der Dinge.

cc) Der Mensch.

Sicherlich gehört auch der Mensch zur Natur; ihn davon losreißen und ihn lediglich auf sich selbst verweisen, heißt weniger vom Menschen groß als klein von der Natur denken. Aber den Menschen im Zusammenhang mit der Natur verstehen, kann da, wo die Natur selbst nur eine Stufe der Wirklichkeit bildet, nicht ihn ausschließlich aus der Natur verstehen heißen. Das Neue aber, das ihn auszeichnet, findet die Wesensbildung nicht in einem bloßen Mehr der seelischen Anlagen und Leistungen, etwa in einer beweglicheren Intelligenz, einem feineren Gefühl, einem kräftigeren Wollen. Wer darin allein den Vorzug des Menschen setzt, unterscheidet ihn vom Tier nicht wesentlich. Vielmehr ist alles solches Mehr nur wertvoll als Erscheinung und Erweisung einer wesentlich neuen Art des Lebens und eines neuen Weltgefüges. Es erfolgt eine große Wendung dadurch, daß beim Menschen ein Beisichselbstsein des Lebens innerhalb unserer Welt erwacht, daß hier ein ursprüngliches Leben und Schaffen durchbricht, neue Größen und Güter erzeugt, eine sich selbst angehörige Wirklichkeit aufbringt. Der rastlose Strom der Bewegung kommt hier zum Stehen, und das blinde Naturgetriebe weicht einem Verlangen nach einem Sinn und Gehalt des Lebens. Das verwandelt die Lage von Grund aus und stellt gänzlich neue Aufgaben. Jenes neue Leben ist ein Weltleben, es verlangt eine Ablösung von der Enge einer besonderen Natur, eine Teilnahme an der Weite und Wahrheit des Alls. Und zwar muß das Leben diesen Weltcharakter nicht als zweiten, sondern als ersten, nicht als mühsam erschlossenen, sondern als ursprünglich und unmittelbar wirksamen Zug besitzen. Aller Spaltung, aller Entgegensetzung muß hier eine umfassende Einheit vorangehen und überlegen bleiben. Aber das bedeutet nicht eine volle Hingebung an die Welt um uns, eine Beruhigung bei der vorgefundenen Ordnung der Dinge. Denn eine Welt des Beisichselbstseins, eine Tatwelt, enthält bestimmte Ansprüche und erzeugt einen energischen Kampf gegen alles bloße Dasein, ihre Forderung der Ursprünglichkeit geht auf eine neue Welt. Soll der Mensch diese neue Ordnung heraufführen helfen, so muß er sich von der Verkettung mit der alten Welt befreien und aus einem bloßen Niederschlag der Geschichte und Umgebung ein Keim selbständigen Lebens werden. Es entsteht hier bei aller Festhaltung des Weltcharakters ein völlig anderes Lebensideal als das des Pantheismus mit seinem Streben, die Wirklichkeit so wie sie ist als vollendet darzustellen und dem Menschen die Befriedigung bei dieser Wirklichkeit als höchste Weisheit zu empfehlen. Denn wo der Weltstand selbst zum Problem wird, da gilt es nicht nur zu billigen, sondern auch zu verwerfen, nicht nur zu lieben, sondern auch zu hassen. Aus der matten Friedfertigkeit und bequemen Vertrauensseligkeit des Pantheismus wird hier das Leben zu einem unerbittlichen Kampf gegen das Niedere und Böse aufgerufen; es wird seinen Kern nicht mehr in irgendwelcher, sei es ästhetischer, sei es spekulativer Betrachtung, sondern in einem seinen ganzen Umkreis bewegenden Schaffen finden. Hier führt ein Weg zur Selbstbehauptung nur durch die enge Pforte der Selbstverneinung; als Teilhaber an dem Kampf der Welten steht der Mensch inmitten der Ursprünge der Dinge und hat eine Freiheit jenseits alles natürlichen Daseins. Die geistige Unmittelbarkeit, die damit entsteht, ist die einzige wahre Unmittelbarkeit, sie allein ergibt eine wahrhaftige Gegenwart und ein selbsteignes Leben. Denn die gegebene Welt bietet ein solches nur scheinbar. Wo die einzelnen Elemente keine Selbständigkeit besitzen, sondern im Tun und Ergehen ganz an der Umgebung hängen, da mag die sinnliche Empfindung eine Unmittelbarkeit vortäuschen, das kausale Erkennen wird bald solchen Schein zerstören und uns nach allen Seiten hin abhängig zeigen. Entweder muß der Fortgang der Kultur das Leben immer bedingter, verwickelter, seelenloser machen, oder es besteht eine geistige Ursprünglichkeit, welche dem Verlust einen Gewinn entgegenhält und das Leben vor jener inneren Auflösung schützt. Die Gegebenheit streng auf ihre eigne Art beschränken, das heißt ihr allen Inhalt nehmen und die Unmöglichkeit eines Abschlusses bei ihr anerkennen.

Wie überhaupt erst mit der Wesensbildung die Geistigkeit eine Selbständigkeit und Sicherheit gegen den Naturprozeß erlangt, so kommen auch ihre Ziele und Güter nun erst zu voller Ausprägung und Wirkung. In der Natur dient alles Streben der Selbsterhaltung und Selbstentfaltung innerhalb der Fläche des Daseins. Auch auf geistigem Gebiet stellt die Wesensbildung alle Arbeit unter die Aufgabe der Selbsterhaltung, aber hier handelt es sich nicht um ein gegebenes Selbst, das uns mit der blinden Tatsächlichkeit eines Naturtriebs umklammert, sondern um ein Selbst der Freiheit, in dem unsere eigne Tat steckt, und hier bewegt uns nicht unsere Stellung in der Gegebenheit, sondern unsere Zugehörigkeit zu den schaffenden Gründen der Wirklichkeit; es ist ein *Kampf nicht um das physische, sondern um ein metaphysisches Sein*, um die Erhaltung einer schaffenden Lebensenergie; dieser Kampf weist über das Reich der Erfahrung hinaus in eine unergründliche Tiefe. Es wird damit auch philosophisch anerkannt, was die Religionen von dem unvergleichlichen Werte der Seele und ihrer Rettung lehren; es erhellt zugleich, wie sehr die Güter der neuen Ordnung die der alten überragen. Wie verschwindend erscheinen gegenüber der Frage, ob auch an dieser Stelle ein ursprüngliches Leben aufgenommen und eine Teilnahme an seiner Unendlichkeit gewonnen wird, alle Erfahrungen, Gewinne und Verluste auf jener Fläche des Daseins; nicht bloß dieses oder jenes wird hier unzulänglich, sondern das Ganze bleibt hinter den geistigen Forderungen weit zurück; deutlich empfunden wird hier die Flachheit und Nichtigkeit alles und jedes Nützlichkeitsstrebens, sei es von noch so gefälliger Form. Jenes Ringen um ein geistiges Selbst, um die Behauptung des dem Menschen anvertrauten Lebenskeimes, vermag unbegrenzte Kraft zu entzünden, ja die Welt aus den Angeln zu heben; solche Kämpfe, solche Not und Sorge um das ewige Heil der Seele können völlig gleichgültig machen, was in jener anderen Ordnung zum Vorteil oder Nachteil gereicht.

Gewinnt so das Leben des Menschen eine größere Tiefe, so wird auch das gegenseitige Verhältnis ein wesentlich anderes als im Dasein mit seiner Richtung auf sichtbare Leistungen. Alle echte Teilnahme und Liebe wird nicht durch das begrenzt und bedingt, was der Mensch der Erscheinung aufweist, sie ergreift dahinter den Keim eines schaffenden Lebens, sie schöpft daraus immer neue Kraft und neuen Mut gegenüber allen Mißständen der vorhandenen Lage. So allein wird es möglich, den Menschen, wie er ist, zu durchschauen und nicht an ihm zu verzweifeln, mit klarer Menschenkenntnis Glauben und Wärme für das Menschenwesen zu verbinden. Denn über die Unzulänglichkeit, ja Kleinlichkeit des menschlichen Durchschnitts besteht unter den Denkern kaum ein Streit; diese Unzulänglichkeit macht es unmöglich, innerhalb jener Lage erheblich weiterzukommen; entweder täuschen über solche Verwicklung Phrasen von Fortschritt und Menschenwürde hinweg, oder es wird jene neue Welt und eine größere Tiefe im Menschen anerkannt. Dann verstehen wir vollauf die Worte Luthers: „Ein christlicher Wandel und Liebe steht nicht darin, daß sie fromme, gerechte, heilige Menschen finde, sondern daß sie fromme, gerechte, heilige Menschen mache."

So bildet jene Grundtatsache ein Axiom, mit dem alle Wahrheit und alle Arbeit des Lebens steht und fällt. Aber die Tatsache wird zugleich eine schwere Aufgabe. Der bloße Vorsatz besagt hier wenig, ein einziger kühner Entschluß unterwirft uns nicht jene Welt. Zur Aufrüttelung des ganzen Wesens muß sich zähe Arbeit und lange Erfahrung gesellen; seinen näheren Inhalt erschließt das Beisichselbstsein erst im Ringen mit der menschlichen Art und durch die Erfahrungen der menschlichen Arbeit. Denn der Kern derselben und der Hauptertrag der Geschichte liegt darin, was durch Leistung und Erlebnis, durch Erfolg und Mißerfolg an Vertiefung und Erweiterung des Beisichselbstseins, an Erschließung einer Welt des Geisteslebens gewonnen wird. Diese Selbsterfahrung unseres Wesens und Vermögens entscheidet letzthin wie über die Richtung der Arbeit so über das Bild der Wirklichkeit. Zu jener Erfahrung bedarf es einer Abhebung der Geistigkeit von der menschlichen Art, sowie einer kräftigen Scheidung innerhalb unseres Lebens. Aber jene Abhebung des Geistigen besagt nicht, daß es in der Entgegensetzung verbleiben soll, es muß zum anderen zurückkehren und in Auseinandersetzung mit ihm sich selber weiterbilden. So zeigt die Geschichte ein Sichfliehen und Sichsuchen, ein Wechselspiel von Abstoßung und Anziehung, von Entfernung und Annäherung. Wo das Geistesleben rasch mit der menschlichen Art zusammenrinnt und die Vermengung in alles Schaffen hineinträgt, da haftet überall Kleinmenschliches an und verstrickt alle Wirklichkeit in seine Enge; wo aber die notwendige Scheidung zu einer schroffen und starren Spaltung wird, da entfällt die bewegende Kraft, da wird das Leben immer blasser, matter und leerer, da fehlen dem Geistigen schließlich alle bejahenden Züge.

Dieser Gegensatz erstreckt sich vom Ganzen des Lebens in alle einzelnen Gebiete. So hat z. B. die Religion unablässig ihren Weg zwischen einer anthropomorphen Fassung zu suchen, die den sinnlichen Vorstellungen und den natürlichen Begehrungen des Menschen folgt, und einer Ablösung und Entgegensetzung des Göttlichen gegen alles Menschliche, die allen Zusammenhang preisgibt und das Göttliche schließlich uns ganz entfremdet. So muß überall sowohl die Kleinheit als die Größe des Menschen, sowohl sein Gegensatz als seine Zugehörigkeit zur Geisteswelt Anerkennung finden; jede Vernachlässigung einer dieser Seiten schädigt das Ganze. Das aber sind die Höhepunkte in Leben und Geschichte, die seltenen Feste der Menschheit, wo eine Einigung die Spaltung überwindet und sich als überlegene Macht in volltätigem Schaffen bewährt.

So entfaltet sich, was wir an Wesensbildung erreichen, immer nur in hartem Kampfe nach außen wie nach innen; schon die Form des Lebens zeigt einen schroffen Zusammenstoß. Das Dasein bildet ein Gewebe mechanischer Kausalität, die Verkettung, das Miteinander und das Nacheinander bestimmt alles Einzelgeschehen. Nur unklares Sehen kann in diesem Netze Lücken entdecken und damit der Willkür einen Spielraum zugestehen, in diesem Gebiete herrscht unbestreitbar der Determinismus. Aber er gerät ins Unrecht, wenn er unbedenklich jenes Reich als das Ganze der Wirklichkeit behandelt und damit für selbstverständlich erklärt, was zum mindesten ein offnes Problem ist; ihm widerspricht die Wesensbildung mit der Behauptung einer Ursprünglichkeit des Handelns und der Erzeugung einer Wirklichkeit aus solcher Tätigkeit, ihre Entwicklung ist eine Erweisung der Freiheit, eine Überwindung der Gebundenheit. Aber diese Freiheit, eine Grundtatsache des Menschenlebens, wird zugleich immer von neuem zur Aufgabe, sie will immer erst erworben und angeeignet sein. Der Mensch kann nicht mit raschem Entschluß sich der Notwendigkeit entziehen, die ihn aus Natur, Gesellschaft und Seele umklammert; sie hält ihn fest, sie begrenzt und beherrscht sein Handeln. Das verhindert freilich nicht die Möglichkeit der Freiheit; diese kann bei voller Weckung alle Hemmungen durchbrechen, alle Wirkung von Vererbung und Umgebung zu bloßen Anregungen und bloßen Antrieben herabsetzen, die sich überwinden und umwandeln lassen, sie kann das Zentrum des Lebens hinter den Bereich der Gebundenheit zurückverlegen und jenes alles zur Außenseite machen. Aber sie kann das nur in hartem Zusammenstoß mit dem anderen, in Aufrüttelung und Erschütterung des ganzen Daseins, mit immer neu beginnender Arbeit. So gestaltet sich das Leben zu einem unablässigen Kampf zwischen Freiheit und Schicksal, es erhält damit allererst eine wahrhaftige Geschichte, ja eine dramatische Spannung; es kann in ihm eine Tragik daraus entstehen, daß innere Wendungen erfolgt sind, sie aber im Verlauf dem zähen Widerstand des Gegners unterliegen, so daß der Mensch von der erklommenen Höhe wieder zur Niederung zurücksinkt.

Was aber vom Leben des einzelnen, das gilt auch vom weltgeschichtlichen Leben der Menschheit. Auch hier sehen wir einerseits alles kausal verbunden und verstehen wir das Spätere als die notwendige Folge des Früheren. Aber auch hier erklärt das nur die Außenseite der Dinge, nicht ihren geistigen Charakter, nicht irgendwelche lebendige Gegenwart, nicht irgendwelche schaffende Leistung. So gewiß alles Große seine Bedingungen und Voraussetzungen in Vergangenheit und Umgebung hat, in seinem Kern ist es ursprünglicher und unmittelbarer Art, und bedeutet es nicht sowohl eine Wirkung der Zeit als eine Gegenwirkung wider die Zeit, ein Abwerfen des Bloßzeitlichen, eine Versetzung in eine zeitlose, an sich gültige Wahrheit. Das aber versetzt in das Reich der Freiheit; so enthält das Leben der Menschheit einen steten Kampf zwischen Freiheit und Schicksal. Von diesem Gegensatz sagt Schelling mit gutem Recht: „Ohne den Widerspruch von Notwendigkeit und Freiheit würde nicht Philosophie allein, sondern jedes höhere Wollen des Geistes in den Tod versinken.“

Ein Gegensatz und ein Kampf entwickelt sich auch innerhalb des neuen Lebens. Je entschiedener die Wesensbildung auf der Hervorbringung einer selbständigen Wirklichkeit besteht, desto mehr gibt die Tatsache ihr zu tun, daß das Geistesleben für uns Menschen zu einer vollen Durchbildung und Verkörperung nur durch ein Eingehen in die Welt der Erfahrung gelangt. Vornehmlich erscheint hier folgender Widerspruch. Die neue Ordnung stellt das Individuum voran als die Stätte, wo allein die Lebenswelt unmittelbar durchbricht; von hier muß alles beginnen, hierher alles zurückkehren, was an neuem Leben entsteht. Aber zugleich ist das Individuum unfähig zum Aufbau einer Welt. Wohl mag es in seiner Stimmung Unendliches fühlen und träumen, sich frei über alle Welten erheben, aber seine Arbeit ist eng beschränkt, sie fordert strenge Konzentration auf einen begrenzten Vorwurf. Soll dieser Widerspruch nicht das Leben zerstören, so hat sich die geistige Arbeit über das Individuum hinaus eigentümliche Formen zu schaffen; sie tut das in der Hervorbringung der Geschichte und der Gesellschaft, indem sich dort das Nacheinander, hier das Nebeneinander verbindet und eng zusammenschließt. Solcher Gemeinschaft wird das sonst Unmögliche möglich, hier vermag das geistige Leben als Ganzes zu wirken und als Ganzes zu gewinnen, hier wird der unerträgliche Zwiespalt im eignen Bereich aufgehoben. Aber solche Begründung von Geschichte und Gesellschaft aus einer inneren Notwendigkeit unseres Wesens bezeichnet zugleich ihre Schranken. Nur in steter Rückkehr zur Ewigkeit und Innerlichkeit können sie leisten, was sie hier leisten sollen; werden sie bei sich selbst abgeschlossen und festgelegt, so verfallen sie den Formen der Gegebenheit, der Veräußerlichung der Zerstreuung. Alsdann verschwindet die Kraft, welche die Geschichte durch Ausscheidung des Bloßzeitlichen an ihr innerlich zusammenhält; alsdann bedrückt und schädigt uns die Vergangenheit mehr als sie uns fördert. Auch fehlt dann der gesellschaftlichen Teilung der Arbeit die Gegenwirkung einer zusammenhaltenden Einheit; berühren sich aber die einzelnen Kreise nur äußerlich, und wird jeder Punkt auf seine besondere Leistung eingeschränkt, so sinkt das Ganze zu einem seelenlosen Mechanismus, und der Geist hat keinen Gewinn. So gilt es immer wieder das Nacheinander der Geschichte und das

Nebeneinander der Gesellschaft zu überwinden, das Endliche und Sinnliche an ihnen zu einer bloßen Äußerung herabzusetzen. Dazu aber genügt nicht eine leichte Umrechnung, sondern es fordert eine gründliche Umwandlung, ein Sichten, Ausscheiden, Zusammenfassen, einen harten Kampf mit der Selbstgenugsamkeit des geschichtlich-gesellschaftlichen Kreises. Geschichte und Gesellschaft fördern die Vergeistigung der Wirklichkeit nur nach dem Maß des ursprünglichen Lebens, das ihnen gegenüber entfaltet wird; das Geistesleben bildet sich an der Geschichte und an der Gesellschaft, aber nicht aus ihnen, nicht als ihr Erzeugnis.

Wie in solchen Bewegungen mehr und mehr Geistigkeit zur Aneignung gelangt, so wird auch das Individuum dadurch über die anfängliche Enge hinausgehoben und zur schaffenden Persönlichkeit erhöht. Als solche hat es eine Welt nicht neben, sondern in sich. Nun erhält es eine doppelte Bedeutung und zugleich eine zwiefache Stellung zur Geschichte und Gesellschaft. Nach seinem unmittelbaren Befunde steht es unter ihnen und muß aus ihnen seine Aufgabe schöpfen, mit seiner geistigen Ursprünglichkeit und dem Idealgehalt seines Wesens überragt es sie, und hat es sie immer von neuem auf ihren geistigen Gehalt zurückzuführen. Ein solches Doppelverhältnis von Freiheit und Bindung, eine solche Gegenläufigkeit der Bewegung entzieht sich jeder einfachen Formel, im besonderen genügt hier nicht das Bild des organischen Zusammenhanges, das dazu weniger der modernen als der antiken Lebensstufe entspricht. Offenbar gebührt hier bei aller Bedeutung der Bindung der Vorrang der Freiheit, als Wesensfreiheit erhält sie hier einen unendlichen Wert. Handelt es sich doch dabei um die Zugehörigkeit des Menschen zu einer Tatwelt, um seine Überlegenheit gegen alles bloße Dasein. Nur als Entfaltung und Ausdruck dieser Wesensfreiheit hat Halt und Wert, was sich an politischer, sozialer, religiöser Freiheit entwickelt. Die Freiheit aber in der Breite des Lebens als ein hohes Gut zu verehren, seinem Grunde hingegen abzusprechen, das gehört zu den schreienden Widersprüchen des modernen Lebens; es bejaht nicht selten in den Konsequenzen, was es im Grunde verneint.

dd) Die Wesens- und Geisteskultur.

Eine ähnliche Bewegung wie bei den Formen des Lebens erzeugt die Wesensbildung auch bei seinem Gehalt. Auch hier bedarf es einer Entfaltung und Steigerung des Vermögens am Gegenstande, einer festen und greifbaren Arbeit, ebenso notwendig wie eines Zurücknehmens und Zurückverwandelns in reine Innerlichkeit. Jene Arbeit, als Ganzes angesehen, bedeutet uns die Kultur; nur ihre Hilfe gewährt der Wesensbildung eine feste Gestalt und einen eigentümlichen Gehalt; wie notwendig jene ist, das haben die Religionen zu ihrem eignen Schaden erfahren, wo sie für sich allein ohne die erziehende Macht der Kulturarbeit der Menschheit genügen wollten. Aber nicht minder notwendig als die Arbeit ist ein Kampf gegen die Arbeit, eine Befreiung von ihrer erdrückenden und entseelenden Macht. Einen Wert für das Ganze und Innere unseres Lebens gewinnt die Arbeit nur, wenn ein Selbstleben sie umspannt und aus ihr einfache Grundzüge, durchgehende Erfahrungen, leitende Ideen hervorhebt.

Aus solcher Einfügung der Kultur in die Wesensbildung erwächst eine scharfe Kritik aller allein auf sich selbst gestellten und selbstgenugsamen Kultur. Eine solche selbstherrliche Kultur verwandelt den Menschen in bloße Arbeit und Kraftbetätigung und gefährdet damit die Selbständigkeit des Inneren; sie bindet ihn an die Weltumgebung und zerstört damit die Ursprünglichkeit des Lebens; sie erzeugt eine satte Selbstbefriedigung und schwächt die Widersprüche des Daseins. Ohne eine Gegenwirkung führt diese Bewegung immer weiter ins Flache, Profane, Gemeine; statt den Menschen zu neuer Gestalt in eine echte Wirklichkeit zu erheben, zieht eine solche Kultur alles Vermögen in den Dienst des Menschentums und entfremdet den Menschen den wahren Bedürfnissen seines Wesens. Um die Kultur vor solchem Sinken zu bewahren, bedarf es immer wieder einer Bewegung gegen die Menschenkultur, einer Zurückführung zu den inneren Zusammenhängen der Wesensbildung. Immer von neuem gilt es eine Scheidung zwischen Kern und Schale, eine Vertiefung und Schärfung der Probleme dahin, daß schließlich nicht um unser Verhältnis zur

Außenwelt, nicht auch um das zur Gesellschaft, sondern um das zu uns selbst, um die Überwindung eines unerträglichen Zwiespalts, um die Einigung unseres Daseins und unseres Wesens gekämpft wird.

Mit solcher Zusammenhaltung der Gegensätze und solcher überwindenden Macht der Wesensbildung gelangt der ethische Charakter dieses Lebenssystems zu deutlicher Ausprägung; Moral und Kultur stehen so lange kalt, ja feindlich gegeneinander, als die bloße Kultur mit ihrer Richtung auf die Leistung, ihrer Erhöhung des Kraftbewußtseins, ihrer Gebundenheit an natürliche Bedingungen und Anlagen selbstherrlich auftritt und sich als das Ganze des Lebens gibt, als andererseits die Moral sich auf die subjektive Gesinnung beschränkt und dem Aufbau einer neuen Welt entzieht. Indem die Wesensbildung beide Größen in ihrem Sinne gefaßt, zu einer gemeinsamen Aufgabe verbindet, schafft sie ein Verhältnis fruchtbarer Wechselwirkung. Wir sahen, daß die Wesensbildung sowohl ein ursprüngliches Leben, eine Versetzung des Daseins in Freiheit, eine fortlaufende Entscheidung, als auch eine Erhebung von der Enge des Punktes zu einem Leben aus dem Ganzen fordert; damit aber besitzt sie die beiden Hauptseiten der ethischen Aufgabe und hebt sie zugleich über die Zufälligkeit und Zerstreutheit des Daseins hinaus, sie enthüllt ihren engen Zusammenhang mit dem Ganzen der neuen Wirklichkeit. So verstanden, wird die Moral eine notwendige Voraussetzung, ja unentbehrliche Triebkraft aller echten Kulturarbeit. Denn die prinzipielle Entscheidung für die Ziele und deren volle Aneignung ist jener unentbehrlich zur Aufbietung aller Kraft, zur Erreichung der letzten Tiefe, zur Verbindung aller Mannigfaltigkeit zu gemeinsamem Streben. Nur so läßt sich alles Äußere und Fremde ablegen, nur so unser ganzes Selbst einsetzen, nur so sind Erfahrungen für dieses Selbst sowie Weiterbildungen seiner erreichbar. Solche Vertiefung der Arbeit zu einem Kampf um das eigne Wesen und solches Zurückgreifen auf die eigne Tat ist besonders nötig, wo große Wendungen der Kultur im Werke sind und neue Anfänge fordern.

Aber die Kultur empfängt nicht nur von der Moral, sie

erstattet ihr auch vieles zurück, sie dient ihr, wenn auch nicht zur Begründung, so zur Befestigung und Entfaltung im menschlichen Bereich. Denn mag die Kultur ihr Streben auf die Gegenstände richten und das Subjekt einem Gesetz der Sache unterwerfen, oder mag sie die Menschen einander verbinden und aus der Gemeinschaft der Arbeit einen Einklang der Gesinnung erzeugen, hier wie da fordert sie eine Erweiterung des Wesens, eine Befreiung von enger Selbstsucht. Ferner enthält alle Kulturarbeit mit ihrem Aufbau einer neuen Welt gegenüber dem natürlichen Dasein ein Element der Freiheit; nicht die bloße Notwendigkeit der physischen Erhaltung erzeugt eine Wissenschaft, eine Kunst, eine Rechtsordnung, es gehört dazu ein eignes Beginnen, ein ursprüngliches und fortlaufendes Wirken von innen her. Freilich ist die hier betätigte ethische Gesinnung zunächst an den Gegenstand gebunden, sie kann sich so in die Arbeit versenken, daß sie für den ganzen Menschen, für seine Gesinnung und innere Haltung, nicht voll zur Wirkung gelangt. Aber wenn jenes Überwinden des natürlichen Selbst und jene Erhebung zur Freiheit aus der Kulturarbeit immer erst herauszuheben ist, so ist solcher Befreiung der ethischen Kräfte der Arbeit die Wesensbildung gewachsen, sie vermag, indem sie jene entfaltet, Kultur und Moral miteinander zu verbinden. In solcher Weise einen ethischen Grundstock der Kultur verlangen, das heißt nicht, einem engen und aufdringlichen Moralismus huldigen. Wie überall, so wirkt auch hier die bewußte Absicht zerstörend, weil sie künstlich hervorbringen will, was nur eine innere Notwendigkeit vermag, und weil sie die Arbeit zu einem bloßen Mittel herabgesetzt, statt sie den Zwecken innerlich zu verbinden.

Alle diese Bestrebungen der Wesensbildung wollen das Werk und die Innerlichkeit in fruchtbare Wechselwirkung und feste Verbindung bringen; erreicht aber wird dies Ziel erst mit der Wendung zur Lebensenergie, in dem Sinne, wie sie sich uns oben erschloß; die Bildung von Energien über die ganze Weite der Welt erstrecken, das heißt die Wesensbildung zu einem geschlossenen System ausbauen. Unter Energie verstanden wir eine eigentümliche Entfaltung des Geisteslebens am einzelnen

Punkte, ein Aufquellen ursprünglichen Lebens gerade an dieser Stelle; dabei wird der besondere Kreis von einer tätigen Einheit umspannt und charakterhaft gestaltet, zugleich aber wird die eigne Vollendung zur Mitarbeit am Aufbau der neuen Welt. Erst mit der Verwandlung der Wirklichkeit in ein Gewebe solcher Energien durchdringt die Wesensbildung ihre ganze Weite und Breite, und erstrebt sie ein durchgliedertes Lebensganzes, das den Systemen der Formgebung und Kraftsteigerung gewachsen, ja als das ursprünglichere überlegen ist.

Die Bedingungen und die Forderungen der Energie wurden oben erörtert. Es muß dabei gegenwärtig sein, daß die Energie nicht direkt aus der gegebenen Lage herauswächst, sondern nur durch eine Umkehrung, nur durch ein Einsetzen ursprünglicher Tätigkeit zustande kommt. Auch muß sie von freier Tat fortwährend getragen bleiben, sie darf nie aus ihr heraustreten. So ist auch der Gehalt der Energie dem Dasein überlegen; was sie diesem an Voraussetzungen und Vorbereitungen entnimmt, das pflegt sie wesentlich umzuwandeln.

Daß aber die Wendung zu diesem neuen Leben an allen Hauptpunkten unseres Wesens und Tuns zur Aufgabe und Forderung wird, das ist leicht zu ersehen. Zur Energie bildet sich das Individuum mit der Erhebung zu schaffenden Persönlichkeit, damit aber zu einem eignen Lebensmittelpunkt, einer eignen Wirklichkeit. Ohne innere Einheiten in jenem Sinne zu werden, könnten die menschlichen Gemeinschaften keinen geistigen Charakter erlangen und weder die volle Hingebung des Menschen erreichen, noch den Aufbau einer Innenwelt fördern. Auch die Arbeitskomplexe, wie Wissenschaft und Kunst, werden selbständige Mitarbeiter am Geistesleben nur mit jener Zusammenfassung und Beseelung. Bei dem allen sind die Quellpunkte ursprünglichen Lebens nicht von Anfang an festgelegt und abgegrenzt, sondern der Lauf der Geschichte hält sie in unablässiger Wandlung. Nicht nur erneuern sich fort und fort die Individuen, auch die Gemeinschaften wie die Arbeitskomplexe erfahren meist ein Wachstum der Verzweigung. Was früher zusammenging, das tritt später auseinander, und was anfänglich dienen mußte, wird nachher zum Träger selbstherrlichen Lebens. Den Zug der geistigen Arbeit zur Differenzierung erfahren wir heute stärker als je; sein Kern aber ist nichts anderes als die Bildung immer neuer selbständiger Zentren. Nicht so merklich ist jener Prozeß bei der menschlichen Gemeinschaft, aber wir brauchen nur größere Strecken zu überschauen, brauchen z. B. nur die Fülle von Lebensgemeinschaften, an denen wir jetzt teilhaben, mit der Ausschließlichkeit des altgriechischen Stadtstaates zu vergleichen, um auch hier eine fruchtbare Bewegung, eine Bildung neuer Lebenszentren zu gewahren. Auch die wachsende Ausprägung und Wechselwirkung verschiedener Kulturvölker gehört hierher. Wohl zeigt diese Bewegung auch Verluste: Individuen und Völker versinken und werden zu Gegenständen bloßer Erinnerung, einzelne Richtungen und Konzentrationen der Arbeit werden durch den Fortgang der Kultur als unwahr erwiesen und aufgelöst (Astrologie, Alchemie usw.), auch erfolgen gelegentlich Rückfälle zu einfacheren Lebensformen. Aber innerhalb einer Hauptepoche verbleibt der Sieg dem Wachstum der Verzweigung, immer mannigfacher wird unsere Welt, immer mehr Eigenlebens wird sie fähig, immer mehr kann sie durch die Ausbildung von Energien unsere Wirklichkeit zu einer Geisteswelt steigern, wenn anders nicht gewaltsame Zerrüttungen eintreten, die allen Aufstieg gefährden.

Es vermag aber an jeder Stelle die Wendung zur Energie vornehmlich deshalb soviel zu leisten, weil sie nicht sowohl eine bloße Lebensform ergreift und aneignet, als durch ein Zusammenwirken von Kraft und Gegenwurf ein volltätiges Wirken, ein von Tätigkeit getragenes Wesen erreicht. Auch die Lebenslage mit ihren Begegnissen und Schicksalen wird hier in die Arbeit aufgenommen; vornehmlich aus dem Zusammenstoß und dem Zusammenschluß von innerer Art und zugewiesenem Geschick entspringt ein Charakter des Lebens. Auch unsere Bedingtheit sowie das Feindliche in unserer Lebenserfahrung gilt hier nicht als etwas schlechthin Fremdes, das möglichst fernzuhalten und abzuweisen sei, sondern es ist die Lebensbewegung hineinzuziehen und als eignes auf sich zu nehmen, es muß zur Ausprägung seiner Eigentümlichkeit, zur Absteckung seines Bereiches, zur Schmiedung seines Charakters helfen.

So trägt zunächst der einzelne eine große Aufgabe in sich: ein weiter Abstand trennt die Zerstreutheit und Subjektivität des natürlichen Individuums und die Lebensentfaltung der geistgebornen Persönlichkeit. Hier heißt es, an dieser besonderen Stelle das Ganze der geistigen Bewegung zu ergreifen und anzueignen; diese Entscheidung über das Ganze bleibt die erste grundlegende Tat. Aber sofort entspringt daraus die Aufgabe, innerhalb des Ganzen eine eigne Welt zu werden, sich zu einer unvergleichlichen Einheit fortzubilden, die alle Zerstreutheit und Gegensätzlichkeit der ersten Lage überwindet, alles Besondere eigentümlich gestaltet, aller Betätigung und aller Erfahrung eine unterscheidende Art verleiht. Die Entscheidung für das Ganze und die Bildung bei sich selbst sind im Grunde nur verschiedene Seiten derselben Sache; die Entscheidung für das Ganze hat nur volle Wahrheit und durchdringende Kraft, wenn sie mit der Gestaltung des Einzelkreises sich in Tat und Werk verwandelt. Solche Unterordnung unter das Ganze und solche Kritik aus dem Ganzen unterscheidet diese Verfechtung der Einzelenergie scharf von jeder Anpreisung des natürlichen Individualseins, einem Hegen und Pflegen seiner Zufälligkeit oder gar einem sich Aufspreizen zu einer vermeintlich überlegenen Größe. Eine Energie in jenem Sinne verlangt eine Wendung gegen die bloße Natur, sie verlangt eine innere Wiedergeburt des Menschen. Hier erhält das Leben in sich selbst eine einzige Hauptaufgabe und wird dadurch unablässig bewegt, getrieben, in Fluß gehalten; die Hauptfrage, die über sein Gelingen entscheidet, wird nun, ob jener Zusammenschluß zu einer geistigen Einheit und zugleich eine feste Begründung im Ganzen der Geisteswelt gewonnen wird oder nicht. Hat aber das Leben soviel bei sich selbst zu tun, und hängt an der Lösung dieser Aufgabe sein Bestand und sein Heil, so wird es seine Arbeit an erster Stelle gegen sich selber kehren und sein Ziel bei sich selber suchen; es wird von müßiger Befassung mit fremden Dingen und scheelsüchtiger Vergleichung mit den Schicksalen anderer lassen. Hier wird seine Größe von der äußeren Leistung unabhängig, hier kann auch in den bescheidensten Maßen ein Heldentum entstehen. Das ergibt eine energische Gegenwirkung gegen die gewöhnliche Lebensführung auch auf der Höhe der Kultur. Dort ein Durcheinander von Eignem und Fremdem, von Freiheit und Natur, eine äußere Hast und eine innere Trägheit, zu wenig Sinn, um zu befriedigen, zu viel Verlangen nach Sinn, um auf Befriedigung zu verzichten. Dagegen nun ein Durchschauen der Widersprüche, ein Empfinden der Nichtigkeit jener Lage, ein Aufrütteln zu schaffender Tat.

Nicht minder wird die menschliche Gemeinschaft mit der Wendung zur Energie in neue Bahnen getrieben. Ihr Durchschnittsstand ist widerspruchsvoll und stets in Gefahr, in einen seelenlosen Mechanismus zu verfallen. Eine arge Verkehrung droht besonders aus der unausrottbaren Neigung des menschlichen Zusammenseins, sich, so wie es vorliegt, nicht nur als fertig, sondern auch als höchsten Selbstzweck zu geben und damit alle Geistigkeit unter menschliche Zwecke zu beugen, statt eine schwere Aufgabe in sich zu entdecken und das Leben bei sich selbst zu konzentrieren. Auf diesen Weg treibt die Wesensbildung mit ihrer Wendung zur Energie. Denn hier wird sowohl ein fester Zusammenhang mit dem Ganzen des Geisteslebens als eine Überwindung der Zerstreuung im eignen Kreise verlangt. Anlage und Geschichte, Umgebung und Leistung werden zu einer tätigen Einheit zusammengeführt, es entsteht von innen her ein selbständiges Lebenszentrum, das den ganzen Umfang des Gemeinschaftslebens eigentümlich gestaltet und an jeder Stelle ein Ganzes gegenwärtig hält; dieses macht eigne Erfahrungen und teilt seine Art allem Befunde mit. Hier ist es die Macht einer Idee, welche die einzelnen Glieder zusammenhält; nicht durch den bloßen Nutzen, sondern durch eine innere Notwendigkeit, durch die Gebundenheit der eignen Tätigkeit an die Arbeit der Gemeinschaft wird hier der eine auf den anderen gewiesen und ihm verkettet. So kann die Arbeit für die Zwecke der Gesellschaft zugleich eine Arbeit für uns selber werden, es kann sich die ganze Innerlichkeit des Menschen, sein Glauben und Hoffen, in jenes Wirken legen und in dem Äußeren ein Inneres, in dem Zeitlichen ein Ewiges suchen. Innerhalb der

Gemeinschaft aber gibt das Bewußtsein, das Ganze durch vereinte Arbeit zu tragen, den einzelnen Gliedern eine innere Gleichheit, die allen Unterschieden von Stellung und Leistung entgegenwirkt. Die Gegebenheit in Natur und Geschichte ist das Reich der Ungleichheit, kein Gesetz, auch keine Gewalt kann sie daraus vertreiben; nur die Ursprünglichkeit des Selbstlebens mit ihren Ideen vermag eine Gleichheit zu begründen und durchzusetzen. In dem Wirken dafür liegt ein Hauptgrund der Macht und der Unentbehrlichkeit der Religionen.

Ähnliches wie für die Lebensgemeinschaften gilt für die Arbeitskomplexe. Auch für die Arbeit an den Dingen muß sich ein neuer Anblick eröffnen, wenn nicht die Formen oder die Kräfte, sondern die Lebenszentren ihr Hauptproblem bilden, wenn sie mit ihrer Aufdeckung und Durchbildung die Wirklichkeit abstuft und belebt. Das um so mehr, als jene Wirkung sich nicht auf den Umriß der Gebiete beschränkt, sondern auch ihre Gliederung ergreifen muß; selbst die einfachsten Elemente, wie z. B. die Begriffe der Wissenschaft, werden sich unter dem Einfluß der neuen Gedankenwelt eigentümlich gestalten.

Demnach besteht über die durchgängige Geltung und Macht des Prinzips der Wesensbildung keinerlei Zweifel. Jene Wendung zur Ursprünglichkeit und jene Individualisierung des ursprünglichen Lebens führt in eine neue Welt und eröffnet eine unermeßliche Fülle von Tatsächlichkeit. Neue Tatsachen sind zunächst die einzelnen Energien selbst, denn die Bildung einer jeden von ihnen ist eine besondere Erfahrung, eine eigentümliche Erschließung; weitere Tatsachen ergeben sich aus den gegenseitigen Beziehungen der Energien; alle Mannigfaltigkeit aber führt schließlich zum Aufbau einer neuen Welt, die sich als eine tatsächliche gibt. Aber diese Tatsächlichkeit ist zugleich eine unerschöpfliche Aufgabe; mit der Anerkennung des neuen Zieles muß eine durchgängige Bewegung entstehen, die nicht wie die Kraftsteigerung nach außen, sondern als Wesenserzeugung nach innen, gegen sich selbst gekehrt ist, damit aber weit eingreifender wirkt als aller Lebensdrang jener Kraftentfaltung. Wohl mag zunächst mit der Bildung der Energien die Wirklichkeit auseinanderzustreben und die verschiedenen

Lebensbahnen unbekümmert umeinander zu verlaufen scheinen. Aber dieser Schein muß der Anerkennung der Tatsache weichen, daß jede Energie nur vom Ganzen her entsteht und nur unter Festhaltung des Zusammenhanges bestehen kann, daß ferner alle Kräftigung der Besonderheit nicht das Streben aufhebt, den Gehalt und die Unendlichkeit des Ganzen auch an dieser besonderen Stelle zu erleben. Daher wird auch innerhalb der einzelnen Lebenskreise hier der Bewegung zur Besonderheit eine Bewegung zum Ganzen entgegenwirken, das Einzelne bedarf auch im Gelingen seines eignen Werkes der Ergänzung; das um so mehr, je schärfer es seine Eigentümlichkeit ausprägt. So drängt es aus aller Verzweigung zurück zum Ganzen, zu einem inneren Zusammenschluß der Wirklichkeit, und es ist schließlich das Ganze, das in Ausgehen und Zurückkehren zu einer eigentümlichen Wirklichkeit, einer vollen Tatsächlichkeit, einer lebendigen Gesamtenergie aufstrebt.

c) Abgrenzungen und Klärungen.

Das Streben nach einem charakterhaften Leben hat für uns Menschen manche Gefahren und Fehlwendungen, wir müssen uns mit diesen Gefahren auseinandersetzen, da sie die Gegenwart und namentlich das deutsche Leben schwer bedrücken. Die besondere Lage Deutschlands wird uns später manches zu tun geben; hier sei nur hervorgehoben, daß im weltgeschichtlichen Leben zwei verschiedene Strömungen bei aller sonstigen Verschiedenheit dahin zusammenwirken, den Charakter des Lebens zu schwächen und seine Kraft zu vermindern. Es geschieht das einerseits vom Intellektualismus, andererseits vom Historismus. Dort leidet das Leben an einer ungebührlichen Gleichsetzung von Denken und Geist, an der Überschätzung eines freischwebenden Erkennens, die eine Verflüchtigung des Lebens bewirkt, hier gewinnt die Geschichte ein starkes Übergewicht, das die Selbständigkeit des Lebens gefährdet sowie unerträgliche Bindungen auferlegt; nach beiden Seiten hin hat das schaffende Leben mit seiner Wesensbildung sein Recht und seine Überlegenheit energisch zu wahren.

α) Die Befreiung vom Intellektualismus.

Der Charakter des Lebens bedarf dringend einer Befreiung vom Intellektualismus, den wir heute weder ertragen noch abschütteln können. Das ältere wie das neuere System sind darin einig, den Intellekt zum Kern des Seelenlebens und die Erkenntnisarbeit zum Träger der Kultur zu machen; jene Schätzung hat sich daher tief in unser geschichtliches Dasein eingegraben, sie wirkt — offen oder versteckt — aufs stärkste aus den überkommenen Begriffen, Schätzungen, ja Bezeichnungen. Über die Notwendigkeit einer Befreiung davon sind heute die meisten einig. Schwere Erschütterungen und schmerzliche Erfahrungen haben uns viel zu deutlich gelehrt, wie wenig Denken und Seele, Erkennen und Geistesleben in eins zusammenfallen, wie mißlich es ist, unser ganzes Schicksal an die Leistung des Erkennens zu binden, wie leicht ein vermeintlich absolutes Denken in leere Reflexion umschlägt, und wie diese zwischen uns und die Dinge, ja zwischen uns und unser eignes Wesen unsere Vorstellung schiebt, wie sie schließlich alle Wirklichkeit in Schein und Schatten aufzulösen droht.

Wäre nur die Überwindung solcher Mißstände ebenso leicht wie ihre Erkenntnis! Aber wir entrinnen dem Intellektualismus nicht dadurch, daß wir ihn schelten, herabsetzen, zum Sündenbock aller Verkehrtheit machen; wir entrinnen ihm auch nicht dadurch, daß wir uns auf derselben Fläche des Lebens in das gerade Gegenteil werfen und die praktische Tätigkeit, das Wollen, die Affekte preisen. Denn auch der Intellekt gehört zum Bestande des Lebens und er bedeutet viel für seine Arbeit; im nächsten Dasein des Menschen hat er alles einzuleiten und alle Tätigkeit zu begleiten; kein Seelenleben ohne Vorstellung, kein geistiges Schaffen ohne Denkarbeit, das können alle Vorwürfe nicht ändern.

So wäre der Intellektualismus unüberwindlich, wenn das unmittelbare Leben unser ganzes Leben wäre und nicht eine Tiefe hinter sich hätte, wenn nicht eine Umkehrung möglich wäre, die jenes Dasein zur Entfaltung und Erweisung eines ursprünglicheren Lebens machte. Denn dann könnte, was im Dasein vorangeht und aus eigner Kraft zu wirken scheint, einem größeren und tiefer gegründeten Ganzen angehören und in Verbindung damit Antriebe und Richtungen, Gehalt und Charakter gewinnen. Die Wesensbildung mit ihrer Zurückverlegung des Lebens, ihrer Scheidung und gegenläufigen Bewegung in ihm verwirklicht diese Möglichkeit. Wenn sie im unmittelbaren Dasein dem Intellekt die Führung zugesteht, so macht sie ihn damit keineswegs zum Kern des Lebens; sie läßt den Inhalt des Erkennens nicht aus dem Vermögen des bloßen Erkennens und noch weniger aus bloßer Reflexion, sondern nur im Zusammenhang mit einem begründenden und umfassenden Gesamtleben finden. Es gibt kein vordringendes Erkennen, in dem nicht ein geistiges Schaffen lebte, und das die geistige Wirklichkeit nicht irgendwie weiterbildete.

Diese Wandlungen treffen zunächst das seelische Gebiet. Der Intellektualismus findet das Wesen der Seele im Bewußtsein, sei es daß er dies mit dem Empirismus passiv als ein Aneignen zugeführter Eindrücke, sei es daß er es mit der Spekulation aktiv als eine Selbsterzeugung des Denkens versteht. Demgegenüber besteht die Wesensbildung darauf, daß alles Bewußtsein ein Ich voraussetzt, und daß die Vorstellungen nicht freischwebende Größen, sondern Betätigungen eines Subjekts sind. Die Einheit wird nicht den einzelnen Vorstellungen nachträglich hinzugefügt, sondern eine jede von ihnen setzt einc Einheit voraus, auch erfahren wir nicht nur einzelne Vorstellungen, sondern auch ihre Durchkreuzungen und Verwebungen; was immer an Mannigfaltigkeit vorgeht, das wird von einer Einheit erlebt. Ein passives Bewußtsein, in dem die Vorgänge wie in einem leeren Gefäß zusammenträfen, kann genügend nur scheinen, wenn unvermerkt eine Aktivität hinzugedacht wird, ein aktives aber trägt den Widerspruch in sich selbst, da die Bewegung eines bloßen Intellektes das Ich, das sie erzeugen soll, schon voraussetzt.

So darf uns das Bewußtsein nicht als der Grundbestand der Seele, sondern nur als die Form ihrer Entfaltung gelten. Wie der Mensch in der Zeit lebt und zugleich über der Zeit steht, wie sich ihm alles räumlich gestaltet und zugleich alle geistige Tätigkeit den Raum überwindet, so kann das Leben im Bewußtsein verlaufen und zugleich in seinem Kern ihm überlegen sein. Es ist aber dieser Kern nicht zur Erklärung mühsam erschlossen, sondern als Selbstleben ist das Geistesleben unmittelbar ursprünglicher und realer als das Bewußtsein; je selbständiger es sich entwickelt und zu einer eignen Welt ausbaut, desto mehr wird die bewußte Tätigkeit vom Selbstleben umfaßt und getragen. — Wohl hat das Bewußtsein als Daseinsform eines ursprünglicheren Lebens eine große Bedeutung. Denn für unser unfertiges und von Gegensätzen durchwirktes Leben ist unentbehrlich die Entwicklung und Klärung, Auseinandersetzung und Verbindung, die nirgends anders als hier erfolgen kann; nur hier werden die Widersprüche empfunden, nur hier wird eine Überwindung erreichbar. Für den Menschen hat keine volle Wirklichkeit, was sich nicht auch hierher erstreckt. Aber das alles macht den Schauplatz des Lebens nicht zum schaffenden Grundgeschehen; auch was im Bewußtsein vorgeht, verlangt zu seiner Erklärung mehr als das bloße Bewußtsein.

Ähnliches erfährt der Intellektualismus bei der Kulturarbeit. Hier verficht er eine völlige Selbständigkeit des Erkennens und unterwirft ihm alle anderen Gebiete. Aber völlig selbständig würde das Erkennen nur dann sein, wenn es ganz und gar ein Werk eines freischwebenden, mit sich selbst befaßten Denkens wäre. Nun hat allerdings das Denken ein Verhältnis zu sich selbst, es kann sich auf sich selber richten und als Denken des Denkens eine gewisse Wirklichkeit erzeugen. Aber wie leer und schattenhaft diese Wirklichkeit ausfällt, wie sie den Schein einer lebendigen Welt nur durch ein unablässiges Aneignen fremder Elemente erschleicht, das zeigt die Geschichte der spekulativen Konstruktion von Plotin bis Hegel deutlich genug. Ist aber das Denken nicht die ganze Wirklichkeit, so muß es ein Verhältnis zur übrigen erst suchen. Um aber ein solches zu finden, genügt nicht ein bloßes Reflektieren über sein Vermögen und seine Stellung zu den Dingen, sondern es bedarf dazu vor allem einer Aufhellung des Ganzen des Geisteslebens, einer Orientierung über den Kern der Wirklichkeit. Die Entscheidung darüber enthält auch eine Weisung für die Stellung und den Ausgangspunkt, den Verlauf und die Wege, das Vermögen und die Schranken der Erkenntnisarbeit; erst nach solcher Grundlegung kann das Technische sein Werk beginnen und glücklich vollbringen. Auf jenes Hauptproblem weisen alle erkenntnistheoretischen Kämpfe zurück, sie werden unfruchtbar mit Aufhebung dieses Zusammenhanges. Freilich hat die Erkenntnisarbeit den Prinzipienkampf auf ihren eignen Boden zu verpflanzen und ihn hier mit eignen Waffen auszufechten. Aber all ihr Streben und Leisten darf nicht in der Isolierung, es muß im Zusammenhange und unter Vergegenwärtigung des Gesamtbilds erfolgen. Nur der Grundprozeß des Geisteslebens entwirft die Wirklichkeit, die das Erkennen weiter entfaltet und aufklärt. Wenn aber das Erkennen nur in solcher Verkettung mit dem Ganzen des Geisteslebens vordringen kann, so sind seine Erfolge zugleich Erweiterungen und Vertiefungen der Wirklichkeit. Die Schöpfungen der großen Denker sind nicht bloß verschiedene Spiegelungen einer um uns vorhandenen Welt, subjektive Meinungen und Ansichten von derselben Sache, sondern sie zeigen die Sache selbst noch im Fluß, und sie erweisen an ihrer Förderung ihre Eigentümlichkeit; nur deshalb und darin waren sie groß, daß sie eine eigne Wirklichkeit hatten und mit ihr das Ganze des Lebens weiterführten. Als Denker waren sie in ihrer Weise ebenso schöpferisch, wie der Künstler es in seiner ist. Sie konnten das aber nur sein, weil sie keine bloßen Theoretiker waren, weil ihnen die Denkarbeit den Höhepunkt einer Lebensbewegung bedeutete. Als Gedankenbildner waren sie unmittelbar Lebensschöpfer.

So auf das Ganze des Lebens angewiesen, kann die Wissenschaft nicht aus eignem Vermögen den anderen Gebieten ihren Gehalt zuführen und ihnen ihre Grenze stecken, wie es der Intellektualismus unternimmt. Dieser gewährt den einzelnen Gebieten nur soviel Realität, als sie vor dem Erkennen darzutun vermögen, er macht das Maß des Erkennens zum Maße des Lebens. Die Religion, die Kunst, die Moral usw. bestehen ihm nur soweit zu Recht, als sie der Wissenschaft erwiesen und in ihre Begriffe eingegangen sind; hier scheint die ganze Wirklichkeit, unser eignes Leben, unser Ich ungewiß, wenn sie sich nicht der Theorie mit einleuchtenden Gründen vorstellen.

Die Wesensbildung erklärt das alles für eine Verkehrung, welche die zweite Ansicht zur ersten, die Ausführung zur Grundlegung macht. Gewiß treibt das Leben über die sinnliche Unmittelbarkeit hinaus zum Verlangen einer geistigen; diese muß sich für unser Bewußtsein erweisen und entwickeln, aber sie entsteht nicht aus solcher Entwicklung, sie weist immer auf eine ursprünglichere, wesenbildende Tat des Ganzen zurück. Nur durch den Zusammenhang damit erhalten die einzelnen Gebiete ihre Kraft und Gewißheit; wohl haben sie einen Beweis ihrer Wahrheit zu führen, aber sie können ihn nicht durch ein logisches Ableiten führen, sondern nur durch ein Aufdecken ihrer Verbindung mit jener Grundtat des Geisteslebens, durch ihre Fruchtbarkeit für das Ganze der geistigen Wirklichkeit, ihr Erzeugen neuer und eigentümlicher Lebensgehalte. Diese geistige Leistung, die keine Willkür der Individuen und keine bloße Reflexion hervorbringen kann, wird nunmehr das Maß der Wahrheit und echten Wirklichkeit, nicht die Klarheit und Deutlichkeit eines freischwebenden Erkennens, wie das der Intellektualismus verkündet. Wie schlimm stünde es um die Religion, hinge ihr Wirken an der Überzeugungskraft der Beweise für das Dasein Gottes, wie schlimm um die Moral, dürften wir nicht eher mit Fug und Recht wahrhaftig sein, ehe die Pflicht der Wahrhaftigkeit sonnenklar nachgewiesen wäre, wie schlimm um die Kunst, müßten wir die Freude an ihren Schöpfungen solange verschieben, bis wir sie wissenschaftlich begründen könnten! In Wahrheit ist überall der Lebensgehalt reicher als die Erkenntnis, und sind die Beweise des Geistes und der Kraft stärker als die der bloßen Theorie.

Damit wird nicht der reinen Wissenschaft eine eigentümliche und wichtige Aufgabe abgesprochen. Schon das ist nichts Geringes, daß sie allen geistigen Besitz zu klären und zu sichten, zu entwickeln und in ein Ganzes zusammenzufassen vermag, daß sie ihn damit durchleuchtet und uns näher bringt, ihn in höherem Grade in einen eignen Erwerb, ein wahrhaftiges Eigentum verwandelt. Solches ist die Forderung jeder gereiften Kultur, hier kann daher nichts Geistiges seine volle Wirkung üben, ohne sich auch vor dem Erkennen darzulegen und zu begründen.

Aber noch mehr! Für unser im Werden befindliches und der Irrung ausgesetztes Leben kann die Erkenntnisarbeit auch in den Kern zurückgreifen und den Grundprozeß fördern. Ihr Auseinandersetzen und Verketten kann Widersprüche aufdecken und Irrungen anzeigen, es kann zugleich neue Forderungen stellen, neue Möglichkeiten entwerfen, eingreifende Wendungen anregen. Das alles aber nicht aus dem Vermögen des isolierten Erkennens, sondern nur sofern das Erkennen einen Zusammenhang mit der Gesamttätigkeit wahrt, sofern in seiner Arbeit das Ganze lebt und wirkt. So heißt es, den Grundgehalt und die Lehrform sowohl auseinanderzuhalten als aufeinander zu beziehen; wiederum zeigt das Leben bei sich selbst eine Scheidung und eine innere Bewegung; zugleich entgeht es einem unsicheren Schwanken zwischen einer Überschätzung und einer Unterschätzung der Erkenntnisarbeit.

β) Unrecht und Recht der Geschichte.

Die Art, wie das Leben sich zur Geschichte stellt, ist so bezeichnend für seine eigentümliche Art, daß auch unsere Überzeugung sich hier zu erweisen hat. Die Wesensbildung kann nicht jener Schätzung der Geschichte folgen, die das 19. Jahrhundert beherrscht, die zuerst in spekulativer Fassung die Geister gewann, dann aber mit zäher Arbeit den ganzen Befund der Erfahrung ergriff und umschuf. Dieser Überzeugung wird die Geschichte zur ausschließlichen Werkstatt des Geistes und gehört unser Leben und Wesen, unsere Gesinnung und Leistung ganz ihrem rastlosen Strom. Das Jahrhundert sah in dem allen nur den Gewinn: das Flüssigwerden starrer Größen, die Herstellung umfassender Zusammenhänge, die Verjüngung und Kräftigung des Lebens; es sah nicht die Kehrseite, die dem System der Wesensbildung nicht entgehen kann. Denn wie könnte die Wesensbildung ein Selbstleben des Geistes der rastlosen Betätigung und Kraftentfaltung entgegensetzen, ohne die Flüchtigkeit und Nichtigkeit einer selbstherrlichen Geschichte zu durchschauen? Ihr gilt jene völlige Hingebung an den Strom der Dinge als eine Preisgebung aller Selbständigkeit und Ursprünglichkeit der Gegenwart, als eine Auflösung aller festen Größen zugunsten eines sich selbst verzehrenden Relativismus, ja als die Vernichtung aller echten Gegenwart und zugleich aller geistigen Wirklichkeit. Denn was anders wird hier das Leben als ein Heer vorüberziehender Schatten? Wenn hier der eine Augenblick für den anderen sorgen und das eine Geschlecht für das andere leben soll, und dieses wieder für ein anderes, und das so weiter und weiter ohne Ende, so braucht ein Selbstleben nur nach einem Sinn und Zweck zu fragen, und die Nichtigkeit dieses Ganzen springt in die Augen. Aus der Verneinung geht aber die Behauptung hervor, daß die Geschichte einen tieferen Grund, eine ewige Ordnung der Dinge hinter sich haben muß, um geistig irgend etwas zu schaffen, um Geistesgeschichte gegenüber einer Natur- und Menschengeschichte zu werden; nicht als ein selbstgenugsames Reich und eine freischwebende Macht, sondern nur als Erweisung eines wesenhaften Lebens kann sie uns innerlich weiterführen. So gebührt der Geschichte nicht der erste, sondern nur der zweite Platz.

Auf dem zweiten Platz aber eröffnet ihr gerade die Wesensbildung eine bedeutende Aufgabe. Das menschliche Geistesleben findet eine volle Durchbildung nur durch ein Eingehen in die Zeit und die Erzeugung einer Geschichte; nur in Auseinandersetzung mit dem, was auf diesem Boden geschieht, nur in Überwindung der hier vorhandenen Widerstände und in Verwandlung der Dinge in Selbsterfahrung kann es jenes Ziel erreichen. So wird die Geschichte zum Hauptmittel des Kampfes um eine geistige Wirklichkeit. Zugleich überwindet sie sicher weit umlaufende Meinungen des Alltags. Die Geschichte hat nicht bloß eine vorhandene Wirklichkeit in unseren Vorstellungen abzuspiegeln, sondern ihre Arbeit und ihr Kampf will Wandlungen im Wesen bewirken, die rechten Ziele und Wege ermitteln, neue Kräfte entbinden, eine Tatwelt gegenüber dem Dasein erringen. Auch den Menschen hat sie nicht als fertig hinzunehmen, sondern mit jenen Wandlungen arbeitet sie auch an seinem Innern und bildet sie sein Wesen fort. Was die erste Ansicht als festen Ausgangspunkt nimmt, das macht der Fortgang mehr und mehr zum Problem; es erhellt, daß uns nicht von Haus aus deutlich die Bahn gewiesen ist, die wir sorglos nur weiterzuwandeln brauchen, sondern daß auch die Hauptrichtung in Frage steht und nur durch Wagen und Schaffen, durch Zweifel und Kampf, durch Weiterfahrung und Selbsterfahrung erreichbar ist. Ein Fortgang ist hier nur denkbar als eine Bewegung des Lebens selbst, als eine Selbstprüfung des eignen Wirkens. Auf dem Boden der Geschichte muß das Geistesleben sich zu umfassender Tat zusammenschließen, zu einem Werke verkörpern und daran sein Streben setzen, damit sein ganzes Vermögen in Wirklichkeit umzuwandeln suchen. Solches Schaffen ist ein Wagnis, es enthält die Behauptung, einzig wahr und vollgenügend zu sein. Über das Recht dieser Behauptung kann nur das Leben selbst entscheiden, nur die Ausführung jenes Unternehmens kann zeigen, ob wirklich jene Bahn die ganze Weite und Tiefe des Lebens in sich aufnimmt, ob nicht draußen und drinnen Widerstände verbleiben, die nach und nach hervorbrechen und schließlich das Ganze erschüttern, zugleich aber neue Ziele vorbereiten. Eine solche Selbsterfahrung, ein solches Sichweiterbilden wird nur dadurch möglich, daß das Geistesleben in das geschichtliche Dasein eine zeitüberlegene Art hineinlegt und in seinen Kämpfen gegenwärtig hält; nur durch ein solches Wirken des Ewigen in ihr wird die Geschichte mehr als Erscheinung und Schein, und dient sie dem Aufbau einer echten Wirklichkeit.

Aber das Ewige muß sich nicht nur unablässig in die Zeit versenken und sich mit ihr verschmelzen, es muß fortwährend auch eine Überlegenheit bewahren und aus ihr zurückkehren. Eine gänzliche Versenkung in die Zeit und Geschichte würde das Leben fremden Formen und Gewalten unterwerfen, würde es immer mehr der Zerstreuung und Veräußerlichung überliefern. So ist die Leistung der Geschichte immer wieder in das Ewige und Ursprüngliche umzuwenden, das bloß Zeitliche an der geschichtlichen Leistung energisch auszutreiben; nur eine Gegenläufigkeit der Bewegung im Suchen und im Fliehen der Zeit führt zu dem erstrebten Ziel. Damit bekommt unser Verhalten zur Geschichte einen dialektischen Charakter: bei uns muß das Geistesleben die Geschichte sowohl aufbauen als zerstören, sich mit ihr verbinden und von ihr ablösen, in ihr sein Wesen suchen und sie zu einem bloßen Mittel herabsetzen. Diese Dialektik unseres Verhältnisses zur Geschichte gibt unserem Leben eine unablässige Spannung und einen eigentümlichen Anblick. Sehen wir, wie das die Hauptpunkte gestaltet.

Das Eingehen der Ewigkeit in die Zeit und zugleich der Unendlichkeit in ein endliches Werk erweist sich in jeder charakteristischen Lebensführung, die mit ihrer besonderen Aufgabe und Leistung das Ganze des Lebens sein will. Hierher gehören die sogenannten historischen Ideen, wie sie namentlich W. v. Humboldt lehrte, hierher auch die Entwicklung geschlossener Lebenssysteme. Bei jenen Ideen sehen wir eigentümliche Gedankenmassen und Interessenkomplexe sich als die allumfassende und vollgenügende Wahrheit geben und den ganzen Menschen fordern. Solche Ideen haben ihre natürlichen Bedingungen und ihre geschichtlichen Zusammenhänge, aber sie haben zugleich eine Ursprünglichkeit, die nur aus eigner und freier Tat hervorgehen kann; sie behaupten eine Überlegenheit, ja Selbstgenugsamkeit. Die Ideen sind der besondern Zeit eng verbunden, nur ein Jetzt gibt ihnen die Eindringlichkeit und die volle Individualität, die ihrem Anspruch entsprechen. Aber diese scheinbaren Kinder der Zeit werden in besonderen Lagen zu Herren der Zeit. Sie wollen der Zeit nicht bloß dienen, nicht bloß ihre Bedürfnisse regeln, sondern sie verfechten ihren eignen Gehalt als schlechthin wahr, als unabhängig von der Zeit, ja, als im Gegensatz dazu gültig, sie geben sich nicht als einen Punkt einer Reihe, als ein Mittel für weitere Zwecke, sondern als einen völligen Selbstzweck; der Fluß der Geschichte scheint hier zum Stehen gebracht, die bloße Zeit vernichtet, eine Gegenwart gewonnen, die nicht der Zeit, sondern der Ewigkeit angehört. Das alles bezeugt deutlich ein Eingehen des Ewigen in die Zeit, ein ursprüngliches Schaffen in der Verkettung der Dinge; eben dieses Zusammentreffen verleiht den Ideen eine merkwürdige Macht, die alle sonstige Leistung überbietet. So sahen wir es nacheinander bei der religiösen Idee, bei der Aufklärung, bei dem universalen Humanismus, so sehen wir es jetzt bei der sozialen Idee.

Denn bei solchen Ideen sehen wir eine Aufgabe alle anderen überragen, ja verdrängen, in dem Einen scheint alles erreichbar, gegenüber dem hier Erstrebten verblaßt alles übrige Streben. Was hierher gehört, scheint aus dem Grundleben hervorzuquellen, es wirkt mit der Macht unbedingter Selbstverständlichkeit. Hierher gehört der Affekt der Zeit wie ihr Glaube, hierher richtet sich die Begeisterung und die Leidenschaft der Menschen, hier wird die äußerste Kraft angespannt, hier das Individuum über die Kleinheit natürlicher und sozialer Selbsterhaltung hinaus zur Überwindung und Aufopferung seiner eignen Zwecke getrieben, auch von allen Zweifeln klügelnder Reflexion durch die freudige Gewißheit siegreicher Wahrheit befreit. Wie aber der Mensch hier über sich selbst hinauswächst, so vermögen sich auch die mannigfachen Leistungen der einzelnen zu verbinden und zu einem gemeinsamen Werke zu verbinden. Im Besitz so gewaltiger Kräfte kann die Idee getrost den Kampf gegen eine feindliche Welt aufnehmen; sie wird mit unerbittlicher Logik alle ihre Konsequenzen hervortreiben, alle Verhältnisse ihren Forderungen unterwerfen, den Gesamtbestand des Lebens umwandeln. Wem wäre das Walten geistiger Mächte über den Menschen anschaulich zu machen, dem es nicht die Ideen zu erkennen gäben?

Aber die Geschichte zeigt nicht nur ein Aufsteigen, sie zeigt auch ein Sinken der Ideen, auch den Ideen ist eine Frist gesetzt, dem siegreichen Vordringen folgt ein Niedergang und eine Auflösung. Meist bereitet der Sieg selbst die Wendung. Die volle Durchführung einer Idee zeigt auch ihre Schranken und Bedingungen, die innige Verschmelzung von Besonderem und Allgemeinem, von Sichtbarem und Unsichtbarem, von Zeitlichem und Ewigem, die zunächst eine gewaltige Stärke gab, wird zur Schwäche, sobald die damit umgrenzte Wirklichkeit sich als zu eng für die Unermeßlichkeit des Geisteslebens erweist; es kommen Zeiten der Ermattung und Ermüdung, es bewährt sich auch hier, daß für den Menschen es keine Determination ohne eine Negation, kein Ja ohne ein Nein gibt. Auch muß es sich rächen, daß im Siege die Idee ihre Jenseitigkeit aufgibt und sich dem Dasein der Formen und Kräfte aufs engste verkettet. Denn das Besiegte behauptet auch in der Unterordnung seine Art, es verstrickt und verfängt darin den Sieger; das Äußere, Mechanische, Kleinmenschliche gewinnt immer mehr Raum bis zur Verdunklung und Gefährdung aller Geistigkeit. So sinkt denn der Glaube und die Hingebung des Menschen, die früher so einleuchtenden Wahrheiten verfallen dem Zweifel, die alten Werte verlieren ihren Kurs, die Götter werden zu Götzen, die Reflexion verdrängt das Schaffen, die positive Epoche muß einer kritischen weichen. Besonders deutlich zeigt uns dies das Geschick der Aufklärung, aus der Begeisterung wurde rasch eine schroffe Verwerfung.

Aber jene Wendung ist kein bloßer Verlust. Auch ein Gewinn wird in ihr ersichtlich, sobald sie in ihrer wahren Natur verstanden wird, als ein Zurückkehren des Geisteslebens aus dem Werke der Zeit zu seiner eignen Ewigkeit und reinen Ursprünglichkeit, als ein Zeugnis dessen, daß es sich nun und nimmer in das besondere Werk und die geschichtliche Lage erschöpft, sondern ihnen allen eine überlegene Natur entgegenhält und daraus eine Kritik an aller Zeitleistung übt. Solche Erhabenheit muß den Menschen zunächst zur Kleinheit herabdrücken, aber sie wird ihn auch wieder erheben, da jene Wendung ihm nicht von außen her zufällt, sondern sich in seinem eignen Innern vollzieht; so teilt er auch die Größe, Unendlichkeit und Innerlichkeit des Lebens. Mag er sie zunächst im Gegensatz zu aller positiven Gestaltung und daher in voller Unbestimmtheit und Formlosigkeit empfinden, er kann sich hierher aus allen Sorgen und Schmerzen des Daseins als in seine unverlierbare Heimat flüchten, er kann hier inmitten alles Zweifels und aller Unfertigkeit eine Grundüberzeugung behaupten.

Ja noch mehr! Jene Verneinung könnte unmöglich so zerstörend wirken ohne eine in ihr enthaltene, wenn auch versteckte Bejahung. Dies Ja, zunächst zerstreut und scheinbar für die Wirkung verloren, wird sich allmählich sammeln und deutlicher ausprägen; es bedarf nur der Gunst der Lage und vor allem großer Persönlichkeiten, um die Höhe zu gewinnen und die Bewegung zu führen. So erhebt sich gegen die alte These eine neue, sie wird ihr nicht nur einen äußeren Widerstand, sondern auch eine andere Art entgegensetzen. Namentlich das, was in der früheren Leistung sein Recht nicht erhielt, was zurückgestellt und mißachtet war, wird sich nun mit frischer Kraft erheben und die Führung übernehmen. Demnach bewegt sich die Geschichte nicht in gerader Linie, sondern in Gegensätzen. Eine solche Gegensätzlichkeit anerkennen, heißt jedoch nicht sich zur Hegelschen Lehre von einem gleichförmigen Fortschreiten durch Bejahung und Verneinung, durch Scheidung und Wiederverbindung bekennen. Schon deswegen nicht, weil die Wesensbildung, gemäß ihrem Streben nach einem Gehalt des Selbstlebens, nicht vornehmlich mit formalen Gegensätzen logischer Art, sondern mit realen Gegensätzen zu tun hat. Bei diesen aber sind verschiedene Gestaltungen, verschiedene Wendungen möglich; so kann auch der Angriff auf das alte Lebenssystem verschiedene Ausgangspunkte und Richtungen haben. Welche von diesen Möglichkeiten die anderen überwindet, darüber kann keine Formel belehren. Ist nämlich in solchem kritischen Zeitpunkt das Eisen einmal in Fluß geraten, so wird es schmieden, wer kühn vorangeht und der Bewegung deutliche Bahnen weist. Das aber ist das Wesen großer Persönlichkeiten. Sie vermögen alle Voraussetzungen abzubrechen, auf ein ursprüngliches Schaffen zurückzugreifen, neue Grundelemente zur Wirkung zu bringen. Ein Augustin, ein Luther, ein Kant kann der ganzen Bewegung eine unerwartete Wendung geben. Damit wird die Geschichte irrational und widersteht aller Auflösung in eine einfache Formel, aller Verwandlung in ein aufgezogenes Uhrwerk. Es eröffnet sich die Aussicht auf einen Wechsel von Auf- und Abstieg und auf eine Fülle von Bildungen. Die Frage wird damit unabweisbar, ob sich alle Mannigfaltigkeit zu einem Ganzen zusammenfügt und dem Menschen einen sicheren Gewinn verheißt.

Diese Frage bejaht mit stolzer Zuversicht die geschichtsphilosophische Überzeugung, welche von Hegel her das ganze Jahrhundert durchdrang und noch immer ein Hauptstück unserer Gedankenwelt bildet. Ihr erscheint die Geschichte als ein einziger großer Prozeß, durch den sich, weniger durch langsamen Zuwachs als durch den Streit der Gegensätze, eine Vernunft, eine unpersönliche Vernunft, aufarbeitet; nicht irgendwelche Überlegung und bewußte Zielsetzung lenkt diese Bewegung, sondern eine sachliche Notwendigkeit, eine Logik der Dinge, sie treibt Widerstände heraus, aber sie überwindet sie auch, sie erklimmt in sicherem Zuge immer weitere Höhen. Der Mensch wird hier zum Werkzeug unpersönlicher Mächte, sein Weg ist ihm gewiesen, ein ehernes Schicksal beherrscht sein Wollen und spielt mit seinen Plänen und Hoffnungen. Aber aus der Unterordnung empfängt er zugleich die Gewißheit, mit seiner Arbeit am Bau der Welten zu wirken, und über alle Endlichkeit erhebt ihn das Denken und läßt ihn die Unendlichkeit des Allebens teilen. Solche bestrickenden Lehren haben sich immer mehr zu einem festen Glauben verdichtet, der auch da sich zähe behauptet, wo sonst eine haltlose Zeit allen Glauben an einen Sinn aufgegeben hat.

Die Wesensbildung muß dem allen eine bestimmte Grenze ziehen. Daß einzelne Gedankenmassen eine gewisse Selbständigkeit auch gegen das Ganze des Geisteslebens erlangen, daß Kräfte sich mit ihren Gegenständen zu Prozessen und Potenzen eigentümlicher Art zusammenschließen, das sahen wir schon, wie auch dieses, daß ohne eine solche Emanzipation es keine Befreiung von der Zuständlichkeit, keine Sonderung der verschiedenen Lebensfäden, keine Aneignung des Sachgehalts der Erfahrung gibt. Aber das Recht verwandelt sich in Unrecht und der Freund in einen Feind, wenn jene Emanzipation zu einer völligen Ablösung wird, wenn jene Prozesse aus selbsteigner Kraft zu leben und zu wirken, ja alle Geistigkeit an sich zu reißen versuchen. Denn das Leben der einzelnen Gebiete und Komplexe wurzelt nun einmal im Gesamtleben, der Prozeß selbst muß als Ganzes von einer Tat getragen und umspannt sein, er wird zu einem Ganzen nur durch die Tat. Wird daher jene Beziehung zum Ganzen und zur Tat aufgegeben oder doch gelockert, so versiegen die Quellen des Lebens, und die Bewegung verliert ihren Haupttrieb; die Arbeit verfällt einem seelenlosen Mechanismus, der um so zerstörender wirkt, als er nicht außerhalb, sondern innerhalb des Lebens liegt.

So sind jene Prozesse und Gewalten nicht die höchsten Gewalten, und es wirkt aus ihnen keine unbedingte, sondern nur eine bedingte Notwendigkeit. Denn im Grunde ist es nur das Fehlen einer Gegenwirkung, das ihnen eine überwältigende Macht verleiht, es ist die Schwäche des zentralen Lebens, der Mangel an wesensbildender Tat, die ihnen das ganze Feld einräumt. Jene Tat kann den Kampf gegen die Prozesse aufnehmen, sie kann ihnen eine selbständige Geisteswelt entgegenstellen, sie kann sie von hier aus innerlich zu bewältigen suchen, indem sie das Wahre in ihnen anerkennt und an sich zieht, das Unwahre aber angreift und auflöst. Dieser Kampf wird im Lauf der Geschichte immer heftiger werden, da die Ausdehnung und Vertiefung der Arbeit die Kräfte immer enger mit den Gegenständen verflicht und eigne Lebenskreise daraus bildet, da sich immer mächtiger unpersönliche Potenzen erheben und gegen uns wirken. Die gefährlichsten Gegner schafft uns die eigne Arbeit, und mehr als die äußere Natur geben uns die eignen Werke des Geistes zu tun. Aber zugleich lassen sich von einer glücklichen Überwindung jener Potenzen um so größere Weiterbildungen und Vertiefungen des Selbstlebens hoffen; auch hier erweist sich der Streit als das Gesetz dieser Welt, als den Vater und König der Dinge.

In dieser Weise die Tat als das letzte Weltprinzip und das Selbstleben als den Hauptcharakter des Geistes verfechten, das heißt aller mechanischen Evolutionslehre widersprechen, auch der Geschichte ihre Selbstherrlichkeit nehmen. Die Tat liegt über dem bloßen Nacheinander, sie kann nicht in Eins zusammenfassen und solches aufrechterhalten, ohne aus dem Fluß der Zeit in eine zeitlose Gegenwart zu versetzen. Was immer die Geschichte an wahrhaft Großem und Geistigem aufweist, das ist ein Werk solcher zeitlosen Gegenwart. Diese erschien im Hervorbringen allbeherrschender Ideen, sie erschien auch in der Zerstörung der Ideen; ohne sie gibt es keinen inneren, keinen geistigen Zusammenhang der Zeiten, kein Wachstum durch das Ganze der Bewegung. Denn die Selbsterfahrung, diese Grundbedingung aller Vertiefung, entsteht nie aus dem bloßen Strome heraus, sondern nur bei einem Anhalten des

Stromes, nur nach Erreichung eines Ruhepunktes, an dem sich die Mannigfaltigkeit zusammenfindet und aufeinander wirkt.

Es ist aber jene Tat für den Menschen keine feste Größe, die, einmal erreicht, ohne weiteres beharrt, sie will immer von neuem aufgebracht sein; sie sinkt und versinkt mit dem Nachlaß der Spannung, mit der Hingebung an Mächte ungeistiger oder halbgeistiger Art. So besteht bei diesem Hauptpunkt keine Sicherheit eines Fortschritts durch die Breite des Lebens. Die Erfahrung zeigt wie ein Steigen so ein Fallen, und zwar nicht in einem gleichmäßigen Rhythmus, sondern in einer für uns unableitbaren Art; die Höhepunkte ursprünglichen Schaffens und reinen Gestaltens sind seltene Festtage, aus denen das Durchschnittsleben rasch in die Prosa des Alltags zurücksinkt, und von deren Ertrage es lange zu zehren hat; dies Sinken ist keineswegs bloß ein Zurückfluten innerhalb des Lebens, ein Widerstand, den seine eigne Bewegung hervortreibt und zu ihrem eignen Fortgang wendet, sondern es bedeutet ein Nachlassen des Lebensprozesses selbst, ein Ermatten selbständiger Geistigkeit, ein Zurückweichen vor ungeistigen, ja widergeistigen Mächten. Der Glaube an irgendwelchen Fortschritt und die Überzeugung, daß die Arbeit der Geschichte für das Geistesleben nicht verloren ist, hat guten Grund nur für eine dem Dasein und der Zeit überlegene Sphäre; in solcher höheren Ordnung mag jene Arbeit der Geschichte einen den Schwankungen unseres Daseins überlegenen Bestand und Wert besitzen. Für den Menschen der Erfahrung aber ist der Ertrag der Geschichte zunächst nur ein Gewinn von Möglichkeiten; er kann sich die Erfahrungen und Vertiefungen jener Bewegung aneignen, er kann ein weit reicheres Leben entwickeln, als er es ohne alle Beziehung zur Geschichte vermöchte, aber er kann das nur bei Verwandlung des Ganzen in eigne Tat, nur in Herausarbeitung einer zeitlosen Gegenwart aus der Folge der Zeiten. So ist die Geschichte, geistig angesehen, für uns mehr Aufgabe als Tatsache, und es bemißt sich ihr Wert nach dem Grade dessen, was sie an überzeitlichem Vermögen weckt.

Alles das läßt die übliche Selbstgenugsamkeit der Geschichte und die Verwandlung des Menschen in ein bloßgeschichtliches

Wesen aufs entschiedenste verwerfen. Jene Selbstgenugsamkeit zerstört schließlich mit der Preisgebung eines selbständigen Geisteslebens die Wurzel alles Geisteslebens. Der Mensch aber ist in seinem geistigen Kern seiner Geistigkeit ein übergeschichtliches Wesen, ein geschichtliches wird er nur in der näheren Durchbildung und vollen Aneignung jener. Er bildet sich letzthin weniger aus der Geschichte als an der Geschichte. Die unbedingte Hingebung an sie ergibt entweder einen blinden Kult der Tatsächlichkeit, der verehrt, was einmal da ist, oder eine unwahre Schönfärberei, die mit allen Mitteln das Dasein trotz aller Hemmungen als ein Reich der Vernunft darstellt; beides erzeugt mit Notwendigkeit den Rückschlag eines geschichtsfeindlichen Radikalismus und gibt seiner Flachheit ein Recht. Aus solchem Dilemma befreit nichts anderes als die Wendung von der bloßen Geschichte zu einer zeitüberlegenen Gegenwart.

Eine Gegenwart, eine echte Gegenwart, eine geistige Gegenwart, sie ist es vornehmlich, deren Erreichung über den Inhalt des Lebens und seinen Wahrheitsbesitz entscheidet. Eine solche Gegenwart haben wir erst zu suchen; sie fällt uns nicht aus dem Dasein zu, sie ist durch eigne Tat im Kampf mit jenem zu erstreiten; eine solche Gegenwart wird schmerzlich entbehrt, wo immer ein Verlangen nach selbständiger Geistigkeit erwacht; zu ihr drängt aller Kampf um ein geistiges Wesen, aller Trieb nach geistiger Selbstbehauptung. So ist in allen Beziehungen, die das menschliche Leben zur Geschichte hat, die Hauptaufgabe die Umwandlung der bloßen Zeit in eine echte Gegenwart; wir kämpfen darum sowohl in dem Verhältnis zur eignen Zeit als in dem zur gesamten Folge der Zeiten als endlich im Gegensatz zu aller Zeit, wir kämpfen um eine zeitgeschichtliche, eine weltgeschichtliche, eine ewige Gegenwart.

Eine Gegenwart begehren wir zunächst gegenüber der eignen Zeit. Denn jene liefern uns nicht schon die Eindrücke und Antriebe der Welt, die uns alle umfängt und mit der auch der Gegner der Zeit zu rechnen hat. Denn diese Sphäre des unmittelbaren Daseins beherrscht ein unablässiger Wirbel und Wandel, widerstreitende Mächte durchkreuzen einander, von

Augenblick zu Augenblick wechselt die Schätzung, nirgends ein überlegenes Ziel, nirgends eine ruhige Sammlung; so verfallen wir schließlich jener Ergebung an die flüchtigsten und nichtigsten Eindrücke, die sich heute „Aktualität“ nennt, in Wahrheit aber nichts anderes ist als eine Flucht vor sich selbst, ein Zerrbild echter Gegenwart. Auch in der eignen Zeit haben wir die Gegenwart erst zu suchen, und wir können sie nicht anders finden als durch eine Anknüpfung ihrer Arbeit an die letzten Ziele des Lebens, durch eine derartige Verbindung von Zeit und Ewigkeit, wie die geschichtliche Idee sie erkennen ließ. Ein sonst unerreichter Höhepunkt muß jetzt erreichbar erscheinen, eben jetzt gilt es, etwas zu tun, das, wenn nicht jetzt gewonnen, für immer verloren ist. Erhält das Jetzt nicht in dieser Weise eine unersetzliche Bedeutung, so sinkt es zu einem gleichgültigen Punkt einer endlosen Linie. Warum sollte es uns aber dann als etwas Besonderes gelten, was wäre in ihm zu erreichen, was zu versäumen? Gewinnt es aber jene Beziehung zu tieferen Gründen und einer ewigen Ordnung, so wächst es ins Unermeßliche und erhält eine einzigartige Aufgabe, die alle Unendlichkeit der Zeitfolge ihm nicht abnehmen kann. So nur steht Großes auf dem Spiel und trägt jede Zeit in sich ein Entweder-Oder; sie kann ergreifen, was ihr an ursprünglicher und wesenhafter Geistigkeit nahekommt, und damit Ewiges in den menschlichen Gesichts- und Lebenskreis ziehen, sie kann es unterlassen und damit ihren geistigen Charakter einbüßen. Im bejahenden Fall werden wir weit mehr in der Zeit sehen und an ihr haben, Haupt- und Nebensachen in ihr unterscheiden, auch es als Torheit erkennen, der Zeit entfliehen zu wollen, statt in sie einzudringen und sie ihrem Ewigkeitsgehalt zuzuführen, auch unser Handeln wird daher einen engen Anschluß an die Zeit erstreben; das alles aber nur, sofern uns eine geistige Gegenwart aus Sklaven zu Herren der Zeit zu werden gestattet.

Über die zeitgeschichtliche Gegenwart aber treibt es notwendig hinaus zu einer weltgeschichtlichen Gegenwart. So zwingend uns die unvergleichliche Zuspitzung der Wirklichkeit in dem Jetzt umfängt, der Mensch erschöpft sich nicht in dieses

Jetzt, ihm verschwindet nicht die Vergangenheit in das Jetzt, die geistige Arbeit erweckt sie zu neuem Leben und ruft sie zu uns zurück. Es entsteht ein neuer weltgeschichtlicher Lebenskreis; sein Gehalt beschäftigt uns nicht nur in seiner Wirkung auf unsere Lage, sondern auch direkt und an sich selbst; sein Ganzes ergibt einen gewissen Stand, dem alles entsprechen muß, was den Menschen voll bewegen und bis zum Grunde befriedigen soll; von hier aus wird an den einzelnen Zeiten eine Kritik geübt, und manche selbstbewußte Leistung, die sich den eignen Umgebungen weit überlegen dünkt, unterliegt den stillen Gegnern, den unsichtbaren Geistern, die aus der Vergangenheit aufsteigen.

Dieser weltgeschichtliche Lebenskreis mit seiner Mannigfaltigkeit wächst aber keineswegs von selbst zu einem Ganzen zusammen; er tut es nur bei Verwandlung jenes Nacheinander in eine unmittelbare Gegenwart, bei Umsetzung des Fremden in eignes und ursprüngliches Tun. Dazu gehört ein kritisches Wirken, ein Sichten und Sondern, ein Abstreifen des Zufälligen und Vergänglichen, nicht minder aber auch ein Herausheben des Ewigen, ein Verjüngen und Neubeleben des Wesenhaften, ein kräftiges Zusammenfassen zum Ganzen einer Wirklichkeit. So liegt auch die Vergangenheit nicht fertig und abgeschlossen hinter uns, sondern immer von neuem ist um sie zu kämpfen, immer Neues gilt es in ihr zu entdecken. Die Weltgeschichte ist ebensowenig ein Reich der reinen Vernunft wie die Zeitgeschichte, und was an Vernunft in ihr steckt, das führt uns nicht ein sicherer Strom entgegen, sondern dessen Freilegung bedarf mühsamer Arbeit. Aber es eröffnet dann eine Individualität und Positivität, die das Leben bereichert und hebt.

Eine Individualität der weltgeschichtlichen Arbeit und Gegenwart ist aber nicht erreichbar ohne eine Berufung an eine noch höhere Ordnung, ohne ein Messen aus reiner Ursprünglichkeit und Ewigkeit. So erhebt sich notwendig die Idee einer ewigen Gegenwart als der Quelle aller geistigen Gegenwart. Jene Idee wirkt für uns zunächst nur innerhalb der zeitgeschichtlichen Ordnung, aber sie könnte hier nicht so wirken wie sie wirkt, sie könnte nicht über alle Endlichkeit und Bedingtheit hinaustreiben ohne eine volle Selbständigkeit und Überlegenheit gegen die Zeit. Gänzlich in die ewige Gegenwart aufzugeben und die Zeit völlig abzustreifen suchen, wie es frühere Zeiten erstrebten, das können wir Neuern nicht mehr; welche lange und harte Erfahrung über die Schranken des Menschen und sein Unvermögen belehrt hat, jener abgelösten Ewigkeit irgendwelchen Inhalt zu geben. Aber ohne den Abschluß in jener ewigen Gegenwart verfällt und vergeht alles Streben nach Gegenwart, ohne die Befestigung an jenem sichern Ruhepunkte zerbröckelt das Leben in flüchtige Phasen und vergängliche Augenblicke, und aus der Wirklichkeit wird damit eine sinnlose Flucht, ein leerer Schatten und flüchtiger Traum.

2. Die Auseinandersetzung mit der menschlichen Lage.

a) Das Problem.

Dem Lebensganzen der Wesensbildung war es ein Leitgedanke, daß das Leben für den Menschen nicht aus freischwebender Tätigkeit eine volle Wirklichkeit werden könne, daß es dafür zum Reich der Erfahrung zurückkehren müsse, um durch seine Unterwerfung sich selbst zu vollenden. Daß aber diese Unterwerfung gelinge, daß durch Arbeit und Kampf die geistige Bewegung vorwärtskomme, das wurde als sicher vorausgesetzt. Aber es fragt sich, ob das immer glücklich verläuft, ob nicht der Widerstand oft so stark und so starr wird, daß schwere Stokkungen daraus erwachsen, daß das Durchdringen der Geistigkeit gehemmt und in seinem Charakter gefährdet wird. Dies Problem des Widerstandes wird uns noch viel zu schaffen machen; hier beschränken wir uns auf die Seite der Frage, ob überhaupt eine fruchtbare Beziehung zwischen dem geistigen Schaffen und dem Grundstock des Daseins erfolgt, ob sich dieses irgendwie in die geistige Bewegung hineinziehen läßt und ihr nicht eine träge und schroffe Ablehnung entgegensetzt. Das würde die Einheit des Lebens zerstören und allen Gewinn in jenseitiger Ferne lassen.

Daß an dieser Stelle ernste Verwicklungen entstehen, daß nicht nur hie und da, sondern durch die ganze Ausdehnung des Daseins ein zäher Widerstand vorliegt, das kann sich niemandem verhehlen, dem die herkömmlichen Beschwichtigungen der Alltagskultur nicht den Stand der Dinge verdecken. Ihre Schönfärberei entfernen, das heißt eine Ohnmacht der geistigen Mächte im unmittelbaren Dasein anerkennen. Hier ist es die natürliche Existenz, es sind die Triebe der individuellen Selbsterhaltung, welche die Kraft und die Arbeit beherrschen, den Affekt und die Leidenschaft entzünden; hierher scheint der ganze Mensch zu gehören, hier wird ein Streben mit tausend Klammern festgehalten. Alle Einrichtungen des gesellschaftlichen Durchschnittes rechnen mit dieser selbstischen Gesinnung; die Kultur mag die Roheit des Naturtriebes durch ein gefälliges Rankenwerk konventioneller Formen verdecken, seinen Kern läßt sie unangetastet, das aufgestutzte Ich des Kulturmenschen ist alles eher als ein geistiges Selbst. So fehlt hier dem Leben aller selbständige Wert, alle aufrüttelnde und erhöhende Kraft; wird es überhaupt erstrebt, so gilt es meist als ein bloßer Zusatz zum sonstigen Leben, als ein Mittel für fremde Zwecke.

Die Wesensbildung muß die Lage besonders schwer empfinden. Denn ihre Behauptung, daß in der Wendung zur Geistigkeit das Leben zu seinem eignen Wesen strebe, enthält die Forderung, daß überall ein Antrieb nach jener Richtung wirke, daß der Strom der Vergeistigung alles in sich zu ziehen und mit sich fortzuführen vermöge. Die Nichterfüllung dieser Forderung scheint die Wahrheit des Ganzen zu gefährden und den äußeren Widerstand zu einem inneren Widerspruch zu steigern. So kämpft jenes System für seine Selbsterhaltung, wenn es immer von neuem fragt, ob nicht trotz alles widerstreitenden Scheines die Kluft zwischen dem geistigen Schaffen und dem Dasein sich irgendwie überbrücken und eine Bewegung auch auf dieser Seite anregen lasse.

Dabei ist jener Widerstand von außen her kaum der schlimmste Feind, auch in seinem inneren Bestande scheint das Geistesleben für den Menschen keine volle Wirklichkeit zu erreichen. Die Erhebung zur Selbstätigkeit sollte von der Sinnlichkeit befreien, die zuerst alles Leben beherrschte. Aber die Reinheit, welche das Geistesleben mit seiner Tatwelt in der Entgegensetzung gewinnt, ist bedenklich nahe einer Leere verwandt; überall scheinen die Begriffe des geistigen Gebiets von der Verneinung her gebildet: was wir nicht sinnlich zu fassen vermögen, das nennen wir geistig; im Gegensatz zum Bedingten, Endlichen, Weltlichen entwerfen wir die Begriffe des Unbedingten, Unendlichen, Göttlichen; aber wieviel Inhalt verbleibt diesen Begriffen, wenn wir sie von dem Gegensatz ablösen und auf ihr eignes Vermögen stellen? Auch was wir Glück, was wir Tugend nennen, bezeichnet mehr die Abwesenheit von Schmerzen, das Fehlen von Lastern als eine Bejahung; auch ihre Größe messen wir mehr nach der Stärke des überwundenen Widerstandes als nach einer eignen Beschaffenheit. Sobald wir gegenüber solcher Verneinung ein eignes Gestalten unternehmen, geraten wir unter die Macht eben des Sinnlichen, von dem wir uns mühsam befreiten; in Bildern, Empfindungen, Affekten dringt es tausendfach ein und reißt die Bewegung mit sich fort. Von alters her ist der Religion vorgehalten, daß sie in ihren Begriffen vom Göttlichen entweder der Bildlichkeit oder der Verneinung verfalle und nur durch das Hin- und Herschwanken zwischen beiden den Schein eines Inhalts erschleiche; in Wahrheit leidet alles geistige Schaffen an dem Dilemma einer unsinnlichen Leere oder einer verblaßten Sinnlichkeit; damit aber gewinnt es keine Macht über das menschliche Gemüt, auch bleibt es dem Eindringen kleiner und selbstischer Beweggründe wehrlos preisgegeben. So bietet die Geschichte der Religion, auf die Triebkräfte der Handelnden angesehen, ein wenig erquickliches Schauspiel.

So tief eingreifende Probleme können nicht ruhig dahingestellt werden, sie sind notwendig aufzunehmen und sorgsam zu behandeln; es gilt also zu untersuchen, erstens, ob nicht auch innerhalb unseres Daseins eine Bewegung zur Geistigkeit aufkommt, und zweitens, ob nicht das Geistesleben trotz jener Hemmung eine bejahende Art entfaltet und selbst aus dem Widerstande einen Gewinn zu ziehen vermag.

b) Die Bewegung des Daseins zum Geistesleben.

Um ein besseres Verhältnis zur Geisteswelt zu gewinnen, muß das Dasein selbst unter einen neuen Anblick treten und mehr in sich zu erkennen geben, als die erste Betrachtung erfaßte. Näher handelt es sich hier um zwei Hauptbedingungen, die sich gegenseitig ergänzen.

1 Das Dasein darf nicht so wie es vorliegt als in sich gegründet und geschlossen gelten. Vielmehr muß es ein tieferes Wesen in sich bergen, das zurzeit an diese besondere Lage und Stufe gebunden ist, nicht aber letzthin in sie aufgeht. Ohne den Auftrieb einer tieferen Natur im Menschen, ohne einen unserem augenblicklichen Tun und Befinden überlegenen Zug derselben bestünde keine Hoffnung, jenen ungeistigen Stand des Daseins zu überwinden. Jene Annahme einer tieferen Natur entspricht aber gerade der Wesensbildung mit ihrer Auffassung von Natur und Geist als zweier Stufen Eines Seins. Gerade hier kann die niedere Stufe nicht nur einen Gegensatz, sie muß auch eine Vorbereitung bedeuten.

2. Aber das bloße Bestehen eines solchen Auftriebes genügt nicht, er muß auch bestimmte Durchgangspunkte finden, mittels derer er sich aufarbeitet, um dann die Kräfte der Natur zu entwinden und zum Geist hinüberzuleiten. Wir bedürfen besonderer Hilfen, guter Geister der Menschheit, Erzieher zur Geistigkeit, um jene lähmende Kluft im eignen Wesen zu überbrücken. Jene Durchbruchspunkte sind keineswegs die Schöpfer des Geisteslebens, vielmehr bedürfen sie einer überlegenen Geistigkeit ursprünglicher und selbständiger Art, um wirken zu können, was sie wirken sollen; ohne die lebendige Gegenwart eines Geistesgehaltes hilft jene Vermittlung nichts. Aus der bloßen Natur das Geistige hervorzaubern können alle Mittel, auch mit der Hilfe endloser Zeiten, nicht. Aber jene Vermittlung bleibt wichtig als ein unentbehrlicher Weg, den ganzen Menschen für das Geistesleben zu gewinnen. So gesellt sich zur Hauptaufgabe des geistigen Schaffens diese zweite der seelischen Aneignung; es eröffnet sich eine psychologische und anthropologische Aufgabe, eine Aufgabe, die theoretisch nur in Umrissen faßbar ist, während die Hauptentscheidung bei praktischer Einsicht und glücklichem Geschicke liegt. Aber in Kürze müssen auch wir uns damit befassen.

Das Durchbrechen des Geistes innerhalb des Daseins ist

zweiseitiger Art: es enthält eine Verneinung und eine Bejahung, ein Zerstören und ein Bilden; jenes sofern innerhalb des Daseins das Ungenügen des bloßen Daseins einleuchtet, diese, sofern in ihm ein Aufstieg zum Geist beginnt und eine Umbildung der Kräfte bewirkt. Beides muß sich die Wage halten, um die rechte Gesamtwirkung zu erzeugen, ein Nein ohne alles Ja würde einen trostlosen Pessimismus, ein Ja, das nicht ein Nein in sich trägt, einen flachen Optimismus ergeben.

Von Verneinung und Zerstörung reden wir, sofern innerhalb des Daseins Mißstände erwachsen, welche eine Befriedigung bei ihm verbieten und darum entweder eine neue Art des Lebens einleiten oder alle Lust am Leben verleiden. Einer derartigen Wirkung sind nicht solche Mißstände fähig, welche mehr gelegentlich an der Oberfläche des Daseins erscheinen; solche lassen sich da, wo sie entsprungen sind, überwinden oder doch bekämpfen, sie treiben nicht über das Dasein hinaus. Vielmehr handelt es sich hier um solche Mißstände, welche der durchgehenden Art des Daseins innewohnen, seine Grundbedingungen treffen, sich bis in seine tiefste Wurzel erstrecken und daher durch alle bessernde Arbeit nicht völlig heben lassen. Solche Mißstände mögen im äußeren Gelingen noch stärker zum Ausdruck kommen als im Mißlingen, im Glück noch mehr als im Unglück; in ihrer Hoffnungslosigkeit müssen sie einen Bruch mit dem Ganzen jener Lage erzwingen und das Sinnen des Menschen gründlich davon befreien. Bedeutet aber dieser Bruch nicht eine gänzliche Vernichtung, sondern die Anbahnung eines höheren Lebens, so werden jene Mißstände in aller schmerzlichen Erschütterung und allem gewaltigen Schmerz zu guten Geistern der Menschheit, ohne deren strenge Erziehung sie nicht vorwärts gelangen kann. Solche wesentlichen Mißstände könnten nicht zur Empfindung kommen, wirkte nicht eine tiefere Natur im Menschen; aber diese Natur ist zunächst wie gebannt und begraben, es gilt sie zu befreien und zu erwecken, das aber geht nicht anders als durch jenen Weg der Verneinung.

So sind in jenem Sinne als gute Geister der Menschheit zu begrüßen die Widersprüche, die Leiden, selbst der Tod. Die Widersprüche sind es vornehmlich, welche das Denken treiben über die Sinnlichkeit hinaus eine eigne Welt zu schaffen; wie sie nicht bloß gelegentliche Anstöße sind, die eine verständige Betrachtung überwindet, sondern eine Aufdeckung der Unstetigkeit oder Unzulänglichkeit der elementaren Größen, der Sinnlosigkeit aller mechanischen Prozesse, ein Aufweis des Unvermögens gegenüber unabweisbaren Aufgaben, so müssen sie aufrütteln und erschüttern, so führen sie entweder in einen gänzlichen Zweifel oder zu voller Selbständigkeit einer Geisteswelt. Diese aufrüttelnde und befreiende Kraft des Widerspruches hat schon Plato in großen Zügen geschildert, so hat sie sich auch durch den Lauf der Geschichte bewährt; nirgends hat die Wissenschaft eine Selbständigkeit gegen das gewöhnliche Weltbild erreicht ohne ein Hindurchgehen durch das Fegefeuer solcher Widersprüche; die Philosophie aber, der die Hauptsorge für solche Selbständigkeit obliegt, verliert ohne das den Hauptgrund ihrer Existenzberechtigung und droht eine nebensächliche Zutat zum sonstigen Wissen zu werden. Schon das Erscheinen solcher Widersprüche bezeugt eine Gegenwart des Denkens in unserer Arbeit, aber erst die Ausbreitung und Überwindung des Widerspruches führt das Denken zu klarem Bewußtsein seiner Aufgabe und seines Vermögens, die energische Auseinandersetzung mit den Widersprüchen ist das Hauptkennzeichen der wissenschaftlichen Philosophie gegenüber aller Popularphilosophie. Denn wissenschaftlich ist nicht die Philosophie, welche sich möglichst eng an andere Wissenschaften anschmiegt, sondern die, welche ihre eigne Aufgabe scharf erfaßt und gründlich ausführt. Nicht nur in der Philosophie sind eben die Denker, denen wir das Einschlagen neuer Bahnen verdanken, wie Plato, Descartes, Kant, von der Hebung eines fundamentalen Widerspruchs ausgegangen; auch in anderen Gebieten, wie in der Religion und der Politik, brachte namentlich das starke Bewegungen in Fluß, daß in dem überkommenen Lebensstande bis dahin verborgene Widersprüche zutage traten und damit unerträglich wurden.

Was für das Denken die Widersprüche, das sind für das Leben die Leiden. Auch hier erzwingen den Bruch mit dem Dasein nicht einzelne Schäden und Mängel, denn diese könnten wir mit dessen Mitteln zu überwinden hoffen; wohl aber erzwingt ihn das Erfahren der Unzulänglichkeit jenes ganzen Gebiets für das Glücksverlangen und die Lebensbewegung eines geistigen Wesens. Dahin wirkt die Gebundenheit unserer Lage, die Abhängigkeit alles Strebens, die Zufälligkeit und Unsicherheit alles Erfolges, die Sisyphusarbeit des unablässigen Mühens und Hastens, mehr als alles das aber die Leere und Sinnlosigkeit des so mühevoll umworbenen und errungenen Glücks. Denn auch der schwerste Widerstand, dem das Streben begegnet, kann nicht so lähmen wie die Einsicht in die Nichtigkeit des höchsten Zieles; zeigt das doch nicht nur dieses oder jenes Unternehmen als verfehlt, sondern alles irgend mögliche Streben als eitel und fruchtlos. Das kann in den Abgrund der Verzweiflung stürzen, aber es kann auch, wenn anders die menschliche Natur Tieferes in sich birgt, dieses erwecken und zu einem Kampf auf Leben und Tod für die geistige Selbsterhaltung treiben; eben die Erfahrung der Unmöglichkeit jenes Weges kann eine zuversichtliche Hoffnung neuer Wendungen erzeugen.

Das Problem auf diese Höhe zu heben, daran arbeiten gemeinsam Religion, Kunst und Philosophie. In dem Besonderen von Leid und Leere schauen sie ein Ganzes der Lage; mit ihrer Herausstellung und eindringlichen Vorhaltung verleiden sie dem Menschen gründlich die Lust an jenem Dasein und stellen ihn vor die Entscheidung zwischen Entsagung oder Erhöhung. Dazu genügt nicht eine Verallgemeinerung der individuellen Erfahrungen, könnte doch sogar der Egoismus einen Trost daraus schöpfen, daß das eigne Leid sich überall draußen wiederfindet. Vielmehr bedarf es einer gründlichen Vertiefung der ersten Ansicht, einer Erhebung ins Ganze, Prinzipielle, Wesentliche; damit erhält der Schmerz eine Weihe, denn nun vermag in ihm ein tieferes Leben hervorzubrechen, und vermag alles Leid der Verneinung, wenn auch dunkel, so doch merklich genug, den Aufstieg eines Ja zu bekunden.

Selbst den Tod dürfen wir in diesem Zusammenhange zu den guten Geistern der Menschheit rechnen. Er könnte nicht als ein Übel gelten, lebte sich unser Wesen gänzlich in dieser Zeitspanne aus, und würden unsere Hauptprobleme hier im wesentlichen gelöst oder doch erheblich gefördert; er könnte uns nicht so tief erregen und so unablässig beschäftigen, wenn nicht ein Ewiges in unserem Leben und Streben sein Zerschneiden des Fadens als eine schroffe Verneinung und zugleich als einen schmerzlichen Widerspruch empfände. Eine flachere Ansicht glaubt diesen Widerspruch durch die Ausdehnung der Zeit überwinden zu können, sie ersinnt ein neues Leben ähnlich jenem alten. Ein tiefer gehendes Denken dagegen findet den Widerspruch nicht sowohl in der zeitlichen Begrenzung als in der Zeitlichkeit überhaupt; ihr Mißverhältnis zur Ewigkeit und der Widersinn eines bloß der Zeit angehörigen und mit ihr fortwährend versinkenden Geisteslebens, den der gewöhnliche Lauf des Daseins unter gefälligen Täuschungen versteckt, wird durch den Tod nicht den einzelnen Menschen, sondern der gesamten Menschheit zu unbarmherziger Klarheit hervorgetrieben. Aber die Klärung kann zur Befreiung wirken, wenn der Mensch dadurch des Ewigen seiner Art innewird und mit ihm ein unvergleichlich gehaltvolleres Leben gewinnt als das trübe Gemenge des Durchschnitts. So ist es überall die Verneinung, welche weckt und reizt, weitertreibt und zur Entscheidung zwingt.

Aber so gewiß die Verneinung diese umwälzende Kraft nur der Bejahung verdankt, die in ihr steckt, es bedarf einer Entwicklung der Bejahung, damit die Bewegung Kraft gewinne. Diese Entwicklung erfolgt auf zwei Hauptwegen: einmal wachsen die Grundformen des Lebens durch das Leben selbst ins Geistige, ferner aber erscheinen unter besonderen Verhältnissen Höhepunkte der Leistung, die sich von der anfänglichen Begrenzung ablösen und dem Ganzen fruchtbar werden.

Mit jenem ersten steht es so. Das Leben unterliegt anfänglich mit allen seinen Formen der natürlichen Selbsterhaltung, der erste Trieb geht auf die Förderung des Ich. Aber es gibt keine Entfaltung des Lebens ohne ein Überschreiten dieses Punktes, ohne ein Anknüpfen und Ausbilden von Beziehungen, ohne ein Verketten mit der Umgebung. Auch tritt ein gegenständliches Element, eine Beschaffenheit der Dinge, in unseren Lebenskreis ein, und nun vollzieht sich eine folgenreiche Wendung dahin, daß dies Sachliche selbst den Menschen anzieht und zu sich hinüberzieht; die Tätigkeit wächst über die anfänglichen Beweggründe hinaus, die Enge jener Besonderheit wird überwunden. Diese Wendung bekundet deutlich, daß unser Leben nicht mit naturgesetzlicher Notwendigkeit der Selbsterhaltung dient, sondern daß es das nur für eine gewisse Lage tut, und daß seine eigne Bewegung diese Lage überwinden kann. Diese Überwindung erfolgt in verschiedenen Stufen; je schärfer sich die Tätigkeit ausprägt, und je enger sie uns mit der Wirklichkeit verflieht, desto mehr wird sie jene erhöhende und reinigende Kraft üben.

Eine emporbildende Macht hat die Tätigkeit schon in ihrer unbestimmtesten Fassung. Sie entspringt zunächst den Antrieben des Ich und dient seiner Lustempfindung. Aber sie befreit sich in ihrem eignen Fortgang von dieser Empfindung und gewinnt in sich selbst eine Freude. Eine Lust am Wirken, an der Spannung der Kraft, an der Bewegung des Lebens ergreift den Menschen und befähigt ihn, von dem Nutzen für das kleine Ich abzusehen, ja solchem Nutzen zuwiderzuhandeln.

Diese Wirkung steigert sich gewaltig in der Arbeit, bei dem Tun, das den Gegenstand erfaßt und umbildet. Die Arbeit mit ihrer Gebundenheit — im Gegensatz zur spielenden Tätigkeit — ist nicht ein Naturtrieb des Menschen, vielmehr empfindet der natürliche Mensch Unlust an ihr, und es ist vielmehr die Notwendigkeit der Lebenserhaltung, verstärkt durch den Zwang der gesellschaftlichen Ordnung, welche ihm die Arbeit auferlegt. Aber je mehr die Arbeit sich entfaltet und mit den Dingen verbindet, desto mehr vollzieht sie eine Ablösung von den draußenliegenden Zwecken, das Werk wird wertvoll auch ohne eine Beziehung auf jene, wir freuen uns seiner Hervorbringung und auch des Gegenstandes, wir vermögen seine Gesetze anzuerkennen, seine Forderungen zu erfüllen, überhaupt uns von einer sachlichen Notwendigkeit bewegen und leiten zu lassen. So eine Überwindung des Egoismus, ein Sichselbstvergessen in die Arbeit, ein Weit- und Freiwerden durch die Arbeit; das aber nicht durch den Mechanismus der äußeren Leistung, sondern durch das Erwachen einer tieferen Natur, das Aufsteigen eines geistigen Selbst im Menschen.

Solches umbildenden Wirkens wird die Arbeit um so fähiger werden, je mehr sie einen individuellen Charakter annimmt, je weniger sich das Tun des einzelnen als eine unbestimmte Größe in die Masse verliert. Das führt auf die Betätigung der Individualität als eines Hauptmittels zur Vergeistigung des Daseins. Die individuelle Art ist zunächst auch etwas Naturgegebenes und wird daher als ein Stück der natürlichen Selbsterhaltung verfochten. Aber jedes Individuelle enthält in seiner Besonderheit auch eine Absteckung und Begrenzung, die der Roheit des blinden Naturtriebs widersteht; das Individuelle verfechten, das heißt innerhalb der eignen Art ein Maß und Gesetz anerkennen.

Dabei hat die Individualität in sich selbst viel Bewegung, ja Verwandlung. Zunächst erscheint sie nur in einzelnen und zerstreuten Zügen, die alle Bearbeitung ablehnen und kein Gesetz über sich anerkennen. Im Fortgang des Lebens aber vermögen sich diese Züge zusammenzuschließen und gegenseitig zu verstärken; damit wird die Individualität immer weniger Schicksal, immer mehr eigne Tat, unser eignes Werk; in solcher Erhöhung vermag sie nicht nur neben der allgemeinen Ordnung, sondern auch innerhalb ihrer zu wirken; in der kräftigen Entwicklung der eignen Art vermag nun der einzelne zugleich eine Konzentration des gemeinsamen Lebens zu werden. So ist es auch hier die tatsächliche Bewegung des Lebens, welche, aller Reflexion überlegen, das Streben der Natur entwindet und der Stufe des Geistes zuführt.

Diese Individualisierung reicht über den Gesamtanblick des Lebens hinaus auch in die einzelnen Betätigungen hinein, durchgängig wirkt sie zur Formgebung und Veredlung, zur Niederhaltung roher Naturtriebe. So wird z. B. der Geschlechtstrieb, der leicht den Menschen an die Stufe der Tierheit bannt, durch die Individualisierung veredelt und ins Geistige umgebogen; um seiner individuellen Art und Entscheidung treu zu bleiben, vermag hier der Mensch allen äußeren Verhältnissen Trotz zu bieten, ist er größter Opfer, ja der Selbtvernichtung fähig. Bei aller Angreifbarkeit dieser Lösung enthält solche Wertschätzung der Individualität eine Größe, die den Menschen über alle sinnliche Natur und auch über die gesellschaftliche Sphäre hinaushebt.

Bei Individualität denken wir zunächst an das Einzelwesen, und dieses bleibt ihre Hauptstätte. Aber daß sich auch kleinere oder größere Kreise zu individueller Art zusammenschließen, sei darüber nicht vergessen; denn diese Erweiterung ist für die Heranziehung der ganzen Breite der Menschheit zu geistigen Aufgaben besonders wertvoll. Wir denken hier an die Tatsache der Parteibildung, an die Scheidung und Sammlung der Menschen zu entgegengesetzter oder doch verschiedener Behauptung und die Entscheidung der Individuen für diese oder jene Seite; wir erblicken darin ein unentbehrliches Mittel für die Bewegung der trägen Massen, für das Wurzelschlagen geistiger Zwecke in dem dürren Boden des natürlichen und gesellschaftlichen Daseins. Was den einzelnen zunächst zur Partei hinzieht, ist nichts anderes als die vor sich selbst versteckte Überzeugung, hier am besten die eignen Interessen verfochten zu finden, die er sich zugleich als die an sich wichtigsten vorstellt. Wenn große geistige Bewegungen die Massen ergriffen und fortgerissen haben, so ist von vornherein anzunehmen, daß nicht der reine Geistesgehalt, der Idealgehalt in seiner Ablösung vom Dasein, allein solche Wirkung übte, sondern daß es zunächst die mit den Ideen verbundene Aussicht auf eine Verbesserung der eignen Daseinslage war, welche die Gemüter anzog und festhielt. Auch für die religiösen Bewegungen gilt das, auch hier sind überall Interessen, vornehmlich wirtschaftlicher Art, aufzusuchen. Aber so gewiß solche Interessen die Sache in Fluß bringen, so wenig erklären sie das Ganze. In dem Anschluß an die Partei ergreift das Individuum den Inhalt der Parteibehauptung als seine eigne Sache, es wächst damit zusammen, es legt seine Liebe und seine Triebkraft hinein, es wird damit zu selbstloser Arbeit, ja zu großen Opfern befähigt, es wird mit Einem Worte, indem es seinen eignen Vorteil sucht, von dem Lebensgehalt überwältigt und weit über alle Interessen, ja über sein ganzes Ich hinausgehoben. Nirgends mehr als hier trifft zu, was Hegel von der List der Idee sagt, die den Menschen für ihre Zwecke benutzt, während er für sich selbst zu arbeiten wähnt. Damit verschwindet freilich nicht alles Unlautere, Trübe, Selbstische, es verbleibt ein Mittelgebiet, wo die Vermengung von Niederem und Höherem unlautere Gebilde erzeugt; aber daß in dem ganzen Getriebe Kraft für geistige Ziele gewonnen und das Individuum aus der stumpfen Gleichgültigkeit des Anfangs herausgerissen wird, das bleibt dabei bestehen.

So sprengt überall das Leben durch seine eigne Bewegung die anfängliche Enge, verflicht die große Welt mit dem menschlichen Streben, überwindet die bloße Natur durch geistige Leistungen. Alle Verworrenheit verdunkelt nicht einen aufsteigenden Zug, eine Selbsterziehung des Lebens, eine innere Selbsterhöhung.

Die andere Bahn des Fortschrittes ist die, daß Leistungen, die zunächst nur in begrenzten Gebieten, auf besonderen Höhepunkten, unter glücklichen Bedingungen gelingen, von solcher Schranke befreit und ins Ganze ausgedehnt werden. So werden Annäherungen, Berührungspunkte zwischen Geist und Natur gewonnen, die dem Aufstreben zur höheren Stufe leichte Bahnen bereiten. Jene Erweiterung kann nicht durch eine bloße Ausbreitung erfolgen, eine solche könnte unmöglich die anfängliche Bindung und den Naturcharakter überwinden. Auch kann die Bewegung sich nicht vom Einzelnen ins Ganze wenden, ohne sich innerlich umzuwandeln. Beides fordert, daß die Anregung von innerer Kraft aufgenommen und verarbeitet werde, daß ein Grundzug geistigen Vermögens jene Gelegenheiten ergreife und in freie Tat verwandle. Aber zugleich behält der besondere Anstoß seinen Wert als das, was die Sache in Fluß bringt.

Jene Wendung zum Ganzen erscheint in einfachster Form als eine Ausdehnung vom begrenzten Gebiet auf den gesamten Umfang, vom Teil auf das Ganze. Was die Gunst besonderer Lagen und einzelner Richtungen an den Menschen brachte, das entwindet sich der anfänglichen Beschränkung und wirkt auf das Ganze; die Geistigkeit, die zunächst an der Hand einer geneigten Natur in Bewegung kam, vermag nach genügender Kräftigung des Führers zu entraten und ihren eignen Weg zu verfolgen. So treibt den Menschen über die natürliche Selbstsucht zuerst der enge Kreis des Familienlebens hinaus, der Naturtrieb kommt hier entgegen, die Notwendigkeit des Lebens ergibt eine Interessengemeinschaft und treibt zu Arbeit, Sorge und Opfer; so findet hier eine selbstlose Gesinnung am wenigsten Widerstand, so daß diese von hier zu einer Macht auch für das weitere Leben wird. Schon der flüchtigste Blick auf die Geschichte von Humanität und Religion zeigt den starken Einfluß der im Kreise der Familie erwachsenen Gefühle: die Ideen der Brüderlichkeit der Menschen sowie der Kindschaft mit Gott bekunden, daß jener Kreis für alle Hauptverhältnisse des Menschen vorbildlich geworden ist, und wie er sie alle fortwährend zu schlichter Einfalt und Wahrhaftigkeit zurückruft; die dort erwachsenen und erstarkten Kräfte geben dem ganzen Leben Wärme und Innigkeit. Das freilich nur unter innerer Erhöhung des Anfangsbefundes und bei Aufdeckung grundmenschlicher Kräfte, die in jenem besonderen Kreise wohl zuerst erscheinen, nicht aber in ihm letzthin entstehen. Aber mögen wir von dort erst weiter vordringen müssen: daß von dort ein aufsteigender Weg gebahnt ist, bleibt wichtig, ja unersetzlich.

Aber nicht nur besondere Kreise, auch besondere Lagen erweisen sich der Pflege und Heranbildung von Gefühlen günstig, die schließlich alles Leben durchdringen. Unvergleichlich viel leichter wird dem Menschen die Teilnahme an dem Leide als an der Freude des anderen; diese hat den ganzen Widerstand der Selbstsucht und des Neides zu überwinden, der Mitempfindung des Leides hingegen fehlt nicht nur ein solcher Widerstand, sondern ihr kommt die Natur entgegen, indem die Vergegenwärtigung des fremden Schmerzes unmittelbar eignes Unbehagen erweckt. Ein so eng Naturtrieben verwachsenes, mehr passives, von zufälligen Eindrücken abhängiges Mitleid vermag freilich für sich allein nicht viel, aber es beginnt damit doch ein Schmelzen der anfänglichen Starrheit, ein Weich- und Weitwerden der Empfindung, und es kann das bei einem Entgegenstreben des Kernes unseres Wesens sich in sich selbst vertiefen, selbständig vordringen und alle Verhältnisse ergreifen; Liebe, Teilnahme, Aufopferung streben daran zur Höhe. Mag viel anderes zu solchen Wendungen gehören, für die menschliche Lage bleibt es wichtig, den Anknüpfungspunkt in der Natur festzuhalten; eine ethische Betätigung, in die nicht der Ton einfachen Mitleids hineinklingt, wird leicht seelenlos, und selbst die Liebe droht flach und matt zu werden, wenn ihr die aufrüttelnde Kraft des Mitleids fehlt.

Von hier aus entstehen eigentümliche Überzeugungen und Winke für den Aufbau der gemeinsamen Kultur, es erhellt die Bedeutung der Bildung geschlossener Kreise, in denen sich das geistige Leben zu befestigen, Gestalt zu gewinnen und kräftig auszuprägen vermag, um sich dann erst in eine unabsehbare Weite zu ergießen. Nur ein starker Optimismus kann solche Konzentrationen, wie sie z. B. in den Nationen, den Berufen, festen Bildungstraditionen usw. vorliegen, für überflüssig erklären und sofort ins Unermeßliche wirken wollen. Mit Recht mahnte Schleiermacher: „Wer anstatt auf sein Volk und mit seinem Vaterland zu wirken, sich weiter ausstreckt und es gleich auf das Ganze des menschlichen Geschlechts anlegt, der wird in der Tat erniedrigt, anstatt erhöht zu werden. Denn wer jene große Haltung, jene mächtige Hilfe verschmäht, kann doch auf das Ganze unmittelbar nicht anders wirken, als indem er als einzelner auf einzelnes wirkt." Der Zug zur abstrakten Gleichmacherei kann leicht im Verlangen von Unmöglichem das Mögliche verscherzen. Aber freilich fordern neben dieser Seite der Sache auch andere Erwägungen ihr Recht, und es werden jene Konzentrationen nur dann zum Segen wirken, wenn sie sich in den Dienst des Ganzen stellen und die errungene Kraft vom engen Kreise ablösen, nicht in hochmütiger Abschließung sie daran binden.

In verwandter Art wirkt die Festhaltung großer Augenblicke und die Verwandlung ihrer Leistungen in einen dauernden Besitz. Daß in gewissen Augenblicken durch schwere Aufgaben und dringende Gefahren, durch ein Zusammentreffen günstiger Umstände, durch den Zwang, die äußersten Kräfte aufzubieten, der Mensch zu einer den Durchschnitt weit überragenden Höhe der Leistung und Größe der Gesinnung gehoben werden kann, das erleben die Individuen wie die Völker, wie die Menschheit.

als Ganzes. Solchen wunderbaren Augenblicken wird mit dem Nachlassen der Spannung unvermeidlich ein Sinken folgen. Aber was einmal unser war, kann sich nie wieder uns völlig entfremden, es bleibt als ein Stück unserer Erfahrung, ja unseres Wesens gegenwärtig, es enthält ein Maß, an dem sich alles Spätere prüfen muß, es vermag auch in die Höhe zu ziehen und trüben Tagen Mut und Kraft einzuflößen. Gedenken wir nur der Perserkriege, gedenken wir auch unserer eignen Freiheitskriege! So der Segen einer großen Vergangenheit, mit ihren klassischen Höhepunkten ist sie ein Kapital, auf das sich immer wieder zurückgreifen läßt; so gewiß dieses Kapital nur bei Umsetzung in eigne Arbeit wahren Nutzen stiften kann, die Arbeit selbst ist erleichtert, nachdem die Bahn gebrochen und das Vertrauen auf das eigne Vermögen durch die Tat besiegelt ist.

Ein anderer Weg der Erziehung der Menschheit ist die Bewegung von außen nach innen, die innere Aneignung dessen, was zunächst die Gewalt äußerer Umstände, ja ein drückender Zwang an uns brachte. Hierher gehört die Macht aller äußeren Disziplin, der Sitte und Gewöhnung, hierher gehört auch die rückwirkende Kraft des Tuns, die Förderung der Gesinnung durch die Tat, des Wesens durch das Werk. Überall erfahren wir hier, daß das zunächst von draußen Auferlegte und uns scheinbar innerlich kaum Berührende bei anhaltendem Tun in uns Wurzel schlägt, eine Macht unserer eignen Wahl wird und schließlich als eignes Ziel aus freier Entscheidung verfolgt wird. Das bedeutet nicht eine leise Verschiebung, sondern eine völlige Umkehrung, es verlegt den Schwerpunkt des Geschehens, es verwandelt seine Aufgabe und seinen Sinn. Solche Wirkungen überschreiten das Vermögen eines mechanischen Niederschlags des Äußeren oder einer bloßen Dressur, wiederum bedarf es des Erwachens einer inneren Natur, der das Äußere nur die Anregung geben kann; jede Überspannung des Äußeren, jede Abschwächung der Selbständigkeit des Inneren führt zur Werkgerechtigkeit, zu einer Mechanisierung des Lebens, der selbst ein Aristoteles nicht entging, und die im mittelalterlichen Kirchenleben einen bedenklichen Umfang angenommen hat. Aber bei aller Möglichkeit von Irrungen, bei aller Gefahr, in dem stecken zu bleiben, was nur tiefere Erlebnisse zu vermitteln hat, bleibt jene Bewegung vom Äußeren zum Inneren ein unumgänglicher Weg zur Erziehung des Individuums wie der Menschheit, ein unentbehrliches Stück des weltgeschichtlichen Lebens.

Besondere Verhältnisse verzweigen diese Einwärtswendung noch weiter. So erwächst z. B. zwischen den Individuen aus dem äußeren Zusammentreffen am Werk nach und nach eine innere Gemeinschaft; wer uns zunächst nur durch die Leistung als Mitarbeiter schätzbar war, der kann allmählich unter Verinnerlichung des Verhältnisses zum Freunde werden. Überall ist es das Äußere, was zunächst die Kraft anregt und Verbindungen herstellt, aber die Kräfte und Verbindungen selbst drängen über den Anfangsstand hinaus und wenden sich nach innen.

Nahe verwandt ist dieser Bewegung der Zug, die geistige Betätigung aus einem anfänglichen Mittel für fremde Zwecke in einen Selbstzweck zu verwandeln, die Umkehrung von Mittel und Zweck. Der erste Drang geht auf die natürliche Selbsterhaltung, aber die wachsende Verwicklung der menschlichen Lage gestaltet diese nicht einfach, sie verlangt ein Aufgebot mannigfacher geistiger Kraft, einstweilen lediglich für die Zwecke der Natur. So erscheint das geistige Leben zuerst im Dienste der natürlichen Selbsterhaltung; für ihr erstes Aufkommen sind Wissenschaft und Kunst, Staat und Reich keiner Macht zu größrem Dank verpflichtet als der Not des Lebens. Aber was die Not ins Dasein hob, das hat sich allmählich von ihr abgelöst, das an sich Wertvolle erwies eine eigne Anziehungskraft, es hob sich über das Nützliche hinaus und vermochte dieses sich unterzuordnen. Aber ohne den Kampf ums Dasein wäre es schwerlich eine Macht für den Menschen geworden.

Diese Umkehrung von Mittel und Zweck, dies Aufsteigen zum Schönen durch das Nützliche, erscheint besonders deutlich im Verhältnis des Menschen zur Gesellschaft. Er handelt zunächst, um im gesellschaftlichen Dasein etwas zu erreichen, um bei den anderen Beifall und Gunst zu finden, um anderen voranzukommen. So wird der Ehrgeiz der mächtigste Hebel des Handelns, im kleinen wie im großen Kreise, seiner kann die soziale Ordnung nicht entbehren; aller Inhalt erscheint dagegen zu Beginn als ein an sich gleichgültiges Mittel. Aber mehr und mehr zieht er selbst die Kraft und das Streben an sich; nachdem die Sache einmal in Fluß geraten, wächst die Bewegung über die anfänglichen Beweggründe hinaus, der Ehrgeiz verblaßt vor der Freude an dem Guten und Schönen, dem menschlichen Getriebe entwinden sich Güter, welche die Schätzung umkehren und alles gesellschaftliche Leben als bloßes Mittel behandeln. Aber ehe sich das Feuer zu lauter Flamme klären konnte, mußte es entzündet sein, und hierfür war jenes Mittel nicht zu entbehren.

Mit dem allen gewinnt das Dasein einen wesentlich anderen Anblick als in der ersten Betrachtung. Neben den derberen Zügen, die zunächst die Aufmerksamkeit beherrschen, erscheinen feinere von anderer und höherer Art; in tausendfachen Fäden sehen wir eine Bewegung am Werke, die anfängliche Starrheit aufzulösen und die Kräfte aufwärts zu führen. Das aber unabhängig von der Reflexion und der bewußten Wahl der Individuen, das nicht hie und da, sondern durch den ganzen Umfang des Daseins bis in die einfachsten Grundformen hinein. So bleibt die Kluft zwischen der Selbsttätigkeit und dem Dasein nicht unvermittelt, und das Streben des Menschen braucht nicht zu verzweifeln.

c) Die Versöhnung von Idealismus und Realismus.

Eine weitere Frage war, ob das Geistesleben des Menschen eine volle Bestimmtheit erlangen und das Schwanken zwischen versteckter Sinnlichkeit und blutloser Leere überwinden kann. Die erste Erfahrung schien dem zu widersprechen, aber es fragt sich, ob diese Erfahrung entscheidet. In der Tat kann sich bei uns keine Geistigkeit entfalten, ohne daß auch ein Sinnliches mitbewegt wird; wir können solche Bindung nicht plötzlich abstreifen und uns ganz in reines Geistesleben versetzen. Aber deshalb brauchen nicht Geistiges und Sinnliches in Eins zusammenzurinnen und die Formen des Sinnlichen sich allem geistigen Streben als Maße und Schranken aufzulegen; warum kann sich nicht in allem Zwange des Zusammenseins das Geistige eine Selbständigkeit behaupten und eine Überlegenheit erweisen?

So aber steht es in der Tat, und zwar reicht jene Selbständigkeit soweit wie die Selbsttätigkeit. Durch die Tätigkeit und innerhalb der Tätigkeit erfolgt eine Scheidung zwischen Sinnlichem und Unsinnlichem; hier vermag das Unsinnliche sich rein zu entfalten und auch zu einem Ganzen zusammenzuschließen, die Tätigkeit kann sich des Eindringens fremder Elemente erwehren, das Sinnliche aus dem Kern in die Außenseite drängen und es zu einer Begleiterscheinung herabsetzen. Erst eine Erschlaffung und Erstarrung des Tuns überliefert das Geistige unrettbar der Vermengung mit dem Sinnlichen; es kann seine Unabhängigkeit nicht wahren ohne einen Heroismus in Aufstieg und Aufrechterhaltung.

Diese Überlegenheit der geistigen Arbeit erscheint besonders deutlich in der freien Behandlung der sinnlichen Elemente seitens des Denkens. So wenig unser Denken der sinnlichen Vorstellungen entbehren kann, wir vermögen zwischen dem, was dem Begriff, und dem, was der sinnlichen Vorstellung angehört, deutlich zu scheiden, zugleich aber dieser allen Einfluß auf die Gestaltung des Begriffs zu versagen; wir bedürfen zur Veranschaulichung der Bilder, aber wir erkennen das Bild als ein solches, wir können mit den Bildern frei schalten und walten, sie bald näher, bald ferner rücken, sie nach unserem Ermessen wechseln, überhaupt den Standort der Betrachtung über ihnen, nicht in ihnen nehmen. So ist das Denken auch der Sprache nicht wie einem übermächtigen Schicksal blind unterworfen, bei aller Bindung an sie übt es auch eine Gegenwirkung, ja es führt gegen sie, wenn auch meist versteckt, einen unablässigen Kampf. Solcher Abstand, der sich im Alltagsleben verbirgt, wird deutlich empfunden, sobald geistige Umwälzungen erfolgen und neue Gedankenmassen erzeugen. Dann hemmt die Sprache leicht mehr als sie fördert, eine Auseinandersetzung mit ihr ist nicht zu vermeiden. So erfuhr es das Christentum gegenüber der hellenistischen, die aufstrebende Neuzeit gegenüber der scholastischen Sprache, so ist auch heute die überkommene wissenschaftliche Sprache mit ihrer Abhängigkeit vom Rationalismus und Intellektualismus ein ungenügendes Gefäß für die wahren Probleme der Zeit.

Das Problem des Denkens ist aber nur ein Ausschnitt aus dem Problem des Lebens, überall kann die höhere Stufe eine Selbständigkeit wahren. So brauchen die kleinen Beweggründe der Individuen nicht mit den Triebkräften des geistigen Schaffens zusammenzurinnen und damit jenes Schaffen zu entstellen. Gewiß behaupten Sinnlichkeit und Selbstsucht bei uns ihren Platz und schwingen bei aller Bewegung des Lebens mit. Aber daß sie zu Faktoren des geistigen Bestandes werden, das läßt sich allerdings verhindern, alles Anhaften jener niederen Stufen braucht den Kern des Geisteslebens nicht zu treffen. Deshalb also, weil es ziemlich überall gelingt, jenes Kleine irgendwie aufzuweisen, davon in kleinkluger Weise alles Große und Edle abzuleiten und es damit in einen Schein aufzulösen, das ist falsch und das erklärt nicht einmal den Schein; nur eine niedrige Gesinnung kann am Großen nur das Kleine wahrnehmen und eine Herzensfreude daran finden, dieses Kleine hervorzukehren.

So wenig sich daher sagen läßt, daß reines Denken und reines Wollen als fertige Größen vorhanden sind, sie sind Tatsachen, Wirklichkeiten im Reich der Tätigkeit, sie sind Triebkräfte geistigen Schaffens.

Solche Selbständigkeit des Geistigen anerkennen, das heißt ihm auch eine positive Art zuerkennen. Nur eine Betrachtung von draußen her und eine Messung nach fremden Maßstäben kann ihm dies versagen. Denn warum anders wird es bloß negativ gescholten, als weil es sich nicht sinnlich ausführen und darstellen läßt? Aber muß es darum bei sich selbst negativ sein, kann es nicht in seiner eignen Arbeit eine Positivität besitzen und erweisen? Von der Tatsächlichkeit einer solchen Umkehrung überzeugten wir uns schon oben. Begriffe wie die des Unendlichen, Unbedingten usw. werden in der geistigen Arbeit positive Größen; auch hat alle jene Bildlichkeit oder Negativität des Gottesbegriffes den Aufbau eines Reiches der Religion nicht gehindert; wie hätte sie von den großen Ordnungen des Menschheitslebens bis ins tiefste Gemüt des Individuums so mächtig wirken können, hätten nicht ihre Größen eine positive Bedeutung gewonnen? Verständlich wird allerdings diese geistige Positivität erst vom Gesamtleben und seinem Schaffen aus; denn, wie wir sahen, kann erst dadurch, daß ein Selbst den Betätigungen gegenwärtig bleibt, in ihnen Selbsterfahrungen macht, eine Wirklichkeitsbildung vollzieht, dem Leben ein Inhalt erwachsen.

So braucht bei deutlicher Abgrenzung der Selbsttätigkeit gegen das Dasein über die Selbständigkeit und die Positivität des Geisteslebens keine Sorge zu sein. Aber noch mehr, das Sinnliche braucht nicht nur das Geistige nicht zu hemmen, es kann ihm zu seiner Entwicklung nutzen und dienen. Solche Förderung wird dadurch notwendig, daß, wie wir fanden, die geistige Bewegung in der Entgegensetzung gegen das Dasein sich selbst nicht vollenden kann; von dem scheinbaren Gegner muß ihr Hilfe kommen, eine Hilfe, die freilich nicht blindlings aufzunehmen ist, sondern die nur in der Aneignung und Umbildung Wert gewinnt. Ein solches Wachstum der Tatwelt durch das Dasein wird eben durch die Wesensbildung verständlich, indem sie auf beiden Seiten einen Gehalt erkennt und in dem Dasein nur eine Lebensform dieses Gehaltes, nicht seinen Kern erblickt. So kann ganz wohl aus dem Zusammenstoß des Daseins mit der Selbsttätigkeit Neues hervorgehen; in dem zunächst scheinbar bloß Sinnlichen mag die Berührung mit der Selbsttätigkeit eine geistige Leistung erwecken.

Hierher gehört das Wirken der Phantasie, das nicht nur der Kunst, sondern allen Zweigen des Geisteslebens unentbehrlich ist. Jene bewegt sich zunächst im Elemente des Sinnlichen, und sie bedarf seiner Anschaulichkeit. Aber jene geistige Leistung wäre unmöglich, wenn nicht in dem Sinnlichen ein Geistiges stäke, nicht in den Lagerungen der sinnlichen Elemente geistige Synthesen aufstrebten, nicht in dem Bilde ein Gedanke schlummerte, der nur der Weckung bedurfte. So wird das Sinnliche ein Mittel geistiger Entwicklung, nicht von sich aus, aber durch die befreiende Macht der Selbsttätigkeit. Wieviel Förderung in diesem Sinne bringt nicht dem Denken die der Sprache innewohnende Phantasie?

Aber nicht nur eine Bereicherung des Gehalts, auch eine Verstärkung der Kraft läßt sich von diesem Wege erwarten.

Das natürliche Ich scheint zunächst ein Feind aller geistigen Bewegung; es würde es bleiben, wenn es die tiefste Wurzel des Lebens und nicht eine Stufe seines Aufstiegs wäre. Seine Macht aber verdankt es nicht der bloßen Natur, sondern dem wesenhaften Selbst, das es an sich zieht und bei sich festhält; solange aber die geistige Arbeit dieses nicht ganz ergriffen hat, entbehrt sie selbst der vollen Triebkraft; so wird es zur Aufgabe, das Selbst von jener Bindung zu befreien und eine Kraft ohne Egoismus zu gewinnen. Damit erhält das natürliche Ich eine positive Bedeutung, seine Kraft und Frische darf nicht verloren gehen, sie kann die geistige Arbeit beträchtlich steigern, freilich nur unter innerer Wandlung und Läuterung. Alle diese Punkte zeigen ein freundlicheres Verhältnis des Geistigen und des Sinnlichen, der Selbsttätigkeit und des Daseins, als die Anfangsbetrachtung es fand.

Solche Wendungen eröffnen die Möglichkeit, den alten Gegensatz des Idealismus und des Realismus zu verstehen und zu versöhnen. Zunächst gewinnen die meist verschwommenen Begriffe nunmehr einen genaueren Sinn. Den Kern und die Wahrheit des Idealismus bildet die Überzeugung, daß in der Geistigkeit eine neue Welt mit neuen Größen und unvergleichlichen Gütern aufsteigt und sich als unbedingten Selbstzweck gibt; als nähere Ausführung aber kommt hinzu, daß sich uns Menschen diese neue Welt nur in Ablösung und Entgegensetzung gegen das Dasein entfaltet, daß sie zur Selbstbehauptung einen unablässigen Kampf dagegen zu führen hat. Diese Überzeugung hat sehr eingreifende Folgen. Denn aus ihr ergibt sich, daß die geistige Arbeit nun und nimmer in den Dienst des Daseins treten darf, sondern daß sie ihre Zwecke bei sich selbst, in der Schöpfung einer eignen und neuen Welt zu suchen hat. Hier kann nicht die Moral ein Mittel für das Wohl der Gesellschaft, nicht die Religion eine Hilfe für das bedrängte Individuum oder die erschütterte Gesellschaft, nicht die Metaphysik die Befriedigung eines subjektiven Bedürfnisses nach Ordnung der Erscheinungen bilden. Solche Bindung an das Niedere und solche Beugung unter seine Zwecke erscheint hier als eine innere Zerstörung; entweder eröffnen jene Gebiete mit einander, jedes in seiner Weise, eine neue Wirklichkeit, oder sie verlieren alle Berechtigung, und es bleibt nur die strengste Einschränkung auf das Dasein und die Abweisung aller weiteren Bestrebung. Ethik, Religion und Metaphysik bezeugen entweder eine neue Welt, oder sie sind Einbildungen.

So duldet der Idealismus in jenem Sinne keinerlei Abschwächung. Aber es erwies sich zugleich, daß die Selbsttätigkeit immer zum Dasein zurückkehren muß, um sich vollauf durchzubilden; das Dasein kann aber nicht leisten, was es hier leisten soll, wenn es von vornherein unter ein auferlegtes Schema gestellt, wenn es nicht in seinem Befunde vollauf anerkannt und gewürdigt wird, wenn es sich nicht in voller Unabhängigkeit und Unbefangenheit aussprechen darf. Hier beginnt das Recht des Realismus, er darf, ja er muß verlangen, daß diese Seite der Wirklichkeit Kraft und Anschaulichkeit erlange. Hier kommt alle Bedingtheit unseres Seins und unserer Weltlage zur Geltung: die Abhängigkeit alles geistigen Wirkens, die Macht des Äußeren und Materiellen, die Mühen und Sorgen der Lebenserhaltung, die verschwindende Kleinheit der Anfänge, die Mühseligkeit des Aufstiegs, der Wandel und Wechsel menschlicher Verhältnisse, der bald brutale, bald listige Kampf ums Dasein, die Vereinzelung und Zerstreuung der Individuen, diese ganze Kehrseite der Dinge muß und kann hier voll ausgesprochen und anerkannt werden. Hier hat die Unmittelbarkeit des Eindrucks, der Anschauung, der Empfindung ihr unbestreitbares Recht, die ganze Weite der Erfahrung ist hier zu durchwandern, ihre ganze Dunkelheit auszukosten. Zum schweren Fehler wird eine Abschwächung oder Vertuschung dieser Lage.

Diese doppelte Betrachtung stellt auch eine doppelte Aufgabe. Überall gilt es nicht nur uns eines Geistesgehaltes zu bemächtigen, sondern ihn auch im Dasein zur Wirkung zu bringen. Ein anderes ist z. B. der Geistesgehalt der christlichen Religion, ein anderes seine Ergreifung und Behandlung seitens der Menschen und Zeiten; eine andere Aufgabe ist es, jenen Gehalt rein herauszuschälen, eine andere, die einzelnen dafür zu gewinnen. Bei der zweiten Frage gilt es die Ermittlung von Berührungen zwischen dem Dasein und der Selbsttätigkeit, den

Gewinn von Durchbruchspunkten des Lebens, wie sie vorher geschildert wurden. Das ist eine Sache für sich, und es kann hier ein an sich tieferes und gehaltvolleres Geistesleben besondere Hemmungen zu überwinden haben; das Christentum z. B. mag hier sowohl gegen den Buddhismus als gegen den Islam zunächst im Nachteil sein. Immer aber bleibt jene Wirkung im unmittelbaren Dasein ein wichtiger Punkt, indem die geistigen Bewegungen hier nicht nur eine Macht nach außen erweisen, sondern selbst von daher eine neue Beleuchtung empfangen; hier mögen bei ungehemmter Wirkung des Gesamteindruckes neue Probleme erwachen, Weiterbildungen angeregt werden, selbst Wandlungen des Ganzen in Fluß geraten; zum mindesten verbietet der Realismus allen hastigen Abschluß und alle dogmatische Starrheit. In dieser Richtung und mit dieser Beschränkung hat ein gutes Recht die psychologische Behandlung der Fragen, wie sie neuerdings z. B. die Religionspsychologie in fruchtbarer Weise entwickelt.

So sind in der Sache der Realismus und der Idealismus nicht sowohl Gegner als Mitarbeiter an einem gemeinsamen Werk, sie können sich, recht verstanden, gegenseitig Handreichung leisten. Sie mögen namentlich in der Bekämpfung eines gemeinsamen Gegners freundschaftlich zusammengehen. Dieser Gegner ist kein anderer als die Durchschnittskultur des Alltages mit ihrem Ineinanderschieben beider Reihen und der Abschwächung ihrer Eigentümlichkeit, mit ihrer Abschleifung und Herabziehung der Tatwelt einerseits, ihrem Ausputzen und Aufputzen des Daseins andererseits. So wird jedwedes verkümmert und aller Antrieb zur Bewegung gelähmt. Die Verherrlichung dieses Mischmasches aber übernimmt der landläufige Idealismus mit seinem Idealisieren des Bestehenden, seinem Anpreisen der besten aller möglichen Welten. Sein trübes und verfälschendes Bild der Wirklichkeit ruft kein Streben hervor, das den Menschen kräftig bewegen könnte; den Problemen sind die Spitzen von vornherein abgebrochen, der bequeme Schlaf kann sofort beginnen. Diese Philosophie der Bequemlichkeit ist so unausrottbar wie die Bequemlichkeit selbst; um so notwendiger ist das Zusammenhalten jener beiden Gedankenreihen zu ihrer Bekämpfung.

In dieser Weise ehrlich zusammenhalten aber können die beiden Seiten nur, wenn sie zunächst deutlich auseinandertreten und ihr Recht gegenseitig anerkennen. Dann kann das eine dem anderen zur direkten Förderung gereichen. Gerade ein kräftiger Idealismus wird eine energische Wirkung auf das Dasein erstreben; um so mehr muß er sich mit ihm befassen, es erkennen und bewegen, um so mehr wird er in den Dingen entdecken, ihre Positivität und ihren Widerstand empfinden. So zeigt z. B. die Geschichte der Philosophie, daß die Wendung zum Empirismus und Positivismus namentlich da fruchtbar wurde, wo eine große Bewegung spekulativer Gedankenarbeit voranging und alle Begriffe schärfte. So haben auch die Umwälzungen der Moral und der Religion neue Seiten der Erfahrung erschlossen, das Dasein reicher und verwickelter gemacht. Andererseits treibt der Realismus, richtig verstanden, zum Idealismus, zu einem kräftigen und selbständigen Idealismus. Je mehr das Dunkel, die Verworrenheit, die Unstetigkeit des Daseins empfunden, je schärfer es in seinem tatsächlichen Bestande erfaßt wird, desto mehr muß seine Unfähigkeit einleuchten, aus eignem Vermögen die Geisteswelt aufzubauen, desto stärker wird das Bedürfnis nach einem festen Halt in der Tatwelt. Je mehr ferner jenes Dasein Arbeit, Mühe und Sorge kostet, desto weniger läßt sich in seine geistige Leere das ganze Leben des Menschen setzen. Wenn aber der Realismus durch seine eigne Entwicklung zu einem Idealismus treibt, so muß es ein kräftiger und wesenhafter Idealismus sein, der allein ihn befriedigen kann. So wird der Realismus zum Kritiker des Idealismus zu dessen eignem Besten, er drängt ihn zu seiner eignen Tiefe; die Hemmung, welche die geistige Bewegung durch den Widerstand erfährt, muß schließlich ihrer Stärkung und Berichtigung dienen.

Aber was in der Sache aufeinander angewiesen ist, das kann in den menschlichen Verhältnissen sich arg zerwerfen und verfeinden, das kann sich gegenseitig alles Recht zum Dasein bestreiten. Das muß nicht nur das Ganze, sondern auch jede Seite schädigen; ja gemäß der unser Leben durchdringenden Dialektik wird leicht das Streben das Gegenteil dessen erreichen, was es wollte oder doch zu wollen glaubte: der Idealismus wird sich in einen Pseudorealismus, der Realismus in einen Pseudoidealismus verkehren. Ein Idealismus, der selbstbewußt nicht über den abgesteckten Kreis hinausblickt und den Werdecharakter unseres Lebens verkennt, wird leicht die Widerstände unterschätzen, das Aufgebot eigner Kraft mindern, die Selbstkritik einstellen. So ein voreiliger Abschluß, eine Festlegung einer besonderen geschichtlichen Lage, ein Sinken unter die Formen und Kräfte des Daseins. So entsteht ein dogmatischer, ein offizieller Idealismus mit seiner Unterdrückung der Freiheit und Gefährdung der Wahrheit, damit aber leicht ein Erlahmen aller kräftigen Antriebe, eine bequeme Anpassung an die gegebenen Verhältnisse, eine Herabsetzung der geistigen Güter zu Mitteln für die Interessen einzelner Klassen, kurz eine innere Auflösung des Idealismus und ein Aufwuchern eines Pseudorealismus.

Der Kampf dagegen ist ein gutes Recht und ein wahres Verdienst des Realismus; sein Unrecht aber beginnt, wenn er, der Totengräber eines erloschenen Idealismus, glaubt, allen und jeden Idealismus zerstören und selbst die ganze Wirklichkeit bilden zu können. Ein solcher Schein kann deshalb entstehen, weil die geistige Arbeit mit tausend Fäden in das Dasein hineinwirkt und dieses daher Anknüpfungspunkte in Hülle und Fülle bietet; die Gegebenheit, bereichert durch den Ertrag jener Arbeit, kann sich völlig emanzipieren und als eine selbständige und selbstgenugsame Welt auftreten. Aber aller blendende Schein vermeintlicher Anschaulichkeit kann nicht über die Verkehrtheit des Verfahrens täuschen, Ursprüngliches von Abgeleitetem, Reines aus der Vermengung entstehen zu lassen. Das Geistige ist dort viel zu zerstückelt und zerstreut, viel zu abhängig und schwankend, als daß es sich dorther zu einer eignen Natur und neuen Ordnung aufringen könnte; wenn es aussieht, als ob uns langsame Entwicklung und allmähliche Anhäufung zum Ziele führe, so wird im Grunde die andere Welt, die Welt des Idealismus, immer schon vorausgesetzt und dahin alle Leistung umgedeutet; wer aus dem Vorstellungsgetriebe eine Wissenschaft herausklaubt, der pflegt ein Reich der Kausalität und der Begriffe jenseits jenes Getriebes anzunehmen und dahin alle einzelnen Leistungen zu versetzen; wer aus dem Nützlichen, etwa dem Nutzen der Gesellschaft, das Gute herausspinnt, der verkennt die völlige Umwälzung, die in jener Wendung liegt; er hält das, was in Wahrheit vorausgesetzt wird, für erklärt, weil er die Voraussetzung stückweise einführt.

Verpönt aber der Realismus alle Richtung auf die Geisteswelt, und möchte er sich streng auf das Dasein beschränken, so müßte er sich willenlos von seinen Wellen dahintreiben lassen und nicht nur alle Gegenwirkung, sondern auch allen eignen Zusammenschluß zum Ganzen einstellen. Er dürfte nicht als Prinzip auftreten und könnte nicht Sache der Überzeugung werden. Denn wie sollte sich in dem regellosen Fluß der Eindrücke der dazu nötige feste Standort und die umfassende Übersicht finden?

Aber auch abgesehen von diesem Anstoß taugt der Realismus nicht zur Führung der Kulturbewegung. Dem Durcheinander, das ihm bei strenger Fassung die Welt werden muß, lassen sich keine klaren Formen und Gesetze entringen, das Beharren wird hier vom Werden, der Zweck vom Mittel, das Innere vom Äußeren verschlungen, die inneren Probleme und Gegensätze des Lebens bleiben unverstanden. Diese Richtung ist weit fähiger, einen vorhandenen Lebensstand zu kritisieren als neues zu erzeugen, geneigter, die Probleme aufzudecken als ihre Lösung zu fördern, geschickter, zu beschreiben und eindringlich vorzuhalten als zu ergründen und energisch umzuwandeln. Bei der Wendung zu positiver Leistung muß sie in Ideen, Überzeugung und Glauben Waffen aus der Rüstkammer des Idealismus borgen. In die Bahnen des Idealismus gerät sie auch insofern, als sie nicht irgendwelche Wertschätzungen und Zielsetzungen vollziehen kann, ohne einzelne Punkte auszuzeichnen, sie über den wirklichen Stand hinauszuheben, in sie etwas Großes und Schönes hineinzusehen, damit aber das Dasein fälschlich zu idealisieren. Es wird z. B. die von der Kultur unberührte Natur, die Volksmasse oder auch umgekehrt das selbstbewußte Individuum verherrlicht. So verwandelt sich der Realismus in einen Idealismus, jedoch in einen Pseudoidealismus; so erreichen beide Richtungen geschieden das volle Gegenteil ihres eigenen Strebens.

Demnach zeigt sich direkt wie indirekt, daß beide nicht gegeneinander auszuspielen sind, sondern daß sie zusammengehören und erst miteinander einen gesunden und kräftigen Lebensstand ergeben. Uns ist eine zwiefache Aufgabe gestellt: einen Idealgehalt des Lebens zu erringen und das Dasein dafür zu gewinnen; dort das Problem geistigen Schaffens, hier das der Belebung und Heranbildung des menschlichen Kreises; so eine doppelte Reihe von Erfahrungen, ein Arbeiten von entgegengesetzten Polen, ein Hinüber- und Herüberwirken der Kräfte, eine innere Bewegung des gesamten Lebens. Der Hauptertrag dieser Bewegung ist, daß was zunächst nur Widerstand scheint, sich in Förderung verwandelt, und daß schließlich die positiven Mächte aller Verwicklung überlegen werden. Daß aber die Wesensbildung die zu solcher Bewegung nötige Weite und Tiefe des Lebens gewährt, und daß sich hier die scheinbar entgegengesetzten Ströme des Idealismus und des Realismus versöhnen lassen, das bildet eine wichtige Bestätigung dieser Grundüberzeugung.

Aber keinen Augenblick sei vergessen, daß solche Versöhnung nicht die Anerkennung eines gleichen Wertes, nicht einen charakterlosen Kompromiß bedeutet. Nur Eins kann herrschen und entscheiden; dies aber ist zweifellos die Tatwelt, hier liegen die letzten Ziele und auch die treibenden Kräfte. Mag ihre Betätigung noch so sehr des anderen bedürfen, sie bleibt dabei überlegen, sie sucht in dem anderen das Ihrige, sie kehrt aus der scheinbaren Entfremdung stets zu sich selbst zurück. Die Seite des Lebens, die im Realismus ihren Ausdruck findet, war viel zu lange zurückgedrängt, als daß nicht eine zeitweilige Überschätzung vollauf begreiflich wäre. Aber verstehen heißt keineswegs billigen. Es ist ein kurzsichtiges Verfahren, den Idealismus grundsätzlich zu verwerfen, weil die überkommene Art nicht mehr ausreicht, und damit den Grundgedanken starr an die besondere Ausführung zu ketten. Der Grundgedanke mag zeitweilig zurückgestellt werden, er kann nicht endgültig preisgegeben werden.

Was also an großen Wogen des Realismus durch die heutige Menschheit geht und die Gemüter stark bewegt, seinen Wert, ja seine Kraft hat es schließlich nur als Ausdruck innerer Wandlungen, nur als Vorbereitung eines neuen Idealismus.

Die einzelnen Sätze dieses Abschnitts dienten einem einzigen Grundgedanken, sie dienten der Idee eines eigentümlichen Lebenszusammenhanges, der sich von den Systemen der Gestaltung und der Kraft als ein Reich der Wesensbildung deutlich abhebt; das ganze Leben erhielt damit eine überlegene Richtung, die nach allen Seiten hin eingreifende Konsequenzen in sich trug; es galt das Tun bei sich selbst abzustufen und in ihm einen festen Lebensträger zu gewinnen, nur ein solcher Kern konnte dem physischen Sein ein metaphysisches entgegenhalten; die belebende Seele dieses Ganzen war das ethische, auf sich selbst gestellte Handeln, wie es, weit und frei verstanden, eine eigne Wirklichkeit hervorbringt. Das Streben nach diesem Ziele hatte harte Widerstände zu überwinden, aber es wuchs in solcher Überwindung auch innerlich zu mehr Kraft und Klarheit; das ganze Leben erhielt damit eine allumfassende Aufgabe; eine Weiterentwicklung vorhandener Anlagen genügte dafür nicht, eine durchgreifende Erhöhung wurde zur Forderung.

So gesellt sich zur Frage des Selbständigwerdens des Geisteslebens die nach seiner Charakterbildung und zum Aufbau einer eigentümlichen Wirklichkeit.

C. Der Kampf um die Weltmacht des Geisteslebens.

1. Das Problem.

Der Kampf um einen geistigen Lebensinhalt hatte dem Geistesleben zunächst eine Selbständigkeit zu sichern; es geschah das, indem der erste Befund zerlegt und die geistige Arbeit gegenüber dem unmittelbaren Dasein zusammengeschlossen wurde. Aber die Antwort erzeugte eine neue Frage: wird das Leben in solcher Entgegensetzung nicht leer werden, wird es zur Ausbildung eines Charakters gelangen? Wie ein solcher in Zurückwendung zum Dasein und in siegreichem Kampf mit seinen Widerständen zu erringen sei, das bildete den Vorwurf des vorigen Abschnitts. Aber auch hier ergibt die Antwort alsbald eine Frage. Wohl zerschmolz die Starrheit des Daseins, und die feindlichen Mächte wichen zurück, das Geistesleben schien überlegen und vermochte den Durchschnitt der Dinge zu unterwerfen und ihn allmählich zu sich heranzubilden. Aber dagegen erhebt sich jetzt der weitere Zweifel, ob das glatt und glücklich verläuft, ob die im vorigen Abschnitt aufgewiesenen Hilfen den Widerständen gewachsen sind, ob nicht das Niedere, das dienen soll, das Höhere festhält und unterdrückt. Diese Frage zwingt zu einem genaueren Eingehen auf den Befund der Erfahrung; was bis dahin den Hintergrund bildete und nur nebenbei beachtet wurde, das muß nun als Ganzes zur Darstellung kommen und sein volles Recht erlangen. Das ergibt in Richtung und Ton eine Umkehrung der bisherigen Behandlung. Die bis dahin zurückgehaltene Flut des Dunklen und Feindlichen bricht nun mit voller Macht hervor und droht uns mit sich fortzureißen, das einstweilen Unterdrückte erlangt eine um so stärkere Geltung. Das muß das Ganze erschüttern; soll nicht aller Gewinn wieder verloren gehen, so werden beträchtliche Wendungen und Weiterbildungen notwendig. Den Befund der Erfahrung können wir dabei nicht würdigen, ohne verschiedene Reihen nacheinander zu durchlaufen; alle Mannigfaltigkeit aber wird sich zu einem Gesamtbild verbinden, das von neuem eine prinzipielle Entscheidung von uns fordert.

a) Die Natur.

Der Lebensordnung der Wesensbildung gilt die Natur als eine Vorstufe des Geistes. Als solche muß sie eine gewisse Vernunft enthalten und eine höhere vorbereiten. Mit ihren Gesetzen, Formen und Zusammenhängen, ihrem Aufsteigen zu immer ausgeprägteren Gestaltungen und ihrem Hervorbringen des Seelenlebens erscheint sie als ein Vorhof des Geistes; gerade die neuere Forschung hat klar erwiesen, daß jene nicht ein wirres Knäuel durcheinanderlaufender Vorgänge, sondern ein Reich fester Ordnungen bildet. Aber je mehr Ordnung und Gesetzlichkeit die Natur bei sich selbst erweist, desto ferner scheint sie unserem Geiste zu rücken; je mehr sie eine formale Vernunft zeigt, desto undurchsichtiger wird sie dem Menschen. Wir konnten der Natur uns nahe fühlen, solange sie als das Werk eines überlegenen Geistes galt, solange Zwecke sie durchwalteten und ihre Kräfte seelischen Vorgängen glichen; vollauf selbständig geworden, weicht sie nicht nur für unsere Begriffe in ein undurchdringliches Dunkel zurück, sondern stellt sie sich auch fremd und kalt gegen unser, gegen alles geistige Streben. Die Naturkräfte wirken und schaffen in harter und blinder Tatsächlichkeit völlig unbesorgt darum, was an geistigen Kräften und Werten dadurch gehemmt und zerstört wird; unterschiedslos verheeren und vernichten in gewaltigen Katastrophen Feuer und Wasser, Stürme und Erdbeben, unterschiedslos wirken mit unheimlichem Eifer auch die Kleinkräfte der Zerstörung, unterschiedslos trifft Gunst oder Ungunst der Naturbedingungen Gute und Böse, Starke und Schwache. Denn unfühlend ist die Natur, sie behandelt das Individuum, diesen Hauptwert des Geisteslebens, dieses „Samenkorn der Ewigkeit", mit völliger Gleichgültigkeit, sie erzeugt es und vernichtet es wie in spielender Laune, sie verfolgt ihren Weg, indem sie die Individuen maßlos vergeudet, ja zur gegenseitigen Zerstörung widereinander treibt. Oder kann ein fleischfressendes Tier ohne Zerstörung leben?

Dabei wird die Abhängigkeit des Menschen von der Natur immer deutlicher und drückender. Stand die Bedingtheit alles Seelenlebens durch den Körper früher nur im Umriß vor Augen, so wird sie weit anschaulicher und eindringlicher durch den Nachweis, wie durchgängig besondere seelische Leistungen an besonderen körperlichen Vorgängen hängen; ähnlich wird die alte Tatsache der Vererbung mit wachsendem Druck empfunden, je mehr ihr Wirken bis ins einzelne verfolgt wird; immer mehr erscheint unser ganzes Leben und Sein als ein streng gebundenes Glied der endlosen Naturverkettung. Diese Verkettung bemißt nicht nur die Lebensfrist des einzelnen knapp, auch die Menschheit als Ganzes bildet nur eine Episode des Weltprozesses;

entstanden auf dem Boden der Natur, und zwar als ein spätes Ergebnis, wird sie auf ihm auch mit dem Sinken der Lebensbedingungen vergehen. Nirgends ordnet sich hier das Niedere dem Höheren unter, dieses weicht und verschwindet, sobald es mit jenem zusammenstößt.

So erscheint unsere ganze Existenz als ein nebensächlicher Anhang der Natur. Aber auch das Innere des Geisteslebens unterliegt der Umklammerung überlegener Macht. Elementare Naturtriebe sind die stärksten Gewalten auch im menschlichen Dasein. Da es die individuelle Existenz fortwährend der Natur abzuringen gilt, so hält uns der Kampf um sie unablässig in Spannung; zu ihm gesellt sich der Trieb der Fortpflanzung, und es werden Hunger und Liebe — Liebe in diesem gemeinen Sinn — die Beherrscher unserer Welt. Der Zusammenstoß der Individuen erzeugt einen harten Kampf ums Dasein, auch hier steigert der Mensch weiter, was die Natur ihm zuführt. Das Wachstum der Kultur mag die Naturform verstecken oder auch verfeinern, den Kern der Sache läßt es unverändert; ja das größere Raffinement des Lebens und das immer engere Zusammendrängen der Menschheit ergibt unvergleichlich mehr List, mehr Leidenschaft, mehr Selbstsucht als die untergeistige Natur. Was hier schlichte Tatsache war, das wird oft zu widerwärtiger Gemeinheit als Erlebnis denkender Wesen.

Die nähere Gestalt der Selbstbehauptung aber beherrscht den jeweiligen Charakter des Lebens, das Ringen um die Mittel des Lebens gestaltet das Denken und Sinnen des Menschen, die Ideale mit ihrer Mannigfaltigkeit scheinen lediglich verschiedene Arten des Kampfes ums Dasein abzuspiegeln. So ein schrankenloser Realismus, wie die wirtschaftlichen Kämpfe der Gegenwart ihn uns anschaulich vor Augen stellen.

Alles zusammen zeigt das menschliche und geistige Leben mehr als eine besondere Art innerhalb der Natur denn als ein neues Reich ihr gegenüber; die natürliche Selbsterhaltung ersinnt klug und behende neue Mittel und Wege, aber ein wesentlich neues Leben, ein Inhalt des Daseins, eine selbständige Innerlichkeit wird nicht gewonnen. Wer die Grenzen der Natur zurückschiebt, wird damit noch keineswegs ein geistiges Wesen.

Solche Bindung des Menschen an die Natur lasse nicht sein Emporklimmen gegenüber der Natur vergessen. Wissenschaft und Technik dringen rastlos vor, Übel werden bekämpft und niedergerungen, Güter und Genüsse wachsen, das Leben wird reicher und beweglicher, die Natur wird immer mehr dem Menschen unterworfen. Weithin erstreckt sich sein Walten, und das stolze Bewußtsein solches Vermögens steigert seinen Mut und sein Glück. Aber bald werden dabei starre Schranken ersichtlich. Alle Leistung liegt innerhalb der Schranken der Natur; Krankheit und Tod, Elend und Not lassen sich zurückdrängen, nicht aber aufheben; auch wo wir sie überwunden glaubten, kehren sie in neuen Formen zurück, dem Kampf entgehen wir nicht. Die Zweischneidigkeit aber des Sieges selbst, die Gefahr eines inneren Unterliegens durch die Mechanisierung unserer Arbeit und unserer Gesinnung erkannten wir schon zu Beginn. Alle Unterwerfung der Natur, aller Aufbau einer technischen Kultur, füllt unser Leben nicht aus; immer von neuem müssen wir fragen, was das handelnde Wesen für sich selbst aus allen Mühen und Erfolgen gewinne, immer wieder müssen wir anerkennen, daß uns ein selbständiges Leben der Natur gegenüber fehlt. So hält die Natur das Menschenleben fest, ohne die formale Vernunft, die wir in ihr spüren, zu einer inhaltlichen zu steigern.

b) Das geistige Vermögen.

Jedoch erschüttert aller Widerstand feindlicher Mächte und alle Schwäche des Menschen nicht die Tatsache einer Wendung zu einer naturüberlegenen Welt. Das Zusichselbstkommen der Wirklichkeit, das Erwachen einer Innenwelt, läßt sich nicht von draußen her ableiten. Wir müssen anerkennen, daß eine neue Welt bei uns aufsteigt, neue Ordnungen uns leiten, neue Aufgaben uns umfangen. Eine Welt ewiger Wahrheiten und unbedingter Werte wölbt sich in sicherer Hoheit über dem hastigen Tun und Treiben, dem unsteten Suchen und Irren des Menschen.

Wäre nur das Licht der neuen Welt uns nicht durch soviel Nebel getrübt und verfinstert! So aber leidet unser Tun an einer peinlichen Ungewißheit. Wir stehen nicht innerhalb der Wahrheit, sondern wir müssen uns den Weg zu ihr erst bahnen, wir suchen zuverlässige Wegweiser dafür, können sie aber nur demselben Stande der Dinge entnehmen, den wir überschreiten möchten. Gewiß entwindet der Fortgang der Arbeit weite Strecken des Denkens und Handelns dem Zweifel: aus einem Tummelplatz wechselnder Meinungen werden Natur und Geschichte ein Reich klarer Einsicht und männlicher Betätigung, das menschliche Zusammensein, das zunächst der Willkür und Laune von Individuen oder Massen preisgegeben war, befestigt immer mehr überlegene Ziele und durchgehende Ordnungen. Das führt das Leben der Menschheit aus anfänglichem Schwanken immer mehr auf sichere Bahnen. Aber eine schärfere Prüfung zeigt, daß jene Sicherheit nicht unser Verhältnis zur sinnlichen Welt überschreitet, bei dem Innern, rein Geistigen scheint sie eher abzunehmen als zu wachsen. Nur das macht die exakte Forschung unangreifbar, daß sie die Frage nach dem Wesen der Dinge zurückschieben kann, d. h. aber, daß sie auf ein Erkennen in tieferem Sinne verzichtet; nur deshalb rühmen wir uns sicherer Erfolge der praktischen Arbeit, weil wir ein weites Gebiet der Leistungen von den Grundfragen abzusondern lernten, d. h. weil wir in der Durchschnittskultur eine geistige Erhöhung unseres Lebens aus dem Spiel lassen. Erheben sich aber die unterdrückten Fragen — und sie müssen und werden das, soll nicht das Leben veröden —, so übermannt uns sofort die Unsicherheit, dem Einfluß der Subjektivität scheint der geistige Gehalt zu erliegen. Die Hauptrichtung der inneren Arbeit ist uns weder von Haus aus gewiesen noch wird sie leicht durch geschichtliche Arbeit gefunden, sie unterliegt den stärksten Schwankungen und scheint oft am Zufall zu hängen.

Nichts bestimmt den eigentümlichen Charakter philosophischer Systeme mehr als das Ergreifen, Betonen und Durchsetzen einzelner Tatsachengruppen aus Natur oder Geistesleben, Geschichte oder Gesellschaft; über die Alltagsfassung zu voller Reinheit und absoluter Gültigkeit gesteigert, geben sie der ganzen Wirklichkeit eine eigentümliche Beleuchtung. Wer aber entscheidet über solchen Anspruch der Grundtatsachen? Steht hier nicht Behauptung gegen Behauptung, entwindet sich eine zwingende Notwendigkeit dem endlosen Streit? — Was aber von der Philosophie, das gilt von aller geistigen Arbeit und vom Ganzen der Kultur: von einer scheinbar unbegrenzten Fülle von Möglichkeiten werden einzelne kühn und zuversichtlich ergriffen, weiterverfolgt und zu Ende geführt, von dem großen Reiche der Möglichkeiten bildet die Wirklichkeit nur einen besonderen Ausschnitt. Worin aber liegt die Gewähr, daß gerade die erwählten Möglichkeiten die zutreffenden, die letzthin gültigen sind? Die herausgehobenen Lebenskreise dünken nur so lange abschließend und unbestreitbar, als wir innerhalb ihrer stehen und uns ihnen gänzlich ergeben; sobald wir aber aus ihnen heraustreten und sie unbefangen prüfen, erhellt ihr unsicherer Charakter, ihre Abhängigkeit von geschichtlichen Lagen und Stimmungen. Einen völlig unbeirrten Glauben pflegt in menschlichen Verhältnissen nur die Enge zu haben. Auch scheint solche Unsicherheit mit der Ausdehnung der geschichtlichen Erfahrung zu wachsen. In den Anfängen mag das eigne Werk als einzig möglich und selbstverständlich gelten; die Erfahrung hingegen, daß alle Kraft und Wärme subjektiver Gesinnung nicht vor schwerer Irrung bewahrte, daß wir oft zurücknehmen mußten, was wir von ganzer Seele verehrten, das vernichtet alle Unbefangenheit und breitet den Zweifel wie einen zerstörenden Mehltau über alles Schaffen aus; mehr und mehr erhebt sich als Schatten der geistigen Arbeit die Reflexion, sie wächst jener über den Kopf und zerstört, selbst unfruchtbar, mit peinlicher Schärfe alle naive Hingebung, alle reine Freude am Schaffen. So scheint die Wahrheit uns immer ferner zu rücken und die Kultur sich uns immer mehr zu verwickeln. Nach ähnlicher Richtung wirkt, daß die verschiedenen Kulturen und Religionen früher weit abgeschlossener gegeneinander waren, und daß jede sich als selbstverständlich, als einzig möglich betrachten konnte, während die neueste Zeit sie gegenseitig in weit mehr Berührung bringt und sie dem modernen Menschen miteinander gegenwärtig hält.

Das erweitert den Gesichtskreis der Wissenschaft, aber es erschüttert das Leben.

Diese Unsicherheit wird besonders deshalb peinlich, weil schroffe Gegensätze unsere Welt durchdringen und unsere Entscheidung verlangen. Wir erkannten den dialektischen Charakter aller geistigen Arbeit, den unablässigen Zusammenstoß von Gegensätzen. Nur in ihrer Umspannung und Überwindung konnte die Arbeit gelingen. Aber der Durchschnitt der menschlichen Lage erreicht solche Überwindung nicht, der Mensch steht nicht über, sondern unter und zwischen den Gegensätzen, sie wachsen damit für ihn zu unversöhnlichen Widersprüchen, die ihn hin und her werfen und innerlich zermalmen. So kämpfen z. B. um den Menschen die Richtung zum Individuum und die zum Ganzen, die Freiheitsidee und die Ordnungsidee; es kämpfen eine kosmische Lebensführung, die das Grundverhältnis des Menschen in seine Beziehung zum All setzt, und eine soziale, die es in der zur Gesellschaft findet; zur Führung erbieten sich hier die praktische, dort die theoretische Vernunft; es läßt einmal das Vollgefühl der Kraft und das Erkennen fruchtbarer Aufgaben den Menschen sich der nächsten Welt eng verbinden, es treibt dann wieder das Verlangen nach höheren Zielen und ursprünglicheren Kräften zum Bruch mit ihr und zum Suchen einer neuen Welt. Ähnlich ergreift die Entzweiung auch die einzelnen Gebiete und treibt sie gegeneinander. Indem dabei jedes Einzelne seine Besonderheit für das Ganze einsetzt, verquickt sich untrennbar das Wahre mit Falschem, der Mensch wird bald hierher, bald dorthin gezogen. Eine Versöhnung der Gegensätze dünkt leicht, solange wir sie aus der Ferne betrachten und wie etwas Fremdes behandeln; sobald wir aber selbst die Arbeit beginnen, versagt jene matte Gerechtigkeit, der Streit der Parteiung ergreift uns, und das bequeme Sowohl—Als auch weicht einem unerbittlichen Entweder—Oder.

Allerdings wecken diese Bewegungen viel Kraft, diese Kraft überwindet immer mehr die Gebundenheit an einen besonderen Vorwurf und schwebt schließlich wie eine selbständige Macht frei über den Dingen. Aber das ergibt eine neue Gefahr: es droht ein Gleichgültigwerden gegen allen Gehalt, die Ablösung einer formalen Vernunft von aller Inhaltsbildung. Diese Scheidung von formaler und inhaltlicher Vernunft, von Form und Gehalt, ist unentbehrlich für die Gesamtentwicklung des Lebens; sobald aber der Gegensatz erstarrt, und das geschieht unter menschlichen Verhältnissen leicht, erlangen die Mißstände das Übergewicht. Am deutlichsten zeigt das die gewaltige Macht der formalen Logik. Ihr Ausdenken, Verketten und Zusammenschließen der Gedanken ist aller Kulturarbeit notwendig, aber mit ihrer Gleichgültigkeit gegen den Inhalt kann sie ebensogut der Unvernunft wie der Vernunft dienen und der Unvernunft eine verhängnisvolle Macht verleihen. Das geradlinige Fortschreiten von Konsequenz zu Konsequenz verdrängt die Anschauung, die unmittelbare Empfindung, den unbefangenen Eindruck, es umspinnt das Leben leicht mit einem künstlichen Formelsystem; dieses entgeistigten Apparats kann sich auch der Irrtum, die Leidenschaft, das Parteiwesen bemächtigen und die Wahrheit mit ihren eignen Waffen bekämpfen. Nie wäre der religiöse Fanatismus so verderblich geworden ohne jene Macht der starren Konsequenz, die das einmal Ergriffene ohne Zurückbeziehung auf das geistige Leben weiter und weiter ausspinnt und dem Gegner alles zuschiebt, was er nach der Logik des anderen aus seinen Grundsätzen ableiten müßte. Diese seelenlose Logik ist es auch, die das Recht oft aus einem Segen zu einem Fluch der Menschheit gemacht hat. Ein geistvoller Jurist, der selbst allem Formalismus weit überlegen war, hat die Form eine Zwillingsschwester der Freiheit genannt. Vielleicht hätte er sie besser eine Stiefschwester genannt. Denn von Haus aus stehen beide keineswegs in einem Verhältnis der Freundschaft; sie müssen ein solches erst finden und zerwerfen sich leicht immer weiter. So wird das logische Vermögen eine dämonische Macht, die kein Gut oder Böse kennt.

Ähnliches gilt von anderen geistigen Kräften. Auch Begehrungen, Gefühle, Stimmungen usw. werden freischwebende Mächte, sie gehören und gehorchen dem, der keck zugreift, der Starke macht sie sich zur Beute und verwertet sie für seine Zwecke. Jene formale Vernunft kann eine gewisse Kultur aus eignen Mitteln bestreiten, emsig Geschäfte betreiben und sich vielen Aufgaben unterziehen, im innern aber leer bleiben und alles Wesens entbehren. Diese Möglichkeit und Tatsächlichkeit einer wesenlosen Kultur muß aber der Wesensbildung zum härtesten Anstoß gereichen. Wir fanden die Natur gleichgültig gegen die Vernunft, nun finden wir sogar eine Vernunft gleichgültig gegen den Geist, nun erscheint das Geistesleben als mit sich selbst zerfallen, nun erzeugt es aus seinem eignen Schoß einen ärgeren Feind als alle äußeren Gegner. Kann es bei solcher Entzweiung sich als Weltmacht durchsetzen?

c) Die moralische Gesinnung.

Gegenüber solcher Verwicklung geistiger Arbeit verbleibt noch Eine Zuflucht, nämlich das Reich der Moral; wenn alles andere schwankt und bricht, es kann den Wert des guten Willens, der edlen Gesinnung nicht erschüttern. In diesem Reiche erhebt sich der Mensch von der Gebundenheit natürlicher Anlage zur Freiheit des Handelns und Lebens, hier wird die Enge des Punktes gebrochen, und das Ich, der „dunkle Despot", weicht dem Leben mit der Menschheit, ja mit der Unendlichkeit. Dieser Boden erzeugt eine allem Vermögen der Natur weit überlegene Größe und Würde, Freude und Liebe, ein neues Selbst, ein neues Leben. Auch scheint uns hier eine innere Stimme im Gewissen zur Wahrheit zu weisen und dabei aller Streit über die nähere Ausführung einen Grundstock nicht zu berühren.

Aber dafür erscheinen andere Verwicklungen. Wir sahen, wie den Menschen die moralische Welt nur zu gewinnen vermag unter Benutzung von Übergangspunkten, bei denen das natürliche Seelenleben der moralischen Forderung entgegenkommt; in kleinen Kreisen und unter der Gunst besonderer Umstände muß keimen und reifen, was schließlich dem Ganzen des Lebens dienen soll. Nun aber gewahren wir, daß die Übergangspunkte in jenen Dienst keineswegs aufgehen; sie beharren und halten die Bewegung bei sich fest, sie verflechten das Gute eng mit derselben Natur, die es überwinden wollte; so droht eine Vermengung und innere Entstellung.

Das zeigen beide Hauptrichtungen, welche die Entwicklung des Guten einschlägt, die Liebe wie die Gerechtigkeit.

Die Liebe scheint volle Kraft und Wärme nur in den kleinen naturgegebenen Kreisen und in engster Verflechtung mit Naturtrieben zu erlangen; sie kann aber die Individuen in diese Kreise nicht zusammenschließen, ohne sie gegen das übrige abzuschließen; je mehr der Mensch hier seinen Gefühlen nachgeht, desto fremder und gleichgültiger wird ihm das andere. Wie verschwindend ist die Liebe, wie matt und träge das Wohlwollen jenseits jener Naturzusammenhänge! Wo sie einmal eine allüberwindende, selbstaufopfernde Macht erlangen, da betrachten wir sie wie seltene Wunder und verraten damit deutlich, wie niedrig wir den Durchschnitt des Lebens schätzen. Bei ihm lassen jene kleinen Kreise zwischen sich eine völlige Leere, sie bilden zerstreute und verlorene Punkte wie die Weltkörper im unermeßlichen Raum.

Ähnliches erfährt die Gerechtigkeit. Wo das Recht uns, unserm besonderen Kreise, unserer Partei, unserem Volke, unserer Religion günstig dünkt, da gewinnt es leicht unseren Eifer und erfüllt uns mit freudiger Zuversicht; wo es aber gegen uns und die Unsrigen spricht, da verfliegt der Eifer rasch, und es wird sonnenklar, daß wir in dem Recht weniger die sittliche Macht als einen Förderer unserer Zwecke schätzen. Doppeltes Maß, doppeltes Gewicht, je nachdem unser Urteil uns selbst oder andere trifft, das ist eine alte Klage; diese Ungerechtigkeit vergiftet alle soziale und geistige Arbeit; die Parteiung, vorher als ein Hebel der Kräfte anerkannt, wird ein furchtbarer Unsegen. So ist auch hier das Moralische eine Macht nur mit der Natur, nicht gegen sie; hat es aber in solcher Gebundenheit und Vermengung einen rechten Wert? Wie deutlich zeigte der Weltkrieg die Ungleichheit des Urteils, je nachdem es Freunde oder Feinde traf.

Aber die Verwicklung reicht noch weiter: die Natur hält nicht nur die Bewegung zur Moral bei sich fest, sie tritt zu ihr in einen Gegensatz, insofern alle Entwicklung des Geisteslebens in den Dienst des Ich gezogen, dieses selbst aber in ein Zwittergebilde von Natur und Geist verwandelt wird. Bei solcher Wendung steigert aller Fortschritt der Kultur den Egoismus, es wächst unaufhörlich die Stärke und auch das Raffinement der Selbstsucht, sie begleitet die geistige Bewegung nicht nur, sie durchdringt und entstellt sie. Wo immer etwas Großes auf dem Boden der Geschichte erscheint, da wächst alsbald das Schmarotzertum der kleinen und selbstischen Zwecke; dies Unkraut kann schließlich das Edle völlig überwuchern und ersticken. So erfuhren es alle großen Ziele, die anfänglich den Menschen weit über seine Kleinheit hinauszuheben schienen; so erlebt es z. B. die Neuzeit mit der Idee der Befreiung des Individuums, die zuerst die Kraft des Lebens unermeßlich zu fördern schien, und aus der dann soviel rücksichtslose Selbstsucht und eitle Überhebung, soviel erbitterter Streit und dreiste Ausbeutung hervorwuchs.

Daß das moralisch Böse eine völlige Verkehrung bedeutet, und daß diese Verkehrung in das Geistige selbst hineinreicht, das ist der Kern der Lehre von einem radikalen Bösen im Menschen. Ohne diese Überzeugung verschließen wir uns vor augenscheinlichen Tatsachen und verflachen wir alle Lebensprobleme. Ein radikales Böse anerkennen heißt aber keineswegs das Böse ganz und gar auf den menschlichen Willen schieben und den Menschen als von Grund aus schlecht erklären. Vielmehr ist es auch die Natur, die ihm Triebe niederer Art einflößt, es sind die gesellschaftlichen Verhältnisse, die ihm Aufgaben stellen und ihn leicht herabziehen. Da an die Erhaltung des natürlichen Ich alle und jede Betätigung geknüpft ist, so kann, ja darf sich unser Streben nicht völlig davon ablösen; die körperliche Organisation führt dem Menschen Triebe und Begierden zu, welche die natürliche Unschuld stören und schwere Gefahren bereiten; dann kommt das gesellschaftliche Leben mit seinen wirklichen und eingebildeten Bedürfnissen, die Enge des Raumes treibt die Individuen immer härter aufeinander, der eine kann sich nicht entwickeln, ohne die andern zu beschränken, Ehrgeiz, Eifersucht, Neid wachsen ins Grenzenlose; andererseits wirkt die bittere Not der Lebenserhaltung mit ihren Mühen und Sorgen zur Abstumpfung edler, zur Erzeugung gemeiner Gefühle. Das Leben als bloßes Leben verlangt so viel Zeit und Kraft, daß das Schöne gegen das Nützliche keinen genügenden Raum gewinnt; die Not und Hast des Alltags verwischt oft selbst eindringende Erfahrungen und schwerste Erschütterungen ohne bleibende Spur. Bis zum Überdruß wird die bildende und erziehende Macht des Lebens gepriesen. Die Gerechtigkeit verlangt auch der Kehrseite zu gedenken und ihr vergröberndes und herabziehendes Wirken in die Wage zu werfen. Hatte Aristoteles unrecht, wenn er von einem erniedrigenden Wirken des Lebens sprach? Würden wir uns so nach der vermeintlichen Reinheit und Unschuld der Kindheit sehnen und die kindliche Gesinnung als ein hohes Ideal preisen, wenn der Verlauf des Lebens uns nicht so weit davon entfernte? Was aber für das Leben des Individuums, das gilt wohl noch mehr für das geschichtliche Leben der Menschheit. Hier wie da geraten wir immer tiefer in die Verwicklung hinein, und indem eine Verkettung von Schuld und Schicksal immer größere Lasten anhäuft, verschwindet immer mehr die Hoffnung, ein Reich des Guten auf Erden zu gründen und die Unbill des Daseins zu überwinden.

d) Die Geschichte.

Der Durchschnitt des Lebens brachte die Zusammenhänge noch nicht zur Wirkung, welche die Zerstreuung in Zeit und Raum überwinden und die Leistung dem Vermögen der einzelnen Individuen und Augenblicke überlegen machen: die Geschichte und die Gesellschaft. Der Mensch hat, so sahen wir, eine andere Art der Geschichte, oder er kann sie doch haben als die Natur. Eine Geschichte im geistigen Sinne enthält ein Heraustreten aus der Zeit und eine Überwindung der Zeit; ihr Überblicken, Durchleben, Verbinden der Zeit ergibt nicht nur eine äußere Summierung, sondern eine Scheidung von Wesentlichem und Nebensächlichem, eine Freilegung von Ursprünglichem und Zeitüberlegenem, eine Selbsterfahrung und Selbstvertiefung des Geistes. So bezeugt die Geschichte ebenso eine höhere Art des Menschen wie sie ein Hebel großer, der Zeit überlegener Leistungen werden kann.

Aber zur Erlangung solcher Stellung muß die Geschichte von einem schaffenden Geistesleben getragen werden, das dem zeitlichen Wirken eine ewige Wahrheit entringt und alles Erzeugnis in ein Erlebnis zurückverwandelt. Die dazu nötige Kraft fehlt aber dem Durchschnitt des menschlichen Daseins. Der Mensch läßt sich willenlos von der Geschichte tragen, statt sie durch geistige Kraft zu umspannen und zu beseelen; wie ein Schicksal ergeht sie über ihn. So kann er die endlose Mannigfaltigkeit nicht verbinden und nicht zwischen Vernunft und Unvernunft scheiden. Zeitgebundenheit und Zufälligkeit überwiegen oft die Vorteile der Geschichte.

Hierher gehört zunächst die Schmälerung unserer Unabhängigkeit, die Gefährdung einer frischen und kräftigen Gegenwart. Wir nehmen bereitwillig auf, was die Vergangenheit uns übermittelt, wir betrachten als berechtigt, was wir vorhanden finden. Solches passive und kritiklose Aufnehmen belastet schwer unser Leben; was unser Wirken beschäftigt, bleibt uns innerlich fremd, und was sich an Eignem regt, ist der Hemmung nicht gewachsen. Auch führt solche Unselbständigkeit uns nicht zum Kern des Großen: zerstreute Vorgänge sind leichter mitzuteilen als die belebende Einheit, greifbare Formeln leichter als der unsichtbare Geist. So halten wir uns an die Daten und Formeln, um sie schließlich gegen den Geist zu wenden, dem sie dienen sollten. Statt von den Daten zu ihren Gründen aufzusteigen, schieben wir jene zwischen uns und die Gründe, statt der Helden schätzen wir ihre Mausoleen, oder auch wir machen die Helden zu Gegenständen blinder Verehrung statt an ihrem Leben eignes Leben zu entzünden; statt mit ihnen zu glauben, glauben wir an sie. So wird die Verehrung selbst ein Mittel, uns das Große innerlich fernzuhalten.

Auch besitzt das Große nicht dauernd die Siegeskraft und das unbedingte Recht, die seine eigne Zeit ihm verlieh. Denn soviel Unvergängliches es enthalten mag, sein Wirken hat ein Verhältnis zur Zeit zu suchen und gerät damit unter ihre Bedingungen; auch dem Besten haftet sich Vergängliches an, eine Wandlung der Lage kann anfängliche Vernunft zur Unvernunft, kann Wohltat zur Plage machen. Aber um solches Vergängliche abzuschütteln, dazu fehlt jener passiven Behandlung der Geschichte der Antrieb und das Vermögen; ihr gilt das Greifbare, Sinnfällige, Zeitliche als echte Wirklichkeit.

So hält sie jenes innerlich Überwundene, vernunftlos Gewordene mit besonderem Eifer fest und plagt die Arbeit der Menschheit fortwährend mit Irrtümern, über die sie innerlich hinaus ist oder doch hinaus sein könnte.

Als weitere Verwicklung kommt hinzu, daß die geschichtliche Überlieferung uns grundverschiedene Gedankenmassen und Lebensrichtungen zuführt und zusammen auf uns eindringen läßt. Die geistige Bewegung hat nicht eine einzige Linie verfolgt, sie hat beträchtliche Wandlungen durchgemacht, sie hat verschiedene Richtungen eingeschlagen, ist wohl gar in das Gegenteil umgeschlagen. Alle Phasen aber haben Folgen und Spuren hinterlassen, deren ungeschiedenes Gemenge zu uns wirkt. So umschließt z. B. unsere heutige Bildung klassisches Altertum und Christentum, Aufklärung und modernen Humanismus, jedes einzelne in verschiedenen Arten. Der unmittelbare Befund enthält manche Gegensätze, ja Widersprüche; an diesen Widersprüchen könnte sich neues Leben entzünden, wenn es sie mit überlegener Kraft ergriffe und überwände. Das aber vermag jene Durchschnittsbehandlung der Geschichte nicht. So verbleibt das Verschiedenartige und Entgegengesetzte miteinander und durcheinander, alles Ausgeprägte wird abgeschliffen, das Ganze zu matter Alltäglichkeit herabgestimmt, damit nur nicht der Widerspruch bemerklich werde und die träge Ruhe störe. Insofern lastet die Geschichte auf der Menschheit wie ein Alp, statt des eignen Lebens unterschiebt sie uns ein fremdes.

Kein Wunder, daß sich viel Gegenbewegung erhob, daß der Mensch mit allen Kräften sich jener Last zu entledigen suchte. Aber das ergab neue Verwicklungen. Der Widerspruch gegen die Geschichte war milderer und schrofferer Art: dort ein Zurückgehen zu einfacheren und ursprünglicheren Lebensformen, hier eine leidenschaftliche Bewegung gegen alle und jede Geschichte. Ein Aufsuchen reiner Anfänge, ein Wiederaufnehmen jugendlicher Leistungen, liegt nahe, wo die Kultur sich bei sich selbst verwickelt hat und auf der eingeschlagenen Bahn stockt. An jenem Einfachen möchte sie sich über die eigne Aufgabe klären, aus seiner unversieglichen Frische neue Kräfte schöpfen. So namentlich in der Religion und in der Kunst, so aber auch in der Philosophie; daß das Neue hier wohl geradezu eine Wiederbelebung des Alten dünkte, das erleichterte nicht nur die Wirkung nach außen, das stärkte auch das eigne Glauben und Schaffen. Aber wenn die Geschichte damit ein sicheres Mittel eigner Stärkung schien, so wurde auch ein innerer Widerspruch empfunden. Die neue Zeit kann im Alten nicht suchen, was ihr selber not tut, ohne etwas Neues in ihm zu sehen und etwas Neues aus ihm zu machen. Es gibt keine völlige Restauration. Der Glaube daran täuscht nicht nur die gelehrte Meinung, er schädigt auch das Leben, indem die Bindung an das Alte das Neue in seiner eignen Art hemmt, sowie Altes und Neues ungeklärt ineinanderschiebt.

So ist es begreiflich, daß die Bewegung gegen die Geschichte noch einen Schritt weiter ging, daß sie nicht diese oder jene Epoche, sondern daß sie alle und jede geschichtliche Kultur verwarf und ihr die geschichtslose Natur entgegenhielt. Die schweren Mißstände jener Kultur schienen solches Streben zu rechtfertigen und zu unterstützen. Aber so stark diese Behauptung in der Verneinung, so schwach ist sie in der Bejahung. Was bleibt dem Menschen, wenn ihm alles entzogen wird, was die Geschichte aus ihm gemacht hat, und wenn man ihn auf die nackte Natur zurückführt? Wie klein und flach wird ein Leben, das alles auf die jeweilige Gegenwart stellt? Die dann unvermeidliche Leere läßt sich nur dadurch verdecken, wenn nach der Art Rousseaus in die Natur der Ertrag der Geschichte, geläutert und veredelt, hineingesehen und damit einer Naturromantik gehuldigt wird, die einen beinahe kindlichen Optimismus verrät. Dabei befreit sich der Mensch in dieser Weise nicht von der Geschichte, trotz aller Bemühung. Jene Reaktion gegen die Geschichte entsprang nicht nur aus besonderen geschichtlichen Lagen, sie trägt auch den Stempel dieser Lagen, sie ist selbst etwas Geschichtliches und dient dem weiteren Verlauf der Geschichte. Das empfindet rasch die folgende Zeit. Die naturrechtlichen Denker und Praktiker des 18. Jahrhunderts glaubten sich frei von allen Zusammenhängen der Geschichte, wir erkennen in allen ihren Gedanken und Bestrebungen die besondere Art des 18. Jahrhunderts, sie wollten etwas Zeitloses, sie hüllten es aber in das Gewand ihrer eignen Zeit.

Demnach hält die Geschichte den Menschen fest, er kann sich ihrer nicht durch einen raschen Entschluß entledigen, er muß sich mit ihr auseinandersetzen, er kann sie nur überwinden, indem er ihr ihren Wahrheitsgehalt entwindet. Fehlt dazu die Kraft, so verbleibt ein verworrenes Verhältnis zur Vergangenheit, ein Schwanken zwischen willenloser Hingebung und ungerechter Befehdung. So aber ist es die Regel: die Augenblicke, wo ein ursprüngliches Schaffen die zeitliche Ordnung in eine ewige und die Folge der Zeiten in eine geistige Gegenwart verwandelt, bilden seltene und angestaunte Höhepunkte.

e) Die Gesellschaft.

Die Hauptverwicklungen der Geschichte erscheinen aber erst im Zusammenhange mit der Gesellschaft, im geschichtlich-gesellschaftlichen Leben. Wie sehr die menschlich-geistige Gesellschaft alles natürliche Zusammensein überragt, wie sie den Menschen nicht nur nach außen hin kräftigt, sondern auch innerlich hebt, wie die Gemeinschaft des Werkes und des Schicksals auch eine Verbindung der Gemüter zu fördern vermag, darüber sind wir uns einig. Aber alle Leistung der Gesellschaft kann der Wesensbildung nur dann als ein echter Gewinn gelten, wenn sie sich in den Dienst der Geisteswelt stellt, wenn sie mit ihrem Wirken und Wollen ein ursprüngliches Selbstleben vertritt und fördert, nicht aber aus eignem Vermögen lebt und die volle Wirklichkeit des Menschen bedeutet. Die Behandlung ihres eignen Ergehens als eines abschließenden und ausschließenden Selbstzwecks ergibt schwere Mißstände, ja eine Verkehrung des Lebens. Diese Ablösung zeigen aber die menschlichen Verhältnisse als die Regel; mag sie nach der Hauptrichtung des Lebens bald der Staat, bald die Kirche, bald die Gesellschaft als freies Zusammensein der Menschen als das Letzte und Höchste auftreten, im Grunde ist es ein und dieselbe Selbstüberhebung des Menschen, die wechselnde Gestalten annimmt.

Solche Usurpation des gesamten Geisteslebens durch die Gesellschaft ist deshalb so verderblich, weil diese ihr eignes Bestehen und Ergehen nicht zur Hauptsache machen kann, ohne das Hauptleben zur Nebensache herabzusetzen und es fremden Maßen zu unterwerfen. Wissenschaft und Kunst, Recht, Religion und Moral bedeuten hier nicht Eröffnungen einer neuen Welt, innere Erhöhungen des Menschen, sondern menschliche Einrichtungen zum Nutzen der Gesellschaft, Hilfs- und Heilmittel für ihr Gedeihen. Das Nützliche verdrängt das Gute, die Zwecke der Gesellschaft entscheiden darüber, was gut oder böse, ihre Meinungen darüber, was wahr oder falsch sei; der Mensch, nicht als Individuum, aber als Durchschnitt, wird zum Maß aller Dinge. Zugleich werden die Daseinsformen der Gesellschaft: das Nebeneinanderleben in Raum und Zeit, das Wirken von außen nach innen, das Gebundensein an den seelischen Stand des Menschen, zu Bedingungen und Gesetzen des Geisteslebens. Dabei pflegt die Gesellschaft die Unterordnung des Geistigen, die sie vornimmt, nicht nur anderen, sondern auch sich selbst zu verstecken; sie hegt und pflegt mit allen Mitteln den Schein, das Gute und Wahre seiner selber wegen zu wollen. So gesellt sich zur Verkehrtheit der Sache eine Unwahrhaftigkeit der Gesinnung.

Das gesellschaftliche Leben kann nicht alles auf den Menschen stellen, ohne dem Durchschnitt der Meinungen und Strebungen die leitende Stellung einzuräumen. Denn wie aristokratisch die äußere Gliederung der Gesellschaft sein mag, ihre innere bestimmt immer der Durchschnitt. Wird aber unsere Arbeit mit all ihren Problemen auf den Durchschnitt gestimmt, so droht zunächst eine Abschleifung des Individuellen und Unterscheidenden, eine Unterdrückung oder doch Isolierung des Großen, es droht ein schematisches und schablonenhaftes Leben. Soweit der gesellschaftliche Betrieb der Kultur reicht, weist jene Durchschnittsbildung den einzelnen nicht nur im späteren Verlauf des Lebens auf ausgetretene Pfade, sie umfängt und beherrscht ihn schon im Werden und bei den Elementen; seine Begriffe folgen den Worten der Sprache, seine Empfindungen und Affekte dem Zuge des gesellschaftlichen Lebens, für alle Äußerungen seines Gefühls, für Lust und Leid, für Seligkeit und Verzweiflung liegen handliche Formeln bereit, deren sich bedienen muß, wer nicht anstoßen will. Solche Bindung an fertige Schablonen wirkt unvermeidlich vom Äußeren ins Innere zurück, sie erstickt von vornherein die Kraft und die Frische aller Regung, sie macht den Menschen matt und unwahr nicht nur gegen andere, sondern auch gegen sich selbst. Sein Leben bewegt sich hier stets zwischen Wahrheit und Schein, er sinkt zum bloßen Exemplar einer Gattung.

Anders stünde es, wenn der Durchschnitt eine Summierung der Vernunft vollzöge, dadurch das Individuum über sich selbst erhöbe oder alle in ihm schlummernde Vernunft erweckte. Große Denker haben eine solche Summierung der Vernunft verfochten, von der maßvollen Fassung eines Aristoteles bis zur radikalen eines Rousseau. Aber es waren das Denker, deren Behandlung menschlicher Dinge überhaupt optimistisch gestimmt war und die inneren Verwicklungen unseres Lebens nicht vollauf würdigte. Seit Plato ward ihnen die Lehre von einer Summierung der Unvernunft entgegengehalten; mochten die Optimisten sich auf eine gewisse Ausscheidung von Verkehrtem und eine Heraushebung gewisser Wahrheiten durch das Zusammensein berufen, es ließ sich erwidern, daß diese Wahrheiten nicht die Grundüberzeugungen sind, die dem Leben Sinn und Wert verleihen, und daß die schöpferischen Ideen nicht nur zur Zeit ihres Entstehens paradox waren, sondern daß sie allezeit paradox geblieben sind; entgegengehalten ferner, daß das Zusammenwirken von Massen notwendig die feineren Züge abschleift, die Arbeit vergröbert, die Affekte und Leidenschaften alle sachliche Wahrheit gefährden läßt. Wird der Mensch so sehr von Naturtrieben beherrscht, ist die geistige Regung so matt, die moralische Gesinnung so unzulänglich, wie wir es fanden, so kann die bloße Anhäufung solcher Elemente unmöglich eine neue Ordnung, einen Stand der Vernunft erzeugen. Es wäre das ein Wunder, und ein solches innerhalb unseres Lebenskreises möchten wir nicht gern anerkennen.

Die Gesellschaft kann, als der sichtbaren Welt angehörig, nur schätzen, was in diese Welt hineinfällt; sie muß daher das

Äußere vor das Innere, das Ergebnis vor das Streben, die Leistung vor die Gesinnung stellen; überall muß sie nach dem Erfolge schätzen und dem Erfolge huldigen. Im einzelnen Fall mag das als eine Ungerechtigkeit empfunden werden, das Ganze ist auf diesem Boden unvermeidlich.

Das Dasein bildet ein Nebeneinander einzelner Erscheinungen; so muß auch die Gesellschaft sich an das Einzelne halten und alles, was sich als ein Ganzes gibt, in einzelne Elemente auflösen. Die Tüchtigkeit bedeutet hier eine Summe nützlicher Leistungen, die Überzeugung eine Anzahl von Lehrsätzen, in der Religion wird zur Hauptsache die Erfüllung sog. „religiöser Verpflichtungen"; ein Ganzes jenseits dieser Zerstreuung, ein Ganzes, das alle Mannigfaltigkeit beseelte und prüfte, wird mit Mißtrauen angesehen, als etwas, das Irrungen nahelegt und zur Absonderung verleitet.

Das Dasein kennt als wirklich nur Festes und Greifbares; so schätzt auch die Gesellschaft vom Geistigen nur, was ihr fertig und abgeschlossen dargeboten wird; ihr gilt nur das Vorhandene, Festgewordene, durch Autorität Übermittelte, nicht das Werdende und Aufstrebende. Auch von hier aus erklärt sich, daß der Kult der Toten die Schätzung der Lebenden hemmt und das Große der Vergangenheit zum Feinde des Großen der Gegenwart macht.

Solches Haften am Einzelnen, Äußeren, Fertigen wird sich gegenseitig steigern und das Ganze dieser Lebensführung auf geringer Höhe festhalten. Das Legale überwiegt hier das Moralische, die konventionellen Satzungen die ewigen Ordnungen, die Form die Sache, der Schein das Sein. Notwendige Wahrheiten werden an vergängliche Formen gebunden, diese aber jedem einzelnen zwingend auferlegt. Durch die Ansprüche der Gesellschaft unablässig in Atem gehalten, erreicht der Mensch keinen ruhigen Anblick und keine richtige Würdigung des Lebens als eines Ganzen, er kommt nicht zu eifriger Arbeit an den Problemen, an denen seine Geistigkeit hängt.

Das alles in mannigfacher Abstufung und Verzweigung, unter manchen Gegensätzen bei sich selbst. Namentlich geht durch alle diese Lebensführung ein Gegensatz und Kampf einer festen und einer freien Form der Gesellschaft. Einerseits die offiziellen Lebenssysteme, die ihren Bestand als absolute und ewige Wahrheit verkünden, nichts anerkennen als was ihre Genehmigung fand, und zugleich alle Betätigung eng und zünftig gestalten; andererseits das freiere Zusammenschießen der Meinungen und Gefühlslagen mit seiner Unbeständigkeit und seiner Wehrlosigkeit gegen die zufälligsten Eindrücke, mit seiner Neigung, gewisse Überzeugungen, Schätzungen usw. auch von den heiligsten Dingen als eine Sache der Mode zu behandeln, die man aufnimmt und verwirft, wie es sich eben trifft. Auch von hier aus ein starker Druck auf den einzelnen, ein um so abhängiger, je freier er sich politisch fühlt.

In dem Augenblick, wo alle diese Schäden nicht nur an einzelnen Punkten — denn da gewahrt sie ein jeder —, sondern als Eigenschaften des Ganzen, und nicht nur als gelegentliche Störungen, sondern als einer bloßgesellschaftlichen Lebensführung untrennbar verwachsen erkannt werden, muß eine innere Abwendung davon erfolgen, das Ganze zu einer unerträglichen Verkehrung werden, und zugunsten von Wahrheit und Glück ein energischer Kampf dagegen aufgenommen werden. Dieser Kampf kann von verschiedenen Punkten ausgehen und sich sehr verschieden gestalten.

Besonders tief geht eine Gegenwirkung von der Religion her. Denn den von ihr erfüllten Gemütern schien jene Selbstherrlichkeit der Gesellschaft als eine Auflehnung des mit dem Schein des Göttlichen umkleideten Menschlichen gegen das Göttliche selbst; so wurde hier die tiefste Innerlichkeit der Gesinnung und die ganze Kraft der moralischen Überzeugung zum Kampf aufgeboten. Den klassischen Ausdruck solcher Gesinnung bildet das 23. Kapitel des Matthäusevangeliums. Die schaffenden Geister der religiösen Welt befanden sich gewöhnlich in einem schroffen Gegensatz zur Gesellschaft, sie fühlten sich einsam gegen das Durchschnittstreiben. Einsam war Jesus nicht nur in Gethsemane, sondern durch sein ganzes Leben; einsam muß sich in der Fülle des Besitzes Buddha gefühlt haben, wenn er den Kreis der Seinen verließ, um in der Fremde den Weg der Wahrheit zu suchen; eine ähnliche Empfindung klingt auch aus den Worten Mohammeds: „Hat er mich nicht einsam gefunden und mir eine Heimat gegeben?"

Aber diese Wendung gegen die Gesellschaft verlangt die feste Überzeugung von einer überweltlichen Wirklichkeit. Gewöhnlich liegt es näher, besonders auch unserer Zeit, die Gesellschaft innerhalb des Daseins zu bekämpfen. Das geschieht mit der Wendung zum Individuum, durch die Berufung an seine ungebrochene und unverfälschte Natur, durch das Streben, die hier wirkenden Kräfte aller sozialen Einschnürung zu entziehen und in ihrem vollen Umfang zu entfalten. In dieser Richtung wirkt heute der naturalistische Subjektivismus, er ist stark in seiner Kritik der Gesellschaft, in der Abweisung ihrer Selbstgerechtigkeit und Selbstgefälligkeit, in der Auflösung des trüben Nebels, worin sie das menschliche Dasein hüllt. Die Frage ist nur, ob die eigne Leistung der Kritik entspricht, und ob der erwählte Punkt einen sicheren Standort gewährt. Das Verfahren des Subjektivismus ist kurzsichtig und einseitig; seine Vertreter gehören zu den Menschen, die nach einem Ausdruck Leibnizens nur in einem einzigen Syllogismus, nicht in mehreren denken. Denn ganz erfüllt von der einen Aufgabe, die Schäden der Gesellschaft möglichst scharf und grell zu beleuchten, vergessen sie das eigne Vermögen des Individuums zu prüfen, das der Gesellschaft als überlegen entgegentritt; ihre Kritik erschöpft sich so bei der Gesellschaft, daß für das Individuum nur die romantische Verherrlichung verbleibt; mit der Wendung dahin verwandelt sich der sonstige Pessimismus gegen menschliche Dinge in einen blinden Optimismus. Denn was ist das Individuum der Erfahrung mit seiner Gebundenheit an die Natur, seiner Stumpfheit für geistige Zwecke, seiner gröberen oder feineren Selbstsucht, seinem Mangel an geistiger Ausprägung? Gewinnen wir etwas dadurch, daß für die Selbstherrlichkeit und Eitelkeit der Gesellschaft die des Individuums eingetauscht wird? Die Starrheit und Äußerlichkeit der gesellschaftlichen Ordnung ist gewiß ein Übel, aber darf sich der Naturtrieb mit seiner Roheit und seiner Flüchtigkeit überlegen dünken, hat jene nicht ihm gegenüber noch immer ein Erziehungswerk zu verrichten? Die Gesellschaft drängt und beengt das Individuum in tyrannischer Weise, aber wäre ohne starke Mittel seine natürliche Trägheit irgendwie zu überwinden? Die Gesellschaft unterwirft uns dem Schein, aber der Schein enthält nicht nur eine gewisse Huldigung für die Wahrheit, er kann aus dem Gröbsten herausbilden und die Selbstsucht wenigstens einigermaßen eindämmen. So ist es eben der Stand des Individuums, welcher der Gesellschaft ein Recht verleiht und ihr trübes Gemenge von Vernunft und Unvernunft unentbehrlich macht. Der geistige und sittliche Höhenstand der empirischen Gesellschaft und des bloßen Individuums ist im Grunde derselbe; statt sich gegenseitig die Schuld an dem kläglichen Stande des Daseins zuzuschieben, hätten sie an dem Ganzen Kritik zu üben und über das Ganze hinauszustreben. Das aber gehört auf ein anderes Blatt; der erste Stand erscheint in Bewegung und Gegenbewegung, in Ja und Nein, in dem unablässigen Schwanken zwischen der Selbstgerechtigkeit der Gesellschaft und der Überspannung des Individuums als durchaus unzulänglich; hier wie da befindet das Geistesleben sich auf einem fremden Boden.

f) Das Schicksal.

So kann dem Menschen sein eignes Tun unmöglich genügen, die Geisteswelt, worin sein Wesen wurzelt, scheint für sein Dasein und Leben verloren. Aber immer noch bleibt Eine Aussicht und Hoffnung. Alle Verkehrtheit und Unbill unserer Welt wäre zu ertragen, waltete zweifellos und augenscheinlich über uns eine höhere Macht, um das Gute zu fördern und stärken, das Böse zu hemmen und brechen, lenkten Liebe und Gerechtigkeit unsere Geschicke, und gäbe es eine Berufung von aller Unzulänglichkeit des menschlichen Standes an eine überlegene Macht als einen sicheren Halt und Trost.

Die Wirklichkeit einer solchen Macht sei nicht rasch und keck verneint. Viel zu sehr stehen wir Menschen am Saume der Dinge, viel zu undurchsichtig ist der Weltlauf und viel zu verwickelt das Getriebe des Daseins, als daß unser dürftiges Wissen alle Möglichkeit ausschließen und eine endgültige Leugnung wagen dürfte. Aber solche Zurückhaltung verwehrt nicht die unbefangene Erörterung der Frage, ob unsere Erfahrung eine solche Macht deutlich und unwidersprechlich offenbart, ob Gestirne, die unsere Geschicke lenken, aus dem trüben Nebel unseres Daseins mit genügender Klarheit hervorscheinen.

Diese Frage führt aber das Leben des Menschen unter verschiedenartige Eindrücke und widersprechende Stimmungen, die einander bald ablösen, bald durchkreuzen. Einerseits glaubten wir im Leben der Individuen wie der Völker das Walten einer allmächtigen Vorsehung und Liebe zu erkennen, die den Menschen, über sein eignes Wissen und Wollen hinaus, behütet und lenkt; das Vertrauen auf solche Liebe erzeugte die erhebende Idee eines Reiches Gottes wie im Himmel so auf Erden. Bald hingegen glaubten wir wahrzunehmen, daß freilich Bedeutendes vorgeht und sichere Verkettungen das Geschehen zusammenhalten, daß aber diese Verkettungen das Wohl und Wehe des Menschen nicht beachten und achten, daß ein ehernes Schicksal ihn als ein bloßes Mittel behandelt, ihn bald ergreift und erhebt, bald verwirft und zermalmt. Endlich bieten die Erlebnisse so viel Wechsel und Wandel, so viel Unvermitteltes und Plötzliches, so viel Umschlagen ohne erkennbaren Grund, solche Macht des Kleinen und des Augenblicks, daß alles dem Zufall überantwortet scheint. So schwankt die Überzeugung des Menschen zwischen Vorsehung, Schicksal und Zufall; der Wechsel der Erfahrungen macht ihn bald diesem, bald jenem geneigter und wirft ihn von einer Seite zur anderen.

Bei diesen Problemen ist das erste und dringlichste Verlangen das nach Gerechtigkeit. Das innerlich Wertvolle müßte sich auch zur Wirklichkeit bringen und als Macht erweisen, das Gute sollte das Starke und Siegreiche, das Böse das Schwache und Unterliegende sein. Aber die sittliche Ordnung, die wir aus innerer Notwendigkeit fordern, finden wir durch unsere Erfahrung nicht bestätigt. Diese zeigt zunächst bei der eignen Seele des Menschen eine Spaltung von Kraft und Gesinnung. Edle Gesinnung ist oft äußerlich wehrlos, schlechte und gemeine mächtig; selbst geistiges Schaffen kann mit moralischer Enge zerstörender Leidenschaft, kleinlicher Eitelkeit, ja zerstörender Selbstsucht zusammengehen. — Ein Spalt erscheint weiter in den Erlebnissen, beim Verhältnis von Tun und Ergehen. Das Gute gelangt durch sein eignes Vermögen keineswegs zu sicherem Siege. Was ihm im menschlichen Zusammensein günstig ist, verdankt es weniger seinen inneren Vorzügen als seiner Verflechtung mit der äußeren Ordnung der Dinge, seinem Nutzen für die Gesellschaft usw. Je deutlicher wir die Allgewalt einer physischen Kausalität erkennen, desto schmerzlicher vermissen wir eine moralische Kausalität, eine Angemessenheit der Absicht und der Folgen, ein Durchdringen des Guten, einen Niedergang des Bösen. So wenig im Durchschnitt des Daseins regelmäßig das Gute siegt, ebensowenig rächt sich hier alles Böse. Vielmehr scheint alles bunt durcheinander zu wirbeln und mehr Laune als Gerechtigkeit zu entscheiden. Bald hinterlassen auch schwere Verschuldungen keinerlei Spur, nicht einmal in dem eignen stumpfen Gewissen des Täters, bald wird strengste Abrechnung gehalten, und eine unbarmherzige Kausalität schmiedet den Menschen an seine Tat; bald scheint unser Tun den Lauf des Geschehens zu lenken, bald unterliegt selbst der kräftigste Wille der Starrheit der Verhältnisse oder der Blindheit des Zufalls; in der unübersehbaren Verkettung der Dinge kann eine verschwindende Nebensache die wichtigsten Angelegenheiten, ein Augenblick die Geschicke von Jahrhunderten entscheiden. Wieviel Unglück zeigt in dieser Richtung die deutsche Geschichte! Ja es läßt das trübe Durcheinander der Lage das menschliche Handeln oft das Gegenteil von dem erreichen, was es wollte, das Schicksal verkehrt das Gute in Böses, das Böse in Gutes. Wohl trifft den Menschen in solchen Verwicklungen manches Leid schuldlos, aber er kann sich nicht von aller Schuld entlasten, es ist eine undurchsichtige Verwebung von Schuld und Schicksal, die sein Leben beherrscht und bedrückt. Dunkel ahnt er in seinen Geschicken ein Walten überlegener Mächte, eine sittliche Ordnung aber erkennt sein Auge darin nicht.

Die Ungleichmäßigkeit der Behandlung unseres Tuns und Ergehens, die Gleichgültigkeit des Weltlaufs gegen unser Befinden, erstreckt sich über die ganze Weite des Lebens; sie wird um so mehr zur Härte, als dabei nicht nur der Erfolg nach außen, sondern auch die innere Bildung in Frage steht. Innerlich und äußerlich wird dem einen das Leben leicht, dem anderen schwer gemacht; oft fällt dem einen spielend in den Schoß, was der eifrigen Arbeit des anderen versagt bleibt; oft trifft den Sorglichen das Unglück, während der Leichtsinnige ungeschädigt seinen Weg verfolgt. Bei dem einen wird das Gute und Edle, das aufstrebt, gehegt und gepflegt, bei dem anderen, so scheint es, im Keime zertreten; der eine wird vorsichtig vor aller Versuchung behütet, der andere wehrlos ihr preisgegeben. Der eine scheint in allem Unternehmen den Strom und Wind ebenso für sich, wie der andere ihn gegen sich zu haben.

Die Unbill solcher Erlebnisse steigert sich durch die Verkettung des Schicksals des einen mit dem des anderen. Diese Verkettung wächst mit dem Fortschritt der Kultur, mit der Verwicklung der Verhältnisse; immer abhängiger wird das Individuum von dem Tun und Ergehen anderer. Leicht kann hier der Untüchtige den Tüchtigen, der Böse den Guten in den Abgrund reißen; oft trägt der eine die Schuld, der andere die Folgen, der Leichtsinn des einen wird dem anderen zum Verderben.

In dem allen vermissen und entbehren wir die Gerechtigkeit. Noch weniger entdecken wir darin ein Walten der Liebe. Wohl gewahren wir bisweilen ein merkwürdiges Zusammentreffen von Umständen, das uns zum Segen gereichte; auch unser Handeln scheint wohl durch eine unsichtbare Macht auf rechte Ziele gelenkt und vor menschlicher Irrung behütet Aber alle Versuche, solche Fälle zu deuten oder zu einer Lehre auszubauen, stoßen auf die Schranken menschlichen Vermögens und geraten leicht unter den Einfluß menschlicher Überhebung und Eitelkeit, die den einzelnen zum Mittelpunkt aller Wirklichkeit macht. Man meint, als habe „Gott die ganze Welt vergessen bis auf mich allein“, (Meister Eckhart.) Auch können wir nicht verkennen, daß in anderen Fällen ein sonderbares Zusammentreffen kleiner Umstände schweres Unheil bewirkte, oder daß eine geringe Handreichung unsägliches Elend hätte verhüten können. Leicht war der Strauchelnde dem Abgrund zu entreißen, leicht der Versinkende zu retten, aber es fehlte die hilfreiche Hand, wenigstens fehlte sie für das menschliche Auge. Diese verneinenden Fälle schiebt das menschliche Glücksverlangen gern zurück, um allein bei den bejahenden zu verweilen; der Dank der Geretteten redet so laut, daß er die stumme Klage der Gefallenen unterdrückt. Aber waren die Gefallenen nicht ebensogut; waren nicht auch sie der Hilfe würdig? Der gewaltige Weltkrieg hat uns alles das mit peinlicher Schwere empfinden lassen.

So bleibt undurchsichtig und unbegreiflich die Ordnung der menschlichen Geschicke. Dazu reicht die Dunkelheit über unser Ergehen hinaus in den Kern unsers Wesens; was wir als eignes Wesen anerkennen, und wofür wir uns verantwortlich fühlen, das ist in Wahrheit weit weniger unser Werk als das jener dunklen Mächte; ja so sehr umfängt uns an jeder Stelle ein Schicksal, daß für eigne Wahl und Tat kaum irgendwelcher Platz zu verbleiben scheint. Zunächst unterstehen wir dem Schicksal unserer eignen Natur. Die besondere Art, die uns von Haus aus zugewiesen ist, die Individualität, enthält das Maß unserer Kräfte, sie zeichnet unserem Streben seine Richtung vor, sie begrenzt unseren Lebenskreis mit starren Linien. Des einen Natur ist zu harmonischer Einheit gestimmt, dem anderen klafft sie schroff auseinander; dem einen pflanzt sie Neigung zum Großen und Guten, dem andern zum Kleinen und Bösen ein. Bei aller solchen Verschiedenheit erscheint sie aber als das eigne Werk des Menschen, sie wird ihm bald zum Verdienst, bald zur Schuld gerechnet.

Zum Schicksal der Natur gesellt sich das Schicksal der Verhältnisse, der Umgebung, der Lebenslage. Was die Natur unfertig ließ, wird hier bearbeitet und gestaltet, dabei aber bald gestärkt und gehoben, bald gehemmt und herabgedrückt. Hierher gehört auch das Schicksal der Zeit, ihr verschiedenes Verhältnis zum einzelnen. Die Zeit kann den Menschen in fruchtbare Bewegungen oder in eine geistige Leere stellen, sie kann ihm den Weg zur Geisteswelt und zur Tiefe seines eignen Wesens erleichtern oder erschweren, die Hauptrichtung seiner besonderen Art unterstützen oder hemmen, ihn dadurch mehr zur Mitarbeit oder zum Widerspruch treiben. Das alles entscheidet zum guten Teil über Inhalt und Glück seines Lebens; wie aber das Los hier fällt, das bestimmt nicht eigne Wahl.

Auch die eigne Tat wird uns zum Schicksal. Sie geht nicht spurlos vorbei, sie wirkt auf den Träger zurück, am Werk bildet sich auch die Gesinnung, das Wesen. Was von unseren Kräften zur Tat erweckt wird, das wird damit innerlich verstärkt; Ungewecktes hingegen verkümmert und versinkt. Aber jene Umsetzung in Tat liegt oft mehr bei den Umständen als bei unserem Willen; so gilt als edel und tapfer, als hilfreich und großmütig, dem weniger eignes Verdienst als die Gunst der Lage zu entsprechender Handlung verholfen hat. Wir preisen oder verdammen den Menschen und vergessen das Schicksal, den Werkmeister.

Diese Ungleichmäßigkeit und Undurchsichtigkeit der Behandlung begleitet den Menschen bis an sein Ende, auch der Tod bezeigt jene Unbill des Schicksals. Der eine darf sein Lebenswerk vollenden, sich geistig ausleben, der andere wird schon im Werden vernichtet oder mitten in der Arbeit abberufen. Der Tod läßt oft auf sich warten, wo das Leben zur drückenden Last ward; dann wieder zerstört er ein Leben, das unentbehrlich und unersetzlich dünkt.

Alle Unbill der einzelnen Fälle verschwindet aber gegen die Unbill des ganzen, gegen die Unverständlichkeit des gemeinsamen Schicksals. Nur äußerlich angesehen, kann unser geistiges Leben sich in dieser Zeitspanne erschöpfen, kann es die Aufgaben unseres Wesens erfüllen. In Wahrheit läßt das Gelingen uns ebenso unfertig wie das Mißlingen, die Hauptprobleme der inneren Bildung werden kaum angegriffen, wir haben die Arbeit kaum recht begonnen, so setzt der Tod für unseren Blick allem Streben ein Ziel. Es ist nicht nur ein Teil der Blüten, der nicht zur Reife gelangt, sondern zur vollen Reife kommt nichts; das Ziel unserer geistigen Lebensbewegung wird nirgends erreicht. So endet das Ganze, vom sichtbaren Dasein aus betrachtet, in einen schrillen Mißklang.

Noch bleibt eine Berufung von aller Dunkelheit und Unvernunft der Einzelgeschicke an das Geschick der Menschheit, wie die Weltgeschichte es aufrollt; vielleicht lassen hier die größeren Züge erkennen, was die Kleinheit des Einzellebens verbirgt.. Aber bald überzeugen wir uns, daß im wesentlichen dieselben Probleme verbleiben. Die Lehre, daß die Weltgeschichte das Weltgericht sei, enthält, soweit sie wahr ist, keinen Trost; sofern sie aber Trost verspricht, ist sie nicht zu erweisen. Gewiß erlaubt die wachsende Entfernung des Beobachters eine unbefangenere Beurteilung, viel Schein verschwindet, manche Täuschung wird durchschaut, wenn der Lärm der Zeit verstummt und ihre Leidenschaften beschwichtigt sind. Aber ein solches „objektives" Urteil hat mit der Ruhe auch alle Kühle der Ferne, gerecht sind wir im Grunde nur gegen das, was uns gleichgültig ward, während das, was wesenhaft ist und durch die Zeiten fortwirkt, nie den Streit verläßt. Oder haben wir aufgehört, über den Wert von Sokrates und der Sophisten zu streiten? Die Einsicht mag richtiger werden, aber was hilft ein Erkennen, das dem Leben so kläglich nachhinkt, was nützt dem Unterlegenen und Zertretenen, daß eine ferne Zukunft ihn anerkannte?

Anders stünde die Sache, wenn die Geschichte mit innerer Notwendigkeit das Kleine und Niedrige ausschiede, das Große und Gute voll zur Wirkung brächte. Aber nur ein starker Optimismus kann das bei diesen Fragen behaupten. Was uns die Geschichte anschaulich und eindringlich vorhält, ist vielmehr die Beschränktheit und Vergänglichkeit alles menschlichen Strebens und Tuns. Großes ward unternommen und gewann eine Zeitlang die Kräfte, aber dann kam ein Stillstand, ein Sinken, der Untergang; was sich an Spuren erhielt, das ersetzt nun und nimmer das entschwundene Leben. Wirkung und Gegenwirkung, Bilden und Zerstören zeigen einen gewissen Kausalzusammenhang, nicht aber zeigen sie einen deutlichen Plan, nicht einen sicheren Aufstieg zu einem allbeherrschenden Ziele. Indem die Kräfte in der Weltgeschichte ihr Vermögen zeigen und die Bewegungen sich entfalten, erweisen sich oft deutliche Schranken, und das Böse findet ein Ziel. Aber mit dem Bösen versinkt auch das Gute, und ein gemeinsames Grab deckt alles Streben.

Im einzelnen freilich ist manches erreicht, ein Zusammentreffen glücklicher Umstände ließ vieles gelingen, große Augenblicke wurden bisweilen benutzt, bisweilen fand die Zeit den rechten Mann. Aber um darin ein Werk nicht des Zufalls, sondern einer überlegenen Vernunft zu sehen, müßten wir auch die Gegenrechnung machen und prüfen können, ob nicht auch viele Gelegenheiten unbenutzt blieben, ob nicht oft der Zeit der rechte Mann fehlte, müßten wir die verlorenen Möglichkeiten, das Reich des Ungeborenen, übersehen können; das aber können wir nicht. So bleibt jene Frage ungelöst, und es läßt das Ganze der Geschichte mit ihrem steten Versinken und der Hinfälligkeit alles Unternehmens mehr eine Kleinheit als eine Größe des Menschen empfinden, es erweist mehr eine Unnahbarkeit überlegener Gewalten als eine freundliche Gemeinschaft mit ihnen. Die Geschichte zeigt uns mehr das Walten des alttestamentlichen Gottes, der die Sünden der Väter heimsucht an den Kindern, als das des neutestamentlichen, dessen Liebe auch das Kleinste behütet.

Um diesen Eindruck der Geschichte mit voller Deutlichkeit zu empfinden, brauchen wir nur im Geist eine hervorragende Stätte geschichtlichen Lebens, etwa Rom, zu überschauen und uns zu vergegenwärtigen, was dort vorging. Hohe Ziele wurden verfolgt und glänzende Siege erfochten, aber in alles Große verwoben sich menschliche Zwecke und Leidenschaften und untergruben schließlich seine Kraft. Neue Ziele entstanden, ein neuer Glaube gab neue Kräfte, und der Zug ging wieder aufwärts, aber immer von neuem mußten wir die Schranke des Menschen erfahren. Hier war nichts flüchtig, sondern alles hatte Zeit, sich auszuleben; um so mächtiger spricht sein Geschick. Hier war alles gewaltig und weltbewegend, aber auch trotzig, gewalttätig und weltbedrückend. Fragen wir aber, was in all den unsäglichen Mühen und Kämpfen, in Aufbau und Zerstörung an bleibendem Ertrag für das Ganze der Menschheit gewonnen, wie das Menschenwesen dadurch gefördert ist, so kann eine gewissenhafte Antwort nicht zuversichtlich lauten. Großes ist in Wahrheit geschehen, aber es zog mehr über den Menschen dahin, als daß es sein eigen war und ihn innerlich hob; die Bewegungen packten ihn und ließen ihn fallen; das Große versank, und die Erinnerungen rufen auch in der lebhaftesten Ausmalung nie das wirkliche Leben zurück; wohl aber legen sie sich mit erdrückender Wucht auf die Gegenwart und lassen ihren hastigen Kampf um das Dasein, ihr Jagen und Treiben als würdelos und nichtig erscheinen. Die Geisterhaftigkeit des Vergangenen droht auch die Gegenwart zu umklammern und in das Nichts herabzuziehen, bevor sie sich recht entfaltet hat. So eine Riesengewalt des Schicksals, ein Unvermögen des Menschen.

Der Überblick dessen, was uns Natur, geistige Kraft, moralische Gesinnung, Geschichte, Gesellschaft und Schicksal boten, konnte eine durchgängige Hemmung und Einengung des menschlichen Daseins nicht verkennen. Die Schäden liegen nicht an der Oberfläche, sie reichen bis in den Grund unseres Daseins; was an Vernunft bemerklich wird, das scheint zu schwach, um die starren Widerstände zu brechen, das bildet mehr eine gegen allen Inhalt gleichgültige Form als eine selbständige Welt. Dabei läßt der Lauf der Geschichte die Verwicklungen eher steigen als sinken, jedenfalls läßt er sie immer deutlicher empfinden. Denn mehr und mehr versinken die Trugbilder jugendlicherer Zeiten, zerreißen die Schleier, die eine gefällige Phantasie um die Wirklichkeit wob; schien früher der Himmel die Erde zu berühren, so scheiden die Gegensätze sich schärfer und schärfer; Möglichkeiten, die früher die Hoffnung beflügelten, entfallen, die Klarheit eines wacheren Seins zieht dem Leben innerlich immer engere Kreise und weist es in unverrückbare Bahnen. Wie soll es solcher Verwicklung begegnen, wie die dunklen und zerstörenden Mächte überwinden?

2. Das Suchen nach Lösungen.

Der Widerspruch, der sich uns mit dem allen eröffnet, kann unmöglich ruhig verbleiben; das Verlangen nach einem Sinn unseres Lebens fordert entschieden eine Überwindung oder doch

Milderung. In der Tat ist die weltgeschichtliche Arbeit voller Versuche, ja sie bildet einen unablässigen Versuch, dem unerträglichen Zwiespalt zu entrinnen. Mannigfaches ward hier unternommen, entgegengesetzte Bahnen wurden eingeschlagen, verschiedenste Lösungen umwarben den Menschen. Aus dieser Fülle sollen uns nur die Hauptarten beschäftigen, sie müssen es schon deshalb, weil nur die Ausschließung der unzulänglichen Versuche uns den Weg weist, der weiterzuführen verspricht.

Zunächst seien die Versuche erwogen, den Widerspruch durch eine ausschließliche Anerkennung der einen Seite zu lösen. Das kann in entgegengesetzter Richtung geschehen: auf dem Wege der Bejahung und dem der Verneinung. Die einen glauben unser Leben vom Bösen gänzlich befreien und völlig ins Gute stellen zu können, die anderen erwarten alles Heil von einem Durchschauen der Nichtigkeit und einem unbedingten Verzicht. Die weitere Verzweigung dieser Bewegung wird uns sofort beschäftigen.

a) Die Wegdeutung des Bösen.

Als einfachster Ausweg empfiehlt sich der Versuch, das Böse in einen bloßen Schein aufzulösen; ihn ergreift und verfolgt die optimistische Fassung von Leben und Welt. Um seiner weiten Ausdehnung überlegen zu werden, bringt sie ein eigentümliches Verfahren. Jene überwältigende Macht, so meint sie, erhielt das Böse nur dadurch, daß der Mensch die Wirklichkeit zu unmittelbar auf sein eignes Wohlsein bezog und nach seinen Zwecken schätzte; das aber heißt ein viel zu enges Maß an die Wirklichkeit legen. Es gilt, uns vom Standort des Menschen auf den des Alls zu versetzen und das Ganze, dem wir angehören, aus sich selbst zu verstehen sowie aus seinen eignen Zusammenhängen zu würdigen. Das eröffnet neue Ausblicke und Möglichkeiten; es ist zu hoffen, daß, wie sich dem Astronomen durch Verlegung seines ideellen Standorts von der Erde in die Sonne die scheinbare Verwicklung des Sonnensystems in eitel Ordnung und Gesetzlichkeit verwandelt hat, so auch dem Philosophen eine Harmonie der Welten aufgehen wird, sobald er „das Auge in die Sonne stellt“ (Leibniz).

So wird etwas Neues geboten, dessen Prüfung wir uns nicht entziehen dürfen. Es gilt dabei die näheren Arten zu erwägen, welche die weltgeschichtliche Arbeit jenem Gedanken eines Sehens vom Ganzen hergegeben hat. Es hat nämlich jedes der großen geschichtlichen Lebenssysteme hier eine besondere Antwort erteilt und eine eigentümliche Lösung geschaffen. Jedes einheitliche Weltbild hielt sich für verpflichtet, die Vernunft der Wirklichkeit zu erweisen.

Die Welt überwindet die Unvernunft und zeigt sich als die beste der Welten, wenn ihr Ganzes als ein Kunstwerk verstanden wird: so lehrt der künstlerische Optimismus vom Altertum bis in die Neuzeit hinein. Denn das Kunstwerk kann durch seine Verbindung der Mannigfaltigkeit zu einer Einheit den anfänglichen Eindruck völlig verwandeln; was zuerst einander zu hemmen und stören schien, das mag als Glied einer umfassenden Harmonie sich versöhnen und gegenseitig erhöhen; ja, es kann ein Kunstwerk kein inneres Leben und keinen kräftigen Gehalt erlangen, ohne Disharmonien hervorzubringen und sie schließlich aufzulösen. So bedarf das Weltall einer vorläufigen Disharmonie, damit die schließliche Harmonie um so vollkommener werde; eine solche läßt aber ein weltumschauendes Denken der Menschen miterleben.

Die Welt ist gut als eine lückenlose Verkettung von Ursachen und Wirkungen, als ein System von Gesetzen, als ein Reich formaler Vernunft: so meint ein logischer Optimismus, den niemand reiner gestaltet hat als Spinoza. Was an den einzelnen Punkten dunkel und sinnlos scheint, daher aufregt und schmerzt, das wird klar und vernünftig als Glied jener Verkettung. Der einzelne hat sein echtes Wesen im Ganzen zu suchen, er muß seine Besonderheit völlig aufgeben. Das verlangt eine Wendung vom subjektiven Zustand zum Sachbestand der Erkenntnis; ihre Aufdeckung der Notwendigkeit vertreibt alle verworrenen Affekte, die Kraft und Freude des weltumspannenden Denkens überwiegt weitaus den Schmerz, den der Zustand des abgelösten, nur scheinbar selbständigen Einzelwesens bereiten mag.

Die Welt ist die beste Welt als ein unablässig, und zwar durch eigne Kraft fortschreitender Prozeß, als ein System der

Kraftentwicklung: so ist die Überzeugung eines dynamischen Optimismus, der unter allen Formen des Hauptgedankens der Neuzeit am nächsten steht. Was fortschreiten soll, darf nicht fertig sein, es muß die Höhe erst erklimmen; soll die Bewegung ihre volle Kraft einsetzen, so muß sie Widerstände finden und brechen; auch die Hemmung wird hier nützlich und wertvoll, sofern sie die Kraft anregt und über die bisherige Leistung hinaustreibt. Die Sorgen und Schmerzen des einzelnen Augenblicks verschwinden gegenüber der Freude an der Belebung des ganzen Wesens und dem Vordringen aus eigner Kraft. Viel besser dünkt es, Kampf und Not auf sich zu nehmen, aber zugleich sein Leben und Befinden selbst zu bereiten, als sich von draußen her ein bequemes Paradies anweisen zu lassen. Le monde est ce qu'il doit être pour un être actif, c'est-à-dire fertile en obstacles (Vauvenargues).

Endlich hat auch die religiöse Weltanschauung ihren besonderen Optimismus. Die Welt ist die beste als das Reich der göttlichen Liebe. Was uns Menschen Leid dünkt, dient nur zu unserer Erziehung, es ist unentbehrlich zur Verinnerlichung des Lebens; so wirkt es schließlich zum Guten. Ja selbst die sittliche Schuld rechtfertigt sich in dieser Ordnung (felix culpa), da die Erlösung von ihr eine größere Tiefe der göttlichen Liebe und Gnade offenbart, auch eine größere Innigkeit menschlichen Glaubens und Vertrauens bewirkt, als ohne das möglich wäre.

So die Haupttypen einer optimistischen Lösung; wir brauchen sie nicht einzeln zu erörtern, sie zeigen deutlich genug gemeinsame Züge, die für ein Gesamturteil genügen. — Alle Arten des Optimismus sind weit mehr bestrebt, Möglichkeiten zu entwerfen und auszumalen als ihre Wirklichkeit zu erweisen; ihnen genügt der Nachweis, daß manchmal Böses Gutes erzeugt, als ein Beweis dafür, daß es das durchgängig tut, und daß alle scheinbare Unvernunft sich schließlich in Vernunft auflöst. Tatsächlich sind die Verwicklungen viel zu schwer und die Erschütterungen viel zu tief, als daß ihnen gegenüber vage Möglichkeiten, unsichere Anweisungen, schwankende Hoffnungen ausreichen könnten, sie bedürfen einer augenscheinlichen und unbestreitbaren Tatsächlichkeit, eine solche aber eröffnet uns der Optimismus nicht. — Auch behandeln alle seine Arten den Menschen als ein vorwiegend betrachtendes Wesen; nur ein solches kann sich über den Bereich des Konfliktes hinausschwingen und das harte und wilde Weltgetriebe in ein angenehmes Schauspiel verwandeln oder auch es mit erbaulicher Stimmung begleiten; die Forderung eines wesenbildenden Lebens zeigt aber eine solche Flucht zur bloßen Betrachtung als eine Verflachung und Verflüchtigung des Lebens. — Alle jene Formen behandeln das Böse als einen nur gelegentlichen Anhang, nur so verstanden kann es in sicherer Überwindung begriffen dünken. Reicht aber die Hemmung bis in den letzten Grund zurück, und ist die Vernunft bei sich selbst entzweit, so muß der Anblick vom Ganzen her den Druck des Bösen eher steigern als mindern. Es ist ein trauriger Trost, daß es allen schlecht ergeht.

Der Optimismus hat die Herrschaft der Vernunft weniger erwiesen als vorausgesetzt, er hat alle Kraft und Mühe eingesetzt, das Dasein möglichst dem vorgefaßten Bilde anzupassen, er hat damit aber seine wahren Probleme abgestumpft und seine Spannung verringert. Das gilt besonders von dem Unternehmen einer Theodizee, deren Verquickung von Philosophie und Religion den wahren Interessen sowohl der Philosophie als der Religion widerspricht. Denn die Philosophie soll keineswegs das Weltall möglichst annehmbar darstellen, alles Unbequeme und Dunkle hingegen aus den Augen rücken; wo aber die Religion eine Macht ward, da empfindet der Mensch viel zu stark schroffe Gegensätze, um ihre Abschwächung zu dulden, da fühlt er sich viel zu ohnmächtig, um den Anwalt der Gottheit zu spielen (causam dei agere). Wer eine so künstliche Beweisführung gelten läßt wie die Vorkämpfer der Theodizee, der kann ohne Mühe die Sache umkehren und eine Satanodizee entwerfen, der kann guten Muts den Beweis antreten, daß alle Vernunft zur Unvernunft wirkte, und daß alle Entwicklung von Gutem das Böse gesteigert hat.

Solche Ablehnung des Optimismus kann ihm wertvolle Anregungen entlehnen. Daß er das Problem vom ersten Eindruck ablöst, daß er die Gedankenarbeit aufruft und eine Würdigung aus dem Ganzen verlangt, das eröffnet neue Aussichten und ergibt neue Angriffspunkte, sie sind keineswegs unfruchtbar, weil sie zur Lösung der Hauptaufgabe nicht genügen. Vornehmlich aber zieht der Optimismus daraus immer wieder neue Kraft daß er mit besonderem Eifer eine Wahrheit verficht, die wir alle nicht aufgeben können und dürfen. Das ist die Überzeugung von dem Walten einer Bejahung im tiefsten Grunde der Dinge. Ohne eine solche Überzeugung könnte der Mensch weder Mut noch Kraft zum Wirken und Schaffen finden, ohne diesen Anker würde sein Leben haltlos hin und her geworfen. Aber was diese Idee an Recht enthält, das gerät ins Unrecht, wenn der letzthin gehoffte, nur mit Einsetzung aller Kraft und unter eingreifender Wandlung des Weltbildes erreichbare Abschluß als unmittelbar vorhanden behandelt wird. Darum müssen wir uns gegen jene Philosophie der Bequemlichkeit verwahren, deren Schönfärberei die Wahrheit schädigt, und deren Verwandlung des Menschen in einen bloßen Zuschauer des Weltkampfs die Spannung des Lebens mindert.

b) Die Zurückdrängung des Bösen.

So ist das Böse nicht völlig wegzudeuten. Aber vielleicht ist es so weit zurückzudrängen, daß es eine fruchtbare Lebensarbeit nicht hemmt und das Gedeihen des Guten nicht stört. Das ward in der Tat versucht, und zwar so, daß einzelne Gebiete, innerhalb deren ein Sieg des Guten möglich schien, zum Kern des Ganzen, zur Seele des Lebens, erhoben wurden; mit der Richtung der Tätigkeit dahin dünkte das Böse nach außen verwiesen und in seiner Macht gebrochen. Hier galt nicht nur zu betrachten, sondern zu schaffen, ganze Reiche sollten entstehen und dem Guten eine sichere Heimat bieten. Eigentümliche Lebensmächte werden ersichtlich, welche fester wurzeln, mehr leisten und das Leben tiefer erregen als alle verstandesmäßige Deutung es vermag.

Dem ästhetischen Optimismus entspricht die Erhebung der Kunst zur Seele des Lebens, die Flucht aus dem Mühen und Sorgen des Alltags in das edle Reich des Schönen. Hier bereitet die ewig jugendliche Phantasie, so scheint es, eine neue Welt, die keine Schwere des Stoffes kennt und nur die reine Gestalt der Dinge in sich aufnimmt; hier überwindet ein frohes Spiel der Kräfte allen Druck der Notwendigkeit; hier ist alles Rohe, Gemeine und Dunkle verbannt. Die Teilnahme an dieser Welt hebt den Menschen auf eine Höhe, die das alltägliche Dasein als niedrig, äußerlich, gleichgültig darstellt; selbst was in diesem verletzt, mag im Bilde Freude bereiten.

Sicherlich macht dies Streben unser Leben freier, frischer und leichter, ohne seine Hilfe würde die Wirklichkeit schwerer auf uns lasten und vieler Freuden entbehren.

Aber an dieser Stelle fragen wir nicht, ob jenes Schaffen vieles vermag, sondern ob es uns ganz erfüllen und über alles Leid hinausheben kann; diese Frage aber ist nicht zu bejahen. Die Kunst selbst erschöpft sich nicht in jene Wendung zum Schönen, sie könnte leicht flach werden, wollte sie ein abgesondertes Reich bilden. Den ganzen und inneren Menschen bewegt und fördert sie nur, wenn sie das Leben mit allen seinen Problemen in sich aufnimmt und auch die tiefsten Abgründe von Zweifel und Schmerz nicht scheut; mag ihre Form eine Erleichterung bringen, die Sache wird nur noch eindringlicher; sie mag eine Vergeistigung, eine innere Läuterung der Probleme vollziehen, aber vergeistigen heißt nicht mindern oder gar völlig lösen. Wenn demnach die Verwicklungen des Lebens auch in das Reich der Kunst reichen, und wenn jene Wendung zum Schönen nicht einmal der Kunst selbst genügt, so kann sie noch weniger die Seele des ganzen Lebens bilden und von allem Übel befreien. Ist der Menschheit ein Kampf mit der Unvernunft des Daseins auferlegt, so kann die Wendung zur Schönheit eine Flucht vor der Wahrheit werden. Mag demnach jenes Reich des abgelösten Schönen eine erquickende Oase auf mühsamer Wanderschaft bilden, unser ständiger Wohnsitz kann sie nicht werden.

Dem logischen Optimismus entspricht die Emporhebung der wissenschaftlichen Arbeit, die Hoffnung, in ihrer unermüdlichen und fruchtbaren Tätigkeit einen vollen Schutz gegen des Lebens Unbill zu finden. An die Stelle der Schönheit tritt hier die Wahrheit, Wahrheit im Sinne einer Erfassung der gegenständlichen Wirklichkeit. Diese anzueignen und in Gedanken umzusetzen, wird zu einem hohen Ziel; um es zu erreichen oder doch ihm sich zu nähern, muß der Mensch alles subjektive Meinen und Mögen aufgeben und sich ganz in die Welt der Gegenstände versenken, auch in seinem Handeln nur der sachlichen Notwendigkeit folgen. Das ergibt eine tüchtige und emsige, das Leben bis in die einzelnen Augenblicke erfüllende Arbeit und zugleich eine große Beruhigung des Gemütes, ein Schweigen der Affekte, eine reine und selbstlose Forscherfreude. Diese Arbeit trägt ihren Zweck in sich selbst; was außer ihr liegt, sinkt zur Nebensache, es bedeutet nur eine Bedingung und Umgebung, die den Frieden dieses Lebens nicht stört.

Auch hier ist der Wert, ja die Unentbehrlichkeit der Leistung unbestreitbar, ein Verzicht auf das erweiternde, klärende, beruhigende Wirken der wissenschaftlichen Arbeit wäre ein Schaden und Verlust für das gesamte Leben. Aber das besagt nicht, daß sich in jenes Gebiet alle Hoffnung des Lebens retten kann, und daß sein Licht alles Dunkel austreibt. Die Erkenntnis selbst erreicht ihre letzte Tiefe und eine volle Gewißheit nicht in der bloßen Befassung mit Gegenständen. Denn damit sich uns der Gegenstand eröffne, damit wir ein inneres Verhältnis zu ihm erlangen und dadurch für unser Wesen gewinnen, dazu müßte er die bloße Gegensätzlichkeit ablegen und in ein umfassendes Ganzes des Lebens aufgenommen, in ein Stück unseres Selbst verwandelt werden; so drängt es über alle Erfolge der Forschungsarbeit mit Notwendigkeit hinaus zum Problem der Wahrheit des ganzen Lebens, die Wahrheit der Erkenntnis muß ihren tiefsten Grund in einer Wahrheit des geistigen Schaffens suchen. Entzieht sich die Wissenschaft diesen inneren Zusammenhängen, so kann sie bei allem Gewinn an den Dingen geistig ins Flache und Leere geraten und statt eines Erkennens ein bloßes Kennen, ein Feststellen und Ordnen bieten; das Aufnehmen jener Zusammenhänge aber erweckt sofort alle Probleme wieder, von denen die Forschungsarbeit befreien sollte, es erweckt neu alle Zweifel und Sorgen. Wenn aber jene Arbeit nicht einmal für das Erkennen selbst genügt, wieviel weniger kann sie unser ganzes Leben beseelen und von allem Leide befreien.

Den Idealen der Kunst und der Wissenschaft tritt das Ideal der gesellschaftlichen Arbeit gegenüber, das Mühen und Schaffen für die menschliche Umgebung, das Streben, den gemeinsamen Stand, sei es durch Wirken im einzelnen, sei es durch Umwandlungen des Ganzen zu erhöhen. Dieses Streben entspricht am meisten dem Optimismus der Kraftentwicklung. Denn nirgends ist man des Fortschritts gewisser als hier, die Verwicklungen der Weltprobleme stören diese Arbeit nicht, sichere Angriffspunkte finden sich mühelos, das Wirken ist fruchtbar und es dringt unablässig vor. Hier wird der Lebenstrieb des Menschen nicht abgeschwächt, sondern zu höchster Leistung geweckt; hier beschränkt sich die Bewegung nicht auf einzelne hervorragende Individuen, sondern sie ergreift alles, „was menschliches Angesicht trägt“, ein festerer Zusammenschluß der Menschheit erzeugt das Gefühl innerer Verwandtschaft und ein williges Schaffen aller für alle. Hier hat seinen Boden das Evangelium der sozialen Arbeit; so sehr scheinen wir in diese alles Grübeln und Sorgen versenken und vergessen zu können, daß wir keiner weiteren Ziele bedürfen. Travaillons sans raisonner —, c'est le seul moyen de rendre la vie supportable (Voltaire).

Die Bedeutung dieser gesellschaftlichen Arbeit ist nicht leicht zu überschätzen, ihr erziehendes und stählendes, verbindendes und abschleifendes Wirken ohne schweren Schaden nicht zu entbehren. Den Einfluß der äußeren Verhältnisse und Einrichtungen gering zu achten, die Erweckung und Entfaltung des Inneren durch das Äußere zu verkennen, das bleibe einem blutleeren Idealismus überlassen, der sich überlegen dünkt, weil er die Bedingungen des menschlichen Aufsteigens verkennt. — Aber es hat die gesellschaftliche Arbeit solche Bedeutung nicht in einer Abschließung gegen das Ganze geistigen Lebens, sondern nur als seine Eröffnung und Verkörperung; die äußeren Verbesserungen ergeben innere Belebungen und Vertiefungen nicht durch eine mechanische Kausalität, sondern nur bei Einfügung in ein tieferes und ursprünglicheres Leben, nur bei Aufbietung des ganzen und inneren Menschen. Das aber erweckt sofort alle Probleme und Verwicklungen wieder, denen die Wendung zur gesellschaftlichen Arbeit abhelfen sollte. Welche Verkehrung und innere Zerstörung aber das Geistesleben mit der Beugung unter ein bloßgesellschaftliches Leben erfährt, davon haben wir uns überzeugt; das Befinden der Gesellschaft zum letzten Selbstzweck machen, das heißt alles ursprüngliche Schaffen verleugnen und das Leben innerlich verengen. „Alles, auch das Erhabenste, verkleinert sich unter den Händen der Menschen, wenn sie die Idee desselben zu ihrem Gebrauch verwenden" (Kant). Der Einladung aber, zu arbeiten ohne zu räsonnieren, können wir nicht folgen, denn wir können geistig nicht arbeiten ohne zu denken und Überzeugungen auszubilden, jenes Geheiß also würde uns zu gedankenlosen Tagelöhnern machen.

Endlich erhebt mit besonderem Nachdruck die Religion den Anspruch, die Seele des Lebens zu bilden und den Menschen aller Not des Lebens zu entwinden; sie bricht mit dem unmittelbaren Dasein ebenso entschieden, wie die soziale Lebensführung den Menschen daran kettet. Eine vom übrigen Leben abgelöste Religion bietet dem Menschen als Zuflucht eine unsichtbare Ordnung der Dinge, eine jenseitige Welt, die ihm in Glauben und Hoffnung zur Gegenwart wird und ihn allen Sorgen des Daseins entrücken möchte, ihm eine überschwengliche Seligkeit vorhält. Das übrige Leben weicht demgegenüber in weite Ferne zurück und erhält eine traumhafte Art; mag das Leben der Religion auch dorthin ein hilfreiches Wirken erstrecken, es tut das nur nebenbei und in Hinblick auf jene übersinnliche Ordnung. Diese Wendung verspricht eine große Befreiung und Verinnerlichung des Lebens: „In dieser Region des Geistes strömen die Lethefluten, aus denen Psyche trinkt, worin sie allen Schmerz versenkt, alle Härten, Dunkelheiten der Zeit zu einem Traumbild gestaltet und zum Lichtglanz des Ewigen verklärt" (Hegel).

Wie notwendig und wie umwälzend die Einfügung der nächsten Welt in eine wesenhaftere und ursprünglichere Ordnung ist, das wird uns weiter beschäftigen. Aber hier steht in

Frage, ob die Religion, abgelöst und dem übrigen Dasein entgegengehalten, alles zum Guten wenden kann, und das ist schwerlich zu bejahen. Denn die Religion kann sich in solcher Ablösung nicht befestigen, ohne alles andere Leben als nebensächlich und geringwertig zu behandeln, die Spannung des Ganzen zu verringern, die Kraft des Antriebs zu schwächen. Das aber wird der Religion selbst zur Gefahr und zum Schaden. Denn sie schöpft ihre Stärke zum guten Teil aus dem Gegensatz; es sind die Erfahrungen, Leiden, Schranken des Lebens, welche einen Bruch mit dem nächsten Dasein erzwingen und eine neue Welt fordern, die das echte Selbst zu retten vermag. Jene Erfahrungen aber können nur eindringlich wirken und jene Leiden und Schranken nur als eigne empfunden werden, solange das Leben von uns selbständig aufgenommen und hingebungsvoll geführt wird. Mit einem Verzicht darauf sinkt auch die Energie der Gegenwirkung, die Religion wird in der Entfremdung starr und formelhaft, jenes Leben und Weben des Gemütes aber ergreift nicht den Kern des Lebens, sondern es begleitet das übrige Leben nur wie eine Zutat, eine machtlose Stimmung. Ja es bringt solche Absonderung und Erstarrung selbst die Gefahr, daß die Religion, statt die Selbstsucht des Menschen zu brechen und seine niederen Triebe zu überwinden, sie in ihr eignes Gebiet eindringen und dort üppig aufwuchern läßt; nicht minder auch die Gefahr, daß sie nicht eine innere Umwandlung unserer Gedankenwelt vollzieht, sondern nur die vorhandene Welt mit all ihrer Äußerlichkeit und Zeitlichkeit über dies Dasein hinaus in ein Jenseits verpflanzt; so kann die Ablösung leicht sie ihren Hauptzwecken untreu machen. Auch hat eine bloß religiöse Lebensführung besondere Mühe, ihre Wahrheit zu erweisen. Denn nach Aufhebung aller Verbindung mit der übrigen Geistesarbeit ist sie leicht als ein Gewebe subjektiver Wünsche und Hoffnungen anzufechten, die lediglich ausmalen, was des Menschen Herz begehrt, aber leicht hinwegeilen über die Frage ihrer Tatsächlichkeit. Wird aber das Erwachen des Zweifels nicht alle Wirkung lähmen, wird es nicht die Kämpfe und Sorgen noch weiter steigern? Wie kann uns befestigen, was selbst einer Versicherung bedarf?

So machen alle einzelnen Gebiete dieselbe Erfahrung. Sie alle besitzen ein eigentümliches Werk und sind mit ihrer Leistung, jedes in seiner Weise, dem Menschen unentbehrlich. Aber sie alle geraten unter denselben Widerspruch. Sondern sie sich ab und geben sie ihren Eigenbesitz als das Ganze, so verlieren sie den belebenden Geist, so verfallen sie einer Verflachung und können damit unmöglich die Seele des Lebens bilden. Behaupten sie hingegen die Kraft und die Tiefe ihrer Arbeit, so müssen sie den Zusammenhang mit dem Gesamtleben wahren, zugleich aber auch die Schwere seiner Probleme teilen. Das aber wirft in alle Verwicklungen zurück, von denen die Wendung zu einem besonderen Gebiet befreien sollte.

c) Der Verzicht auf eine selbständige Innenwelt.

Das Mißlingen aller Versuche, eine einfache Bejahung des Lebens durchzusetzen, treibt das Streben in die entgegengesetzte Bahn. Es scheint zu erweisen, daß das Verlangen nach einer vermeintlich höheren Welt nicht zu befriedigen ist, und zugleich zu erweisen, daß jenes Unternehmen nicht aus einer sachlichen Notwendigkeit hervorgeht, sondern nur dem Wunsch des Menschen entspringt. Solche Aufklärung macht es zur Pflicht, jenes Streben als eine schädliche Einbildung aufzugeben, auf ein selbsttätiges Leben ein für allemal zu verzichten und uns auf das sinnliche Dasein zurückzuziehen, wo unser Recht unbestritten ist, und wo unsere Kräfte den Aufgaben genügen.

So erhebt sich von neuem der Naturalismus, der uns schon anfänglich beschäftigte, aber er hat sich gegen den Anfang nicht wenig verändert. Das Nein, das er jetzt bekennt und gern hervorkehrt, macht ihn bewußter und kritischer, zu einer Hauptaufgabe wird ihm jetzt die Abweisung alles Weiterstrebens; der unausgesetzte Kampf jedoch zeigt auch gegen den eignen Willen einen Zug der Entsagung, eine Annäherung an eine pessimistische Stimmung. Zunächst freilich erwehrt er sich dessen und beruhigt er sich bei dem Einstellen alles vergeblichen Suchens und der Bearbeitung des uns von Haus aus zukommenden Feldes.

Könnte er dabei nur völlig vergessen, was der Mensch inzwischen getan und erfahren hat! Aber dafür hat die Bewegung zur Geistigkeit zu mächtig unser Leben gepackt, zu tief unser ganzes Wesen aufgewühlt, zu viel in Fluß gebracht, als daß sie ohne einen peinlichen Zwiespalt und eine Lähmung aller Spannkraft sich einstellen ließe. Denn mögen die höheren Aufgaben nicht gelöst, die Fragen nicht beantwortet sein, auch Fragen und Aufgaben sind Tatsachen und Mächte; schon ihre Stellung erweist eine dem Menschen eigentümliche Größe; was das Mühen um sie an Kräften geweckt hat, das kann nicht auf unmutiges Gebot einfach verschwinden; was jenes Streben an Zielen und Maßen enthält, das wirkt auch gegen unseren Willen fort. Wäre ein Verzicht auf alles das überhaupt möglich, so würde jedenfalls der Mensch sich nicht wohl dabei befinden. Auch unser Verhältnis zum Dasein haben jene inneren Wandlungen verschoben. Was dort an Schranken vorliegt, das wird nun deutlich empfunden und wird damit zu einengendem Druck; was sich aber erreichen läßt, das ist für den durch so schwere Erschütterungen geläuterten und vertieften Menschen unzulänglich geworden. So ist an dieser Stelle unmöglich Halt zu gebieten; augenscheinlich stellt die Preisgebung der Geisteswelt uns auf eine schiefe Ebene, auf der wir notwendig weiter und weiter hinabgleiten müssen bis zum Nullpunkt völliger Entsagung, bis zur Ergebung an eine unbedingte Verneinung.

d) Die Philosophie der Entsagung.

Die mannigfachen Formen der Lebensverneinung, deren Unterschiede uns hier nicht zu kümmern brauchen, teilen die Überzeugung, daß in unserer Welt die Vernunft der Unvernunft unterliege, daß sie keine volle Wirklichkeit besitze, sondern sich bei genauerer Prüfung als einen bloßen Schein erweise; für das Handeln folgt daraus der Rat, alles Mühen um eine Verbesserung des Daseins als aussichtslos einzustellen. Zu solchem Ergebnis drängt mehr noch als alle Hemmungen und Leiden die Empfindung der Nichtigkeit unseres Daseins und der Leere des Glückes, das eine überreife, fester Ziele und innerer Zusammenhänge entbehrende Kultur zu bieten pflegt; hier findet der

Pessimismus einen weit günstigeren Boden als in Zeiten, wo Leid und Not den Menschen bedrängen und seine Kraft anspornen.

Die Wendung zur Verneinung bringt neue Stimmungen und verwandelt die Lebensweisheit in das gerade Gegenteil der früheren Art. Ein völliger und williger Verzicht gilt hier als ihre Höhe. Zwingt das Leben uns unablässig zur Entsagung im einzelnen, so dünkt es eine eigentümliche Größe, das ins Ganze zu fassen und zur eignen Tat zu erheben; die Notwendigkeit verwandelt sich damit in Freiheit, und der Verzicht auf die gemeine Glücks- und Lebensgier weicht einer Denkart, die sich als vornehmer fühlen darf. Ja der Verzicht erscheint als der Weg zum echten Glück, indem er von der Hast und Aufregung, von den Mühen und Sorgen des Durchschnittslebens gründlich befreit; das Durchschauen der Nichtigkeit unserer Welt verheißt dem Menschen eine innere Überlegenheit, eine unerschütterliche Ruhe, einen seelischen Frieden. Statt mit dem Optimismus überall eine verborgene Vernunft aufzustöbern, erhält die Philosophie nun die Aufgabe, die immer von neuem aufsteigenden Illusionen bis zum Grunde zu zerstören und die Nichtigkeit des Ganzen gegen alle sich einschmeichelnden Eindrücke festzuhalten.

Mit solcher Grundstimmung ist die Verneinung der Bejahung in manchem voraus. Sie gestattet dem Menschen ein offenes Aussprechen und volles Ausklingenlassen des Leides, sie mag damit gegenüber einer Unterdrückung und künstlichen Wegdeutung wie eine Wohltat und Befreiung wirken; sie erfaßt die menschliche Lage und ihre Erfahrungen genauer, sie läßt den unmittelbaren Eindruck der Dinge ungeschmälert auf uns wirken. Ja es dünkt ein Bruch mit der nächsten Welt und der landläufigen Wertung der Dinge, ein Durchschauen der Flüchtigkeit und Nichtigkeit aller dort erreichbaren Erfolge für eine geistige Wiedergeburt schlechterdings unentbehrlich; ohne sie erlangt für uns geistiges Leben keine Wahrheit. Ein Leben, daß nicht diese Erschütterung durchmacht und immerfort erneuert, unterliegt einer Verflachung und Verkümmerung; eine Bejahung des Willens zum Leben ohne eine entschiedene Verneinung rinnt unvermeidlich mit gemeiner Lebensgier und enger Selbstsucht zusammen; ohne wahrhaftige, nicht bloß scheinbare Opfer gibt es keine innere Erhöhung, kein echtes Beisichselbstsein des Lebens, keine Wesensbildung.

Aber das anerkennen und die Verneinung als ein Hauptstück des Lebens verstehen, heißt nicht den Pessimismus als die Lösung des Problems und der Weisheit Schluß erachten. Zur Prüfung seines Anspruchs darauf gilt es ihn möglichst rein zu fassen, nicht in der Abschwächung und Vermengung, die er gewöhnlich zeigt, selbst auf indischem Boden. Ein solcher milderer Pessimismus verwirft nicht alles Bestehende, sondern nur diese besondere Art, nur diese unsere Welt, sein Denken und Glauben hält eine neue Welt für möglich, eine Welt, die sich unserem Dasein gegenüber als bloße Verneinung ausnehmen mag, die aber in sich selbst irgendwelche Bejahung trägt. Solche Anerkennung eines tieferen Grundes hebt auch die nächste Welt. Sie kann nicht durchaus nichtig und verwerflich sein, wenn sie das höhere, wahrhaftige Leben in ihren Gesichtskreis ziehen und in Mitleïd und Aufopferung , in Friedfertigkeit und Entsagung einen Weg zu ihm finden, ja ihm eine innere Gegenwart geben kann. Die Verneinung selbst erhöht dann ihren Wert und arbeitet der eignen Absicht entgegen, wenn sie das Denken und Sinnen jenem neuen Leben zulenkt. So ist bei diesem Lebenstypus der Verzicht kein völliger, der Gegensatz von Ja und Nein wird nicht durch eine Preisgebung des Ja gelöst.

Eine völlig glatte Lösung bietet nur der absolute Pessimismus mit seiner Verneinung aller Vernunft. Er kennt gar nichts Wertvolles, alle vermeintliche Weisheit und Einsicht, alles Gut und Edle verschwindet ihm als Lug und Trug, und es bleibt nach dem Einsturz aller Hoffnungen nur eine völlige Leere, nur die Ruhe des Grabes. Die Bewegung des menschlichen Lebenskreises zur Wesensbildung muß hier mit allem, was sie an eigentümlichen Größen und Gütern unternimmt, als eine gänzliche Verirrung erscheinen, die an der Härte der Erfahrung scheitert. Sofern hier überhaupt eine Lebensweisheit möglich ist, kann sie nur die Einstellung alles Strebens, eine Abstumpfung gegen Lust und Unlust, eine Ablösung von allen Zusammenhängen empfehlen. Alle Liebe ist hier nicht mehr als eine Täuschung und eine Verstrickung in Leid. Daher die indische Mahnung: „Wer Liebe empfindet, der kennt auch Furcht; die Liebe ist das Gefäß des Leidens, in der Liebe wurzeln die Leiden; wer nicht leiden will, muß der Liebe entsagen."

Solche Stimmungen gehen in breiten Wogen durch die Menschheit und beherrschen zeitweilig die Überzeugung. Aber zu einem Lebensganzen können sie sich nicht verdichten, ohne daß schroffe Widersprüche ersichtlich werden und ein tieferes Wesen des Menschen sich gegen solche Selbstvernichtung aufbäumt. — Einen Widerspruch bildet es zunächst, die Schwere des Leidens, die Schmerzlichkeit des Verlustes, hervorzukehren und darüber zu vergessen, daß Leid und Verlust, namentlich als innere Erlebnisse, immer auf Güter zurückweisen, ja daß sie mit der Tiefe ihrer Empfindung die Größe dieser Güter, wenn auch indirekt, bezeugen. Hätte das Leben nicht einen gehaltvollen Kern, so könnte das Leid nun und nimmer so anschwellen. Denn es ist ein Unding, den Verlust von etwas schwer zu nehmen, dessen Besitz nichts wert war; bestehen keine Güter, so bedeutet auch die Entbehrung kein Übel. So gewiß das Böse mehr als eine Hemmung und Minderung des Guten ist, so gewiß es in Leid und Bosheit eine eigne Art erlangt, immer verrät es ein, wenn auch weiter zurückliegendes und zunächst verborgenes Gutes. Die Höhe des körperlichen und geistigen Schmerzes wächst mit der Feinheit der Organisation; es gäbe keine Schuld ohne eine Freiheit des Handelns und eine sittliche Verantwortlichkeit; eine Schranke kann zur Einengung nur werden, wenn von innen her eine Bewegung über sie hinaustreibt.

Freilich pflegt der Verlust stärker empfunden zu werden als der Besitz, und oft läßt erst er den Wert des früheren Besitzes ermessen; das Leid wäre daher in entschiedenem Übergewicht, ginge der Mensch in die Empfindung gänzlich auf. Aber daß er das nicht tut oder doch nicht zu tun braucht, das haben schon die vorangehenden Erörterungen gezeigt; wir sahen, daß uns eine Wendung zur Tätigkeit und damit eine Umkehrung des Lebens offensteht; von da aus erhebt sich gegen den Pessimismus der Vorwurf, daß er den Menschen auf der niederen Stufe festhält und auch das geistige Leben an die Empfindung schmiedet, statt es zu mannhafter Selbsttätigkeit, zu Erweckung schaffender Kräfte, zu einem mutvollen Aufsichnehmen der Wirklichkeit anzuspornen. Je mehr die Tätigkeit sich in sich selbst befestigt, desto mehr kann sie auch dem Leid einen Wert abgewinnen, desto mehr in ihm nicht nur eine Hemmung, sondern auch eine Freilegung des Guten erblicken und erleben. In diesem Sinne haben oft christliche Denker das Wort „Selig sind, die da Leid tragen" ausgelegt. So hat in der alten Kirche namentlich Gregor von Nyssa geltend gemacht, daß das Leid unmittelbar eine Seligkeit enthalte, indem erst der Schmerz die Tiefe des Guten offenbare.

Der Pessimismus schroffer Gestaltung mag solche Erwägungen verwerfen und sich auf den Standpunkt völliger Verneinung stellen. Aber vermag er sich auf ihm zu halten ohne einer inneren Erfahrung des Menschen, ja dem Kern seines Wesens zu widersprechen? Gerade die Erhebung der Verneinung ins Ganze, gerade der Versuch, aller Vernunft zu entsagen, zeigt die Unmöglichkeit des Verzichtes und erweist einleuchtend die Unverdränglichkeit des Guten aus der Wurzel unseres Wesens. Der Mensch kann wohl für sich allein, er kann aber nicht für das Ganze der Menschheit und der geistigen Welt verzichten; er kann sein subjektives Glück, er kann aber nicht die Geistigkeit seines Wesens preisgeben. Das Verlangen nach Leben und Wesen ist nicht bloß physischer, sondern auch metaphysischer Art. Es handelt sich, wie wir sahen, nicht nur darum, die Einzelexistenz im Nebeneinander zu behaupten und ihr Wohlbefinden zu fördern, sondern darum, das Gesamtleben, das in uns aufstrebt, zu ergreifen und weiterzuführen, es sowohl als Ganzes an dieser Stelle zu beleben, als es hier eigentümlich zu gestalten. Das ist zugleich eine Mitarbeit am Bau der Welten und ein Kampf um die eigne Seele; das Leben des Menschen stellt sich damit als eine zusammenhängende Aufgabe dar, die nicht sein eigner Wunsch, sondern eine innere Notwendigkeit seines geistigen Wesens, seine Zugehörigkeit zu einer unsichtbaren Ordnung der Dinge ihm auferlegt; in dieser Bewegung wird nicht die naturhafte Art des Menschen nur weitergeführt und bekräftigt, sondern es erfolgt eine durchgreifende Gegenwirkung, schwere Opfer werden gefordert, eine völlige Umwandlung verlangt, das alles ein deutliches Zeichen dessen, daß in jener Bewegung nicht bloß ein gemeines Glücksverlangen und menschliche Überhebung steckt. In dieser Richtung hat namentlich Augustin den Gedanken verfochten, gerade das Elend der nächsten Welt begründe die Überzeugung, diese Welt könne unmöglich die ganze Wirklichkeit sein.

Jene Tiefe aber aus dem Gemenge des ersten Befundes zur Selbständigkeit hervorzutreiben, dafür scheint dem Menschen die Erschütterung durch Not und Leid unentbehrlich, da sie zuerst das Leben in einen Kampf um ein geistiges Wesen verwandelt. Mag das Feindliche die Welt zerstören, die anfänglich alles Denken nund Sinnen einnimmt, die Bewegung verläuft nicht in das reine Nichts, sie treibt zu einer neuen Welt; das alte Ich mag vergehen, ein geistiges Selbst steigt dafür empor, die Bedrängung des niederen Lebenstriebes erweist das Beharren eines höheren; eben die Entsagung zeigt, daß der tiefste Zug des Lebens nicht mit dem Verlangen nach selbstischem Glück zusammenfällt, daß eine Selbstbehauptung in vollem Gegensatz zu niedriger Lebensgier möglich ist, zugleich aber auch, daß sie nicht eine Privatangelegenheit des Menschen bedeutet, die man beliebig tun oder lassen kann.

Mit der Anerkennung dessen verschwindet nicht die Tatsächlichkeit, wohl aber die Vorherrschaft des Bösen; das Menschenwesen wird der Sphäre der Verwicklung innerlich überlegen, aus allen Hemmungen und Einbußen entsteht als Gewinn die weltumspannende Persönlichkeit; indem sie immer von neuem dem Feindlichen entgegenzuwirken und sich immer mehr in sich selbst zu vertiefen vermag, erschließt sie jenseits der Konflikte eine neue Welt, und macht sie die alte Welt mehr und mehr zu einer Außenwelt, zu einer Umgebung des Lebens. Der Zweifel und seine peinigende Ungewißheit, ob nicht alle unsägliche Mühe und Arbeit verloren sei, trieb vornehmlich zur Verneinung, die sicherste Waffe dagegen ist das Leid selbst mit seinen schweren Kämpfen und seinen tiefen Wandlungen. Für Schein und Traum mag das Leben erklären, wer nur an der Oberfläche haftet und in ihrem Spiel nichts gewahrt, was jene Mühe lohnt; seine Wesenhaftigkeit wird unangreifbar, sobald die ungeheuren Widerstände die letzte Tiefe bewegen und die Kräfte des Grundes aufrütteln.

Das alles überschreitet den Bereich der Beweise, es trotzt aller Ableitung. Aber selbst bei der wissenschaftlichen Forschung kommt die Arbeit schließlich auf einen Punkt, wo alle Beweise in eine Grundbehauptung münden; um so weniger kann es Bedenken erregen, das Ganze des Lebens auf eine Tatsache ursprünglicher Art zu gründen, anzuerkennen, daß schließlich alle Probleme auf das eine Problem einer Bejahung oder Verneinung des Lebens führen. Dort ein Ergreifen der Aufgabe als einer eignen Angelegenheit und ein freudiges Eintreten in den Kampf trotz aller seiner Verwicklung, hier ein Ablehnen der Mühen und ein kühles Verhältnis zu den Dingen; dort Liebe, Glaube und Arbeit, hier Kälte, Unglaube und Vernünftelei; dort ein williges Aufsichnehmen des Leides, weil es Liebe erzeugen kann, hier ein Verzicht auf die Liebe, um möglichst das Leid fernzuhalten. Da es kein Drittes, da es keine höhere Instanz gibt, vor der die Gegner ihren Streit ausfechten könnten, so stehen wir hier vor einem grundsätzlichen Entweder-Oder, vor einer einzigen wesenbegründenden und lebensbestimmenden Tat. Die Entscheidung liegt dann nicht bei verstandesmäßigen Beweisen, sondern bei Zeugnissen des Geistes und der Kraft.

Diese aber sprechen nicht zugunsten des Pessimismus. Denn seine Art, die Bewegung des Lebens mehr von außenher zu betrachten als aus eigner Tätigkeit mitzumachen, den vorgefundenen Bestand endgültig hinzunehmen, statt sich Wandlungen und Erhöhungen offenzuhalten, kann nichts fördern und wecken, keine Liebe entzünden; überall muß sie lähmend, niederdrückend, ertötend wirken. Wo es als Kern der Lebensweisheit gilt, die Spannung herabzumindern, den Menschen und seine Welt gleichgültig zu nehmen, da kann nichts Großes keimen und reifen. Große Leistungen sind immer nur daraus hervorgegangen, daß Glaube und Vertrauen Unmögliches möglich machte und durch schaffende Tat zur Wirklichkeit führte; während da, wo ein Unglaube des Wesens ein Aufquellen neuen Lebens hemmt, alle Regung ins Kleine und Flache verläuft. So hat mit Recht Goethe in dem Kampf zwischen Glauben und Unglauben das Hauptthema der Weltgeschichte gefunden. Wenn also der Mensch mit allem Beginnen den feindlichen Mächten unterliegt, so hat ihn nicht ein unabwendbares Schicksal dazu verdammt, sondern er selbst hat sich verdammt, indem er nicht den Mut reinen Lebens fand.

Die Verschärfung des Nein durch jene Philosophie der Entsagung kann daher nur soweit zur Förderung wirken, als das Nein ein Ja vorbereitet und ihm dient; der Pessimismus hat ein gutes Recht nur als Stück oder Stufe einer weiteren Überzeugung, einer Bewegung, die über ihn hinausführt. Wie die völlige Verneinung das Leben verflacht und verflüchtigt, so macht sie auch wehrlos gegen die Abarten eines echten Pessimismus, die der Jahrmarkt der Durchschnittskultur in reicher Fülle aufbietet. Hier gewahren wir einen rhetorischen Pessimismus, der das Problem des Wertes unseres Daseins wie eine Schulthese mit Lust und Behagen behandelt, seinen Witz und Scharfsinn daran übt und seine ganze Kunst dafür einsetzt, die Leiden des Daseins grell auszumalen; wir gewahren ferner einen Pessimismus der Eitelkeit, dessen Aufweisung der Torheit und Schlechtigkeit anderer vornehmlich beflissen ist, die eigne Überlegenheit ins Licht zu stellen, der daher aller Nichtigkeit die Vortrefflichkeit des Beobachters selber entgegenhält; wir gewahren endlich einen verbissenen und verärgerten Pessimismus, der hinter allem Großen Kleines, hinter allem Edlen Gemeines wittert, es schadenfroh aufstöbert und dem Menschen überall die Freude am Guten und Schönen vergällt. Das sind freilich pathologische Erscheinungen, die den echten Pessimismus nicht treffen. Aber wie er sie mit seinen Mitteln überwinden will, ist nicht zu ersehen; auch bekunden sie deutlich, daß die Verneinung des Lebens einer Verzerrung durch menschliche Kleinheit nicht minder unterliegt als die Bejahung; der landläufige Pessimismus kann ebenso flach werden als der landläufige Optimismus.

So hilft uns weder der eine noch der andere Weg aus der Verwicklung. Optimismus und Pessimismus mögen einander gegenseitig widerlegen, aber keiner von ihnen kann den anderen gänzlich verdrängen und sich allein auf sich selbst stellen; jeder hat solange recht als er angreift; er gerät ins Unrecht, sobald er den Gegner abwehrt. Ja es kann keine Richtung ausschließlich gelten, ohne daß das Leben erstarrt und sich verflacht; nur der Gegensatz scheint es wach zu halten. — Wie aber unser Leben den Gegensatz umspanne und den Widerspruch überwinde, das ist noch nicht aufgehellt; was hier und da an Aussicht darauf erschien, das müßte viel weiter verfolgt und viel festeren Zusammenhängen eingefügt werden, um den Zwiespalt zu überwinden. Bis dahin bleibt die Lage ungeklärt und das Leben gespalten. Der Vernunft gibt es zu viel, als daß wir völlig verzichten, der Unvernunft zu viel, als daß wir zuversichtlich bejahen könnten; eine Tiefe der Dinge wurde ersichtlich, aber sie erreichte keine volle Wirklichkeit; die Geisteswelt mit ihren Gütern verschwindet nicht, aber für uns Menschen behält sie eine schattenhafte Art; so kann sie das Feindliche von dem Platz, den sie selbst fordert, nicht vertreiben. Daher bleibt die Überzeugung geteilt und das Handeln gelähmt, zu Großem scheinen wir berufen, aber wir entbehren der Kraft zur Ausführung; Probleme und Lösungen gehen weit auseiander. Wenn sich aber ein Abschluß an dieser Stelle verbietet, so gilt es nach anderen Lösungen auszuschauen; wir müssen eine Wendung erstreben, die nicht den Zwiespalt aufhebt, uns aber seinem Bereich entwindet.

3. Der Weg der Rettung.

a) Begründung.

Wenn ein Aufstieg zur Geistigkeit, die Eröffnung eines Beisichselbstseins des Lebens, ebenso unbestreitbar ist, wie die Tatsache eines unüberwindlichen Widerstandes dagegen und einer daraus erwachsenden Hemmung, wenn damit unser Leben als Ganzes in einen schroffen Widerspruch ausläuft, so bleibt kein anderer Weg zur Rettung als eine Erhebung über den Bereich des Zusammenstoßes; wenn sich Mut und Kraft zum Leben irgendwie erhalten sollen, so darf die Welt des Zusammenstoßes nicht die einzige und letzte bleiben, die Hemmung nicht die ganze Wirklichkeit treffen. Das führt zur Frage, ob sich nicht ein Wirken und Walten der Vernunft jenseits der Verwicklung erschließt, ob wir nicht den Kern unseres Wesens in solches Wirken versetzen und aus seiner Kraft den Widerspruch angreifen können. Diese neue Ordnung würde von der Breite des Daseins aus als etwas Jenseitiges, als eine Überwelt erscheinen, in Wahrheit würde sie den Begriff der Wirklichkeit erweitern, innerhalb des neuen Raumes aber für sich die erste Stelle fordern, die übrige Welt hingegen als eine besondere Art der Wirklichkeit verstehen und sie an die zweite Stelle drängen. Um volle Befriedigung zu geben, müßte aber die neue Ordnung die letzte und schlechthin ursprüngliche bedeuten und aller Hemmung und Entstellung überlegen sein; nur wenn sie als höchste Macht und Wahrheit uns ein schaffendes Leben eröffnet, schützt sie uns dagegen, in die Verwicklungen zurückzusinken, von denen sie befreien sollte. Daher wächst das Verlangen nach einer überlegenen Geistigkeit sofort zu dem nach einem letzten und höchsten, einem alles beherrschenden absoluten Leben. Das Streben, diesen letzten Punkt zu ergreifen und ihm das menschliche Tun zu verknüpfen, ist die Seele aller Religionen.

Die Frage eines Reiches überwindenden Lebens, einer selbständigen Tatwelt, ist vor allem eine Frage der Tatsächlichkeit; ein bloßes Sicherheben des Denkens über die Welt, um alsbald zu ihr zurückzukehren, ein dialektisches Spiel zwischen Immanenz und Transzendenz, wie die Hegelsche Philosophie es oft hervorgebracht hat, mag den Augenblick blenden, es muß sich aber bald als ungenügend erweisen. Wie nahe hier der Umschlag liegt, das zeigt die Erfahrung der Hegelschen Philosophie selbst in der Wendung zu einem zerstörenden Relativismus deutlich genug. Es handelt sich also um die Eröffnung einer neuen, welterzeugenden Tatsächlichkeit; lebendige Mächte müssen eintreten, ein neuer Standort, ein neuer Lebensgehalt gewonnen werden; eine deutliche Entscheidung zwischen dem

Ja und dem Nein ist nicht zu umgehen. Das Ja erzeugt ein Auseinandertreten wie der Welt so des Lebens, wenn auch innerhalb einer umfassenden Wirklichkeit. Aber solche Zweiheit könnte und dürfte nicht erschrecken; denn wir dürfen die Welt nicht gemäß unseren Wünschen zu rechtlegen, sondern wir haben sie in ihrem wirklichen Bestande offen und ehrlich anzuerkennen.

Aber wenn jede Tatsache erwiesen sein will, so macht der Erweis einer so umfassenden und so umwälzenden Tatsache, wie sie hier in Frage steht, größte Schwierigkeit; es versagen dabei die Mittel und Hilfen innerhalb unserer Erfahrung. Selbst der Standort, von dem aus sich der Erweis einer neuen Welt unternehmen läßt, ist erst zu gewinnen; die Erfahrung der geistigen Arbeit hat hier manche Versuche als unzulänglich erwiesen, die sich als die nächsten empfahlen. Der Erweis ist nicht von der Welt der Erfahrung her zu führen, sei es der Natur, sei es der Geschichte. Denn diese sind viel zu verworren und vieldeutig, ja zu widerspruchsvoll, um die entscheidende Wendung zu begründen; auch ist was hier an Geistigkeit aufkommt, viel zu gebunden und eingeschränkt, um uns eines selbständigen Lebens zu vergewissern. Einen aller Besonderheit der Dinge überlegenen Gipfel erklimmt die ontologische Spekulation, indem sie die Einheit und Ewigkeit des Lebens zur Hauptsache macht, aber auf ihm verschwindet aller sinnvolle Gehalt; auch vertieft sie mehr den Weltbegriff als sie eine neue Ordnung einführt. — Das Scheitern der Versuche beim Makrokosmus empfahl eine Wendung zum Mikrokosmus, das kosmologische Verfahren wich einem psychologischen; die eigene Erfahrung des Menschen sollte Tatsachen bringen, welche jenes überlegene Beisichselbstsein bezeugen und uns innerlich näher bringen. Dieser Weg macht das Leben frischer und unmittelbarer, die blassen Umrisse der Weltentwürfe erhalten mehr Wärme und Farbe. Aber solange das Seelenleben sich auf seinen Sonderbereich beschränkt, die große Welt draußen läßt und sich dabei unvermeidlich an die einzelnen Individuen zerstreut, ist es viel zu schwankend und schwach, um eine neue Welt zu begründen und dem eignen

Zustand zu entfliehen. Auch hängt es viel zu sehr an der Zufälligkeit des gegebenen Befundes, oft verbindet es naturhaften Glückstrieb und kleinmenschliche Art mit der Weltlage, die zu überwinden war.

Das einzige Verfahren, das weiter zu suchen gestattet, ist durch den Gesamtverlauf der früheren Abschnitte dargetan und gerechtfertigt worden; es ist jene noologische Behandlung, die weder die Welt noch die Seele als gegebenes Dasein zum Ausgang nimmt, sondern das Geistesleben, das den Gegensatz umspannt und sich nicht von draußen her auf eine Welt bezieht, sondern sich selbst von innen her zu einer Welt erweitert. Freilich gilt dies Verfahren und verheißt es einen Weg zur Wahrheit nur als Ausdruck einer Grundüberzeugung, die jenseits aller bloß methodologischen Erwägung liegt: die Erfahrungen des Geisteslebens können eine Tiefe der Wirklichkeit nur erschließen, wenn das Geistesleben selbst als Beisichselbstsein des Lebens eine zentrale Stellung hat, wenn in der Wendung zu ihm eine Bewegung des Weltprozesses, ein Selbständigwerden und eine Selbstvollendung der Wirklichkeit anerkannt wird. Nur dann kann die Teilnahme am Geistesleben den Menschen aus der Mitte des Stromes heraus in reine Ursprünge versetzen und eine Wahrheit echter Art eröffnen. Wer das noologische Verfahren und seine Grundlage ablehnt, der begibt sich jeder Möglichkeit, auf wissenschaftlichem Wege einer Welt selbständiger Geistigkeit inne zu werden und dadurch den menschlichen Bereich dem Widerspruch zu entwinden.

Wie dieses Verfahren unser Problem weiterführen kann, das ist jetzt näher zu erwägen. Es haben hier die Erlebnisse und Erfahrungen des Lebens selbst zu sprechen, sie werden sprechen, wenn in seinem Ganzen eine innere Abstufung erkannt wird, wenn sich eine Betätigung, die den Konflikt hinter sich hat, genügend von der in ihn verwickelten scheidet, wenn sich damit die Geistigkeit nicht nur als grundlegend und kämpfend, sondern auch als überwindend erweist. Zum Hauptproblem der Untersuchung wird damit die Frage, ob eine Art des Lebens besteht, welche die Tatsache der Unvernunft vollauf zu würdigen und sich gegenwärtig zu halten vermag, ohne unter ihren Bann zu geraten, die vielmehr Neues zu schaffen und dies Neue in ein Ganzes zusammenzuschließen vermag.

Nun haben schon die früheren Abschnitte sich bemüht, das Geistesleben als Ganzes anzuerkennen, so daß diese Stelle nicht etwas völlig Neues, Plötzliches, Überraschendes erwarten läßt; schon in dem Früheren muß das, was wir suchen, irgendwie enthalten sein. Aber dort ging die Frage noch nicht nach der Richtung, in der die Erfahrung der schweren Verwicklung uns suchen heißt; zwischen dem, was vor oder nach dieser Erfahrung liegt, war nicht deutlich geschieden; so kann ganz wohl das, was wir jetzt suchen, schon dort vorhanden sein, aber noch mit anderem vermengt, daher ohne scharfe Ausprägung und ohne volle Aufbietung seines Vermögens. Sollte jetzt aber eine Scheidung möglich und notwendig werden, so mag sich das Neue zum Ganzen zusammenfassen und damit auch für uns als etwas Neues wirken, es mag eine innere Bewegung des Lebens von einer grundlegenden und kämpfenden zu einer überwindenden Geistigkeit erkennbar werden, die eine Fülle neuer Tatsachen erschließt. Es ist verkehrt, einen Gewinn an Tatsächlichkeit nur von außen her zu erwarten, da doch die wichtigsten Fortschritte stets von innen gekommen sind, indem sich schärfer zerlegte, was zunächst einfach und gleichartig dünkte, indem starke Bewegungen ersichtlich wurden, wo zunächst volle Ruhe zu walten schien. Das gilt vor allem von den Grundfragen des Lebens.

Es hat aber diese Frage der Scheidung das Augenmerk vornehmlich darauf zu richten, ob jenseits der Hemmung und Erschütterung ein selbständiges und selbstgenugsames Geistesleben wirkt. Denn das war der Hauptgrund der Verwicklung, daß das Geistesleben wohl eine Selbsttätigkeit beginnen, daß es aber für den Menschen nicht zu einem vollen Abschluß und ausgeprägten Charakter gelangen konnte, ohne ein entgegenstehendes Dasein zu ergreifen und sich in seiner Aneignung weiterzubilden. Das Fremde aber, auf das es damit angewiesen ward, erwies weit mehr Macht und Zähigkeit als zu Anfang erwartet wurde; indem es sich starr behauptete und die aufsteigende Bewegung festhielt, entstand jene Verwicklung, über die wir hinausstreben. Eine Befreiung davon läßt sich nur hoffen, wenn das Leben jenseits des Konfliktes in sich selbst einen Abschluß vollzieht, wenn die neue Welt ein selbständiges Wirken aus sich hervorbringt.

Soweit die Frage, nun handelt es sich um die Antwort. Wir bekennen hier ein entschiedenes Ja. Wo immer jene Analyse des Innenlebens ihr Recht erhält, da muß nicht bloß eine begründende, nicht bloß eine kämpfende, es muß auch eine überwindende Geistigkeit anerkannt werden. Die Erschütterung, welche so tief zurückgreift und unser Geistesleben zwischen Sein und Nichtsein stellt, endet nicht mit gänzlicher Vernichtung, mit einer völligen Auflösung, sondern sie beginnt eine neue Art des Lebens; aus dem Konflikt auf sich selbst zurückgeworfen, bleibt das Leben nicht gelähmt, machtlos und unfruchtbar, sondern es vermag ein selbständiges Schaffen aufzubringen; gegenüber der Welt des Kampfes und der Vermengung erfolgt eine Wiedergeburt und Erhöhung. Dies neue Leben entsteht aus der Entfaltung der zu sich selbst zurückgekehrten Innerlichkeit, aus einer tätigen Erweisung des vollen Beisichselbstseins des Lebens, hier beginnt eine in sich selbst gegründete Innerlichkeit einen eigenen Gehalt zu zeigen und ihn gegen alles Fremde und Feindliche durchzusetzen. Dies Schaffen umspannt nicht gleichmäßig alle Weite des Lebens, sondern es bildet ein besonderes Reich und gibt dies als die Seele des Ganzen; es unternimmt es, in ihm die Geistigkeit zu vollem Siege zu führen.

Es hat sich aber die neue Welt sowohl im persönlichen Leben des einzelnen als in großen Bildungen der Geschichte zu bewähren; hier wie da muß sie sowohl einen neuen Ausgangspunkt der Bewegung und eine Zusammenfassung zum Ganzen als eine Entfaltung neuer Kräfte und Werte bieten; sie wird nicht nur den Gehalt, sie wird auch die Art des Lebens verändern, sofern die Tätigkeit nun nicht mehr in Einem Zuge oder nach Einer Formel verläuft, vielmehr aus schwerer Erschütterung neue Anfänge aufbringt und das Leben aus einer fortlaufenden Reihe in eine Stufenfolge von Bildungen verwandelt.

So erscheint es zunächst im Bereich des Einzelnen. Jenseits aller Aufregung und Verwicklung, aller Hemmung und Erschütterung eröffnet sich ein Reich bei sich selbst befindlichen Lebens in der Bildung einer welt überlegenen Persönlichkeit. Es kann ein solches Leben aber nur dadurch entstehen, daß unser Wesen eines direkten Verhältnisses zum Quell alles Lebens fähig wird und ein Verkehren von Ganzem zu Ganzem gewinnt. Mag ein solches Leben zunächst in jenseitiger Ferne über der Wirklichkeit zu schweben scheinen, es behauptet mit gutem Recht, dieser erst eine Seele zu verleihen, es setzt alles Leben, dem die direkte Beziehung auf das absolute Leben fehlt, zu einer bloßen Umgebung herab.

Daß der Mensch in diesem neuen Leben nicht ausschließlich seine Stellung nehmen und das Reich seiner Arbeit nicht unmittelbar daran anschließen kann, das hat uns später zu beschäftigen; daß wir überhaupt in ihm Stellung zu nehmen und von ihm aus alles übrige zu erleben vermögen, das verändert unser ganzes Leben. Wie dieses erst mit jener Wendung eine volle Ursprünglichkeit erreicht, die ihm innerhalb der Welt verkümmert wurde, so erhalten erst durch die hier mögliche Verinnerlichung die ihm unentbehrlichen Größen eines selbständigen Handelns und einer vollen Freiheit einen festen Grund, und werden sie allen Hemmungen von innen und außen gewachsen. Sonst stellt die Welt des Menschen das Handeln unter den Einfluß mechanischer Kausalität und gibt sie der Entwicklung eine Gestalt, welche alle Selbsttätigkeit aufhebt. Denn wo eine einzige Verkettung den ganzen Lauf der Zeiten umspannt und alles Spätere als notwendige Folge hervortreibt, da gibt es kein eignes Handeln und zugleich keine echte Geschichte, auch keine echte Gegenwart. Entwicklung und Geschichte, Größen, welche die Verworrenheit des heutigen Denkens oft als gleichbedeutend nimmt, sind in Wahrheit schroffe Gegensätze: wo bloße Entwicklung, da ist keine Geschichte, wo echte Geschichte, keine Entwicklung. Eine Geschichte, und zugleich eine echte Gegenwart, eröffnet sich uns erst durch die Möglichkeit, von der Weltarbeit auf ein ursprünglicheres Leben zurückzugehen, hier die scheinbar erledigte Frage von neuem aufzunehmen und dem in Mechanismus und starre Gewöhnung verfallenden Dasein frische Kräfte zuzuführen. So gewiß wir ein eignes Handeln und eine lebendige Gegenwart fordern, so gewiß verlangen und bejahen wir eine neue Art des Lebens, eine überlegene und überwindende Geistigkeit. Handeln und Gegenwart aber ruhen auf dem Begriff der Freiheit; auch diesen rettet nur die besondere Wendung, welche er hier erhält. Wohl enthält das Geistesleben von Haus aus eine Selbsttätigkeit gegenüber aller Bindung durch Kausalität; Freiheit und Ursprünglichkeit sind die Grundbedingung einer geistigen Welt. Aber in den menschlichen Verhältnissen kam die Freiheit gegen feindliche Mächte nicht voll auf, Natur und Schicksal wirkten ihr wie von außen so von innen entgegen, so daß sie aufs stärkste eingeengt, ja beinahe unterdrückt ward. Wenn nun jene direkte Wendung zum absoluten Leben eine neue Welt eröffnet und eine Entscheidung über das Ganze verlangt, so wird damit wieder ein Platz für die Freiheit gewonnen und ihr ein Recht in der inneren Werkstatt des Lebens gesichert. Nur bei einer solchen Begründung in einer neuen Welt und nur als Entscheidung über das Ganze kann sich die Freiheit behaupten, nicht wenn unser ganzes Leben einer gegebenen Welt angehört und alles Handeln nur ein Stück ihres Getriebes bildet. Daher wird die Freiheit ein Wahnbild, wo die Scheidung der Welten und die innere Entscheidung des Lebens verkannt wird.

Wie aber die überwindende Geistigkeit uns erst einer Freiheit, eines eignen Handelns und einer echten Gegenwart versichert, so fordern alle wesentlichen Fortbildungen der geistigen Wirklichkeit, alles vordringende und umwandelnde Schaffen, eine Wechselwirkung beider Lebensstufen, ein Hin- und Hergehen von der einen zur anderen, ein Streben nach Verbindung zu einem Ganzen des Lebens. Der Punkt des Zusammenstoßes bildet die Stelle, wo die tiefsten Quellen des geistigen Schaffens fließen, wo innere Erweiterungen die Schranken unseres Standes mehr und mehr zurückschieben und das Unmögliche durchsetzen.

Was so schon der durchgehende Anblick des Lebens erkennen läßt, das bestätigt und befestigt die weltgeschichtliche Bewegung. Hier sind es besonders die Religionen, welche die Macht einer überwindenden Geistigkeit verkünden. Der Zusammenschluß der Religion zu einem besonderen Gebiet ist selbst eine Tatsache bedeutendster Art. Denn so gewiß von Haus aus alle Entfaltung geistigen Lebens vom Wirken des Ganzen der Tatwelt getragen wird, so entstand aus der Beziehung darauf kein eigentümliches Leben, solange die Arbeit nicht durch den Widerstand auf den Ursprung zurückgeworfen wurde; hier blieb die Religion nur ein Stück der Kulturarbeit und diente ihrer Vertiefung; was die ganze Ausdehnung durchdrang, das bedurfte keiner Verkörperung zu einem besonderen Reich. Die selbständige Macht, welche die Religionen gewonnen und die Fülle neuen Lebens, die sie erschlossen haben, bezeugen deutlich das Bestehen und Wirken einer überwindenden Geistigkeit. Wo das religiöse Problem einmal die Menschen und Völker packte, da wurde es ihnen bald zur Seele des Lebens und ließ sie nicht wieder los; selbst wenn sie sich für die Verneinung entschieden, blieb es das Problem des Absoluten, das am meisten Leidenschaft entflammte und das Innere am stärksten hervortrieb. Wie die Einzelnen, so prägen auch die Völker ihre Eigentümlichkeit nirgends kräftiger aus als auf diesem Gebiet. Auch verbindet dieselbe Macht, welche die letzte Tiefe der Innerlichkeit aufregt, mit einzigartiger Kraft die Menschen zu großen Gemeinschaften und beherrscht ihr Zusammensein. Die stärkste Bewegung innerhalb der Welt war schließlich die Idee einer Überwelt. Dabei weiß sich die Religion mit ihrer unmittelbaren Beziehung auf das absolute Leben aller bloßen Kulturarbeit, die jenes nur durch Vermittlungen ergreift, weit überlegen; während sie jene, wenn nicht als gleichgültig, so doch als minderwertig zu behandeln pflegt, gibt sie ihren eignen Gehalt als einen unbedingten Selbstwert, als keiner Schätzung von draußen her faßbar, keiner Begründung von draußen bedürftig. Solche Überlegenheit verlangt eine Jenseitigkeit, aber nicht eine inhaltlose Jenseitigkeit, welche die Religion bald hätte ins Leere führen müssen, sondern eine solche, die einen neuen Lebensgehalt, eine neue Art grundmenschlichen Seins einführt, welche Tiefen erschließt, die der Mensch nicht wieder aufgeben kann. Von hier aus erhält auch der Kampf gegen die Religion ein anderes Ansehen als gewöhnlich. Wenn die Geschichte zusammen mit dem Aufsteigen der Religion auch einen starken Widerstand gegen sie zeigt, und zwar nicht nur gegen die Besonderheit ihrer Gestaltung, sondern auch gegen ihre Gesamtidee, so richtet sich der Angriff, näher betrachtet, meist nur gegen die Ablösung und Isolierung jener neuen Welt, nicht gegen die Verinnerlichung, Erweiterung und Umwandlung des Ganzen, welche sie bringt; von dieser hat unser gemeinsames Leben in der Tat Besitz genommen, und selbst die Gegner können auf sie nicht verzichten; ohne die Möglichkeit, sich in ein der Verwicklung überlegenes Reich als in eine sichere Heimat zurückzuziehen und dort aus voller Ursprünglichkeit neue Kräfte zu schöpfen, hätte es sich schwerlich in den harten Kämpfen und Widerständen behauptet. Nur jener Rückhalt ergab die Möglichkeit, durchgreifende Erneuerungen zu vollziehen und gegenüber allem Verbrauch und unvermeidlichem Altern der Kräfte eine ewige Jugend zu wahren. Nurdas läßt auch für das Ganze eine Geschichte entstehen und verwandelt ihre Bewegung aus einer bloßen Leistung für die Kultur in eine innere Erfahrung und Erhöhung, in einen Kampf des Lebens um sich selbst.

Es wird aber die überwindende Geistigkeit, indemsie den Gesamtbegriff der Geschichte bekräftigt, innerhalb seiner eine eigne Art der Geschichte erzeugen, die sich deutlich gegen das übrige Vorgehen abgrenzt. Die Eigentümlichkeit dieses Neuen erhellt besonders klar aus der veränderten und gehobenen Stellung der Persönlichkeit. Denn auf dem neuen Boden sind es durchweg einzelne Persönlichkeiten, seltene Männer ursprünglichen Lebens, welche das Schaffen vollbringen; nur die Gewalt und die Tiefe ihres Lebenskampfes vermag jene innere Bewegung von Welt zu Welt zu erzeugen, vermag von allem Bedingten und Vermittelten auf ein ursprüngliches Leben zurückzugreifen und ihm deutliche Gestalten wie einen kräftigen Gehalt abzuringen. Diese Persönlichkeiten hätten aber nie wirken können, was sie wirkten, wären sie vereinzelte Punkte geblieben, hätten sich nicht von ihnen aus Lebenstypen und Lebensmächte gebildet, welche Jahrhunderte und Jahrtausende beherrschen und zu einem gemeinsamen Besitz der Menschheit werden. Dies Gemeinsamwerden des zunächst in einzelnen Persönlichkeiten durchbrechenden Lebens ist selbst eine Tatsache wichtigster Art, es zeigt dieses Leben der Zufälligkeit und Begrenztheit der Individualität überlegen, es bildet ein beredtes Zeugnis für die Wirklichkeit, ja Notwendigkeit der neuen Welt. Aber die Persönlichkeiten sinken damit nicht zu einem bloßen Mittel und Werkzeug, in ihnen allein gewann das neue Leben volle Gestalt, ward es zu Fleisch und Blut, aus ihnen wirkt es mit überwältigender Klarheit und Kraft; so müssen sie als Maßstäbe der Gesamtheit gegenwärtig bleiben und sie immer von neuem zu sich zurücklenken, das Weiterstreben selbst pflegt hier ein Zurückgreifen auf den Anfang zu werden. Damit ein völlig anderer Anblick der Geschichte, auch eine andere Stellung des einzelnen zur weltgeschichtlichen Bewegung. Dies neue Leben erscheint, als Ganzes betrachtet, unfertiger und zerrissener als die Kulturarbeit, die Leistungen erzeugen immer neue Fragen, und immer von neuem verlangt das Ganze Entscheidung und Kampf. Aber das untergräbt nicht die Tatsächlichkeit des neuen Lebens. Denn nirgends mehr als hier bezeugen die Fragen mit ihrer aufrüttelnden und fortbildenden Kraft nicht nur Tatsachen, sondern sie sind selbst Tatsachen, Tatsachen erster Ordnung.

Die Wandlungen und Weiterentwicklungen behandelten wir zunächst als Erlebnisse unseres eignen Kreises, nirgends anders als hier können wir das neue Leben ergreifen. Aber die Meinung ist dabei nicht, es auf uns zu beschränken und uns in ihm gegen das All abzusondern; so gewiß wir von dem Seelenleben des Individuums ein Geistesleben scheiden und ihm eine eigne Erfahrung zuerkennen, so gewiß gilt uns auch jene neue Leben als unmittelbar einem Weltleben angehörig; den Weltcharakter erhält es nicht nachträglich mit Hilfe verwickelter Schlußfolgerung, sondern es besitzt ihn von vornherein, es hat ihn nur zu klären und abzugrenzen. Von Anfang an konnte das Aufkommen des Geisteslebens gegenüber der Natur nicht als ein Werk der zerstreuten Individuen gelten, sie wären einer unendlichen Welt gegenüber schier verloren gewesen; das Unternehmen des Menschen mußte von innen her über das Vermögen des Punktes hinausgehoben und einem Gesamtleben eingefügt sein, um auch nur als Streben verständlich zu werden; alle späteren Hemmungen und Verwicklungen zerstören nicht diesen Weltcharakter des Geisteslebens. Diesen muß aber die Wendung zu einer überwindenden Geistigkeit noch deutlicher hervorkehren und noch stärker empfinden lassen. Denn nunmehr ist das Unvermögen des Menschen noch sinnfälliger geworden, sein Gespaltensein durch Widersprüche, seine Ohnmacht gegenüber dunklen Gewalten. Erfolgt trotzdem eine durchgreifende Wendung und Erneuerung, und bildet sich eine neue Art des Lebens, so kann das nur als eine weitere Eröffnung der Geisteswelt, als ein Schaffen aus einem überlegenen Ganzen, als eine Gegenwirkung seiner gegen die weltbedrohende Unvernunft gelten. Jenes Ganze erweist sich damit in überwindender Tat, es erscheint nicht mehr bloß als eine Macht der Grundlegung und der Erhaltung, sondern auch als eine Macht der Rettung und der Erhöhung.

Damit verändert sich das Gesamtbild der Wirklichkeit. Der Grundbegriff des Lebens vertieft sich, der Kern des Geschehens verlegt sich. Es erscheint eine Welt des Beisichselbstseins mit festem Eigenbesitz jenseits der Welt der Widersprüche; diese bedeutet nicht mehr die letzte und ganze Wirklichkeit, sie wird zu einer besonderen Art des Seins, zu einem Gebiete, wo eine tiefer gegründete und mit ihrer Wurzel in ursprünglichen Gründen verbleibende Geistigkeit sich aufringt und im Kampf gegen feindliche Mächte durchsetzt. Woher dieser Widerstand komme, und ob er schließlich vielleicht einem Vernunftzweck diene, das können wir nun und nimmer ergründen; die Erklärungsversuche führen uns entweder in phantastische Spekulationen, die das Rätsel durch größere Rätsel lösen möchten, oder in die Gefahr einer Abschwächung des Tatbestandes der Unvernunft; augenscheinlich ist hier ein Grenzpunkt, jenseits dessen alles Mühen versagt. So müssen wir uns an die Tatsache halten, daß allem Feindlichen gegenüber schließlich das Leben eine Überlegenheit erweist, daß die Wirkung dessen auch in unser Leben hineinreicht und uns der Welt des Zwiespalts entwindet,

Diese Welt selbst tritt in ein anderes Licht, wenn das Leben nicht mehr in ihr abschließt, sondern sie ein Ausschnitt eines größeren Ganzen wird; nun verlieren ihre Schranken und Bedingungen die ausschließliche Gültigkeit, nun ergibt sich die Möglichkeit, daß, was hier unfertig bleibt, letzthin doch irgendwie vollendet wird, daß was hier bare Unvernunft scheint, in unerforschlichen Zusammenhängen irgendwelche Beziehung zur Vernunft gewinnt. Es könnte ja auch zur Erziehung der Menschheit gehören, daß manches, was schließlich einer Vernunft dienen mag, uns als durchaus vernunftlos erscheint. Das sind bloße Möglichkeiten, ungewisse Aussichten, die wir nicht näher verfolgen können. Aber über den Stand beliebiger Einfälle und leerer Phantasmen hebt die Tatsache hinaus, daß im Zentrum unseres Leben die Wendung zur überwindenden Geistigkeit eine Notwendigkeit der geistigen Selbsterhaltung wird; jene Wendung aber enthält eine neue Welt, unser Unvermögen, sie näher zu entwickeln, erschüttert nicht die Grundtatsache ihres Aufsteigens. Von hier angesehen erscheint aber das neue Leben nicht als etwas Fernes und erst zu Erhoffendes, sondern als etwas unmittelbar Gegenwärtiges und völlig Gewisses, ja als das Nächste und Gewisseste von allem, es bildet kein Jenseits, sondern ein Diesseits, das einzigwahre Diesseits. Aber es ist dies nur unter Umkehrung nicht nur des ersten Bildes der Welt, sondern auch des Lebensstandes, es ist es nur bei Anerkennung dessen, daß wir letzthin nicht von außen nach innen, sondern von innen nach außen leben und sehen.

Alles dies kann die Philosophie nur im allgemeinen Umriß entwerfen, sie kann nur den Rahmen abstecken, den die nähere Erfahrung des Lebens auszufüllen hat. Diese Aufgabe ergreifen vornehmlich die geschichtlichen Religionen, mit ihrer Begründung durch ursprüngliche Persönlichkeiten und ihrer Entfaltung charakteristischer Lebenstypen möchten sie dem neuen Leben auch bei uns eine volle Wirklichkeit geben. Der Beweis der Wahrheit hat hier seinen Kern und seine Kraft in der Anschaulichkeit und überwältigenden Macht des Lebens, das bei den schaffenden Persönlichkeiten aus dem direkten

Verhältnis zum absoluten Leben entsprang; daß dies Verhältnis hier zum allesbeherrschenden Mittelpunkte wurde, daß hier die überwindende Geistigkeit mit der Gewißheit einer unmittelbaren Gegenwart wirkte und zugleich sich zu einer völlig durchgebildeten Art verkörperte, das enthob die Grundtatsache allem Zweifel und gab dem neuen Leben sichere Bahnen.

Freilich kann die ausschließliche Festhaltung dieser Art zu hartem Zusammenstoß mit der philosophischen Betrachtung führen; sie führt zu ihm, sobald alles neue Leben an diesen besonderen Punkt gekettet und die gesamte Geschichte lediglich auf ihn bezogen wird. Denn dann wird das Maß zu eng, viel echtes Leben wird entweder ausgeschlossen oder doch unbillig herabgesetzt; auch wird an dem Hauptpunkte das Ewige nicht genügend von dem Zeitlichen geschieden, und erhebt dieses die Ansprüche, die jenem allein gebühren. Damit empfängt die Philosophie die Aufgabe, gegenüber jener drohenden Einengung die gemeinsame Tatsache zu verfechten, eine die ganze Geschichte durchdringende Erweisung jener überwindenden Geistigkeit aufzuzeigen, auch die Religion bei aller Anerkennung des Geschichtlichen von der Zufälligkeit des Geschichtlichen zu befreien. Sie wird darauf bestehen, daß alle Eigentümlichkeit, so neu und unvergleichlich sie sein mag, von der gemeinsamen Tatsache umfaßt bleiben muß; ferner aber wird sie die verschiedenen geschichtlichen Bildungen daraufhin prüfen, welche von ihnen vornehmlich das Ganze jenes Lebens aufnimmt und weiterführt. Dabei haben ihr die Religionen nicht als fertige Daten zu gelten, die geschlossen hinter uns liegen, sondern als lebendige Typen und Mächte, die sich immer neu gestalten und immer reiner ausprägen müssen, die nicht minder Aufgaben als Tatsachen sind, — „das große Werk der geistigen Schöpfung dauert noch fort" (Schleiermacher). — Für jene Schätzung ist besonders wichtig die Frage, ob sowohl die positive als die negative Seite des Lebens genügend zur Entwicklung gelangt, ob die Hemmung, das Leid, die Verkehrung voll gewürdigt und zugleich aller bloß naturhafte Lebensdrang ausgetrieben wird, ob andererseits die Bewegung nicht in der Verneinung stecken bleibt, sondern sich aus der Erschütterung mit aufbauender Kraft zu einer neuen Lebensstufe erhebt. Die drei Weltreligionen, der Buddhismus, das Christentum, der Mohammedanismus, scheiden sich deutlich bei dieser Frage, das Christentum aber darf sich an dieser Hauptstelle als die Spitze fühlen. Denn dem Mohammedanismus fehlt zu sehr die innere Erschütterung und zugleich die Erhebung über die bloße Natur; der Buddhismus vollzieht die Verneinung so gründlich wie möglich, aber er gibt der Bejahung nicht die entsprechende Kraft; indem das Christentum beide Seiten gleichmäßig zu umspannen sucht, erzeugt es die stärkste innere Bewegung, und vermag es das Streben nach einer überwindenden Geistigkeit zu führen.

b) Auseinandersetzung mit dem Zweifel.

Die neue Wirklichkeit bedarf offenbar einer weiteren Klärung und Entwicklung, aber diese Aufgabe können wir nicht unternehmen, ohne uns zuvor mit dem Zweifel auseinanderzusetzen, der das Ganze bestreitet und seine Wahrheit bedroht. Gewiß ist er nicht aus der Luft gegriffen, der neuen Welt mangelt für uns sowohl in der Erweisung nach außen als in der Durchbildung bei sich selbst so viel, daß die Frage sehr begreiflich ist, ob sie sich überhaupt zu behaupten vermag. Die Umwälzung erstreckt keinerlei sichtbare Wirkungen in unsere Welt, sie läßt alles beim alten, die Unvernunft wird nicht gehemmt, die Vernunft nicht gefördert, das Böse kann sich breit entfalten, dem Guten fehlen genügende Mittel und Waffen, die verheerenden, zerstörenden, erniedrigenden Mächte verrichten ihr Werk ungestört. Wie sollen wir das verstehen? Wäre nicht zu erwarten, daß der Quell der überwindenden Geistigkeit direkt in den Weltlauf eingriffe und dem Guten zum Siege verhülfe? Wenn aber unser Auge mit aller Anstrengung das nicht zu erkennen vermag, wenn der Weltlauf sich zu der innerlich vollzogenen Wendung starr und gleichgültig verhält, wenn selbst die überzeugtesten Anhänger schließlich nur die Unerforschlichkeit der göttlichen Ratschläge anrufen, wird dann nicht der Zweifel an der Wirklichkeit jener Tiefe zu einem Recht, ja einer Pflicht? Solcher Ohnmacht nach außen entspricht unser Unvermögen, die Grundtatsache selbst genau zu fassen und sie uns verständlich zu machen. Wir gewinnen mit aller Mühe keine anschauliche Vorstellung von jener höheren Macht und der Art ihres Wirkens, wir verfallen mit jenem Unternehmen unrettbar dem Anthropomorphismus. Verstärkt sich damit nicht der Eindruck, daß in dem Ganzen nicht sowohl sich eine unbestrittene Tatsächlichkeit erweist als vielmehr der Mensch nur die eignen Wünsche und Hoffnungen zu einer ersonnenen Wirklichkeit verdichtet? Ergibt der vermeintliche Aufschwung nicht ein Gewebe von Illusionen, das die Pflicht der Wahrhaftigkeit und schließlich auch die Sorge um das Glück zu zerstören gebietet?

So wurde von alters her gefragt, und zwar auch auf der Höhe des Schaffens. Denn auch die leitenden Geister verschonte der Zweifel nicht, sie haben ihn vielleicht am stärksten durchgekostet, ohne das hätten sie schwerlich die Tiefe und Kraft des Lebens erreicht, welche die anderen unwiderstehlich fortriß. Den Zweifel rasch beiseite geschoben und ihn als etwas Ungeheuerliches verdammt haben zumeist die Naturen mittleren Ranges, welche den Spuren anderer nachgingen und sich durch ihren Vorgang die neue Welt als unantastbar versichern ließen.

Sicherlich kann die Beantwortung jenes Problems nicht rasch und nach dem unmittelbaren Eindruck der Dinge, sondern nur nach mannigfacher Vermittlung und aus dem Ganzen der Lebensbewegung erfolgen; erst allmählich ist der Punkt der Entscheidung zu gewinnen. — Die Frage ist verneinend für den entschieden, der dies sinnliche Dasein als die ganze und vollgenügende Welt erachtet, in ihm keine Verwicklung und hinter ihm kein Geheimnis findet, der zugleich alles geistige Leben zu einer Nebenerscheinung herabsetzt. Denn eine solche Denkweise kann schlechterdings nicht verstehen, wie innere Erlebnisse Macht und Gehalt genug erlangen sollten, um den Grundbegriff der Wirklichkeit umzubilden, um Aufgaben des Inneren gegen den Widerspruch der sichtbaren Welt durchzusetzen; das Nein ist dann selbstverständlich, alles Schwanken wird zur Schwäche.

Solche Ausschließlichkeit der Sinneswelt mag den nächsten Eindruck der Dinge für sich haben und aus ihm immer von neuem hervorgehen, aber ebenso deutlich widerspricht sie dem Hauptzug der geschichtlichen Arbeit. Wohl hat diese das Geheimnis innerhalb der nächsten Welt in dem Maße verringert, als sie alle Mannigfaltigkeit einem Kausalgewebe einfügte und allgemeinen Gesetzen unterwarf, aber die Grundlage des Ganzen ist ihr dabei um so undurchsichtiger, um so geheimnisvoller geworden, es hat dieses für den denkenden Geist mehr und mehr seine Handfestigkeit und Selbstverständlichkeit eingebüßt. Wir brauchen nicht Kantianer zu sein, um den Erscheinungscharakter dieser nächsten Wirklichkeit anzuerkennen, um in ihr nicht den Kern, sondern nur eine besonderen Bedingungen unterworfene Betätigung eines wesenhafteren Lebens zu erblicken. Zu diesen besonderen Bedingungen gehört vor allem die Organisation des anschauenden und denkenden Subjekts, es wird zum unerträglichen Dogmatismus, davon abzusehen und die Welt unserer Erfahrung und Vorstellung ohne weiteres als das Reich der Dinge zu geben.

Der Zurückschiebung des Sinnlichen entsprach eine wachsende Entfaltung und Schätzung des Innenlebens. Denn mehr und mehr hat dieses sich von der anfänglichen Zerstreutheit zu einem Ganzen zusammengefunden und aller schwankenden Zuständlichkeit des Individuums feste Gesetze entgegengehalten; immer mehr erweist es eine selbständige Art, und nimmt es damit den Kampf gegen die Außenwelt auf. Wie solche Wandlungen den Gesamtcharakter unseres Lebens und unserer Wirklichkeit verändern, wie sie mehr und mehr die Gedankenwelt zur Hauptsache machen und die sinnliche in ihre Dienste ziehen, das hat uns genügend beschäftigt. Solche Verschiebung des Schwerpunktes eröffnet aber die Möglichkeit, von dem unscheinbaren Innern her tiefer in die Wirklichkeit einzudringen als aus aller Sinnfälligkeit der Außenwelt, ja sie zwingt uns dazu, die das Ganze unserer Gedankenwelt bestimmenden Tatsachen nicht hier, sondern dort aufzusuchen. Auch aller Einblick in die innere Entwicklung der Individuen bestätigt das; denn er zeigt, daß die Hauptrichtung des Denkens nicht durch das bestimmt wird, was von draußen an den Menschen kommt, sondern durch das, was er selbst aus sich macht; das, worin er den Kern seines eignen Wesens setzt, entscheidet darüber, in welchem Lichte sich ihm das Ganze der Wirklichkeit darstellt.

Zugleich gewahren wir, daß diese Entscheidung einen persönlichen Faktor enthält, der allen Beweisen überlegen ist. Das Innere kann nicht bewegen und gestalten ohne eine Anerkennung seiner Überlegenheit, ohne den Gewinn der Überzeugung; diese Anerkennung fordert aber eine Aneignung der Bewegung, ein selbsttätiges Eintreten in den Kampf. Das aber ist von außen her niemandem aufzuzwingen.

Die Macht dieses persönlichen Faktors beschränkt sich nicht auf den Allgemeinbegriff des Geisteslebens, sie erstreckt sich auch in seine nähere Erfahrung, sie erweist sich besonders bei der Schätzung des Feindlichen, des Bösen. Mag die Ausdehnung der Unvernunft sorgfältig aufgewiesen und beredt geschildert werden, nun und nimmer wird dadurch entschieden, wie schwer sie für uns beim Gesamtbild des Lebens in die Wagschale fällt, nun und nimmer läßt sich dadurch eine Grundüberzeugung, eine innere Stellungnahme zum Bösen erzwingen. Denn keine theoretische Anerkennung der Unvernunft kann bewirken, daß die Mißstände den Menschen innerlich so packen und erschüttern, daß dieses ihm zur Hauptsache wird. Wiederum kommen wir hier auf einen Punkt freier Entscheidung, selbständiger Aneignung; erst das Aufsichnehmen des Problems macht die Unvernunft unerträglich, ruft alle Kräfte zur Gegenwehr auf, verwandelt das Leben in einen Kampf um ein geistiges Sein, um die Selbsterhaltung des eignen Wesens. Auch hier liegt die Entscheidung bei der inneren Energie des Lebens, auch hier erweist sich die Macht eines persönlichen Faktors. Wie wichtig aber die Stellung zum Problem des Bösen für das Ganze der Überzeugung ist, das bekundet die Erfahrung sowohl des geschichtlichen Lebens als der individuellen Entwicklung. Denn wo die Unvernunft der Welt flach gefaßt oder flüchtig beiseite geschoben wird, da fehlt dem Lebensprozeß das Salz und die Schärfe, da bleibt vieles unergriffen und undurchleuchtet, da kann die Lösung der Probleme sich wohl zeitweilig einschmeicheln, nicht aber für die Dauer befriedigen.

Aber auch dieser Wendepunkt bildet noch nicht den Punkt der letzten Entscheidung. Die volle Anerkennung der ungeheuren Macht des Bösen kann den Menschen dem Zweifel und der Verzweiflung überliefern; er ist der Vernichtung verfallen, wenn nicht eine überlegene Macht der Unvernunft entgegenwirkt und ihm an der Überwindung teilgibt. Wie eine überwindende Geistigkeit auch in unser Leben hineinragt, davon haben wir uns überzeugt. Aber mehr als auf den früheren Stufen leuchtet hier ein, daß was immer an Tatsächlichkeit vorliegt, eine volle Wirklichkeit und eine überzeugende Gewißheit für uns nur durch unsere Aneignung erhält, durch das Aufnehmen in den Kern unseres Lebens, oder besser durch ein Verwandeln dieses Kernes in ein Eingreifen und Erweisen jener überwindenden Mächte. Nur damit können die einzelnen Züge sich in ein Ganzes zusammenfassen, nur dadurch kann die Ursprünglichkeit jenes Schaffens zum eignen Erlebnis werden, nur damit das Neue stark genug werden, um einer widerstreitenden Welt zu trotzen. Die Entscheidung erscheint aber hier, gerade in der kräftigsten Belebung unseres Wesens, zugleich als das Werk einer überlegenen Macht, als eine Gabe und Gnade, sie wird nur möglich durch die umbildende Kraft des Gesamtlebens; damit aber erweist sie uns unmittelbar auch die Wirklichkeit des Ganzen. Die Erschütterung unseres Lebens durch das Dunkle und Feindliche führt uns in die schwerste Krise. Die Nichtigkeit des Menschen, die Unhaltbarkeit seiner Stellung in der Welt, sein Unvermögen gegenüber den Aufgaben seines eignen Wesens, die Gleichgültigkeit des Individuums für die Menschheit wie für die Welt ist augenscheinlich geworden. In diesem Reich der Verwicklung gibt es nichts, was ihn hält und trägt, nichts, was seinem Streben Kraft, seinem Leben Wert verleiht. Solche Erschütterung muß allen Trieb zum Leben brechen, auch allen naturhaften Glücksdrang zerstören. Wenn trotzdem das Leben nicht völlig erlischt, wenn aus der Vernichtung der alten Art eine neue entspringt, und wenn sich gar das ganze Leben zu einer erhöhenden Tat aufrafft, so wird die Wirkung einer neuen Welt unverkennbar, so sind wir aller Willkür und Unsicherheit entronnen.

Dies Neue als ein Erzeugnis selbstischen Glücksverlangens, als ein Hineinspielen menschlicher Wünsche in das All, verstehen kann nur eine gröbliche Verkennung des Tatbestandes. Wohl spielt dabei der persönliche Faktor eine noch größere Rolle als an den anderen Stellen, und fordert er eine ursprüngliche Entscheidung. Aber diese Entscheidung ist nicht etwas Vereinzeltes und Zufälliges, sondern sie drängt das ganze Leben zusammen, und sie hält uns auch die anderen Stufen gegenwärtig; die früheren Entscheidungen fließen mit in diese Hauptentscheidung ein, die früheren Probleme erneuern und verstärken sich hier zu einem einzigen Hauptproblem. Denn wenn hier eine Verneinung oder doch keine entschiedene Bejahung erfolgt, so fällt alles bisher Gewonnene, so erwachen alle Zweifel von neuem, so sinken wir in die alte Ungewißheit, ja Nichtigkeit zurück. Wenn nämlich das Geistesleben jene Widerstände nicht überwinden kann, wenn es an ihnen erlahmt, ermattet, sich verzehrt, so kann es überhaupt seine Weltstellung nicht behaupten, nicht den Kern der Wirklichkeit bilden, auch nicht bei uns weiterwirken. Zur Verirrung wird es damit durch die weltgeschichtliche Arbeit ein eignes Reich des Geistes der Natur entgegenzuhalten, als leere Trugbilder erweisen sich die diesem Reiche eigentümlichen Größen und Güter: Gutes und Edles, Liebe und Barmherzigkeit, Wahrheit und Recht, Achtung und Pflicht. Mit den Gütern verschwinden aber auch die Schmerzen geistiger Art mit der Liebe versinkt auch das Leid. Denn wo nichts zu gewinnen ist, da kann das Mißlingen nicht schmerzen, wo nichts zu ehren und zu achten gibt, da gibt es auch nichts zu verwerfen und zu verachten. So müßte sich eine volle Gleichgültigkeit hinsichtlich aller jener Dinge unser bemächtigen, nichts könnte uns mehr erregen, nichts in Zorn und Schmerz versetzen. Nur dessen müßten wir uns erwehren, überhaupt in eine solche Verirrung verlockt und verstrickt zu werden; was immer an Kraft verbleibt, das wäre zum Kampf gegen jenen Wahn des Geisteslebens aufzubieten. Nur eine unklare und matte Denkart kann hier zwischen dem

Entweder—Oder vermitteln. Wo sich das Geistesleben nicht als die Seele und Höhe der Wirklichkeit zu behaupten vermag, da wird es zum Verfälscher und Zerstörer der Wahrheit, zu einer Macht der Täuschung, gegen die nur der Kampf ein Recht hat.

Solche Verbindung und Steigerung aller Probleme zu einem einzigen Problem ergibt eine neue Lage, alle bisherigen Hilfen versagen, alles scheinbar Gewonnene gerät ins Wanken, es gilt eine neue und unmittelbare Entscheidung, die in dem Einen über das Ganze befindet und allererst die Kette des Lebens fest zusammenschließt. Aber wenn hier alles wieder in Fluß gerät und der Zweifel seinen höchsten Gipfel erreicht, so muß auch zu verstärkter Wirkung gelangen, was die Gesamtbewegung zur Geistigkeit an Tatbestand enthält; gerade der Versuch einer völligen Verneinung muß die begründenden Tatsachen kräftiger hervortreiben, sie zu deutlicherer Aussprache zwingen, sie mit der Aufrufung zum Kampf um die eigne Erhaltung in tätige Bundesgenossen verwandeln.

Mit frischer Kraft erhebt sich zunächst, was die frühere Untersuchung darzutun strebte, daß die Wendung des Lebens zur Geistigkeit mit ihrer Durchleuchtung der Welt durch das Denken, ihrer Eröffnung eines Wollens und Handelns aus dem Ganzen, ihrer Befestigung eines Beisichselbstseins und einer Innenwelt gegenüber der Welt der Beziehungen eine völlige Wandlung bedeutet, die keine Anstrengung des bloßen Menschen hervorbringen konnte, noch auch wieder zurücknehmen kann. Von hier aus entstand jenes geschichtlich-gesellschaftliche Leben eigentümlich-menschlicher Art, dem wir uns nicht entziehen können; von hier stammt jene innere Erweiterung des unmittelbaren Lebens, die uns von der Punktualität des natürlichen Daseins in ein Streben und Schaffen aus der Unendlichkeit der Tatwelt versetzt; nicht von draußen konnte ein solches Weltleben kommen, als eine Grundtatsache mußte es von innen entspringen; kann es, so verstanden, aus den bloßen Menschen stammen?

Wohl verwickelte uns jene Wendung in schwerste Probleme, die unsere Kraft übersteigen und unser Wesen zu sprengen drohen. Aber gerade dies ward ein Zeugnis dafür, daß die Sache unsere Willkür überragt, daß wir in Bewegungen der Welten verflochten sind, und daß nicht die Sorge für unser Behagen uns in jene Fragen verwickelt. Die Gewalten, die uns ergreifen und hin- und herschleudern, mögen in ihrer Undurchsichtigkeit als dämonische erscheinen, bloße Wahngebilde sind sie keinesfalls. Selbst in den Leiden innerer Art mit ihrer Erschütterung und Vertiefung erkannten wir vollgültige Zeugen für das Bestehen eines geistigen Lebensstandes; wir können uns unmöglich gegen sie abstumpfen und sie gleichgültig über uns ergehen lassen. So hält uns das geistige Leben eben mit seinen Mühen und Sorgen, seinen Leiden und Schmerzen fest, wir können es nicht aufgeben, auch wenn wir seine Verwicklungen zunächst mehr wie eine Last als wie eine Lust empfinden, in ihm mehr ein überlegenes Schicksal als einen selbsterkorenen Gewinn erkennen.

Dann aber erschien wie ein Licht in der Finsternis gegenüber aller äußeren und inneren Hemmung eine überwindende Geistigkeit. Ist einerseits die Ohnmacht des Menschen in den schweren, bis zur Wurzel reichenden Verwicklungen völlig klar, wird andererseits die unvergleichliche Art des Neuen vollauf anerkannt, so wird eine allem subjektiven Vermögen überlegene Tatsächlichkeit unbestreitbar. Daß aber diese Tatsächlichkeit zu einem Ganzen zusammengeht, und daß diese eine neue Stufe der gesamten Wirklichkeit und zugleich zur Seele unseres Lebens wird, das läßt sich nun und nimmer von draußen her dartun, das kann uns nie zur Gewißheit werden, so lange wir uns jenes Neue wie etwas Fremdes gegenüberstellen, es lediglich betrachten und beobachten. Vielmehr bedarf es hier einer Tat von innen her, es gilt, mit dem Neuen eins zu werden, den Kern des eignen Wesens darin zu setzen. Nur wer selbst zur Tätigkeit aufsteigt, kann Tätigkeit erfahren; nur wer das eigne Leben zu einem Ganzen zusammenfaßt, kann eines Ganzen inne werden; nur wer die letzte Tiefe des Wesens belebt und in den Kampf hineinwirft, kann die Ursprünglichkeit und Absolutheit der überwindenden Geistigkeit als eigne Wahrheit erleben. So steht die Sache schließlich auf einer persönlichen Entscheidung, auf einer begründenden Tat. Diese ist dadurch vorbereitet, daß an diesem Punkte als dem Mittelpunkte alle Fäden des Lebens zusammenlaufen, und daß die Verneinung hier einen unerträglichen Widerspruch ergibt, indem ihre Konsequenzen alle Geistigkeit zerstören. Aber alle Vorbereitungen und Empfehlungen erzwingen nicht die entscheidende Tat, sie bleibt eine Sache der Freiheit. Denn wo keine Energie des Lebens und Wesens waltet, da kann seine Zusammenfassung zur Einheit unterbleiben, da mögen wir die Widersprüche gelassen ertragen und bald dem einen, bald dem anderen Antriebe folgen. So liegt alles an einem Vordringen des Ganzen durch wesenumfassende Tat. Eine solche Tat kann ihre Wahrheit nur durch sich selbst, durch ihr eignes Gelingen, das heißt hier aber durch die Umkehrung des Lebens und die Entwicklung einer neuen Welt erweisen. Der Lebensvorgang befindet sich hier an dem Punkt der innersten und letzten Bildung, er hat seinen eignen Kern erst zu suchen, ja zu schaffen, er ist dabei rein auf sich selbst gestellt, er schwebt zwischen dem Nichts und der Unendlichkeit. Der Mensch, bisher durch den Zusammenstoß ganzer Welten erdrückt, wird hier zum Schaffen einer neuen Art und zugleich zum Mitschaffen einer neuen Welt aufgerufen. Solche Umkehrung weist alles, was sonst fest und sicher schien, auf die Freiheit als seine wahre Begründung, sie macht aber diese, d. h. ein von allen gegebenen Voraussetzungen unabhängiges und inhaltsbildendes Schaffen, dies Rätsel aller Rätsel, zum schlechthin Gewissen und Unmittelbaren.

Die Möglichkeit einer so gründlichen Wendung, die Möglichkeit eines Einswerdens des Menschen mit der überwindenden Geistigkeit, ist nur durch die Tatsache ihrer Verwirklichung zu erhärten, nur die Wirklichkeit beweist hier die Möglichkeit. Wenn aber jene umwälzende Tat die höchste Freiheit des Menschen zeigt, so ist sie zugleich nur haltbar als eine Tat und Offenbarung einer Welt der Freiheit; das neu errungene Wesen kann nie dem bloßen Menschen entstammen, das Geschaffene muß zugleich ein Empfangenes und Erfahrenes sein, das Neue aus inneren Zusammenhängen entgegenkommen, bevor es sich aneignen läßt. Die Einigung von voller Freiheit und voller

Abhängigkeit, das ist das unlösbare Geheimnis und zugleich die sonnenklare Wahrheit alles schaffenden Geisteslebens.

So steht unser Leben schließlich auf einer axiomatischen Tat, diese ist der Quell aller Gewißheit einer überlegenen Ordnung. Daran Anstoß nehmen kann nur, wer verkennt, daß alle geistige Tätigkeit auf Axiomen beruht. Alle Forschung endet in Grundwahrheiten, die sich nicht weiter ableiten lassen, sondern unmittelbar einleuchten müssen; das Handeln läßt sich nicht ins Unendliche weiter begründen, es trägt schließlich seinen Zweck in sich selber. Alle einzelnen Tätigkeiten aber führen auf eine das ganze Leben umfassende Haupttat, ihre Axiome müssen sich an jenes Grundaxiom anschließen, wenn sie feststehen wollen. Daß aber die letzte Entscheidung in die Freiheit gestellt wird, und daß schließlich die Wahrheit selbst einen persönlichen Charakter annimmt, das entspricht durchaus der Grundüberzeugung eines autonomen Idealismus, die letzte Wurzel der Wirklichkeit in der Freiheit zu suchen; nur die echte Freiheit kann dem Leben einen Inhalt gewähren.

Das war auch die Meinung der Religionen, wenn sie die Verbindung mit der Gottheit nicht auf ein folgerndes Wissen, sondern auf ein unmittelbares Erfassen gründeten. Ein solches suchten sie in dem Glauben, den sie dabei als eine Sache freier Tat verstanden. Von hier aus wirkt der Grundgedanke eindringlich zur Menschheit. Aber die Religionen haben oft die Ausführung mit der Grundidee nicht im Einklang gehalten, ja sie wohl in einen Gegensatz dazu gebracht. Denn sie haben viel zu sehr den Glauben nur als eine andere Art des Wissens behandelt, sie haben ihn bald auf geschichtliche Daten und Wunder, bald auf spekulative Lehren vom Wesen der Gottheit gerichtet. Solche Daten und Lehren aber sind keine Grundwahrheiten, entweder sind sie beweisbar, dann lassen sie sich jedem abzwingen; oder sie sind es nicht, dann kann es nun und nimmer Pflicht sein, sie unbewiesen gelten zu lassen oder die Anforderungen an die Beweisführung herabzustimmen. Die Religionen müssen eine festere Wahrheit besitzen, als alles Wissen zu geben vermag, sie sollten zu stolz sein, sich bei der Begründung ihrer Hauptwahrheit vom Wissen etwas schenken zu lassen. Wenn sie ferner oft den Glauben im Sinne eines Wissens von göttlichen Dingen mit dem Glauben im Sinne einer Wendung des Wesens zur überwindenden Geistigkeit vermengten, so haben sie viel schweren Druck erzeugt, das menschliche Leben verwirrt, schließlich aber am meisten sich selbst geschädigt. Daß solche Vermengung aufhöre oder doch kräftig zurückgewiesen werde, das ist eben jetzt der Menschheit eine dringende Angelegenheit geworden. Glaube und Freiheit haben ein Recht nur da, wo innere Bewegungen und Wandlungen in Frage stehen, die jeder unmittelbar erfahren kann, nur da, wo es gilt, das eigne Leben in eine Tat zusammenzufassen und an dem Schaffen einer neuen Welt teilzugewinnen.

Das besagt zugleich, daß die letzte Begründung der neuen Welt nicht von der Geschichte her, sondern unmittelbar und ursprünglich zu erfolgen hat. Die Geschichte kann nur fördern, sofern sie sich an ein solches anschließt und es weiterführt; sie voranstellen, das heißt die Innerlichkeit und auch die Sicherheit des Ganzen gefährden. Damit wird keineswegs jene Weiterführung durch die Geschichte zu einer Nebensache. Daß das neue Leben überhaupt auf dem Boden der Geschichte zu umfassenden Bildungen, zur Verkörperung und Machtentfaltung gelangte, ist ein wichtiges Zeugnis für das Hinausreichen des Problems über das Einzelleben; wichtiger als dieses äußere Zeugnis ist die innere Bewährung, welche in der geschichtlichen Fortbildung des allgemeinen Gedankens zu eigentümlichen Gestaltungen liegt, da solcher Fortgang eine durch keine künstlichen Mittel erreichbare Entwicklungsfähigkeit der Grundtatsache bekundet; am wichtigsten aber ist die starke Wirkung, die innerhalb dieser neuen Welt von den leitenden Geistern geübt ward. Denn da ihr Leben ganz von der überwindenden Geistigkeit erfüllt und das unmittelbare Verhältnis zur Quelle dieser Geistigkeit die Grundlage und die Seele ihres Lebens und Wesens geworden war, so ward hier eine selbständige Innenwelt über alle Verwicklungen der Welt des Kampfes hinausgehoben und in sich selbst zur festen Einheit eines Charakters zusammengeschlossen; in durchgreifender Umkehrung ist hier das Schwerste selbstverständlich geworden und aus dem Verwickeltsten eine schlichte Einfalt entsprungen; zugleich aber hat das neue Leben eine solche Anschaulichkeit erlangt, daß es als ein Urquell der Erweckung und Veredlung mit unversieglicher Jugendfrische nicht nur die Individuen zu ergreifen, sondern auch den Gesamtstand der Menschheit zu erneuern vermochte. Das innere Wunder, welches alle Eröffnung der überwindenden Geistigkeit mit ihrer Erweisung des unmittelbaren Wirkens des absoluten Lebens enthält, gelangt hier zur deutlichen und überwältigenden Erscheinung; es ist begreiflich, daß bei den Späteren die Bewegung von hier aus geweckt wird und sich auch in ihrem Fortgang unablässig darauf zurückbezieht. Aber bei aller Bedeutung und Unentbehrlichkeit der Ergänzung durch die Geschichte wird das Leben keine Zusammensetzung von Geschichte und unmittelbarem Leben. Dies Leben muß stets überlegen bleiben, die Leistung der Geschichte auf seinen Boden ziehen, hier entwickeln und beleben, was jene an bleibender Wahrheit enthält. Eine zeitüberlegene Unmittelbarkeit ist dem Geistesleben unentbehrlich; die Geschichte kann zum Unsegen werden, wenn sie sich zur Hauptsache aufwirft; sie wird zur wertvollen Verstärkung des Lebens, wenn sie sich der ewigen Aufgabe anschließt und einfügt.

Je mehr sich so das neue Leben bei sich selbst erfüllt und befestigt, desto zuversichtlicher kann es den Kampf gegen die Widerstände unternehmen, die es anfänglich zu erdrücken schienen. Weder die innere Unfertigkeit noch die äußere Hemmung kann es nun beirren. Unser Unvermögen, die neue Wirklichkeit begrifflich durchzubilden und anschaulich vorzustellen, wäre nur gefährlich, wenn die Sache uns von draußen auf dem Wege der Welterkenntnis zugeführt würde; denn dann müßte allerdings in ausgeführtem Bilde gegenwärtig sein, was auf uns wirken und uns zur Teilnahme gewinnen sollte. Aber hier handelt es sich um eine Wendung des Lebens von innen her, um eine innere Erhöhung in der Ergreifung der neuen Welt; dabei können alle Verwicklungen der Ausführung die Haupttatsache nicht erschüttern, ja sie mögen die Macht und die Unwiderstehlichkeit jener Tatsache besonders stark empfinden lassen. Gewiß muß die neue Welt eine Entwicklung in Begriffen und Gestalten erstreben, aber das ist nur ihre menschliche Gestaltung, nicht ihr Kern, die Gestaltung kann in Wandel und Fluß verbleiben, ohne den Kern unsicher zu machen. Ebensowenig kann der Widerstand und die Gleichgültigkeit der nächsten Welt die überwindende Geistigkeit erschüttern. Denn so wenig sie jenes leicht nehmen darf, und so wenig sie auf einen vollen Sieg verzichten kann, viel zu deutlich durchschaut sie die Bedingtheit und Beschränktheit jener Welt, um ihre Entscheidung als die letzte zu nehmen.

So erschüttert jene zwiefache Einwendung nicht die innere Gewißheit des neuen Lebens. Aber seine Existenzform für den Menschen wird ein unablässiger Kampf. Denn das nächste Dasein gehört überwiegend den fremden oder feindlichen Mächten. Ihr Wirken dringt unablässig auf uns ein und umfängt uns mit der Macht der Selbstverständlichkeit, der zähe Widerstand des Kleinen und Werktäglichen lähmt den Aufschwung des Lebens, das Bild und die Ansprüche der sinnlichen Welt beherrschen den Menschen und entfremden ihm jene andere Welt. Je mehr sich das befestigt, um so mehr muß der Zweifel um sich greifen; was der Mensch in der Wurzel seines Wesens sicher erfaßt, das wird ungewiß für die breite Fläche des Lebens. So ist bei der Begegnung von Zweifel und Gewißheit in demselben Leben jener für die erste Ansicht im Vorteil, das andere scheint dawider nicht aufzukommen, dem Menschen bleibt seine eigne Tiefe verschlossen, eine unerträgliche Last scheint ihm auferlegt. Das läßt seinen Mut wanken und bedroht ihn mit Zagheit; fraglich wird ihm wieder, was schon gesichert schien. Daß der Mensch in solcher Erschütterung Hilfe von außen anrief, ist begreiflich, ebenso auch, daß er eine solche vornehmlich von sinnlichen Zeichen und Wundern erhoffte. Denn nur sie schienen ein siegreiches Wirken der überwindenden Geistigkeit auch innerhalb der sichtbaren Welt zu erweisen, etwas unerschütterlich Festes zu bieten und den lähmenden Zweifel sicher zu überwinden. Ob aber in dieser Weise eine höhere Macht mit sichtbarer Wirkung in die sinnliche Welt hineinwirkt, darüber kann nur die Erfahrung des Lebens und der Geschichte entscheiden; bei einer Bejahung müßten die behaupteten Daten keinem Zweifel unterliegen, sie müßten mit unzweideutiger Klarheit der Menschheit entgegenscheinen, gleichmäßig für alle Bildungsstufen und Gemütslagen, Völker und Zeiten; sie müßten zu solchem Zweck sich unablässig erneuern, um nicht allmählich zu verblassen und aus dunkler Ferne zu wirken, die nur unsichere Berichte vermitteln. Mit solcher unangreifbaren Gewißheit und Augenscheinlichkeit sind uns aber äußere Wunder nicht gegenwärtig, sie werden mehr in der Ferne behauptet als in der Nähe aufgewiesen, dazu widersprechen die Berichte vielfach einander, immer stärker werden die Bedenken der Wissenschaft, die den lückenlosen Zusammenhang der Naturordnung verficht; so verfällt das, was den Zweifel überwinden sollte, selbst dem Zweifel, ja mit seiner Ungewißheit und inneren Schwierigkeit hat es oft den Zweifel gesteigert, ist es der Überzeugung vieler mehr zur Bürde als Stütze geworden.

So ist in dieser Weise der Ungewißheit nicht zu begegnen, sichtbare Zeichen sind dem Menschen versagt, er bleibt in unserer Weltordnung auf die inneren Beweise des Geistes und der Kraft angewiesen. Daß diese aber unerschöpflich und jugendfrisch immer von neuem aufquellen, daß die überwindende Geistigkeit uns gegenwärtig bleibt, ihr Schaffen nicht einstellt, sondern allen Anfechtungen immer neue Lebensquellen nicht bloß beim einzelnen, sondern bei der ganzen Menschheit entgegensetzt, diese innere, jedem erlebbare, ja selbst vollziehbare Tatsache der Erzeugung einer neuen Welt, dies Wachstum durch die Erschütterung, dies innere Wunder, ist stark genug, um allen Zweifel zu überwinden und im Kampf einen festen Halt zu bieten. Auf der Energie und Wahrhaftigkeit des inneren Schaffens steht hier schließlich das Ganze. Das Leben erhält damit einen heroischen Charakter, seine Aufgabe wird nun, das innerlich Notwendige gegen allen widersprechenden Schein, die Hauptidee gegen alle Verwicklungen der Ausführung, das unerläßliche Ziel gegen alle Unzulänglichkeit der uns gebotenen Mittel aufrechtzuhalten. Die Überzeugung schließt dabei von dem Größeren auf das Kleinere (a majori ad minus): wo das Größere Wirklichkeit ward, da wird schließlich auch das Kleinere möglich werden; das Größere aber ist die Schöpfung einer neuen Welt und eines neuen Lebens. Alle Begründer der großen Weltreligionen haben demgemäß das innere Wunder für größer geachtet als alle äußeren; auch Luther meint: „Ob's nicht leiblich geschieht, so geschicht's doch geistlich in der Seele, da es viel größer ist.“ Die Reformation als Ganzes bekundet deutlich die Möglichkeit großer religiöser Bewegungen ohne sinnliche Wunder.

Ja wenn hier die innere Tatsache rein bei sich selbst ergriffen und das neue Leben allein auf seine eigne Kraft gestellt wird, so kann der Widerstreit selbst seine Festigkeit verstärken; gerade die Angriffe können die Unverlierbarkeit der neuen Welt und ihre Überlegenheit gegen die Sphäre jener Angriffe zu vollem Bewußtsein bringen. Hier entwickelt sich eine Gesinnung, welche nicht von der Vernunft, sondern von der Unvernunft der Welt ihren Weg zum Göttlichen findet, welche durch den Widerspruch zu einer trotzigen Betonung ihrer Selbstgewißheit gereizt wird; aus ihr erklärt sich auch jenes credo quia absurdum, ein in dieser Fassung freilich recht anfechtbarer, auch geschichtlich unbeglaubigter Ausdruck einer wohlverständlichen Denkart. Denn wer kann leugnen, daß nicht das Glück, sondern das Unglück viele Menschen zur Religion zu führen pflegt? Das ist nicht bloß ein selbstisches und äußerliches Hilfesuchen, sondern eine innerste Notwendigkeit des Lebens macht die neue Welt dem Menschen um so gewisser, je mehr er die Unzulänglichkeit der alten empfindet und anerkennt.

Demnach ist es überall die Tiefe und Kraft des Lebens, woraus die Überzeugung ihre Gewißheit schöpft; jenes Leben steigern, das heißt auch die Überzeugung stärken. So ist das Beste, was zur Befestigung der neuen Welt in menschlichen Verhältnissen geschehen kann, die Verbindung zu gemeinsamer Arbeit, die Gestaltung eines dem Durchschnitt überlegenen Lebenskreises, der Aufbau eines neuen Reiches innerlicher Art, wo jene neue Welt auch bei uns eine Verwirklichung erlangt, wo die Güter des neuen Lebens zu Mächten werden, wo ihre Werte gelten, wo die aufstrebenden Kräfte sich gegenseitig stützen und eine gemeinsame geistige Atmosphäre das Leben und Tun umschließt. Auf den verschiedenen Stufen des Lebens hat die Tat einen verschiedenen Sinn, auf jeder von ihnen aber ist sie es, der die Hauptüberwindung des Zweifels zufällt, nicht das Grübeln, das vielmehr nur immer weiter in ihn hineintreibt.

c) Konsequenzen der Hauptwendung.

Der Begründung der neuen Welt muß eine nähere Entwicklung ihres Gehaltes entsprechen. Denn die Grundtat, welche die letzte Entscheidung brachte, verlangt zu ihrer Befestigung einen Aufweis ihrer Fruchtbarkeit, wie ihn nur eine solche Entwicklung bieten kann; so hat sie die bisherige Darlegung zu ergänzen. Zur Befestigung wird sie aber namentlich durch den Nachweis beitragen, daß die überwindende Geistigkeit neuen Größen und Werte bringt, die für die volle Ursprünglichkeit des Lebens unentbehrlich sind, die in Wahrheit überall anerkannt werden, wo das Streben auf ein Schaffen gerichtet wird. Denn so bezeugt das ganze Leben das Recht der überwindenden Geistigkeit. Es muß aber das Neue sein Eigentümliches zunächst als etwas Unterscheidendes, ja Gegensätzliches bieten; dann erst läßt sich fragen, ob diese besondere Ausführung den Gesamtcharakter des Lebens stärkt und vor drohender Zerstörung bewahrt.

Diese Aufgabe darf die Philosophie nicht an eine der vorliegenden Gestaltungen binden, welche die einzelnen Religionen dem neuen Leben gegeben haben, sie hat das Problem in allgemeinster Fassung aufzunehmen. Wenngleich das auf diesem Wege erreichbare Bild Umrisse nicht überschreitet, so hat eine solche Herausstellung des Gemeinsamen und Grundmenschlichen einen selbständigen Wert; auch die besondere Gestaltung geschichtlicher Art darf sich sicherer fühlen und kann kräftiger wirken, wenn sie diese gemeinsame Tatsache hinter sich hat.

Die Hauptsache aber, das Erscheinen einer überwindenden Geistigkeit in unserem menschlichen Lebenskreise, müssen wir in der Richtung vom Allgemeinen zum Besonderen verfolgen, um ihre Mannigfaltigkeit zu würdigen und den Reichtum des neuen Lebens voll zu erschließen. — Solche Abstufung erblicken wir namentlich in vier Punkten. Bedeutende Folgen hat es zunächst, daß überhaupt ein unmittelbares Verhältnis zum absoluten Leben entsteht, weiter, daß das damit gesetzte Leben über das Reich der Verwicklung hinaushebt, ferner daß seine Überwindung in einer Innenwelt erfolgt und hier eine neue Art des Lebens bereitet, endlich, daß damit das Individuum eine neue Stellung zum Ganzen erhält und zugleich wesentlich erhöht wird. Betrachten wir näher diese Folgen.

Das unmittelbare Verhältnis zum absoluten Leben erzeugt einen neuen Typus gegenüber den Richtungen des Lebens auf die Menschen oder auf das All, die beide die Vernunft nur in der Ausbreitung und unter Bedingungen und Vermittlungen erfassen. Wie schwere Verwicklungen daraus erwachsen, hat sich uns gezeigt. Weder beim Menschen noch bei der Welt fand sich eine volle Vernunft; wird das Leben letzthin daran gebunden, so ergreift die Unvernunft seine tiefste Wurzel und läßt sich nun und nimmer überwinden. Es steht dann zwischen der Kälte und Starrheit einer fremden Natur und der Kleinheit und Selbstsucht der menschlichen Art. Daher wird das Streben, sich diesem Gegensatz zu entwinden und ein ihm überlegenes Reich zu schaffen, ein Hauptzug aller geistigen Arbeit. Aber ohne die überwindende Geistigkeit kann dies Streben nicht durchdringen; es bleibt eine matte Regung, ein aussichtsloses Unternehmen, bis es einen festen Rückhalt in der Entwicklung eines direkten Verhältnisses zum absoluten Leben gewinnt und daraus Mut und Kraft auch für die weitere Aufgabe schöpft. Denn in jenem Verhältnis liegt sowohl eine Erwärmung und Verinnerlichung der Welt gegenüber der Seelenlosigkeit der Natur, als eine Befreiung von dem Menschen, ihren Lagen und Launen, ihrer Torheit und Flachheit; dort kann sich ein reiches Leben im Kampf gegen die Massen, auch in Verlassenheit von den Menschen entwickeln. So sichert erst jene Wendung ein volles Beisichselbstsein des Geisteslebens und stärkt zugleich alles andere Streben nach einer solchen Unabhängigkeit. Auch macht nur eine unmittelbare Begründung im absoluten Leben es verständlich, wie im Menschen ein von aller Verderbnis des Durchschnitts unberührter Kern oder vielmehr Keim des Guten verbleiben kann, wie sich darauf aus allen Erschütterungen zurückgehen, und wie sich in aller Widerwärtigkeit des menschlichen Treibens eine Liebe zu den Menschen und ein Glaube an den Menschen erhalten läßt. Denn wie sich das aus dem kläglichen Durchschnittsstande rechtfertigen soll, ist schlechterdings nicht zu ersehen. Dieser Stand pflegt den einzelnen als ein bloßes Mittel zu behandeln, ihm nirgends einen Selbstwert zuzuerkennen, er ist unbekümmert um den Kern seines Wesens, um die Reinheit seines Herzens, um die Rettung seiner Seele. Nur in den Zusammenhängen der überwindenden Geistigkeit vermögen solche Ziele sich zu behaupten, nur hier ist unser Leben in einem überlegenen Leben sicher geborgen. So erscheint schon zu Anfang die neue Stufe zugleich als die Vollendung und als die notwendige Begründung des Beisichselbstseins des Lebens.

Der zweite Punkt zeigt die neue Welt schon deutlicher ausgeprägt. Hier handelt es sich um das Einsetzen einer überlegenen Ordnung gegenüber dem Reich des Konfliktes. Das Neue trägt dabei den Charakter freier Tat und bildet damit einen vollen Gegensatz zu aller gegebenen Natur und aller ihr angehörigen Entwicklung; was nicht von jener Tat getragen wird, das sinkt hier zur niederen Natur herab; so auch die geistige Kraft, ja alles geistige Leben, das vor jener Wendung liegt oder sie gar verwirft. Wie aber das Neue nur durch die Erfahrung und Empfindung des Widerspruches zugänglich wird, so muß das Unvermögen aller Natur anerkannt werden, damit das Neue freien Platz gewinne; ohne eine Erschütterung des Alten kann kein Neues entspringen. Das ergibt eine energische Abweisung aller bloß naturhaften Sittlichkeit; alles Gute aus bloßnatürlicher Kraft und Neigung wird unzulänglich, ja wertlos. Zugleich regen sich neue Kräfte, es beginnt ein Aufkeimen von Bestrebungen und Empfindungen jenseits aller Natur; nur diese Zusammenhänge machen eine Feindesliebe begreiflich, während sie dem natürlichen Verstande mit Konfucius als ein Unding erscheinen muß; nur hier kann Dankbarkeit aus einer drückend empfundenen Erniedrigung zu einer freudigen Erhöhung werden. Nur hier kann es heißen: „Liebe sieht Undankbarkeit nicht an" (Luther). Auch zeigt sich nun, wie alles Leben geistiger Art nicht in ein Verwenden und Verknüpfen gegebener Kräfte aufgeht, sondern wie es die Kräfte zu erhöhen, den vorgefundenen Bestand zu steigern vermag. Es ist die überwindende Geistigkeit, auf Grund derer das menschliche Wesen durch das Ringen mit dem Vorwurf der Arbeit zu wachsen vermag, nur kraft jener Geistigkeit kann Liebe und Gemeinschaft mehr aus uns machen, neue Bestrebungen und Gesinnungen in uns wecken.

Solche Einführung eines neuen Gehalts ist zugleich eine Befreiung von der alten Form, eine Überwindung der bloßnatürlichen Kausalität, welche zunächst die Herrschaft besitzt und sie in der Außenwelt dauernd behauptet. Könnte auch die Geisteswelt sie nirgends abwerfen, blieben wir dauernd an die natürliche Verkettung geschmiedet, so müßte die tatsächliche Verwicklung der Welt und die Schwäche des Guten die Lage verzweifelt machen; immer schwerer müßten die Folgen unserer Handlungen auf uns lasten, immer matter müßte das Streben unter solchem Druck, immer geringer das Vermögen zum Reinen und Guten werden. Ein Abbrechen der Reihe, ein Neueinsetzen, ein ursprüngliches Schaffen, ein inneres Wunder ist unentbehrlich, wenn nicht das Leben der Riesengröße der hemmenden und zerstörenden Mächte erliegen, wenn sich nicht auch die beste Kraft nutzlos verbrauchen und verzehren soll. Dieses Abbrechens und Neueinsetzens bedarf alle innere Bildung, es durchdringt als Gnade und Versöhnung, als Selbstüberwindung und Aufopferung alle menschlichen Verhältnisse. Aber einen Gehalt und einen Grund erhält es erst mit dem Selbständigwerden einer überwindenden Geistigkeit. Sie allein eröffnet eine Unerschöpflichkeit des Lebens, sowie eine Möglichkeit neuer Wendungen, einer Rückkehr zur Einfachheit und Kindlichkeit während sonst das Leben immer abgenutzter, verbrauchter, greisenhafter werden müßte. Die Möglichkeit reiner Anfänge, einer Erweckung jugendfrischer, ursprünglicher, schuldloser Mächte ist eine Notwendigkeit für die Erhaltung wahrhaftigen Lebens sowohl beim einzelnen als bei der Menschheit. Wir fanden solche Freiheit unentbehrlich für alle echte

Geschichte und Gegenwart. Nur wenn große Möglichkeiten offenstehen und die Bildung des Ganzen sich noch in Fluß befindet, wird das Leben aus einem Spiel an der Oberfläche ein Suchen seiner eigenen Tiefe, aus einer Nutzung gegebener Kräfte ein Kampf um ein neues Wesen, aus einem willenlosen Dahintreiben mit dem Dasein ein selbständiges Drama von reichem Gehalt. Das alles wird stillschweigend anerkannt, wo immer die Bewegung sich nach innen kehrt und die Hoffnung und Arbeit auf wesentliche Erneuerungen geht, es ist die Voraussetzung alles ursprünglichen Schaffens. Ist es aber den Hemmungen und Verwicklungen gewachsen ohne eine überwindende Geistigkeit?

In engem Zusammenhange damit steht ein eigentümliches Verhältnis von Vernunft und Unvernunft, von Gutem und Bösem, das erst mit jener Überwindung volle Klarheit gewinnt, das in der Tat aber von dem Ganzen des Lebens wie vorausgesetzt so bestätigt wird. Nur die Befestigung eines Guten jenseits des Reiches der Verwicklungen ergibt einen festen Punkt, an dem sich das Leben halten und stützen kann. Zugleich besagt die Anerkennung einer wesentlich höheren Stufe, daß in der Bewegung des Lebens ein Mehr errungen, ein Aufklimmen vollzogen, nicht bloß ein Schaden geheilt und ein Verlust ersetzt wird. Die Praxis der Religionen hat das nicht selten verkannt; so sehr erfüllte die Heilung der Schäden, die Befreiung vom Bösen die Gemüter, daß die Erneuerung darüber vergessen oder doch verdunkelt wurde. Aber die ausschließliche Verfolgung dieser Richtung kann die Religion zu einem Spital des Geistes machen, das nur Schwache und Verkrüppelte anzieht, Kräftige und Mutige abstößt. Voller Kraft aber und vollen Mutes bedarf es, um den geistigen Kampf aufzunehmen und durchzuführen; die Religion selbst mit ihrer starken Empfindung des Konfliktes leidet Schaden an ihrer Wahrhaftigkeit, wenn nicht eine aufstrebende Energie des Lebens, eine Bewegung aller Kräfte hinter ihr steht, in ihr drängt und weitertreibt. So müssen wir fordern, daß der schwere Kampf auch einen Ertrag mit sich bringe, daß nicht nur Verlust und Gewinn einander die Wage halten.

Aber zugleich bleibt das Böse in mächtiger Wirkung, sie wird durch die Wendung eher gesteigert als verringert. Denn nun erscheint jenes als ein schroffer Widerstand gegen das überlegene Gute, als ein Versuch der Hemmung und Herabziehung, es läßt sich nicht mehr als ein der Natur anhaftender Mangel verstehen und entschuldigen, es wird zum vollen und direkten Gegensatz. Damit wächst auch sein Dunkel, alle Deutungsversuche zerschellen an der Undurchsichtigkeit des Tatbestandes. Aber bei aller solchen Verschärfung verliert das Böse die niederdrückende und zerstörende Macht, die es haben muß, wo die Welt, der es anhängt, das Letzte und Ganze bedeutet, wo es keine Berufung von ihr an eine höhere Ordnung gibt; die Eröffnung eines neuen Reiches verleiht die Kraft, das Leben trotz aller Hemmung aufrechtzuhalten und ihm einen von jener unberührten Gehalt zu gewähren. Zu erklären vermag das Böse keine der Überzeugungen, aber es belastet sie in sehr verschiedener Weise. Der Pantheismus, der die Wirklichkeit unmittelbar in einen einzigen Zusammenhang fügt, scheitert rettungslos an diesem Problem; denn er müßte das Böse erklären und rechtfertigen, er vermag das aber ebensowenig wie wir anderen. Auch für den Theismus bleibt das Böse ein unlösbares Rätsel, aber ihn erschüttert es nicht bis zu seinem tiefsten Grunde, da er eine andere Welt als dieses Gemisch von Vernunft und Unvernunft kennt und daher die Lösung der Frage dahinstellen kann ohne sich selbst preiszugeben.

So gestattet allein die Anerkennung einer überwindenden Geistigkeit beiden Seiten des Gegensatzes ihre volle Stärke zu entfalten, ohne das Leben zu zerreißen, die Tatsächlichkeit des Bösen vollauf anzuerkennen, ohne ihr zu unterliegen. Eine Lösung bringt hier nicht eine Einstellung oder Milderung des Kampfes, sondern das Hervorgehen neuer Güter, ja eines neuen Lebens aus allem Gewirr des Kampfes.

An dritter Stelle ist anzuerkennen, daß erst die überwindende Macht ein sicheres Reich der Innerlichkeit aufbaut. Es besagt das nicht eine stärkere Wirkung des abgelösten Gefühls, denn ein Wallen und Wogen des Gefühls, das nicht einen echten Tatbestand ausdrückt, mag als eine Nebensache das Leben begleiten und umsäumen, nun und nimmer aber kann es in den stürmischen Wirren einen festen Halt gewähren, noch auch der vorhandenen Unvernunft angemessen entgegenwirken. Das vermag nur eine neue Wirklichkeit, die größere und ursprünglichere Kräfte zuführt. Wir sahen, wie ein den Gegensätzen überlegenes Innenleben die Grundbedingung alles geistigen Schaffens bildet, wir sahen aber auch, wie ihm aus der Weltverwicklung starke Widersacher erwachsen, denen es zu erliegen droht. Nun aber bringt die direkte Beziehung unseres Lebens auf das absolute Leben eine eigentümliche Art der Innerlichkeit, die von jenen Hemmungen nicht betroffen wird, die mit der eignen Entwicklung den Gesamtbegriff rettet und alles Wirken für das Innenleben unterstützt. Denn jene Beziehung entfaltet sich gänzlich jenseits der Verwicklungen der Welt, zugleich weiß das neue Leben sich unvergleichlich wertvoller als alle Leistung in der Ausbreitung der Dinge. Gegenüber der Hauptaufgabe der Begründung des Wesens im absoluten Leben verschwinden alle anderen Aufgaben und Mühen, die äußeren Sorgen, diese „Sandbank der Zeitlichkeit", weichen der inneren Sorge, die alles Streben zusammenfaßt und einem einzigen Ziele zuwendet. Ja, das ganze Reich des Äußeren, sofern es das Streben festhält, sinkt zur Welt im schlechten Sinne herab, die abgewiesen und verworfen wird. Bei sich selbst aber wächst mit jener Konzentration die Innerlichkeit zur Innigkeit, sie umfaßt nicht mehr gleichmäßig den ganzen Umfang des Lebens, aber sie verbindet alles, was aus der Bewegung vom Ganzen zum Ganzen hervorgeht, zu einer Einheit, verlegt dahin den Schwerpunkt der Tätigkeit und vollzieht zugleich eine innere Abstufung des Lebens. Die Wesensbildung, die sonst an den Widerständen scheiterte, vermag sich als Gemütsbildung voll zu verwirklichen. Hier fallen Wesen und Wert nicht mehr auseinander wie sonst, sondern sie verschmelzen miteinander untrennbar; hier, aber auch nur hier, in diesem Reich freien Schaffens aus dem Verhältnis zum absoluten Leben, wird alles Leben gut, alles Wirkliche wertvoll. Nunmehr vermögen die

Größen des Innenlebens alles Naturhafte abzustreifen, erst in diesen Zusammenhängen wachsen Begriffe wie Persönlichkeit, Charakter usw. aus halben Naturbegriffen zu reingeistigen Größen.

Auch entwächst mit jener Zurückverlegung und Befreiung des Lebens die letzte Schätzung des Menschen allen Unterschieden der äußeren Stellung, Begabung und Leistung. Diese werden, mag der Mensch sich dagegen noch so sehr sträuben, überall da entscheiden, wo keine reine Innenwelt besteht und das ganze Wesen zu einer Tat zusammenfaßt; kein noch so demokratisches Programm kann vor solcher Wendung behüten. Denn die Idee einer Gleichheit der Menschen widerspricht aller Erfahrung der Welt; nicht nur im Werk, auch im Vermögen walten hier die stärksten Unterschiede. Nur bei der innersten Aufgabe des Lebenswerkes wird der Mensch alles Fremden enthoben und rein auf sich selbst gestellt, hier fällt alles Unterscheidende ab, und müssen wir alle wesentlich gleiche Bedingungen anerkennen.

Diese Vertiefung und Befreiung des menschlichen Lebens wird aber da, wo seine Erfahrung als einem Weltgeschehen zugehörig verstanden wird, ein unmittelbares Zeugnis für eine größere Tiefe des Alls. Die Welt des Guten wird hier zur Seele und zur Hauptmacht alles Lebens, eine reine Innerlichkeit zum Träger aller Wirklichkeit; nun wächst die Idee des absoluten Lebens zu der einer Gottheit, die Geisteswelt zu einem Reich Gottes, die Vernunft zur allmächtigen Liebe, die Freiheit besiegt das Schicksal, die Gnade die Schuld.

Das alles entwickelt sich zunächst in der besonderen Richtung, die nicht das ganze Leben an sich ziehen kann, die vielmehr in einem Gegensatz im übrigen verharren muß, um ihre Selbständigkeit zu wahren und ihre Eigentümlichkeit auszuprägen. Aber eben in der Befestigung seiner Besonderheit stützt und fördert es auch den allgemeineren Gedanken einer weltüberlegenen Innerlichkeit. Des Rückhaltes einer solchen Innerlichkeit bedarf alles echte und wesensbildende Schaffen. Denn ohne die Möglichkeit, aus aller Verwirrung und Verwicklung der Weltverhältnisse auf eine reine Ursprünglichkeit des Lebens zurückzugehen, hier eine Weltüberlegenheit zu gewinnen, ohne damit ins Leere zu fallen, gibt es keine Gewißheit innerer Arbeit, keine Selbständigkeit des Charakters, keine Energie des Kampfes gegen das Böse, keine Größe und Würde der Gesinnung. Die geschichtliche Erfahrung bestätigt das mit dem Aufweis, daß solche Gesinnung alles kräftige Wirken für ideale Güter erfüllte, auch wo das Bewußtsein anderen und widersprechenden Weltbildern folgte; selbst die politischen und sozialen Bewegungen haben ihre Kraft zum guten Teil aus der Hoffnung auf eine innere Erhöhung des Menschen geschöpft und in dem Streben nach wesentlichen Erneuerungen das Vermögen bezeugt, dem vorgefundenen Weltstande kühn entgegenzutreten und aus der Innerlichkeit des Geistes eigne Ziele zu entwerfen, neue Kräfte zu gewinnen. Wo der Mensch nicht um ein weltüberlegenes Wesen kämpft, nicht auf eine reine Ursprünglichkeit zurückgreifen kann, da fehlt seinem Streben letzthin aller Glaube und alles Feuer. Aber wird jene lebenbeseelende Weltüberlegenheit nicht ein leeres Wort, wenn wir in Wahrheit allein der Welt der Erfahrung angehören, wenn ein reines Innenleben nirgends eine sichere Stätte findet? Da wir nicht als Folge festhalten können, was im Grunde aufgehoben ist, so ergibt sich das unerbittliche Dilemma, entweder alle jene Antriebe und damit alle Größe des Lebens preiszugeben oder eine weltüberlegene Innerlichkeit mit den Zusammenhängen, welche sie fordert, anzuerkennen.

Der vierte Punkt betraf die neue Stellung des Individuums. Das Individuum wird zunächst dadurch bedeutend erhöht, daß in seiner Innerlichkeit, und nur in dieser, eine neue Welt durchzubrechen vermag. Wohl erschien, so sahen wir, von Anfang an eine Gegenwart des Gesamtlebens im Individuum, darauf beruhte alle Geistigkeit. Aber dieser Zusammenhang mit dem Ganzen wurde durch die Hemmungen des Durchschnittsstandes verdunkelt und erdrückt, undurchsichtige Mächte bezwangen den Menschen und verwandelten ihn in ein bloßes Mittel und Werkzeug fremder Zwecke. Gewinnt er hingegen jetzt ein direktes Verhältnis zum absoluten Leben, so erreicht er damit eine volle Selbständigkeit; die geistige Bewegung, die sonst gleichgültig über ihn fortging, kehrt nunmehr zu ihm zurück und versichert ihn eines absoluten Wertes. Die Weltprobleme werden jetzt auch innerhalb der Seele des einzelnen aufgenommen, es wird hier um das Ganze und mit der Kraft des Ganzen gekämpft, für das Ganze erhält Bedeutung, was hier geschieht, dem Ganzen darf diese besondere Welt nicht verloren gehen. So gewinnt das Einzelleben eine Geschichte bei sich selbst; wichtig, ja zur Hauptsache wird, was es aus sich selber macht, während sonst nur die Leistung für die gemeinsamen Ordnungen zählte.

Dies Wachstum des Lebensinhaltes erhöht die gesamte Stellung des Individuums. Das unmittelbare Verhältnis zu den schaffenden und erneuernden Gründen erhebt es über alle Zeit und sichtbare Welt, es sichert dem innersten Kern seines Wesens eine Ewigkeit und eine Rettung aus allen Gefahren. Dies aber führt weiter zu der Forderung und der Überzeugung, daß trotz alles widersprechenden Scheines auch das Ergehen des Individuums nicht einem starren Schicksal oder dem blinden Zufall überlassen bleibt, sondern daß es in der Hand einer höheren Macht der Liebe und Weisheit steht, daß auch in seinem Leben irgendwelcher Sinn wirkt und gelegentlich in der Lenkung von Arbeit und Geschick auch durch alles Dunkel der Weltverhältnisse hindurchscheint.

Aber dies alles hat eine Kehrseite, in jener Erhöhung des Lebens steckt zugleich eine Unterordnung und Bindung. Denn der Gewinn erscheint in diesen Zusammenhängen nicht als eine eigne Leistung, sondern als das Werk jener überlegenen Macht, welche aus den Verwicklungen in eine neue Welt hebt; das Errungene wird damit etwas Empfangenes, ein Geschenk freier Gnade und Liebe. Ohne solche Grundlage versinkt alles menschliche Leben, und verfällt es der Zerstörung, ein Sieg der Vernunft im einzelnen ist nicht denkbar ohne ihren Sieg im ganzen. Selbst die Freiheit des Menschen, ohne die sich die neue Welt nicht aneignen läßt, bedeutet hier nicht ein von jener Macht unabhängiges Vermögen, sondern etwas, das durch sie gesetzt wird und immerfort aus ihr hervorgeht; so erscheint auch die höchste Leistung des Menschen nicht als ein Verdienst, sondern als eine freie Gabe höherer Mächte. An dieser Stelle der letzten Begründung zwischen Göttlichem und Menschlichem, zwischen Gnade und Freiheit teilen zu wollen, sowie dem Menschen irgendwelches selbständige Verdienst beizulegen, das muß das Leben sowohl spalten als verflachen. So hat hier die Abhängigkeit keine Schranken, und es ist unter den verschiedenen Fassungen jenes Verhältnisses, die innerhalb der Religionen miteinander streiten, die strengste auch die tiefste und wahrste. Aber zu ihrer Wahrheit gehört, daß das erneuernde Wirken der überwindenden Geistigkeit sich nicht an einen einzelnen Punkt der Geschichte und des Lebens bindet, sondern ihre Gegenwirkung gegen das Feindliche über das Ganze erstreckt. Sonst kann jene Abhängigkeit des Menschen leicht eine Verwerfung von viel Edlem und Großem und eine Herabdrückung des Lebens ergeben. Nirgends mehr als an dieser Hauptstelle bedarf es so sehr einer universalen Fassung, um die Wahrheit vor Entstellung zu behüten, nirgends mehr als hier erscheinen Freiheit und Tiefe, die sich in den menschlichen Verhältnissen leicht entzweien, als Zwillingsgeschwister.

So bringt das neue Leben eine gewaltige Spannung in das menschliche Sein; Größe und Kleinheit, Selbständigkeit und Abhängigkeit werden hier aufeinander angewiesen, sie bilden verschiedene Seiten desselben Geschehens. Der dialektische Charakter des menschlichen Geisteslebens erreicht hier seine höchste Höhe. Das neue Leben hat nach außen wie nach innen zu kämpfen, sein Licht läßt das Dunkel der Welt nur noch tiefer erscheinen, bei sich selbst aber kennt es kein Aufbauen ohne ein Zerstören, keine Rettung ohne ein Opfer. So ist seine ganze Bewegung von Gegensätzen durchwirkt: es verheißt eine allem anderen Glück unvergleichliche Seligkeit und steigert die Unvernunft des Daseins, es erstrebt vollen Frieden und treibt in endlosen Streit, es bringt eine abschließende Tatsächlichkeit und verwandelt das Leben in ein unablässiges Suchen, es gibt dem Menschen die Ruhe und Gewißheit einer ewigen Wahrheit und wirft ihn zugleich in die ärgsten Zweifel, es hebt in dem allen einerseits über das Reich der Gegensätze hinaus, es hält uns andererseits bei ihm fest und läßt uns seine Mühen und Sorgen tiefer empfinden als je zuvor.

Demnach vollzieht das neue Leben wohl eine innere Befreiung, aber es bringt keinen fertigen Abschluß; unser Bereich wird bewegter, gehaltvoller, bedeutsamer, nicht aber fügt er sich zu einem harmonischen Ganzen, nicht verschwindet aus ihm die Unvernunft. An der tiefsten Stelle ist ein fester Grund und ein sicherer Friede erreichbar, sonst aber bleiben wir mitten im Kampfe; das Feindliche wird innerlich gebrochen, nicht aber völlig überwunden. So kann auch in allem Gewinn das Leben nie zu bloßem Genuß und tändelndem Spiele werden, die Notwendigkeit unaufhörlicher Kämpfe, Verzichte, Opfer, ja des Werdens des Neuen durch den Untergang des Alten gibt ihm einen tragischen Grundzug. Ein Sieg wird errungen, aber zugleich wird die Welt verwandelt und dasjenige Leben aufgegeben, was zunächst befriedigt sein wollte.

Aber bei aller Einschränkung verbleibt die Kräftigung des Guten durch jene Wendung, das sonst der Erstarrung verfallene Leben kommt damit wieder in Fluß. Durch die ganze Erörterung blieb uns gegenwärtig, daß die neue Geistigkeit mit der Entwicklung ihrer besonderen Art zugleich den gesamten Lebensprozeß aufrecht hält und ihm unentbehrliche Größen sichert, welche die Weltverwicklung hart gefährdete. Die Größen einer reinen Geistigkeit, Innerlichkeit, Freiheit erlangen durch die Befestigung in dem besonderen Gebiet überhaupt erst einen sicheren Bestand; von dort wird alles verstärkt und gehoben, was zu solcher Höhe aufstrebt; die Wesensbildung gewinnt hier einen festen Kern und kann nun ihre Aufgabe auch im weiteren Sinne ergreifen; eine allem menschlichen Tun und Treiben überlegene Wahrheit wirkt von hier auch zur Förderung des übrigen Lebens.

Diese Kräftigung des Lebens erstreckt sich auch auf die beiden Stufen zurück, welche vor der überwindenden Geistigkeit liegen; sie erhalten nicht nur eine neue Beleuchtung, sie vermögen auch dem Ganzen des Lebens mehr zu leisten. Das Geistesleben als Beisichselbstsein entwickelte zunächst ein grundlegendes Schaffen, alle spätere Hemmung hob diese Tatsache nicht auf. Wohl aber wurde sie für die menschliche Anschauung und Empfindung weit zurückgedrängt; daß die Kämpfe und Nöte des Lebens so sehr voranstehen, das war es, was dem Pessimismus soviel Macht über die Gemüter verlieh. Nun aber befreit die Erhöhung des Gesamtlebens die begründende Geistigkeit von jenem Druck, die Haupttatsache vermag sich von den Verwicklungen der Ausführung abzulösen, der Grundgehalt des Früheren erlangt volle Geltung; es läßt sich das Gute beleben, das vor dem Bösen, das Streben, das vor der Irrung, die Tatsache, die in dem Problem liegt; der Geistesgehalt und die ethische Kraft der Arbeit gelangen voll zur Wirkung. So vermag das Neue in dem Alten neue Kräfte zu wecken.

Endlich wird selbst das Feindliche von der Wandlung ergriffen. So unerklärlich die Unvernunft bleibt, und so wenig ihr Tatbestand verringert wird, die Hemmung nimmt sich anders aus, wenn sie zum Anlaß wird, daß neue Kräfte entbunden werden, ja sich eine neue Welt eröffnet; der Kampf gegen die Unvernunft aber ist nicht mehr so aussichtslos, wie er war, solange es keine Erhebung über das Reich der Unvernunft gab.

So verbinden sich nun die drei Stufen der grundlegenden, kämpfenden, überwindenden Geistigkeit zu einem Ganzen des Lebens. Wohl sind diese Stufen auch hier auseinanderzuhalten, aber nunmehr vermögen sie sich gegenseitig zu stützen und fördern, nun können sich die Welten der Arbeit, des Kampfes, der Wiedergeburt zu der einen allumfassendensAufgabe der Wesensbildung verbinden. Für dieses Gesamtbild des Lebens hat aber das Wort Luthers ein gutes Recht: „Darum nur getrost und frisch dahin gesetzt, was auch die Welt nehmen kann; die Wohnungen des Lebens sind viel weiter denn die Wohnungen des Todes".

d) Abgrenzungen und Klärungen.

Das Verhältnis der verschiedenen Stufen und die Wirkung des Neuen erschien bis dahin als einfach und klar. Aber es konnte so nur erscheinen, weil die Betrachtung den allgemeinsten Umriß nicht überschritt. Strebt sie darüber hinaus, so zeigen sich nicht geringe Verwicklungen, die viel zu sehr das Gesamtbild des Lebens berühren, um nicht auch hier eine Erörterung zu fordern.

Es finden sich Abgrenzungen sowohl im eigenen Bestande der überwindenden Geistigkeit, wie vornehmlich die Religion sie verkörpert, als in ihrem Verhältnis zum übrigen Leben; hier wie dort erwachsen Gegensätze, die nicht ein Schlag aufheben kann, die vielmehr beharren und durch unablässige Arbeit immer von neuem bezwungen sein wollen. — Die Religion kann nicht selbständig und kräftig wirken, ohne sich von dem übrigen Leben abzuheben und gegenüber aller Arbeit an der Welt ein eignes Reich aus dem direkten Verhältnis zum absoluten Leben aufzubringen, sie muß ihren Grund in sicherer Weltüberlegenheit halten. Aber solche Weltüberlegenheit gibt ihr keineswegs schon einen lebensvollen Gehalt. Dafür bedarf sie einer Zurückwendung zur Welt der Arbeit und des Kampfes, nur mit Hilfe der Erfahrung beim Endlichen kann sie die Unendlichkeit ihres Wesens genügend gestalten. Denn der Gehalt des Geisteslebens eröffnet uns Menschen eine nähere und anschauliche Beschaffenheit nur durch das Ringen mit der Welt; wir verzichten auf eine solche Beschaffenheit auch für das Göttliche, wenn wir alle Beziehung zur Welt aufgeben. Begriffe von der Welterfahrung her sind uns auch zu lebendiger Fassung des Überweltlichen unentbehrlich; auch sein Wirken bleibt uns in nebelhafter Ferne, wenn wir es nicht auch innerhalb der Welt ergreifen. Dieses aber, daß bei der überwindenden Geistigkeit eine Überlegenheit im Wesen und eine Gebundenheit für unsere Lage zusammentrifft, daß die Religion für ihre eigne Entfaltung der Mittel derselben Welt bedarf, über die sie innerlich hinausführt, ergibt eine eigentümliche Verwicklung; diese hat schwere Mißstände erzeugt, und sie droht sie immerfort zu erzeugen. Das Überweltliche ausdrücken und weiterbilden kann aller Befund der Welt nur, wenn aller Befund der bloßen Welt und Endlichkeit entfernt und der Überschuß zur Unendlichkeit erhöht wird. Daß dies möglich ist, und daß die Bewegung zur überwindenden Geistigkeit nicht beim Suchen und Sehnen, bei matten Umrissen und fernen Aussichten bleibt, sondern daß die neue Welt auch dem Menschen gegenwärtig zu werden vermag, das ist der Nerv alles Strebens und die Grundüberzeugung alles Schaffens aus der neuen Ordnung. Aber auch im Gelingen bleibt die Schranke des Menschen unverkennbar. Mag der geistige Gehalt noch so sehr der Verwicklung überlegen sein, es verschwindet damit nicht die endliche und menschliche Art des Erlebens; diese hat eigentümliche seelische Bedingungen und Schranken und erhält sich damit neben und an dem geistigen Schaffen, sie droht bei irgendwelcher Minderung der Spannung in seinen Gehalt einzufließen und ihn zu entstellen. So wird es zur Notwendigkeit, eben das, was wir in seinem Kern festzuhalten und zur Unendlichkeit zu erhöhen streben, seiner Daseinsform nach abzuweisen; wir mögen z. B. bei der Idee der Persönlichkeit zugleich den geistigen Gehalt als den Hauptbegriff der neuen Welt anerkennen und die Einmengung der menschlichen Art des Persönlichseins in die letzten Gründe bekämpfen. Es gilt demnach zugleich anzueignen und abzustoßen, zu billigen und zu verwerfen; es bedarf einer unablässigen Scheidung des Wesens von der Daseinsform, einer scharfen Sonderung von Geistigem und Bloßmenschlichem, einer siegreichen Aufrechterhaltung des Geistigen gegen das Bloßmenschliche. Wir sahen, daß das geschehen kann.

Freilich wird jene Aufgabe immer nur annähernd gelingen, sie wird nicht selten mißlingen. Im besonderen enthält jene Doppelaufgabe einen zwiefachen Keim der Irrung. Einerseits verleitet der Drang nach reiner Fassung des Überweltlichen dazu, mit der menschlichen Lebensform ihm auch den geistigen Gehalt unserer Erfahrung als eine Entstellung fernzuhalten; ein solcher gänzlicher Bruch aber ergibt nicht nur eine Gleichgültigkeit, ja Feindschaft gegen alle Weltarbeit, sondern er enthält auch einen Verzicht der Religion auf einen lebendigen Gehalt und eine weltumwandelnde Wirkung. Andererseits läßt das Verlangen nach einer nahen, verständlichen, lebenswarmen Gestalt des Göttlichen mit dem geistigen Kern zugleich die Daseinsform des Menschen darin aufnehmen und beides eng miteinander verquicken, so daß schließlich Göttliches und Menschliches in Eins zusammenrinnt; alsdann wird jenes von seiner Höhe herabgezogen, dieses hingegen über sein Vermögen aufgebauscht, ein unerquickliches Gemisch droht das Leben zu entstellen.

Das Streben, das Göttliche von allem Weltlichen abzulösen und rein bei sich selbst zu erfassen, hat eine gewaltige, ja berückende Macht über das menschliche Gemüt; indem jenes alle Verengung des Unendlichen abweist und zugleich dem Menschen an ihm teilgibt, scheint es sowohl ihm von der Kleinheit einer Sondernatur zu befreien als dem Göttlichen zuerst sein volles Recht zu gewähren. Nirgends dünkt der Mensch sich größer als in solcher Wendung gegen sich selbst und seine Welt. — Nach der Seite des Denkens hat jenes Streben sich namentlich in der mystischen Spekulation verkörpert. Die Unzulänglichkeit aller menschlichen Begriffe für das Absolute findet hier einen besonders greifbaren Ausdruck; was immer auch im höchsten Aufschwung des Denkens an Annäherung versucht wird, das scheint alsbald eine Verweltlichung und Entstellung zu werden, alles Ja verwandelt sich in ein Nein, die Bewegung überfliegt und verschmäht jede Gestaltung. Höchstens ein Bild mag hier zulässig scheinen, und es wird auf diesem Wege die ganze Wirklichkeit zu einem bloßen Gleichnis; da sie aber das Gleichnis eines Unbekannten ist, so erhält das Ganze eine traumhafte Art, alle nähere Beschaffenheit verschwebt und verschwindet, wie beim Erwachen die Gestalten des Traums dem, der sie festhalten möchte. Für diesen Verlust einer anschaulichen Welt findet sich kein Ersatz bei der Idee der Gottheit, denn auch diese verliert bei solcher Jenseitigkeit allen eigentümlichen Gehalt und alle belebende Kraft; die Religion wird innerlich leer und kann nur mit formloser Regung, nicht mit erneuerndem Schaffen, das Leben ergreifen.

Nicht minder zerstörend wirkt die Entgegensetzung des Göttlichen und des Weltlichen für das Handeln. Die Religion kann nicht von der Überzeugung lassen, daß alles menschliche Tun nur Wert hat, wenn es in einem göttlichen wurzelt, daß alle menschliche Liebe echter Art aus der göttlichen quillt und zu ihr zurückkehren muß. Aber diese Forderung wird zu einer Bedrohung des menschlichen Lebens, wenn das göttliche von ihm abgelöst und ihm schroff entgegengestellt wird. Denn leicht erscheint dann alles, was dem Menschen erwiesen wird, als ein ungebührlicher Raub an der Gottheit; verwerflich wird alles, was neben dem Göttlichen Arbeit und Liebe fordert; alles Menschliche gering zu achten, ja sich dagegen bis zur vollen Gleichgültigkeit abzustumpfen, das mag dann die Höhe rechter Gesinnung dünken. Alle Liebe zu Angehörigen und Genossen, aller Eifer für Staat und Vaterland, alle Arbeit für Kunst und Wissenschaft scheint hier wertlos, ja eine verwerfliche Abwendung vom wahren Ziele. Eifersüchtig duldet hier die Idee des Absoluten nicht das Mindeste neben sich, die Religion kann als allesverzehrender Moloch selbst die Humanität verschlingen. Zugleich aber droht bei solcher Entgegensetzung gegen Menschen und Welt das Leben auch in der Richtung auf das Göttliche leer und kalt zu werden; aller stürmische Aufschwung der Stimmung, alles Schwelgen in unfaßbaren Gefühlen bietet keinen Ersatz für das Unvermögen, die seelische Regung in Arbeit und Liebe umzusetzen. Die Geschichte aller Religionen bietet Beispiele in Hülle und Fülle dafür, daß in solcher Weise die Entgegensetzung des Göttlichen und des Menschlichen sowohl die Wirkung des Göttlichen bei uns gefährdete als die Entwicklung des Menschlichen hemmte.

Irrungen anderer, aber nicht geringerer Art erzeugt eine Vermengung des Göttlichen und Menschlichen. Wenn das Verlangen nach einer lebendigen Nähe zu einer Forderung sichtbaren und sinnfälligen Daseins sinkt, so entsteht die Gefahr, die bloßmenschliche Vorstellungs- und Lebensform in den Kern des Göttlichen zu verpflanzen, damit aber sowohl das Göttliche in eine niedere Sphäre herabzuziehen als für das Menschliche die Ansprüche zu erheben, die nur dem Göttlichen gebühren. Die Ablösung des Göttlichen vom Menschlichen stellte die Ewigkeit schroff der Zeit gegenüber und drohte der Geschichte allen Wert zu rauben; die Verquickung stellt umgekehrt das Ewige, statt es die Geschichte als Ganzes umspannen zu lassen, mitten in sie hinein und bindet es an einzelne Punkte; wird es aber in dieser besonderen Gestaltung gegen allen Wechsel und Wandel der Dinge als etwas Unantastbares festgehalten, so wirkt das ebenso zur Erstarrung der Religion wie zur Hemmung der Kulturarbeit, zur Gefährdung dsr Freiheit und Ursprünglichkeit des Lebens. Die absolute Wahrheit, die dem Ewigen zukommt, und an der auch das Menschenwesen teilgewinnen muß, wird zu schwerem Druck, wenn sie auf die bloßmenschliche Seite übertragen, und wenn einzelne Stellen den Anspruch der Unfehlbarkeit erheben, auf den das Göttliche nicht verzichten kann. Ob dabei gewisse Ämter oder Schriften oder Lehren die Schätzung erhalten, macht für die Hauptsache keinen Unterschied; es bleibt in allen Fällen Zeitliches und Ewiges, Menschliches und Göttliches miteinander vermengt.

Diese Vermengung bedroht aber zugleich den Inhalt des Lebens. Zunächst ist bei der Vorstellung vom Göttlichen dem Anthropomorphismus Tor und Tür geöffnet, wenn der Geistesgehalt nicht unablässig von der menschlichen Daseinsform geschieden und in seiner Reinheit behauptet wird; leicht kann hier, was als überweltlich gilt und den Menschen von der Enge seiner Welt befreien sollte, ihn nur noch mehr darin bestärken.

Noch schwerer sind die Folgen der Vermengung für das Leben. Denn hier erhält die Sache die Gestalt, daß gewisse Aufgaben und Gebiete, als dem Göttlichen näherstehend, von dem übrigen abgesondert und ihm entgegengesetzt werden, daß eine Scheidung von Heiligem und Profanem das Leben auseinanderreißt. Da sich aber unmöglich die eine Seite erhöhen läßt ohne die andere zu erniedrigen, so sinkt die allgemeine Aufgabe, namentlich die schlichtmenschliche Moral, zu etwas Nebensächlichem, sie wird im Fall eines Zusammenstoßes unbedenklich preisgegeben. Zugleich erfahren wir ein Sicheinspinnen in die Enge eines Sonderkreises und eine Selbstgefälligkeit eines abgesonderten religiösen Lebens. Daraus bei ungehemmtem Fortgang eine Überspannung des Menschlichen, eine Veräußerlichung des Göttliche, eine innere Unwahrhaftigkeit, jenes Gewebe des Pharisäismus, das alle Menschen ursprünglicher Gesinnung auf Leben und Tod bekämpften, niemand mehr als die Helden der Religion selbst.

Denn ihr ganzes Leben und Wirken widerspricht jener Vermengung des Göttlichen und Menschlichen, sie suchten das Göttliche nicht an besonderer Stelle, weil es ihrer Seele im ganzen gegenwärtig war. Der Pharisäismus — wir nehmen ihn hier als einen allgemeinen Begriff, nicht als eine geschichtliche Behauptung — ist nicht ein Erzeugnis einer einzelnen und vergangenen Zeit, sondern eine stete Gefahr, ja Begleiterscheinung der Religion.

So erzeugt die Vermengung des Göttlichen und des Menschlichen nicht geringere Irrungen als eine schroffe Entgegensetzung. Dabei behütet die eine Richtung nicht vor der anderen, vielmehr pflegen sie sich gegenseitig hervorzurufen und zu verstärken. Je mehr die Ablösung von der Welt ins Leere treibt, desto dringlicher wird eine Anlehnung an sichtbare Verkörperungen, und je mehr diese in alle Schranken und Mißstände des Weltlebens verwickeln, desto unwiderstehlicher wird das Verlangen, solcher Verwicklung durch die Flucht in eine Weltüberlegenheit zu entgehen. Abstrakte Mystik und kirchliche Werkheiligkeit mögen für die einzelnen unversöhnliche Gegensätze sein; daß sie es nicht für das Ganze der Menschheit sind, zeigt die Erfahrung der Geschichte deutlich genug.

Demnach gilt es, zwischen den Verirrungen nach beiden Seiten das rechte Verhältnis von Göttlichem und Menschlichem zu suchen, wir müssen im Lebensgehalt eine Einigung erstreben und zugleich die menschliche Lebensform draußen lassen. Unablässig muß hier der Mensch in sich selbst eine Scheidung vollziehen, er hat zugleich einen Kampf gegen die Besonderheit seiner Art aufzunehmen und einer universalen Geistigkeit innezuwerden; er wird das nicht können ohne die erste Lage umzukehren, er muß den Standort in schöpferischer Selbsttätigkeit nehmen und aus den hier eröffneten Zusammenhängen das Leben unablässig erneuern, wie das nach seinen allgemeinen Bedingungen oben erörtert wurde. Der inneren Abstufung des Lebens, die wir dabei erkannten, bedarf besonders die Religion, um die Einigung von Göttlichem und Menschlichem, von Zeitlichem und Ewigem zu erreichen, ohne die sie selbst, ja alle geistige Wirklichkeit der Auflösung zerfällt. In einem

Kern des Wesene muß unverlierbar und wirksam vorhanden sein, was die Lebensentfaltung erst zu suchen und anzueignen hat; haltlos würden wir auf den Wogen der Zeit einhertreiben, wenn nicht aus jener Tiefe ein Ewiges wirkte und richtete; das Ewige aber wird zu starrem Druck, wenn es sich auch in der Lebensentfaltung als fertig gibt, wenn der sichere Besitz nicht zugleich eine unermeßliche Aufgabe bildet. Für uns vollendet sich auch das Ewige nur durch die Zeit. So bleibt unser Leben zwischen Zeit und Ewigkeit, zwischem Menschlichem und Übermenschlichem in unablässiger Bewegung; bei diesen letzten Fragen der Wesensbildung ist alle echte Arbeit in der Zeit zugleich die Herausarbeitung eines Ewigen aus der Zeit und damit ein Abstreifen der Zeit, alle Vertiefung des Menschlichen zugleich ein Ergreifen eines Übermenschlichen.

Mit der Frage der inneren Gestaltung der Religion berührt sich eng das Problem ihrer Stellung im Ganzen des Lebens. Es ist hier namentlich das Verhältnis zur Weltarbeit, zur Kultur im engeren Sinne, das die Sache zum Austrag bringt. Eine eigentümliche Verwicklung ist dabei nicht zu verkennen. Die Religion und die Kultur befinden sich in einer steten Spannung gegeneinander, jede neigt dahin, der anderen ein selbständiges Recht zu bestreiten und alles Leben an sich zu ziehen, zum mindesten verlangt jede für sich die unbeschränkte Oberhand. So sind harte Zusammenstöße unvermeidlich, bald hat die eine, bald die andere einen Kampf ums Dasein zu führen. Aber zugleich sehen wir die Menschheit immer wieder auf beide zurückkommen, nie bei einer dauernd verweilen, ja im Kampf selbst scheinen sie einander ebenso zu suchen wie zu fliehen, sie scheinen bei allem Gegensatz einander nicht entbehren zu können. Alles das ein Zeichen, daß die Lage der Aufklärung bedarf.

Die Religion wird den eigentümlichen Lebenstypus, den sie aus der direkten Beziehung auf das absolute Leben gewinnt, nicht in enger Abschließung halten, sondern dem ganzen Umfang unseres Denkens und Tuns mitzuteilen bestrebt sein. Die ganze Welt wird hier zum Widerschein der Gottheit; die

Macht und Herrlichkeit Gottes zu verkünden, gilt als ihre vornehmste, ja ihre einzige Aufgabe; alles Gute erscheint als unmittelbar von Gott gewirkt, alles Böse als Widerstand gegen Gott; nur die Richtung auf Gott gibt dem Handeln einen Wert, ja die Verbindung mit Gott wird zum einzigen Inhalt des Lebens. In solchem Leben fühlt die Religion sich nicht nur von aller Weltarbeit unabhängig, sondern ihr unermeßlich überlegen; so weit das Unendliche alles Endliche überragt, so sehr scheint auch die Beschäftigung mit ihm alle Leistung im Reiche der Bedingungen und Vermittlungen hinter sich zu lassen. Das ergab eine starke Geringschätzung der Kultur, bald wurde sie als wertlos gänzlich beiseite geschoben, bald nur soweit anerkannt, als sie sich der religiösen Aufgabe willig unterordnete. Jene völlige Verwerfung der Kulturarbeit liegt am nächsten, wo die Religion sich gegen eine ihr feindliche Kultur aufzuarbeiten hat, und wo es strengster Sammlung der eignen Art bedarf, um sich des von allen Seiten zuströmenden Fremden zu erwehren; wir verstehen und würdigen so die kulturfeindlichen Stimmungen, die das alte Christentum namentlich auf römischem Boden zeigte. Aber eine solche völlige Ablehnung der Kultur kann nur vorübergehend sein; nach Sicherung ihres Bestandes muß die Religion schon für die eigenen Zwecke die Kultur heranziehen und ein freundlicheres Verhältnis zu ihr suchen. Durchaus erfüllt von ihrer Überlegenheit, wird sie zunächst dies so gestalten, daß der ganze Umfang des Lebens irgendwie aufgenommen, dabei aber die Religion als das Hauptziel gesetzt wird; alle anderen Gebiete weisen hier über sich selbst hinaus zu ihr hin und haben ihr alle Ergebnisse darzubringen, Gutes, Wahres, Schönes sind nur Wege und Anstiege zum Göttlichen; je rascher Wissenschaft und Kunst von der Mannigfaltigkeit zur letzten Einheit von allem Endlichen zum Unendlichen als der Quelle aller Wahrheit und Schönheit führen, desto besser scheinen sie ihr Werk zu verrichten; alles Verweilen bei der Besonderheit dünkt hier unnütz, ja gefährlich. So ein allumfassendes religiöses Lebenssystem, wie es innerhalb des Christentums namentlich Augustin vertritt.

Das Bedenkliche dieses Lebenssystems liegt nicht darin,

daß die Religion ihre Denk- und Empfindungsweise über das Ganze des Lebens ausdehnt, — das muß sie tun, wenn sie groß von sich selber denkt, — sondern darin, daß sie diese Denkweise zur ausschließlichen macht und alle Teilnahme für die sachliche Arbeit zerstört. Denn damit verschwindet zugleich aller Antrieb zur Befassung mit dieser, die Breite der Wirklichkeit bleibt unergriffen und unerschlossen, die geistige Bewegung schwebt über den Dingen, statt in sie einzugehen und sich aus ihnen zu erfüllen. Jener weltüberlegene Lebensstand droht mit seiner alles verschlingenden Stimmung die Weltarbeit völlig zu vernichten, höchstens vermag er eine vorhandene Kultur aufzunehmen und für seine Zwecke zu nutzen, nicht aber kann er aus sich eine Kultur anregen oder auch nur fördern. Was nie Selbstzweck werden kann, das kann auch nie wecken und schaffen.

Aber solche Preisgebung einer selbständigen Kultur wird zugleich eine Schädigung der Religion, der äußere Erfolg ergibt leicht einen inneren Verlust. Wo die Arbeit und das Ringen mit dem Gegenstande fehlt, da fehlt leicht auch eine kräftige Fernhaltung eines Einfließens bloßmenschlicher Art; der Mensch verschließt sich viel zu rasch in eine weltüberlegene Stimmung und gibt die subjektive Art seines Erlebens unbedenklich für den Gehalt der höheren Welt. Aus zwei Hauptgründen kann und darf die Religion nicht das Ganze des Lebens sein, sondern muß sie innerhalb eines größeren Ganzen wirken. Einmal gilt die Überlegenheit des Göttlichen nicht auch für unsere menschliche Befassung mit dem Göttlichen; diese unterliegt besonderen Bedingungen und Hemmungen, zu deren Bekämpfung die Arbeit an der Welt unentbehrlich ist; daß zur Religion nicht bloß eine Eröffnung des Göttlichen, sondern auch eine Aneignung seitens des Menschen gehört, wird nicht ohne schweren Schaden verdunkelt. Ferner wird auch die Weltarbeit keineswegs ganz von Endlichem eingenommen, sondern in aller Vermittlung und Bedingung ist auch hier das Unendliche gegenwärtig und dem Menschen erreichbar; die Religion ist nicht die einzige Art, in der sich Göttliches erschließt. So kann und muß die Kultur einen selbständigen

Ausgangspunkt des Lebens bilden; Religion und Kultur müssen sich gegenseitig ergänzen, sich gegenseitig Probleme stellen, sich gegenseitig in Atem halten, wenn das Leben gesund und kräftig sein soll. Nur so erhält der ganze Tatbestand der Wirklichkeit sein Recht; die Religion aber kann als Tiefe des Lebens nur rein und kräftig wirken, wenn sie nicht das Ganze sein will.

Nicht minder als die Selbständigkeit der Kultur gegenüber der Religion ist die Selbständigkeit der Religion gegenüber der Kultur zu verfechten. Die Kultur neigt dahin, nur die Weltarbeit als echte Tätigkeit anzuerkennen und die Religion als etwas Nebensächliches, ja Wesenloses zu behandeln; soweit von jener eine Beschäftigung mit dem Göttlichen überhaupt anerkannt wird, soll sie sich in der Weltarbeit selber finden und nie von ihr ablösen; die Religion wird hier höchstens eine Begleiterscheinung der Kultur, eine Wendung ihres Gehalts zum Gemüt und zur Gesinnung des einzelnen. So entsteht eine Religion der Kultur und verkörpert sich im Pantheismus; denn dieser hält sich ausschließlich an das innerhalb der Weltarbeit faßbare Unendliche und verwirft alle darüber hinausstrebende Religion als eine Verengung und Vermenschlichung des Göttlichen; er hat seine Stärke in der Verbindung der religiösen Stimmung mit der Arbeit, dem Aufsuchen des Göttlichen auf allen Wegen, dem Heraushören seiner aus den Stimmen der Natur wie der Geschichte, dem Wirken gegen alle abschließende Enge, der Richtung des Gefühls ins Weite und Freie. Aber dies alles vermag der Pantheismus nicht ohne eine Religion der überwindenden Geistigkeit, sondern nur im Zusammenhang mit ihr und mit ihrer ausgeprägten Art. Denn das Unendliche, wie es in der Welt zur Erscheinung kommt, ist viel zu sehr mit Fremdem und Feindlichem verquickt, viel zu sehr durch den Widerstand gebunden, es ist auch viel zu sehr bloße Form, als daß von da aus eine Selbständigkeit des Göttlichen erwachsen könnte. Den Charakter der Göttlichkeit erhält die der Welt immanente Vernunft nur als Ausdruck einer bei sich selbst befindlichen, weltüberlegenen Vernunft; ohne eine solche mag es einen Pankosmismus, auch einen Panlogismus, nicht aber einen Pantheismus geben. Der Pantheismus, der den Theismus ablehnt und selbst als absolute Religion auftritt, zerstört seine eigne Grundlage und damit sich selbst, er wird bald zu einer inneren Unwahrheit; was immer er bei solcher Erschütterung für die Stimmung leisten mag, das wird durch den Schaden der Abstumpfung der vorhandenen Gegensätze und einer optimistischen Verflachung des Lebensproblems überboten. So hat auch in der Geschichte der Pantheismus vornehmlich da förderlich gewirkt, wo hinter ihm ein kräftiger Theismus stand, aus dem er sich immerfort erfüllen und beleben konnte; die Preisgebung dieses Rückhaltes machte ihn rasch zu einer vagen und matten Stimmung.

Besitzt so die Religion in ihrem Kern eine Selbständigkeit, so kann ihr auch der Kleinkrieg nicht schaden, den die Kultur als Aufklärung und Kritik gegen sie zu führen pflegt. Die Religion muß mit der Kultur zusammenstoßen, sobald sie sich zu gestalten anschickt, sobald sie innerhalb der Welt zur Erscheinung strebt. Damit nämlich betritt sie den Boden der Kultur und muß sich hier ihrem Urteil unterwerfen; hier darf sie ihre Behauptung nicht der Kultur aufzwingen und gegen ihren Widerstand verfechten. Aber es ist ein starker Fehler, den sowohl Freunde als Feinde der Religion begehen, die Gestaltung und das Wesen der Religion in Eins zusammenzuwerfen und damit die Überlegenheit der Kultur über ihre Gestaltung in eine Überlegenheit über ihr Wesen zu verwandeln. Die Religion kann sich aus aller Verwicklung und Ungewißheit der Gestaltung immer wieder auf ein unantastbares und unverlierbares Wesen zurückziehen und hier eine volle Überlegenheit gegen alle Angriffe erweisen. Ihre Seele besitzt eine unantastbare Hoheit und eine von allen Wandlungen der Kultur unberührte ewige Wahrheit. Die Furcht der Religion vor der Kultur zeigt nur, daß sie bei sich selbst zwischen Kern und Entfaltung nicht genügend scheidet und über ihr eignes Innere unsicher wird; so schiebt sie die Schuld nach draußen, die vor allem bei ihr selbst liegt. Auch die besondere Art der Religion ist nie durch bloße Kultur, sondern nur von der Religion her zu überwinden; die Religion berichtigen kann keine andere Macht als die Religion.

So ergibt sich das Verhältnis, daß Religion und Kultur sowohl ihre Selbständigkeit gegeneinander zu wahren haben, als gegenseitig aufeinander angewiesen sind; sie müssen sich weit genug trennen, damit jede ein ursprüngliches und selbständiges Leben erzeuge und ihre Eigentümlichkeit voll entwickele; sie müssen sich nahe genug bleiben, um in fruchtbarer Wechselwirkung sich gegenseitig weiterzutreiben. Das zusammen ist nur möglich, wenn sie beide sich einem umfassenden Leben einfügen, wie die Wesensbildung es eröffnet, wenn die Bewegung sich weder hier noch da festlegt, sondern von beiden Seiten zum Ganzen strebt, wenn beide zum Ganzen wirken, innerhalb des Ganzen sich berühren, aus dem Ganzen empfangen. Die eine Geisteswelt erschließt sich dem Menschen in zwiefacher Weise: in vermittelter und bedingter durch das Reich der Arbeit, unmittelbar in der überwindenden Geistigkeit; hier wie da gilt es ein Zurückdrängen des Bloßmenschlichen und ein Erringen geistigen Wesens; bei dieser Aufgabe kann das eine das andere unterstützen, sie müssen sowohl auseinander als zueinander streben, zugleich Kampf führen und Frieden halten, damit für das Ganze erreicht werde, was dem Menschen erreichbar ist.

Solche Überzeugung empfiehlt nicht eine Teilung des Lebens zwischen den beiden Bewerbern, wie sie im Gegensatz zur mittelalterlichen Ordnung mit ihrer zu engen Zusammenschmiedung beider wohl auf protestantischer Seite versucht ward. Diese Teilung läßt Religion und Kultur unbekümmert umeinander ihre eignen Wege wandeln, jede das Recht der anderen anerkennen, alle Berührung aber sorgfältig meiden. Als Abweisung einer Vermengung und als Wahrung der Selbständigkeit der einen Seite gegen die andere hat das ein gutes Recht, bedenklich und verfehlt aber wird es, wenn es jeden Zusammenhang aufgibt und das Leben in zwei Hälften auseinanderfallen läßt. Denn soweit dies überhaupt durchführbar ist und nicht in der Tat immer eins der Gebiete zur Hauptsache wird, schädigt es jede Seite und das Ganze des Lebens; daß ein Ganzes beide Seiten umspannt und sie in Wechselwirkung hält, ist zur Vollendung einer jeden notwendig. Die Kultur bedarf eines unablässigen Antriebs, sich zur Wesensbildung zu vertiefen und den ganzen Menschen zu bilden, um nicht Oberfläche zu bleiben und schließlich ein seelenloser Mechanismus zu werden; jenen Antrieb aber empfängt sie, wenn auch nicht direkt von der Religion her, so doch nicht ohne die Hilfe der Religion; nur von ihr aus wird die ganze Tiefe erregt und erlangt das Problem eine lebendige Gegenwart, ohne sie verliert die Kultur leicht den Zusammenhang mit den höchsten Fragen des menschlichen Lebens.

Aber auch die Religion kann nicht gedeihen, welche zur Kultur nur ein äußeres, nicht auch ein inneres Verhältnis hat. Denn dann erwachen alle die Gefahren der Absonderung, die vorher zur Sprache kamen, die Gefahren, sich auf allgemeine Antriebe zu beschränken und den Lebenskern nicht zu fördern. Ja die Ablehnung aller Begründung aus dem Ganzen des Lebens kann selbst die Sicherheit der Religion erschüttern. So gewiß sie direkt und bei sich selbst durch ursprüngliche Tatsachen erwiesen sein will, nicht aus einer bloßen Weltanschauung, jene Tatsachen scheinen uns nicht sinnfällig von außen entgegen, sondern den Punkt, wo sie sich erschließen, erreichen erst innere Bewegungen und Erfahrungen; diese aber können sich nur innerhalb eines umfassenden Lebens bilden, das die geistige Aufgabe anerkennt und ergreift. Dazu aber bedarf es auch einer kräftigen Kulturarbeit. Die beiden Seiten ohne alle Beziehung zu lassen, etwa hier Materialist oder Positivist zu sein, dort aber einer strengen Fassung der Religion zu huldigen, ist allenfalls möglich, wo eine geschichtlich überkommenes, festgeschlossenes Religionssystem auf Autorität hin angenommen wird; es ist unmöglich, wo die Religion vornehmlich zur eignen Überzeugung und Erfahrung wird. Wir können und müssen in einer Wahrheit zwei Seiten und Ausgangspunkte, wir dürfen nicht eine doppelte Wahrheit gelten lassen; an jeder Stelle wird das Leben verflachen, das nicht den ganzen Menschen aufbietet, und dessen Bewegung nicht bis zur gemeinsamen Wurzel seines Wesens durchdringt. So können Religion und Kultur nicht voneinander lassen, aber es darf ihre Wirkung aufeinander keine direkte sein, sie bedarf der Vermittlung des

Ganzen des Lebens; jede hat zunächst auf das Ganze zu wirken und erst von hier aus zur anderen; Religion wie Kultur erreichen ihre eigne Höhe nur bei Einfügung in die eine Aufgabe der Wesensbildung.

Nach diesen Erörterungen sei zum Schluß kurz zusammengefaßt, wie die Wirkung der Religion, dieser Verkörperung der überwindenden Geistigkeit, auf das übrige Leben zu denken und zu wünschen ist. Solche Wirkung wird um so glücklicher sein, je weniger sie direkt auf die einzelnen Gebiete, je mehr sie zunächst auf das Ganze geht; sie wird um so tiefer dringen, je weniger sie irgendwelcher Tendenz unterliegt, je mehr sie einer inneren Notwendigkeit folgt. Der Gewinn des Ganzen besteht aber vornehmlich darin, daß durch eine neue Erschließung der Geisteswelt die Geisteswelt überhaupt gesichert und wiederbelebt wird, ohne daß die Dunkelheiten und Widerstände des Daseins weggedeutet werden. So entsteht ein mutiges Fortführen des Lebens inmitten der ungeheuren Hemmungen, ein Behaupten eines Sinnes inmitten aller Unvernunft, einer unergründlichen Tiefe in sonstiger Flachheit, einer Reinheit und Unschuld in aller Verworrenheit und Verderbtheit, einer Seligkeit inmitten alles Leides und aller Dunkelheit. Die dialektische Art, welche das Geistesleben im Verhältnis zum Menschen — nicht das Geistesleben bei sich selbst — durchgängig zeigte, erreicht hier ihren höchsten Gipfel. Denn nirgends ist der Gegensatz so schroff, nirgends betrifft er so sehr den Grundgehalt des Lebens, nirgends wird er so unmittelbar zur eignen Angelegenheit jedes einzelnen. Den Kern aller Religion bildet die volle Einigung von göttlicher und menschlicher Natur in der überwindenden Geistigkeit; solche Einigung erhebt den Menschen im Kern seines Wesens zur höchsten Höhe, aber zugleich läßt sie alle Hemmungen seiner Lage und seiner Art deutlich empfinden. Dort eine Teilnahme nicht nur an der Unendlichkeit und Ewigkeit, sondern auch an der geistigen Vollkommenheit und sittlichen Hoheit, hier die verschwindende Kleinheit des Menschen, die Schwäche aller geistigen Antriebe, die zähe Festhaltung der selbstischen Natur. Nirgends ist daher die Kritik gegen das Bloßmenschliche schärfer als an dieser Stelle, nirgends aber erhebt sich klarer aus der Erschütterung und Erniedrigung ein unverlierbares Wesen, nirgends wird die Scheidung zwischen weltüberlegenem Beisichselbstsein des Lebens und Bloßmenschlichem gründlicher vollzogen. Indem das Menschenleben an dem Zusammenstoß der Welten und an dem Hervorbrechen ursprünglichen Schaffens teilnimmt, erhält es der nächsten Erfahrung zum trotz eine unvergleichliche Größe und unerschöpfliche Tiefe; die Möglichkeit einer Befriedigung beim gegebenen Dasein ist völlig zerstört, allem Abschließen bei endlichen Größen, allem selbstgenugsamen Dogmatismus des Denkens und Lebens wird vorgebeugt.

Der Kampf der Welten aber und die Entwicklung des Neuen erzeugt eine unermeßliche Bewegung, aus allen Problemen scheint ein Hauptproblem hervor und durchdringt alle Ausdehnung des Lebens. Nunmehr kann sich nichts träge verschließen und starr absondern, sondern alles gewinnt regen Fluß, alle Mannigfaltigkeit muß Anschluß aneinander suchen, alle einzelnen Bewegungen vereinigen sich zu Einem Lebensstrome. Dies Zusammendrängen des Lebens an einen Mittel- und Hauptpunkt muß das persönliche Element wesentlich stärken und ein geistiges Selbst aller Zerstreuung entwinden; ein solches Selbst aber hat durchgängig den Kampf mit der Endlosigkeit der Erfahrungen aufzunehmen und ihrer scheinbar blinden Tatsächlichkeit einen Sinn abzuringen. Diese Aufgabe wird unter den Widerständen des menschlichen Daseins nie rein gelöst, immer wieder entweicht die Welt den auferlegten Maßen und verschließt sie sich in tiefes Dunkel. Aber daß das Unvollendbare nicht widersinnig ist, das beweist die Fruchtbarkeit dieses Strebens. An ihm hängt alles geistige Schaffen, nur in kräftiger Entfaltung eines geistigen Selbst und in mutigem Ringen mit der Welt gewinnt das Leben eine Tiefe und die Arbeit einen Gehalt; wo jener Kampf endgültig eingestellt wird, da fällt alles auseinander, da siegt das Äußere über das Innere, da unterliegt das Leben einem seelenlosen Mechanismus.

Eigentümlich war der religiösen Bewegung, daß der Sieg nicht den Widerstand völlig vernichtet, wohl aber seine Gewalt durch die Eröffnung eines neuen Lebenskreises innerlich bricht. So verbleibt eine Geteiltheit der Stimmung, ein Hin- und Hergehen vom einen zum anderen, ein innerer Kontrast; enthielt doch selbst die Seligkeit den Schmerz über das Feindliche oder Verlorene. In solchem Kontrast, dessen Auf- und Abwogen die religiöse Kunst, etwa die eines Bach, zu ergreifendem Ausdruck bringt, liegt wie eine Abweisung aller bequemen Ruhe so eine Ablösung von aller greifbaren Gestalt. Die Gefahr eines Verfallens ins Formlose ist hier augenscheinlich, aber dieser Gefahr kann eine kräftige Zurückbeziehung des Lebens auf seine begründende Tiefe entgegenwirken; innere Festigkeit und unablässige Bewegung können ganz wohl zusammengehen.

Solcher Weite und Ursprünglichkeit bedarf dieses Leben nicht nur für den Kampf nach außen, sondern auch für sich selbst; die niederdrückenden Zweifel, die es zu bekämpfen hat, kann nur ein stetes Neuentstehen, ein unablässiges Hervorgehen aus freier Tat überwinden. Nirgends mehr als hier ist das Leben ein immer neues Schaffen, gehört die Freiheit so sehr zur Wurzel des Wesens. Von hier aber kann sie den ganzen Umfang durchdringen und überall die Arbeit in Tat, Überzeugung und Wesensbildung verwandeln.

Bei aller Freiheit hat dies Leben einen tiefen Ernst. Aus unergründlicher Tiefe kommt das Problem der Welten an den Menschen, nunmehr erstreckt sich von dem zentralen Problem ein Entweder—Oder über alles Tun und fordert an jeder Stelle eine eigne Entscheidung. Daß die Wendung zur Geisteswelt eine völlige Umwälzung bedeutet, daß sie das nächste Dasein zu einer niederen Sphäre herabsetzt, einen Bruch des Menschen mit der Welt, mit den Menschen, ja mit sich selbst in sich trägt, das wirkt hier aufs eindringlichste.

Dem allen kann sich das Kulturleben nur entziehen, wenn es das Problem der Wesensbildung von sich weist und alle Betätigung entweder in den Dienst der natürlichen Selbsterhaltung stellt oder in ein müßiges Spiel der Kräfte verwandelt. Will die Kultur aber mehr sein, erstrebt sie ein selbständiges Innenleben und damit eine Geisteswelt, so wird sie jene Umwälzung anerkennen und sich anzueignen suchen, im besonderen die Kräftigung des Persönlichseins, die von dort ausging; sie wird dann die Bewegung auch den einzelnen Gebieten zuführen, um so mehr, je enger sie dem Ganzen des Lebens verbunden sind. — Obenan steht hier das ethische Gebiet. Wohl hat es seine Selbständigkeit auch der Religion gegenüber zu wahren. Denn es hat eine breitere Grundlage in dem Gesamtverhältnis des Menschen zum Geistesleben, namentlich zur Wesensbildung; es kann sich weder seinen Inhalt unmittelbar von der Religion übermitteln lassen noch von ihr seine Antriebe borgen; eine derartige direkte Unterordnung unter die Religion bringt der Ethik schwere Gefahren. Aber eine Ethik, welche die Vertiefungen und die Erfahrungen der Religion ablehnt, wird flach und unfruchtbar. Könnte sie ohne schweren Schaden sich der Erwärmung und Kräftigung der Lebensaufgabe verschließen, welche von der persönlicheren und eindringlicheren Gestaltung jener ausgeht, der Neubelebung des Wesens, welche aus dem Zusammenstoß der Welten und der Eröffnung einer höheren Ordnung entspringt, der inneren Einigung des ganzen Menschen, wie sie von dort dem zerstreuten Durchschnittsleben entgegenwirkt? Nur im Zusammenhange mit der Religion vermag das ethische Streben die Überwindung aller naturhaften Art durchzusetzen, nur so wird ein unverlierbarer Keim des Guten vor aller Verkehrtheit und Verderbnis des Durchschnittslebens gerettet, nur so die Unvergleichlichkeit der ethischen Aufgabe gegenüber allen anderen Aufgaben begründet. Über solche allgemeinere Wirkung hinaus entwickelt sich aber von der Religion her auch ein eigentümlicher ethischer Typus, der sich nicht ohne Schaden direkt über das ganze Leben ausbreiten kann, der aber mit seiner beseelenden und umwandelnden Kraft das ganze Leben fördert. Es ist der Typus der Liebe und Gnade einerseits, des Glaubens und Vertrauens andererseits, der Typus, in dem die Gegensätze sowohl aufs schroffste gespannt als aufs gründlichste aufgehoben werden. Damit eine durchgreifende Erschütterung des Menschen, ein Schmelzen aller Härte vor der Macht neuer Lebensfluten, ein zwingender Antrieb zur Betätigung von Dank und Liebe, ein Erstarken von Hingebung und Aufopferung, von Demut und Feindesförderung.

Was aber an besonderer und an allgemeinerer Wirkung erreichbar ist, das kann für das Ganze des Menschheitslebens sich kräftig entfalten nur, wenn sich auf diesem Boden ein eigner Lebenskreis zusammenschließt, sich eine neue Art menschlicher Gemeinschaft im Dienst der überwindenden Geistigkeit bildet: eine ethisch-religiöse Gemeinschaft muß neben der politisch-rechtlichen stehen. Denn der Staat darf nur die allgemeine Art des Geisteslebens voraussetzen und verwerten, nicht die näheren, auf volle Freiheit gestellten Erfahrungen, er ist den Notwendigkeiten des Lebens eng verflochten und kann des Zwanges nicht entbehren, er wird von dem Wechsel und Wandel der Zeit und selbst von den Schwankungen des Augenblicks stärker bewegt, er entfesselt mit seinem Voranstellen der Macht unermeßliche Kämpfe und Leidenschaften; so kann er den inneren und ewigen Aufgaben des Menschenwesens nun und nimmer genügen. Daß heute die Kirche, wie sie vorliegt, das Gesamtleben nicht befriedigt, das sollte uns nicht in der Überzeugung beirren, daß eine mehr auf Freiheit und Innerlichkeit gegründete und die näheren Erfahrungen der Geisteswelt aufnehmende Gemeinschaft des Lebens, Kämpfens und Wirkens der Menschheit ein unabweisbares Bedürfnis ist, und daß eine solche innere Gemeinschaft ein flüchtiges Luftgebilde bleibt ohne einen Anschluß an die Vertiefungen uni Umwälzungen, welche aus der Religion entspringen. Diese neue Gemeinschaft aber, derer wir heute mehr bedürfen als jemals, wird ihre Aufgabe um so besser erfüllen, je mehr sie ihre Selbständigkeit und Eigentümlichkeit gegenüber der politischen wahrt; sie darf weder äußerlich vom Staate abhängig sein und schließlich zum gehorsamen Diener der jeweiligen Regierung sinken, wie früher oft der Protestantismus, noch auch von innen her unter die Macht der Staatsidee geraten, bei sich selbst zu einem geistlichen Staate werden, wie oft der Katholizismus.

Endlich müssen die Erregungen und Vertiefungen des Gesamtlebens durch die überwindende Geistigkeit auch den einzelnen Arbeitsgruppen zugute kommen; sie lassen sich nirgends ablehnen, wo das Streben die Richtung zum Ganzen und zur Wesensbildung einschlägt. Wo immer die Arbeit sich nicht bloß in den Erscheinungen zurechtfinden will, sondern zu einem Sinn und Charakter aufstrebt, da muß sie ein geistiges Selbst einsetzen, ein naturüberlegenes Persönlichsein, das sich in die Leistung hineinlegt und aus ihr zu sich zurückkehrt, das durch die Erfahrungen der Arbeit innerlich vordringt und dadurch dem zu Beginn Unmöglichen gewachsen wird. Durchgängig wird dabei zur Aufgabe, die Arbeit von dem Zustand des einzelnen wie der Besonderheit menschlicher Art zu befreien und in den eignen Bestand der Dinge, in ein Reich der Wahrheit zu versetzen; dazu bedarf es aber sowohl einer inneren Scheidung unseres Lebenskreises als einer Befestigung in einer der Verwicklung überlegenen Ordnung. Das führt wiederum zu demselben Problem, dessen Mittelpunkt die Religion bildet.

Alle solche Anregungen und Einwirkungen müssen sich durch das Ganze des Lebens hindurch auch auf die Philosophie erstrecken. Gewiß darf sie sich ihre volle Freiheit und Unbefangenheit nicht durch die Religion verkümmern lassen, sie muß alles, was von dort an sie kommt, zum Probleme machen und auf ihrem eignen Boden erweisen. Aber sobald sie von der bloßen Sammlung und Anordnung der Erscheinungen zu einem Kampf um eine innere Aneignung der Wirklichkeit vordringt, wird sie die überwindende Geistigkeit und ihre Verkörperung würdigen und auch für ihr Streben fruchtbarste Anregungen empfangen. Ohne ein starkes persönliches Element kann die Philosophie nicht den Kampf mit der endlosen Welt unternehmen, nicht irgendwelche Einheit des Weltbildes erringen, noch eine geschlossene und überlegene Gedankenwelt erreichen. Gewiß will sie damit etwas Unvollendbares, alle Leistung wird immer wieder als zu klein befunden werden. Aber ebenso gewiß wurde nur durch die hierbei erfolgte Konzentration und Aufbietung des ganzen Wesens erreicht, was die Philosophie an Großem und Fruchtbarem geleistet hat. Im Kampf gegen die Unermeßlichkeit der Umgebung ist der Mensch verloren, wenn er ihr nicht eine innere Unendlichkeit entgegenstellen kann. Auch den anderen Wissenschaften gegenüber vermag die Philosophie eine selbständige Stellung nur zu behaupten, wenn sie die Tatsächlichkeit und den Gehalt eines überlegenen Beisichselbstseins vertritt und daraus auch ein eigentümliches Verfahren gewinnt. Nur dann kann sie einen neuen Weltdurchblick bieten, nur dann wird sie eine innere Notwendigkeit, während sie ohne eine solche Wurzel zu einem intellektuellen Sport herabzusinken droht. Wir haben uns in Europa daran gewöhnt, von Religion und Philosophie grundverschiedene Bilder der Welt sowohl als des Lebens zu empfangen; mit Recht wird uns von indischen Denkern entgegengehalten, daß solche Spaltung unnormal und verderblich ist. Bei aller Selbständigkeit ihrer Aufgaben müssen Religion und Philosophie sich zu einem gemeinsamen Leben weiterer Art bekennen.

So erscheinen überall innere Zusammenhänge des Lebens, Zusammenhänge freilich, die sich nicht mechanisch mitteilen lassen, sondern der Aneignung durch Freiheit harren. Daß jede Stelle einer Selbständigkeit bedarf, wir uns aber zugleich überall im Ganzen befinden und um das Ganze kämpfen, das ist es, was das Leben schwer, aber zugleich auch spannend und groß macht.

D. Zusammenfassung.

Das Gesamtbild des Geisteslebens.

In drei Stufen fanden wir eine Bewegung entstehen, in drei Durchsichten die Wirklichkeit sich erschließen, mit drei Aufgaben das Geistesleben an uns kommen. Das erste Problem war das der Selbständigkeit des Geisteslebens. Es zeigte sich, daß dieses Leben nicht eine Nebenerscheinung eines andersartigen Geschehens bildet; nur als ein eignes Reich, ja eine eigne Welt kann es sich rein ausprägen und die Kraft zu siegreichem Aufstieg finden. Dazu aber gehört in der Form eine Losreißung von dem bisherigen Durcheinander und das Einsetzen eines ursprünglichen Lebens, in der Sache die Entwicklung eines Reiches neuer, unsinnlicher Größen und Güter, das seinen Wert, und zwar einen unvergleichlichen Wert, in sich selber hat, ihn nicht erst durch die Beziehung auf das Dasein erlangt. Solche Ausbildung einer Selbständigkeit machte aber das Geistesleben nicht zu einer Sonderwelt neben der übrigen Wirklichkeit, sondern wir erkannten in ihm die Seele der gesamten Wirklichkeit, eine Wendung dieser zu ihrer eignen Tiefe, ein Sichselbstfinden und Erschließen des Lebens. So verstanden ist es mehr als ein innermenschlicher Vorgang, es zeigt vielmehr den Menschen in Weltbewegungen, die seine besonderen Kräfte und Ziele weit übersteigen, eine innere Umbildung von ihm fordern und ihn zugleich über die Durchschnittskultur hinaustreiben. Ihr gegenüber die Selbständigkeit und die Reinheit des Geisteslebens vollauf zu wahren und auch in der Denkarbeit alle offne oder versteckte Ableitung aus der bloßen Natur und Gegebenheit abzuweisen, das erschien als die erste Forderung, als die notwendige Voraussetzung alles glücklichen Fortgangs.

Aber so notwendig diese Ablösung und Entgegensetzung des Geisteslebens war, und so sehr es in allen weiteren Erfahrungen die errungene Überlegenheit zu wahren hatte, jene Entgegensetzung gab seine eigne Gestaltung nur in entwerfendem Umriß, nicht in voller Durchbildung. Dafür war seine Zurückwendung zum Dasein nicht zu entbehren, nicht um dieses in seinem nächsten Befunde als einen gleichberechtigten Faktor anzuerkennen und sich mit ihm zusammenzusetzen, sondern um es auf den Boden des Geisteslebens zu ziehen, ihm hier einen Gehalt abzuringen und zugleich sich selber weiterzubilden. Dieses Streben konnte nicht gelingen, ohne alle Einzelarbeit mit einem Bilden von Ganzem zu Ganzem zu umspannen, es galt die Herstellung eines Lebenssystems, eines Gesamtwerks, in dem das Geistesleben als das Beisichselbstsein des Lebens zu einer vollen und selbstgenugsamen Wirklichkeit würde. Das Streben nach einem solchen System durchdringt die ganze Geschichte, es ist nur ein anderer Ausdruck für das Verlangen nach einem Charakter des Geisteslebens, alle ausgeprägte Kultur hat hier eine eigne Behauptung. Wir sahen aus den Bejahungen und Verneinungen der Zeiten, aus ihren Erfolgen und Mißerfolgen ein System der Wesensbildung entstehen; nur ein solches kann das Fremde und Feindliche bekämpfen und überwinden, nur hier erzeugt die Tätigkeit aus sich selbst eine volle Wirklichkeit. Aus der Vorhaltung eines solchen Systems entsprangen durchweg neue Aussichten und Aufgaben, ein hartes, aber fruchtbares Ringen mit der Erfahrung begann, eine Zurückverlegung des Lebens gestattete sonst unversöhnlichen Gegensätzen sich zu verständigen und sich einem überlegenen Ganzen einzufügen, ein neues Kulturideal begann seinen Aufstieg. Auch zeigte sich, daß es der Bewegung dahin nicht an Anknüpfungspunkten innerhalb des Daseins fehlt, daß ihr von hier ein aufsteigender Zug entgegenstrebt, der aber einer Klärung und Verstärkung bedarf.

So schien ein glücklicher Abschluß des Lebens und Ausgleich mit dem Weltstand erreicht. Aber neue Verwicklungen zeigte ein näheres Eingehen auf den Befund unsrer menschlichen Welt und Erfahrung. Hatte das Geistesleben bis dahin neben den äußeren Hemmungen nur eine innere Unfertigkeit zu überwinden, so zeigte es nun sich selbst von schroffen Widersprüchen zerrissen und seiner eignen Art entfremdet, zugleich aber an eine starre und gleichgültige Welt gebunden. Alle Hilfen innerhalb der gegebenen Lage erwiesen sich als unzulänglich, ohne die Eröffnung einer neuen Welt überwindender Geistigkeit war das Ganze verloren. Aber bei der Wendung dahin durfte dem Menschen die alte Welt nicht entschwinden, ein Leben vor und nach dem Konflikte war sowohl auseinanderzuhalten als zueinander in Beziehung zu setzen, nur ihr Zusammenwirken konnte das Ziel der Wesensbildung erreichen. Ein fertiger Abschluß freilich wurde auch so nicht gewonnen. Denn so gewiß ein letzter Punkt fester Art ergriffen wurde, das übrige Leben verblieb in Arbeit und Kampf, Geheimnisse umsäumten unseren Weg, nur als ein Glied weiterer, ihrer näheren Beschaffenheit nach undurchsichtiger Zusammenhänge bewahrte das Leben einen Sinn.

Das Ganze dieser fortschreitenden Bewegung enthält eine entschiedene Abweisung solcher Überzeugungen, welche sich an einem früheren Punkte festlegen und gegen den Fortgang des Ganzen verschließen. So wird als ungenügend oder matt alle Weltanschauung verworfen, welche eine Geistigkeit bejaht, aber keine selbständige Geisteswelt anerkennt, verworfen wird auch das Beharren bei der Blutlosigkeit einer dem Dasein schroff entgegengesetzten Geistigkeit, verworfen der Versuch, aus einzelnen freischwebenden Tätigkeiten ein Lebenssystem zu entwickeln, als verflachender Optimismus verworfen die Leugnung oder Wegdeutung der Widersprüche unseres Daseins, verworfen aber auch der Pessimismus mit seiner willenlosen Ergebung in diese Widersprüche. Aber nicht minder als auf den Fortgang ist darauf zu dringen, daß die späteren Stufen die früheren festhalten und fortwirken lassen, da das Leben sich sonst verengt und erstarrt. So geschieht es, wenn die überwindende Geistigkeit für sich einen geschlossenen Kreis bilden will und alle Beziehung zur grundlegenden abbricht, so wenn die Wendung zu einem Lebenssystem nicht immer neu von der breiten Grundlage des gesamten Geisteslebens aus erfolgt, so wenn das Geistesleben das entgegenstehende Dasein als nicht vorhanden betrachtet und den Kampf mit ihm einstellt. An allen Punkten ist die selbstgerechte Abschließung zugleich eine Absperrung von den Quellen des Lebens, nur als ein Glied des Ganzen kann die besondere Stufe ihre Kraft und Wahrheit behaupten.

So müssen alle jene Stufen und Richtungen in unablässiger Beziehung und der ganze Lebensprozeß in steter Bewegung bleiben. Jede Stufe hat ihre eignen Erfahrungen, die sich bei Vermengung mit denen anderer Stufen nicht vollständig ausleben und rein aussprechen. Auch können nur bei deutlicher Scheidung und ungestörter Entwicklung die Stufen als Ganzes aufeinander wirken und damit Gesamterfahrungen wie Gesamtbewegungen erzeugen. Gilt es als eine besonders wichtige Eigenschaft des individuellen Seelenlebens, daß die einzelnen Vorgänge zueinander in Beziehung treten ohne zusammenzurinnen, so ist auch für das Geistesleben die Scheidung der Lebensstufen und Gedankenmassen von höchstem Wert. Nur so kann es sein ganzes Vermögen erschließen, die Fülle der Wirklichkeit an sich ziehen und in eigne Erfahrung verwandeln. Im besonderen fordern die Gegensätze, die das Ganze jener Bewegung enthält, eine gleichmäßige Entfaltung: sowohl die Losreißung vom Dasein als die Rückkehr zu ihm, sowohl das Vermögen als die Schranke unseres Geisteslebens, sowohl der Widerstand als die Überwindung. Denn mag der einzelne je nach seiner individuellen Art und Lebenserfahrung sich zu dieser oder jener Seite und Stufe stellen, und mag sich damit ein Ausblick auf eine reiche Fülle individueller Gedankenwelten eröffnen, das Ganze des Lebens muß innerlich weit genug sein, um alle Seiten und Stufen zu umspannen und zu einem einzigen Leben zu verbinden; von hier muß ein Gleichgewicht der Bewegungen wirken, das der einzelne immer nur annähernd erreicht; hier ist die Universalität zu erstreben, die für volle Wahrheit unentbehrlich ist.

Je mehr aber auf eine Festhaltung der Mannigfaltigkeit gedrungen wird, desto notwendiger ist zur Fernhaltung einer äußerlichen Zusammensetzung die kräftige Ausprägung und lebendige Gegenwart einer allbeherrschenden Gesamtidee. Dies fand sich in der Erfassung der Geisteswelt als des Beisichselbstseins des Lebens, als des Kerns der Wirklichkeit. Subjektive und substantielle Selbsterhaltung schieden sich damit scharf voneinander; die Welt wird hier nicht auf ein außer ihr stehendes Subjekt bezogen, um sein Besitz und Genuß zu werden, sondern die Wirklichkeit selbst steht in Bewegung, sie sucht im Geistesleben ihre eigne Vollendung, ihre schaffende Tiefe. Der Weltcharakter wird dem Geistesleben nicht nachträglich beigelegt, es würde ihn nie erlangen, wenn es ihn nicht von Haus aus besäße und nur weiter zu klären hätte. Ohne mit dem Kern seines Wesens an solchem Weltleben teilzuhaben, wäre der Mensch für immer von der Wahrheit abgeschnitten; auch er hat sein echtes Selbst in dem All als geistigem All zu finden, wenn das Geistesleben sein eignes Leben, die Seele und Freude seines Daseins werden und ihn unmittelbar, nicht durch die Wirkung auf das kleine Ich, bewegen soll. Der Gegensatz von Selbst und Welt ist nie von außen, sondern nur von innen her zu überwinden; ohne seine Überwindung aber bleibt der Mensch endgültig in den Sonderkreis gebannt.

In jener Wendung erkannten wir die völlige Umwälzung der ersten Lebensführung und Weltansicht. Nun fand sich der Mensch nicht mehr in einer gegebenen Welt und erhielt seine Aufgabe nicht durch äußere oder innere Notwendigkeit zugewiesen, sondern er mußte die echte Wirklichkeit und zugleich seinen eignen Weg erst suchen, der Gesamtstand der Welt wurde zum Problem, Weltstufen stießen hart aufeinander; solcher Kampf war aber mit seiner Auflösung aller scheinbar festen Ordnungen zugleich ein Zeugnis für die Überlegenheit geistigen Lebens, gegenüber der schweren Erschütterung war nirgends anders als bei ihm selbst ein sicherer Halt zu finden, nirgends anders als von hier die Arbeit aufzunehmen.

Die neue Welt brachte namentlich eine durchgreifende Verinnerlichung des Bildes der Wirklichkeit. Unmöglich konnte das Geistesleben die Vollendung alles Lebens, das allein volle und selbständige Leben, bedeuten, ohne daß von vornherein ein Inneres als der Grund der Wirklichkeit, das Äußere als etwas Sekundäres, ja in seiner Äußerlichkeit als etwas Abgelöstes und Entfremdetes gilt; ein schlechthin Äußeres ist hier ein völlig unmöglicher Gedanke. Jene Innerlichkeit hat das Recht, alles an sich zu ziehen und von sich aus zu gestalten; erst ihre Steigerung zu einer Innenwelt gibt auch dem anderen eine Wahrheit. So gilt es überall, eine Beziehung zur Innenwelt herzustellen und in aller Leistung ihr Wirken zu erfassen; die Innenwelt gewährt den Standort, von dem aus alles Leben zu entfalten und alles Sein zu verstehen ist. Aber die Tatsache ist zugleich ein unermeßliches Problem, zwischen der Erhebung und der Durchführung des Anspruchs liegt die weiteste Kluft, liegt die Arbeit unserer Welt. Denn jene Innenwelt ist uns zunächst nur im allgemeinsten Umriß erreichbar. zwischen ihr und uns befindet sich die Unermeßlichkeit einer fremden und gleichgültigen Welt und droht uns mit ihrer Wucht zu erdrücken. Und doch soll die Innerlichkeit sich jene Welt unterwerfen, ihrer Starrheit einen Sinn, ihrer Äußerlichkeit einen Geistesgehalt verleihen, im Kampf ihre eigne Vollendung suchen.

Schon daraus erhellt, daß die Verinnerlichung der Wirklichkeit nicht mit Einem Schlage, auch nicht in raschem Zuge erfolgen kann. Die Anknüpfungspunkte zwischen hier und dort wollen Schritt für Schritt gewonnen sein, nur langsam kann die Arbeit vorwärts kommen. Die Verwicklung wäre dabei eher zu überwinden, wenn unsere Welt bei sich selbst ein vollendetes System wesenhafter Innerlichkeit bildete und alle Äußerlichkeit nur aus unserer menschlichen Auffassung stammte; dann könnte eine gründliche Klärung unserer Begriffe uns rasch zum Ziele führen. Die Untersuchung zeigte aber, daß die Verwicklungen nicht bloß von uns in die Welt hineingetragen sind, sondern daß sie ihrem eignen Bestand angehören; die Welt selbst ist in Bewegung begriffen, und diese Bewegung unterliegt undurchsichtigen Bedingungen, sie stößt auf harte, scheinbar unüberwindliche Widerstände. Spät erst und wie ein Nebenschößling erscheint in unserer Welt ein Beisichselbstsein des Lebens, es zeigt keine sichere Richtung und keinen inneren Zusammenhang, ja es gerät in harten Widerspruch mit sich selbst, es sieht sich nicht nur von außen gehemmt, sondern auch im eignen Innern gespalten. Soll dabei die Welt ihrem Grunde nach geistig sein, so ergibt das unauflösbare Rätsel, es macht für uns die Verinnerlichung der Wirklichkeit unvollendbar. Aber je größer die Widerstände erscheinen, desto größer erscheinen auch die Gegenwirkungen, desto deutlicher erweisen sie sich als Weltmächte, desto gewaltiger wird bei allem Dunkel die tatsächliche Leistung. Daß aller Hemmung gegenüber das Geistesleben eine solche Macht werden konnte, wie es die Gesamttatsache der Kultur aufweist, daß es aus aller Zerstreuung so energisch zu einem Charakter strebt, daß so kräftig eine den Verwicklungen überlegene Geistigkeit wirkt, dieses ganze Sichbehaupten und Vordringen, es zeigt unser Leben und Streben in Weltzusammenhängen und gibt ihm in allen Kämpfen und Zweifeln das Bewußtsein eines Wertes und einer Bedeutung.

Je unfertiger aber die Leistung bleibt, desto notwendiger sind feste Richtungen in dem Werden und Ringen um ein Beisichselbstsein der Wirklichkeit. Zwei Forderungen erheben sich hier mit besonderem Nachdruck: das Verlangen nach scharfer Scheidung von Grundgeistigem und Bloßmenschlichem, und das Bestehen auf energischer Zusammenfassung des Geisteslebens bei sich selbst. Wäre die bloßmenschliche Lebensform dem Geistesleben untrennbar verwachsen, so würde nicht nur das Weltbild für immer ein Gewebe anthropomorpher Vorstellungen bleiben, sondern auch unser Handeln bliebe an sinnliche und selbstische Zwecke gebunden; nicht nur eine volle Lösung der Aufgabe, auch alles Streben dahin wäre ausgeschlossen. Daß der Mensch einer besonderen Art bewußt werden und das Bloßmenschliche von dem Kern der Arbeit fernhalten kann, ist wie ein sicheres Zeugnis seiner Größe so eine unerläßliche Bedingung alles Gelingens. Aber auch diese Aufgabe ist nicht unmittelbar zu lösen, sie bedarf ausdauernder Arbeit der Geschichte. Das Bloßmenschliche ist zunächst im Übergewicht, und grübelndes Nachdenken kann ihm nicht seine Grenze weisen, unentbehrlich dafür sind die Erfahrungen, die Erfolge wie auch die Mißerfolge der Arbeit. Jede eingreifende Wendung der Zeiten bringt hier neue Scheidungen und Aufklärungen, immer weiter wird das Bloßmenschliche zurückgetrieben, immer größer wird die innere Kluft, immer härter der Kampf des Menschen gegen sich selbst, immer stärker mit dem allen die geistige Spannung des Lebens.

Ferner erlangte das Geistesleben eine Wesensbildung und damit den Aufbau einer selbständigen Wirklichkeit nur bei einer Zurückverlegung des Hauptprozesses hinter die einzelnen Tätigkeiten und besonderen Gebiete, bei Unterordnung aller Leistungen unter ein überlegenes Ganzes. In diesem Ganzen mußte die Bewegung von der Einheit zur Vielheit gehen, um zur Gestaltung fortzuschreiten, von der Vielheit aber zur Einheit zurückkehren, um am Wesen zu gewinnen; beide Richtungen mußte aber Ein Lebensprozeß umspannen, wenn das Wirken das Wesen fördern sollte. So erhielt das Leben eine Tiefe, aber es trat zugleich in einen Gegensatz zum unmittelbaren Dasein. Denn dieses gehört der Vereinzelung und Zerstreuung. So gilt es dagegen einen inneren Stand zu erkämpfen, eine Tatwelt auszubilden, aus ihr eine stete Gegenwirkung gegen den unmittelbaren Eindruck zu üben. Wieder wird eine Abstufung und eine Umwandlung nötig, wo zunächst die Bewegung nur eine einzige Fläche zu bilden schien.

So fand sich eine Fülle von Gegensätzen, von Aufgaben und Verwicklungen. Unser Leben würde ein Spielball sich durchkreuzender Bewegungen werden, wenn nicht in ihm ein einziges Streben alle Mannigfaltigkeit durchdränge und zusammenhielte. Ein solches Streben zeigt sich in der Tat, es war das Verlangen nach einem Beisichselbstsein und zugleich nach einem Gehalt des Lebens. Dies Verlangen, dieser Durst nach Wirklichkeit, steht vor allen besonderen Aufgaben und verleiht ihnen ihre bewegende Kraft; alle anderen Affekte überwiegt der Affekt des Lebens und der Bildung eines Wesens im Leben. Dies aber ließ sich nicht entwickeln ohne die schärfste Abgrenzung gegen den bloßen Naturtrieb mit seiner unbedingten Festhaltung des kleinen Ich in einer gegebenen Welt. Gab es doch ohne die Überwindung dieses naturhaften leeren Selbst kein Durchdringen zu einem wahren Selbst, keine Einigung mit dem Ganzen, kein Leben aus dem Ganzen. Nicht minder zeigte die Form des Lebens einen schroffen Gegensatz zur Natur und Gegebenheit: dort das strenge Walten einer mechanischen Kausalität, hier kein Bilden und Schaffen ohne eine Ursprünglichkeit und Freiheit. So bedeutet das Geistesleben mit seinem Beisichselbstsein gegenüber der naturhaften Ordnung ein wesentlich neues Leben; seine Energie ist nicht die physische des blinden Triebes, sondern die geistige der freien Tat; ja es ist die ethische Tat, die jene ganze Welt trägt und den Menschen ihr verbindet. Durch den tiefsten Grund des menschlichen Lebens geht ein schroffes Entweder—Oder, die Notwendigkeit einer Entscheidung über das Ganze, die nicht durch gegebene Bewegungsgründe gelenkt wird, sondern aus sich selbst ihre Bewegungsgründe erzeugt. So ein neues Weltgefüge, ein Reich des weltschaffenden Willens.

So entstand ein durchaus eigentümliches Leben. Was aber das Wissen zu seinem Aufbau vermag, das überschreitet nicht ein Entwerfen von Umrissen; zu voller Wirklichkeit ausführen kann diese nur die gemeinsame Arbeit der verschiedenen Lebensgebiete. Auf solche Arbeit muß daher alles Streben nach dieser Richtung vertrauen, nur damit kann es gelingen. Denn schließlich hat nicht das Wissen das Leben, sondern das Leben das Wissen zu tragen.

II. Absteigender Teil.

Auseinandersetzung mit der Zeit.

A. Das Gesamtbild.

Unsere bisherige Untersuchung behielt die Gegenwart stets im Auge, aber sie unternahm nicht eine Würdigung ihrer besonderen Art. Dieses aber muß jetzt zur Aufgabe werden. Einerseits kann es die dargestellte Gedankenwelt befestigen und genauer durchbilden, wenn der Gesamtanblick menschlichen Tuns und Ergehens sich auch als eine zwingende Förderung der Gegenwart erweist; andererseits ist eine Förderung der Zeitbestrebungen zu erwarten, wenn eine zusammenhängende Gedankenwelt sie beleuchtet, sichtet und klärt. An einer Kritik unserer Zeit fehlt es heute wahrlich nicht. Aber die Kritik pflegt mitten aus dem Getriebe der Zeit heraus zu erfolgen und damit viel Angreifbares aufzunehmen; die vermeintlichen Hilfen steigern oft die Verwicklung des Ganzen. Das Bild wird klarer und gerechter werden, wenn ein durchdachtes Ganze der Gedankenwelt sich mit ihr auseinandersetzt; dann ist eher zu hoffen, daß sich bei der Zeit Recht und Unrecht deutlicher scheiden, und daß die notwendigen Forderungen sich gegenseitig verstärken.

1. Die Schichten unseres geistigen Besitzes.

Zunächst gilt es den Begriff der Gegenwart gegen die übliche Fassung zu erweitern. Eine Zeit erschöpft sich nicht in dem, was sich ausschließlich Gegenwart nennt und leicht aller früheren Leistung überlegen dünkt. Was die Vorgänger aus dem Leben machten, das versinkt keineswegs völlig mit der Wendung zu neuen Zielen, auch was dem Bewußtsein der Zeit fernerrückt, das pflegt in Gebräuchen, Sitten, Gesetzen, auch in Begriffen und Lehren, fortzuwirken, die unsichtbaren Geister der Vergangenheit halten den Menschen fest, sie können die greifbaren Gebilde der Gegenwart an Wirkung übertreffen. Die Vergangenheit ist keine einfache Größe, sie beschränkt sich keineswegs auf die jüngste Epoche, gegen welche die eigne Zeit Boden gewinnt, sondern sie bildet nur die nächste Schicht, hinter welcher eine andere liegt und dahinter wieder eine andere, bis die Kette der Erinnerung sich schließt; alle diese näheren und ferneren Schichten ergeben zusammen einen weltgeschichtlichen Bestand, dessen Vergegenwärtigung zur vollen Schätzung der eignen Zeit unentbehrlich ist. So gilt es die mannigfachen Schichten zurückzuverfolgen, welche den Untergrund des heutigen Lebens bilden; wir vergessen dabei nicht, daß das europäische und vorderasiatische Leben nicht das Ganze bedeutet, aber es ist jedenfalls ein Hauptstück des menschlichen Gesamtlebens, und es dürfte für unsere nächste Aufgabe eine Beschränkung auf dies Hauptstück ausreichen.

Unsere Zeit unterliegt einem mächtigen Einfluß einer eigentümlichen Lebensgestaltung, welche sich als eine Arbeitskultur bezeichnen läßt; erst der Verlauf des 19. Jahrhunderts hat diese erzeugt und zur Herrschaft gebracht. Sie findet den Kern des Lebens im Verhältnis des Menschen zur Natur und zur gesellschaftlichen Umgebung, daran hat er seine Kraft zu erweisen, sie intellektuell, technisch und praktisch zu unterwerfen zur Erhöhung des eignen Wohls. Zur Forderung wird eine gründliche Austreibung alles dessen, was die menschliche Vorstellung und Schätzung dem Bilde der Dinge hinzufügt; es gilt, den reinen Tatbestand herauszuheben und ihm das eigne Handeln zu verketten. Damit wird das menschliche Tun vornehmlich zur Arbeit an den Gegenständen, diese aber kann das menschliche Dasein nur beherrschen, wenn sie sich möglichst von dem Befinden des Subjekts ablöst, ausgedehnte Zusammenhänge bildet, eigne Kräfte und Gesetze ins Treffen führt. Die Wandlung und Machtsteigerung, die ein solches Selbständigwerden brachte, ist besonders greifbar in den Fabrikbetrieben, aber ähnlich verhalten sich Wissenschaft, Unterrichtswesen, Staatsverwaltung, alle Verzweigung des Lebens. Indem diese Arbeitskultur die einzelnen Menschen enger miteinander verband und sie in Reih und Glied ordnete, hat sie das Ganze der Menschheit mehr auf sich selbst gestellt und dem dunklen Schicksal mehr Boden entrungen, sie hat aus dem Menschenleben viel Not und Elend ausgetrieben, ihm mehr Fülle und Freude verliehen, die sichtbare Welt wertvoller gemacht. Aber je ausschließlicher sie das Leben an sich zog, desto mehr Schranken hat sie erwiesen, Schranken namentlich gegenüber dem Stande des Innenlebens; dieses fand hier wenig Selbständigkeit und wenig Schätzung; bei allen Erfolgen, ja Triumphen nach außen hin drohte der Mensch innerlich zu verarmen und ein gleichgültiges Stück eines seelenlosen Kulturprozesses zu werden. — Das Empfinden solcher Gefahr hat eine Wendung zum Subjekt hervorgerufen und in Lebensstimmung, Kunst und Literatur viel neues in Fluß gebracht. Aber auch durch den Kampf zwischen Subjekt und Objekt, zwischen Zustand und Gegenstand erhielt sich die Überzeugung, daß die Welt der Erfahrung unsere Hauptwirklichkeit bedeutet, die wir nur von verschiedenen Seiten her ergreifen, sie scheint alle Aufgaben, alle Freuden und Leiden des Lebens zu umfassen; aller Versuch, diesen dem Menschen zugewiesenen Bereich zu überschreiten, dünkt ebenso verkehrt wie schädlich.

Solche Daseinskultur widerspricht schroff allem, was bis dahin dem Menschen eine übersinnliche Welt vorhielt und ihn dafür in Anspruch nahm, sie widerspricht zunächst, wenn auch meist zögernd und vorsichtig, dem in der deutschen klassischen Literatur verkörperten Idealismus. Dieser hatte in frischem und freudigem Aufschwung ein Reich selbständiger Innerlichkeit ausgebildet und sie als die Seele aller Wirklichkeit erklärt. Er sah im Menschen, als dem Geisteswesen, die Höhe des Alls; was draußen unbewußt und triebmäßig geschieht, das soll bei ihm Klarheit und Selbständigkeit gewinnen und damit das Weltall vollenden. Hier fühlte sich der Mensch diesem innig verbunden, er war dabei nicht ein Punkt neben anderen, er vermochte dem seelenlosen Alltagsgetriebe aus eigner Kraft ein Reich echter Geisteskultur entgegenzuhalten und in solchem Schaffen eine unvergleichliche Größe und Würde zu finden;

jeder einzelne sollte hier als Persönlichkeit und geistige Individualität ein besonderer Mittelpunkt werden und die Wirklichkeit an seiner Stelle eigentümlich gestalten. Eine Wechselwirkung an Tiefe und Weite verlieh diesem Leben eine wunderbare Frische, Fülle und Zartheit. Mag es dem folgenden Geschlecht zu weich, zu wenig der Härte und Unvernunft der Dinge gewachsen dünken, seine innere Fortbildung des Menschenwesens ist nicht zurückzunehmen, auch die dem Boden der Erfahrung angehörigen Leistungen zeigen deutlich ihr dauerndes Fortwirken. Die Arbeitskultur konnte nicht soviel geistiges Vermögen gegen die Außenwelt aufbieten, wie sie getan hat, hätte nicht jene Geisteskultur die Seele gestärkt und veredelt. So bleibt der klassische Idealismus die unentbehrliche Voraussetzung unseres eignen Strebens.

Auch die deutsche klassische Denkweise hatte einen Gegner zu überwinden, sie schöpfte aus solchem Bewußtsein ein Gefühl sicherer Überlegenheit. Einen Widerspruch gegen jene bildete die Verstandes- und Nützlichkeitskultur der Aufklärung mit ihrer Überschätzung eines souveränen Denkens, ihrem Sinnen und Sorgen für Zweckmäßigkeit, ihrer Scheidung von Mensch und Natur; so schätzbar die hier gewonnene Klarheit und Deutlichkeit war, sie entbehrte einer Tiefe und Wärme. Das dadurch entstandene Leben wurde dem folgenden Geschlecht zu nüchtern und dürftig, eine Befreiung davon dünkte unerläßlich, um ursprüngliche Lebensquellen zu eröffnen und die aufstrebenden Kräfte harmonisch zu stimmen. Aber die Aufklärung überwinden hieß nicht sie völlig verwerfen und verdrängen. Denn jene hat den Boden bereitet, der alles weitere moderne Leben trägt, erst sie gab dem Denken und Handeln wohlerwogene Ziele, sie hob den modernen Menschen zu männlicher Selbständigkeit und voller Mündigkeit, sie erst fand das Selbstbewußtsein einer eignen Art gegenüber früheren Zeiten. Hier erst unternahm das Vernunftwesen in planmäßiger Arbeit einen Kampf gegen die Mißstände der vorgefundenen Lage, alle menschlichen Einrichtungen und Lehren hatten sich nunmehr vor dem Richterstuhl der Vernunft zu rechtfertigen, zur Aufgabe wurde allen Aberglauben auszutreiben und allen Druck aufzuheben, mehr Licht und mehr Wohlwollen in das gemeinsame Leben zu bringen. Alle Folgezeit zehrt von den Ergebnissen dieser unermüdlichen Arbeit, oft ohne es ihr Dank zu wissen. Auch der Humanismus der klassischen Zeit verdankt seine Überwindung der stürmischen Renaissance, seine größere Klarheit und sittliche Zucht zum guten Teil dem Fortwirken der Aufklärung; so ist diese keine bloße Vergangenheit, sie erhält sich als ein Hauptstück der weiteren Gegenwart.

Es schöpfte aber die Aufklärung ihr Selbstbewußtsein vornehmlich aus dem Gegensatz und Kampf sowohl gegen die Übergangszeit als gegen das Mittelalter; jene dünkte ihr zu stürmisch und verworren, dieses als zu gebunden und abgeschlossen. An der Übergangszeit der Renaissance würdigte sie nicht genügend den schwellenden Lebensdrang und die frische Jugendkraft, nicht den Zug zum Unendlichen, Heroischen, ja Dämonischen. Diese Übergangszeit hat viele Kräfte von überkommener Gebundenheit aufgerüttelt und sie voll in die Welt hineingeführt zum Genießen wie zum Weiterbilden, sie weckte die Persönlichkeit zur Selbständigkeit und zum Ringen mit dem Weltall. Erreichte sie in der Wissenschaft nicht die Höhe der Aufklärung, so führte sie um so mehr die Kunst; diese wurde ihr zum Hauptmittel der Selbstentdeckung und Selbsterhöhung des Lebens. Diese befreiende und belebende Kraft der Renaissance erhält sich auch in der Aufklärung trotz alles Widerspruchs; ohne solche Ergänzung drohte diese zu viel Mechanismus in sich aufzunehmen. Auch über die Aufklärung hinaus verblieb die belebende Kraft und der Gestaltungstrieb der Renaissance durch die ganze Neuzeit; so gehört auch sie zur Gegenwart. Nicht nur die Kunst blickt gern auf sie zurück, immer von neuem erscheinen Renaissancenaturen oder doch Renaissancestimmungen.

Die Renaissance selbst fühlt sich in entschiedenem Gegensatz zu dem, was später das Mittelalter hieß, in ihr zuerst erscheint eine Bewegung, welche einen Hauptzug der ganzen Neuzeit bildet, das ist die Wendung zur Welt, wie sie uns sinnlich und geistig umfängt, es ist das Vordringen einer innerweltlichen Lebensführung gegenüber der jenseitigen des Mittelalters; das Göttliche schien nunmehr nicht mehr aus einer überlegenen Ordnung an den Menschen zu kommen, sondern unmittelbar alle Weite des Alls zu durchdringen. Dem entsprach ein stolzes Kraftgefühl des Menschen, ein festes Vertrauen auf das eigne Vermögen. Jene religiöse Lebensordnung hatte in einer trüben und wirren Zeit die Herrschaft über die damalige Menschheit erlangt und ihr einen festen Halt geliefert, ihr Ziele reiner Innerlichkeit eröffnet, sie hatte in weiterer Entwicklung und mit Aneignung frischer Völker einen gewaltigen geistigen Aufbau unternommen, einen großen Teil der Menschheit einer überlegenen Organisation eingefügt und ihr Ruhe und Freudigkeit geliefert.

Aber so bedeutendes das Mittelalter in erziehendem Wirken geleistet hat, dieses Wirken konnte nur solange eine unbestrittene Herrschaft ausüben, als die geschlossene und bindende Ordnung des Mittelalters keinen Widerspruch fand; ein solcher Widerspruch konnte aber nicht ausbleiben, sobald eine frisch aufstrebende und eigner Kraft vertrauende Menschheit jene Ordnung zu eng und zu gebunden fand, ein ursprüngliches Freiheitsstreben bahnte sich mit elementarer Kraft einen eignen Weg und bestand auf einer vollen Entwicklung seines Vermögens.

Das geschah aber mit dem Beginn der Neuzeit, ihr Eintreten vollzieht eine deutliche Zeitwende, der religiösen Ordnung folgt eine universale, der transzendenten eine immanente. Aber auch an dieser Stelle erweist sich der schroffe Gegensatz zugleich als eine unentbehrliche Voraussetzung und ein treuer Begleiter des modernen Lebens; ohne seine durchgreifende Verinnerlichung und seinen moralischen Ernst, ohne seine Verklärung der Welt von einer Überwelt aus hätte die Neuzeit unmöglich die geistige Tiefe erreichen können, die wir an ihr schätzen, auch die Organisationskraft des Mittelalters reicht tief in die Gegenwart hinein.

Auch das Christentum ist nicht frei von dem Widerspruch, etwas zugleich abzulehnen und als seine Voraussetzung festzuhalten. Im Kampf gegen die antike Welt und auch gegen die antike Kultur, sofern diese ihr als eine heidnische galt, ist es aufgestiegen, es hat die Führung des Lebens von der dort vorwaltenden Kultur auf die ethisch-religiöse Aufgabe übertragen und statt des Intellekts und der künstlerischen Bildung die moralische Rettung der Seele zur Hauptsache gemacht. Aber zugleich hat es nicht aufgehört, dem Altertum sehr wertvolles zu entlehnen und sich aus ihm zu ergänzen, das mittelalterliche Christentum ist nicht sowohl eine bloße Fortführung des anfänglichen Christentums, als eine enge Verbindung des Christentums mit dem Altertum, auf der Höhe des Mittelalters hat sich beides freundschaftlich zusammengefunden und ein gemeinsames Werk geschaffen, das im römischen Katholizismus und in der Scholastik eine mächtige Wirkung auch in die Gegenwart erstreckt.

Darüber hinaus aber ist das klassische Altertum mit seinem einzigartigen Schaffen, mit seinem gestaltenden und vergeistigenden Wirken auch der Neuzeit eine unentbehrliche Hilfe und Förderung geworden, eine gute Wehr und Waffe gegen die unablässig drohende Barbarei; wir brauchen nur die Lehrpläne unserer Gymnasien darauf anzusehen, soweit sie nicht krasser Unverstand verwässert hat, um uns zu überzeugen, daß auch uns das Altertum keine tote Erinnerung bedeutet.

So zehren wir im reichsten Maße von dem Ertrage der Jahrtausende, wir würden kläglich verarmen, wollten wir uns lediglich auf unser eignes Vermögen stellen. In Wahrheit verbindet uns eine große Kette des Lebens miteinander, sie ist keine widerwillig auferzwungene Macht, sondern eine geistige Erweiterung der Gegenwart; dazu können wir uns nach eigner Entscheidung in die einzelnen Zeiten zurückversetzen und sie neu beleben, auswählen, was uns heute besonders förderlich scheint, dadurch das eigne Unternehmen erheblich verstärken und elastischer machen; dieses freie Schalten und Walten mit dem geschichtlichen Besitz ist ein Hauptstück der geistigen Befreiung, welche die Neuzeit vollzogen hat; so bleibt es ein großer Gewinn für uns, nicht an die unmittelbare Gegenwart gebunden zu sein, sondern mit jener ganzen Kette der Vergangenheit zu verkehren.

2. Die Spaltung der Gegenwart.

So aufrichtig wir uns demnach des Reichtums unseres geschichtlichen Besitzes erfreuen, die Mannigfaltigkeit darf nicht zu einem charakterlosen Neben- und Nacheinander werden, wenn unsere Zeit nicht einen eignen Charakter einbüßen soll. Es ist nämlich nicht zu verkennen, daß uns heute schroffe Gegensätze umfangen und das Streben nach entgegengesetzten Richtungen treiben; der Durchschnitt der Zeit ist in dringender Gefahr, dieselben Gedankenmassen sowohl zu bejahen als zu verneinen. Drei grundverschiedene Lösungen verlangen die Führung des Lebens und umwerben die Seelen: die Anerkennung einer Überwelt, ein innerweltlicher Idealismus, eine Daseinskultur, wie Natur und menschliches Zusammensein sie bieten. Diese drei Lösungen liefern grundverschiedene Bilder vom Leben und von der Wirklichkeit, sie stecken der menschlichen Tätigkeit grundverschiedene Ziele und entbinden andersartige Kräfte. Sie können bei so weitem Abstande nicht unmittelbar zusammengehen, die besonderen Lösungen aber empfindet das Zeitbewußtsein als ungenügend, ohne ihnen jedoch einstweilen eine überlegene Einheit entgegenzusetzen und sie miteinander zu verbinden. In der Richtung auf die Überwelt ist das Verhältnis zur Gottheit die beherrschende Seele des Lebens, ihre Befriedigung und Rettung der Kern alles Strebens, der Mensch als freies und sittliches Wesen den letzten Tiefen der Wirklichkeit innig verbunden. Der immanente Idealismus erklärt die Geisteskultur zur leitenden Macht, er möchte mit veredelndem und erhöhendem Wirken alle Gebiete durchdringen und Mensch und Welt einander eng verbinden. Beim Realismus sind Forschung und Technik die Führer des Lebens, das Geistige wird nur als ein Nebenerzeugnis eines dunklen Naturprozesses verstanden und ist ohne Aussicht auf ein selbständiges Schaffen, im menschlichen Bereich aber findet sich eine unermeßliche Fülle von Aufgaben und die Hoffnung eines Glückes im menschlichen Zusammensein.

So enthält die Gegenwart grundverschiedene Aufgaben, aber keine von ihnen vermag bei dem heutigen Stande das Menschenwesen zu befriedigen. Am deutlichsten ist das beim Realismus.

Er kann die Zwecke der Individuen nicht überwinden und eine gemeinsame Lebensordnung hervorbringen ohne Kräfte und Ziele zu verwenden, welche das eigne Vermögen überschreiten, ja ihm direkt widersprechen. Das Leben wird allzu knapp, wenn es alles Handeln auf die natürliche oder soziale Selbsterhaltung der Individuen richtet; was immer die Erfahrung an Liebe, Mitleid, Recht im menschlichen Bereich erwiesen hat, das erwehrt sich einer solchen Beschränkung. Die Jahrtausende haben durch Leistung und Erfahrung ein Beisichselbstsein des Geisteslebens erzeugt, sie haben in Persönlichkeit und geistiger Individualität selbständige Lebensträger gebildet und innere Verbindungen sowohl der Werke als der Menschen hervorgebracht; solche Leistungen kann der Realismus nur durch eine Erschleichung an sich ziehen, damit aber verfällt er einer inneren Unwahrheit. Er hat ein gutes Recht im deutlichen Herausarbeiten der Bedingungen und Voraussetzungen des Lebens, aber er erreicht nirgends die Höhe eines Schaffens.

Demgemäß kann die Menschheit unmöglich ohne einen immanenten Idealismus auskommen. Aber wir dürfen nicht das ganze Leben an diesen setzen, wir dürfen es nicht, weil jener die Bedeutung der natürlichen und sozialen Bedingungen zu unterschätzen pflegt, wir dürfen das noch weniger, weil er die inneren Verwicklungen der Seele und des menschlichen Zusammenseins nicht genügend anerkennt; beides miteinander führt leicht auf die Bahn des Optimismus und zu einem Widerspruch zum tatsächlichen Stand der Dinge. Ohne eine Verbindung mit dem Überweltlichen und Metaphysischen, ohne eine innere Umwälzung droht die Geisteskultur zu einer Halbwahrheit zu sinken, sie ist den selbstischen Leidenschaften und schroffen Hemmungen der Zeit nicht gewachsen; was sich heute Bildung nennt, das bewegt meistens nur die Oberfläche.

So bleibt nur die Wendung zu einem weltüberlegenen Idealismus, wie er sich namentlich in der Religion ausprägt. Nur hier erreicht das Innenleben eine unbedingte Selbständigkeit und eine volle Weltüberlegenheit, nur bei ihr berührt das Absolute und Grundgeistige unser eignes Leben; sie allein verbindet den unerbittlichen Ernst und die aufrüttelnde Kraft der moralischen Idee mit dem Wirken einer erhöhenden Macht der Gnade und Liebe; nur sie kann die Mängel und Schäden des vorhandenen Welt- und Lebensstandes vollauf anerkennen ohne den Lebensmut zu zerstören. So unterliegt ihre Unentbehrlichkeit keinem Zweifel. Aber auch sie kann nicht das ganze Leben ausfüllen, das aber aus zwei Hauptgründen. So gewiß jene weltüberlegene Gestaltung die tiefste Grundlage unseres Lebens bildet, auch die Kulturarbeit ist unentbehrlich, um die von der Religion angefachte Bewegung dem weiteren Bereiche des Lebens mitzuteilen und sie in volle Leistung an der Welt der Gegenstände umzusetzen; lediglich auf sich selbst gestellt findet der transzendente Idealismus schwer den Weg zu der Breite der Dinge, und neigt er dazu, der bloßmenschlichen Fassung der ewigen Wahrheit zu viel nachzugeben. Eine weitere Gefahr entsteht daraus, daß die überkommene Gestalt jenes Lebens nicht den Forderungen der weltgeschichtlichen Lage entspricht, ältere und jüngere Fassung zerwerfen sich bis zum Gegensatz, ihre Scheidung aber bereitet manche Sorgen und Verwicklungen, denen wir uns nicht entziehen können.

So geht das Leben der Gegenwart nach den Hauptrichtungen weit auseinander, wir können sie alle nicht entbehren, aber wir können sie auch nicht zusammenbringen; immer stärker erhebt sich das Verlangen nach einer überlegenen Lebenssynthese, damit sie eine innere Verbindung bringe und uns sowohl zu einer inneren Befriedigung als zur Höhe des geistigen Schaffens verhelfe. Des Suchens dessen ist heute viel, des Gelingens aber blutwenig.

Mit Einem Worte müssen wir auch erwähnen, daß die Spaltung der Lebensziele sich auch auf die einzelnen Menschen erstreckt und sie in entgegengesetzte Lager auseinandertreibt. Zu Beginn der Neuzeit verband eine gemeinsame religiöse Überzeugung alle Schichten der Bevölkerung, nach und nach bewirkte der Einfluß der modernen Wissenschaft und Kultur auf der Höhe der Gesellschaft viel Abwendung von der christlichen Religion, jedoch hielt noch das 18. Jahrhundert die Masse des Volkes dem Zweifel unzugänglich, so z. B. Friedrich der

Große; im 19. Jahrhundert hat sich nach und nach die Sache dahin verschoben, daß immer mehr die Fabrikarbeiter einer krassen Verneinung der Religion zufallen, während manche Glieder der sog. höheren Stände wieder stärker zur Religion neigen. Die Wirren der Gegenwart haben jedenfalls den Vorteil, die Gleichgültigkeit gegen die Religion auszutreiben und das hier vorhandene Entweder—Oder deutlich herauszuarbeiten.

3. Das Ungenügen der sozialistischen Lösung des Lebensproblems.

Es ist sehr begreiflich, daß diese widerspruchsvolle Lage viel Verlangen hervorrief, alles Streben einem einzigen Ziele unterzuordnen, das greifbar vor Augen steht und die einander durchkreuzenden Fragen in einfacher Weise beantwortet; eine solche Antwort verheißt der Sozialismus auf dem eignen Boden der Gegenwart. Nein und Ja schließen sich ihm dabei zu vereinter Wirkung zusammen. Der Sozialismus vollzieht eine gänzliche Ablösung des Lebensproblems vom Weltproblem, Religion und Metaphysik werden zu einer unzulässigen Flucht ins Unbekannte, der Boden der sinnlichen Erfahrung wird zur ausschließlichen Werkstätte des menschlichen Handelns. Aber auf diesem Boden findet der Sozialismus eine allesbeherrschende Aufgabe in der Bildung einer neuen, ganz auf sich selbst gestellten Gesellschaft, diese gilt als die Wurzel aller Kultur, sie allein verleiht nach seiner Überzeugung dem Menschen ein menschenwürdiges Dasein, nur sie vermag die charakteristisch menschlichen Züge auszuprägen, Leid und Not nach besten Kräften auszutreiben, das Leben freudiger, milder, humaner zu gestalten. Aber sie kann das nur unter Bekämpfung der schweren Mißstände, welche das überkommene Leben bedrücken, eine völlige Umwandlung wird zur dringenden Forderung. Daraus erwächst zunächst ein eifriges Streben, die lebendige Gegenwart von dem Druck einer erloschenen Vergangenheit zu befreien und damit dem Leben zu voller Frische und Wahrheit zu verhelfen, es gilt ferner die Ungleichheit und Ungerechtigkeit zu überwinden, welche als ein böses Erbe alle Verhältnisse durchdringt, ferner in einer kühnen Wendung die Arbeit von den Individuen und ihren Interessen abzulösen und sie durch die Verbindung der Kräfte auf dem Wege der Sozialisierung wesentlich zu heben, das aber sowohl im Ertrage als in der Gesinnung. Denn auch das innere Verhältnis des Arbeiters zu seinem Werke muß sich veredeln, wenn er sich nicht als Sklave, sondern als Herr der Arbeit fühlt. Alles Wünschen und Streben gewinnt hier eine feste Verkörperung durch die prinzipielle Anerkennung der wirtschaftlichen Güter als der Hauptfaktoren des menschlichen Wohlseins; wurden früher die Aufgaben der sinnlichen Lebenserhaltung als bloße Mittel und Werkzeuge betrachtet, so erscheinen sie dem geklärten Denken der Gegenwart als Hauptstücke, ja als der Kern des menschlichen Lebens und Strebens; nur indem die Seele damit einen greifbaren Körper gewinnt, kann sie die bisherige schattenhafte Existenz ablegen und auch der Kultur einen frischen Lebenstrieb einflößen. Zum Schlußstein des Ganzen wird eine enge Verbindung von Wirtschaftlichem und Sozialem, von Ökonomismus und Sozialisierung. Mit dem allen gewinnt das Lebensbild eine straffere Zusammenfassung, es hat weniger Abstände als das herkömmliche Dasein, es verbindet die einzelnen Strömungen unmittelbar miteinander; eine volle Einfachheit und Geschlossenheit soll mit einer überströmenden Fülle besonderer Aufgaben zusammengehen, von einem leitenden Zentralpunkt laufen hier unzählige Fäden aus. Unbestreitbar hat diese Bewegung mit ihrer Verbindung aufhellender Gedanken und dringender Zeitforderungen eine gewaltige Erschütterung bewirkt; jede Lösung des Lebensproblems hat sich gründlich mit ihr auseinanderzusetzen[1]).

Aber so bereitwillig wir hier bedeutende Zeitfragen und packende Anregungen anerkennen, auch die hier gebotene Kulturkritik lebhaft begrüßen, der Grundgedanke dieser Lebensgestaltung leidet an einem inneren Widerspruch, der alle hier gebotene Leistung einseitig und unsicher macht, der namentlich denen diese Lösung unmöglich macht, welche auf einem geistigen Lebensinhalt bestehen. Der Grundgedanke

[1]) Eine nähere Erörterung dieser prinzipiellen Fragen brachte unser Buch: „Der Sozialismus und seine Lebensgestaltung" (1922, Reclam).

ist hier die Bildung einer Gesellschaft lediglich auf dem Boden der Erfahrung; auf diesem Boden aber kann eine Verbindung nur von Punkt zu Punkt, nur in einem Nebeneinander erfolgen, nur in Berührung der Elemente; eine innere Verbindung, welche den einzelnen Punkten überlegen ist, sowie das Entstehen eines umfassenden Ganzen ist schlechterdings unmöglich, nur eine der Natur und dem sinnlichen Dasein überlegene Lebensstruktur vermag eine solche zu erzeugen. Nun aber verwirft der Sozialismus alle Ordnung, welche das Dasein überschreitet; so muß er auch alle Bildung aus dem Ganzen, alle innere Teilnahme der Elemente, alle Versetzung in ein erhöhendes Ganze verwerfen, damit auch alle Möglichkeit einer echten Gemeinschaft. Er handelt konsequent, wenn er Religion und Metaphysik ablehnt, aber er handelt inkonsequent, wenn er bei solcher Ablehnung irgendwelche Ethik, ja irgendwelche selbsttätige Geistigkeit aus dem bloßen Nebeneinander und aus der gegenseitigen Berührung hervorgehen läßt. Jenes Metaphysische und Religiöse, das seinen Anstoß erregt, ist kein künstliches und nebensächliches Surrogat, es ist die unbedingte Voraussetzung aller charakteristisch menschlichen Gemeinschaft, nur die Bejahung dieser Voraussetzung kann das Leben davor behüten, in lauter einzelne Stücke zu zerfallen. Alles was die einzelnen Stellen an Gemeinschaftsbildung erzeugen, muß von einem Ganzen, von einer naturüberlegenen Ordnung getragen werden; deutlich scheidet sich hier bis in die einzelnen Lebensentwicklungen eine Naturstufe und eine Geistesstufe. Es erscheint z. B. schon auf jener Stufe ein gewisses Mitleid, insofern eine gewisse Anregung des Gefühls sich mit natürlichem Zwange auch auf den Nachbar überträgt, aber grundverschieden davon ist das Mitleid, das von innen heraus die ganze menschliche Lage umfaßt, sie vertieft, das Grundgefühl großer Weltreligionen bildet; grundverschieden von der am Naturtriebe haftenden sinnlichen Neigung ist die christliche Liebe, welche beide Seiten miteinander erhöht und aus einem gemeinsamen Quell der Liebe schöpft. Wie weit diese echte Liebe die menschlichen Verhältnisse durchdringt, das ist eine besondere Frage, aber daß solche Liebe eine Macht in der Menschheit wird, das steht über allem Zweifel. Demnach müssen wir anerkennen, daß jede innere Verbindung, jede lebendige Gemeinschaft das Wirken eines naturüberlegenen Lebensstromes, ja einer neuen Ordnung erweist. Das aber ist der Grundfehler der empirischen Lebenssysteme, und damit auch der sozialistischen Lebensführung, niedere und höhere Stufe miteinander zu vermengen, dabei aber dem Niederen unbedenklich die Stellung des Höheren zuzuweisen. Dieser Mischmasch erzeugt eine unklare und schlaffe Geistigkeit, er ist keines ursprünglichen Schaffens fähig.

Vollauf schätzen müssen wir das Streben des Sozialismus, mehr ethische Gesinnung in die menschlichen Verhältnisse zu bringen, aber dieses Streben kann nicht tief gehen, wenn das Ethische einer festen Wurzel im geistigen Wesen des Menschen entbehrt, nicht durch eine erhöhende Kraft des Gesamtlebens getragen wird. Solches wurzellose Handeln stempelt den Sozialismus leicht zu einem flachen und selbstbewußten Optimismus gegenüber dem menschlichen Stande, nach dem Vorgange Rousseaus liebt er es, alle Schuld den gesellschaftlichen Mißständen aufzubürden; keine Antwort erhält bei ihm die Frage, wie es denn kam, daß dieses im Grunde tüchtige und wohlwollende Menschenwesen soviel Streit, Bedrückung, Unwahrheit, Unrecht in das Zusammensein gebracht hat. War das Unrecht so schwer, wie es eben der Sozialismus schildert, so kann es dem Menschen nicht von draußen angeweht sein, so muß es als böse Neigung schon in der Tiefe der Seele wirken und das Leben vergiften, das aber führt zu der Entscheidung: entweder Verzweiflung am Menschen und allem menschlichen Beginnen — oder eine innere Umwandlung; das aber treibt auf den Weg der Metaphysik, der Idealkultur und der Religion, zum Verlangen einer dem Dasein überlegenen, aber in ihm wirkenden Macht; nur ein verworrenes Denken kann eine dritte Möglichkeit anerkennen.

Auch in der näheren Ausführung seines Strebens erreicht der Sozialismus nicht seine eignen Ziele. Mit gutem Recht fordert er eine frische Gegenwart, aber eine echte Gegenwart kann nur geistiger Art sein, eine solche liefert nicht der flüchtige

Augenblick, sondern eine ihm überlegene innere Bewältigung und Zusammenfassung der Geschehnisse; er hat gutes Recht in dem Streben, eine künstlich erzeugte und starr festgehaltene Ungleichheit als ungerecht zu bekämpfen und namentlich die schroffen Abstände des Besitzes möglichst zu vermindern, aber er übersieht die Tatsache, daß es auch eine wohlbegründete Ungleichheit im Interesse des Ganzen gibt, und daß aller Aufstieg der Kultur eine sorgsame Differenzierung verlangt. Der Sozialismus widersteht mit gutem Grunde dem Egoismus und den Auswüchsen der individuellen Bestrebungen, aber er verkennt die Bedeutung des Individuums und des individuellen Besitzes für die Wekkung und für den Wettkampf der Kräfte; die Sozialisierung, die auf besonderem Gebiet manches leisten mag, kann leicht die Leistung und den Antrieb des Handelns schmälern, sowie die Freiheit der Individuen hemmen. Die berechtigte Hochschätzung des Wirtschaftlichen kann überspannt das ganze Leben materialistisch gestalten und das geistige Schaffen lähmen.

In Summa wird das hier gebotene Leben viel zu knapp und eng, zugleich unterliegt es oft einer ungebührlichen Parteibehandlung der großen Lebensfragen, es behandelt sie nicht als eine gemeinsame Angelegenheit, bei der wir uns zusammenfinden und gegenseitig fördern sollten, sondern es neigt dahin, alles Gute der eignen Partei, alles Schlechte den anderen Parteien zuzuweisen, das aber heißt den inneren Zusammenhang der Menschheit preisgeben. Endlich erweist es sich immer von neuem als die entscheidende Frage: hat die die menschliche Gesellschaft das Geistesleben erzeugt, oder macht nur die Anerkennung eines überlegenen Geisteslebens eine echte Gemeinschaft möglich; an diesem Punkt müssen die Überzeugungen bis zum vollen Gegensatz auseinandergehen und die Lebensbahnen sich unversöhnlich scheiden; Geist oder Mensch, in diesen zwei Worten liegt die Entscheidung über das Ganze.

Der Sozialismus mit seinem eifrigen Wirken für das Menschenwohl und mit seiner kräftigen Aufrüttelung kann Bedeutendes wirken, nur vergesse er nicht über dem Menschen den Geist, und nehme er damit nicht dem Leben allen Sinn und Wert.

Große Aufgaben stehen vor dem sozialen Streben, wenn er als Geisteskultur eine metaphysische und religiöse Gedankenwelt in sich aufnimmt und sich damit klärt und vertieft; aber dann ist es nicht mehr Parteisozialismus, sondern ethischer Idealismus und Aktivismus, damit betritt es neue Bahnen.

4. Ausblicke auf die gegenwärtige Lage.

So bleibt die Gesamtlage der Gegenwart ungeklärt, die Hauptbewegungen gehen weit auseinander, und das sozialistische Einheitsstreben kann mit seiner Unterordnung des Geisteslebens unter die menschliche Gesellschaft die Forderungen des Vernunftwesens nicht befriedigen. So wird ein Zerfall des Lebens in einzelne Stücke unvermeidlich, wenn nicht eine eingreifende Wandlung, eine Umkehrung erfolgt: sie kann nur in der Richtung gelingen, daß eine selbständige Geistigkeit dem Dasein überlegen wird; das Übermenschliche kann aber für uns etwas Wesentliches nur bedeuten, wenn es nicht von draußen kommt, sondern auch innerhalb des Menschen Wurzel schlägt, wenn also das Übermenschliche sich zugleich als ein Innermenschliches erweist, es muß jenes Übermenschliche in uns eine selbständige Bewegung erzeugen und im Menschen selbst ein Verlangen wecken, den bloßen Menschen zu überwinden; daß dies tatsächlich geschieht, und daß in ihm Mitgeteiltes und Aufstrebendes sich verbindet, das ist ein geistiges Wunder, das bezeugt eine andere Lebensstruktur als die Natur sie besitzt. Aber das ist dann die Forderung, daß das Übermenschliche das Entscheidende und Leitende wird. Damit erhält das Leben eine Abstufung bei sich selbst, Schaffen und Aufnehmen treten auseinander, wir begegnen hier einem ähnlichen Probleme, wie die Kantische Moral sie bietet: in ihrer Pflichtenlehre erscheint das freie Wesen als ein selbständiger Träger einer Welt der Freiheit, aber diese Welt enthält zugleich eine Forderung an den Menschen, und sie besteht auf einer willigen Unterordnung; diese Scheidung und Bewegung ist über jene Lehre hinaus auf das Grundverhältnis des Menschen zum Geistesleben zu übertragen, ihre volle Anerkennung muß aber das ganze Leben eigentümlich gestalten. Es gilt demnach zugleich ein Innewohnen des überlegenen Lebens in uns anzuerkennen und von seinen Forderungen aus den vorgefundenen Bestand zu prüfen; das ganze Leben wird geistig damit zu einer fortlaufenden Aufgabe.

Zugleich wird gewiß, daß ohne jene Begründung der abgelöste Mensch weder als Individuum noch in Verbindung der Elemente eine Einheit erreicht; es erweist sich als unmöglich, vom bloßen Menschen aus einen Weltaufbau zu unternehmen und Denken und Handeln ausschließlich auf ihn zu stellen. Auch beim Denken begegnet der bloße Mensch unwiderstehlichen Hemmungen. So hat es namentlich die Neuzeit erfahren. Sie erkannte es als unmöglich, dem Menschen nach alter Art die Welt von draußen zuzuführen, unsicher wurde eine jenseitige Welt und eine Mitteilung der Wahrheit daher, zugleich aber verblaßte die Idee einer weltbeherrschenden Vernunft, auch die sinnliche Welt verlor die Handgreiflichkeit der naiven Fassung, und es stellte sich zwischen den Menschen und die Welt sein eignes Denken und Grübeln; so scheitert er an der Aufgabe, den eignen Lebenskreis zu überschreiten, er wird einsam in dem sinnlosen Dasein.

Auch das Handeln findet Aufgaben, denen es nicht gewachsen ist. An gewaltigen Problemen fehlt es nicht, und es fehlt auch nicht an redlichem Willen sie zu lösen; aber immer mehr wurde das Streben und das Vermögen des Menschen auf den eignen Kreis gerichtet, und es konnte scheinen, daß seine Pflege und Weiterbildung, die Hebung des menschlichen Wohlseins, ein vollgenügendes Ziel bilde. Aber je lauter die Erfahrung ihre Stimme erhebt, desto greifbarer wird die Unzulänglichkeit dieses Zieles. Ein unentwirrbares Chaos von Meinungen und Bestrebungen, das geistige Vermögen des Durchschnitts gering, die Häufung der Massen kein Schutz gegen Irrung und Torheit, ja eine Gefährdung aller Vernunft, weil Herrschsucht und List die Kräfte oft nach ihren Sonderzwecken lenken, der Massencharakter muß die feineren Züge des Lebens abstumpfen und es seinen echten Aufgaben entfremden. Flüchtet sich aber der Mensch demgegenüber zu möglichster Unabhängigkeit der Individuen und zur Hervorkehrung ihrer unterscheidenden Züge, so fährt er nicht besser; denn an die Stelle der Gefahren, welche wegfallen, treten andere, nicht geringere in Selbstsucht, Eitelkeit und Dünkel; nur das unablässige Hin- und Herschwanken zwischen Masse und Individuum verdeckt die Nichtigkeit dieses hastigen und leidenschaftlichen Getriebes. Es gilt das Dilemma einer flachen Schönfärberei und eines hoffnungslosen Verzichtes zu überwinden; wenn wir aber als erste Bedingung die Anerkennung der Unzulänglichkeit des auf sich selbst gestellten Daseins erachten, so dürfen wir uns doch daran halten, daß jener Stand nicht das ganze Leben des Menschen bedeutet, daß bei ihm eine Wendung möglich ist, welche ihm eine überlegene Tatwelt eröffnet und ihn daran teilnehmen läßt. Nur jene Wendung macht es möglich, die Unzulänglichkeit menschlicher Leistung offen anzuerkennen, aber zugleich einen festen Lebensmut zu bewahren und darin eine Gabe und Gnade zu sehen. Der Mensch der Erfahrung bleibt überall Mensch, und er trägt in alle Verfassungen und Lagen seine widerspruchsvolle Art hinein. Alle echte Erhöhung des Menschen setzt das Wirken einer überlegenen Tatwelt voraus.

Um aber den Menschen des Bestehens und Wirkens einer selbständigen Geisteswelt zu versichern, bedurfte es einer Zerlegung und eines Zusammenwirkens von drei Hauptrichtungen: notwendig war die deutliche Scheidung von Tatwelt und Dasein, notwendig war das Herausarbeiten eines ausgeprägten Lebenscharakters, er eröffnete eine weltgeschichtliche Aufgabe und trieb zur Bildung eines festen Zusammenhanges; notwendig war ein energischer Kampf gegen die ungeheuren Widerstände drinnen und draußen, er erschloß tiefere Quellen und eine überlegene Macht.

Die verschiedenen Richtungen verbinden sich dabei gegenseitig zu einem festen Zusammenhange, an dem auch das menschliche Leben einen Halt zu gewinnen vermag. Dabei muß aber gegenwärtig sein, daß der Mensch auch bei der höchsten Leistung nicht in die Tatwelt aufgeht, sondern daß ihm stets das sinnliche Dasein Voraussetzungen und Mittel zu gewähren hat, immer bleibt eine Spannung, die leicht einen Kampf hervorrufen kann. Vergessen wir nie, daß wir uns nicht in einer Welt reiner Vernunft, sondern in einer Welt befinden, wo die Vernunft einen harten Kampf gegen die Unvernunft zu führen hat.

In der weltgeschichtlichen Lage treffen heute zwei Bewegungen zusammen und fordern einen Ausgleich. Die Geisteskultur, welche eine Welt der geistigen Inhalte eröffnet, fordert für das Zusammenleben vornehmlich eine klare Stellung zur Frage einer übersinnlichen Welt, die Menschenkultur drängt zu einer neuen Ordnung des wirtschaftlichen Lebens. Die Religion wird hart von Zweifeln bedrängt, sie hat keine sichere Grundlage in den Überzeugungen der Zeit; mag ein stattlicher Kreis treu zu ihr stehen, ihre Gedankenwelt ist zu eng und mit einer angreifbaren Zeitlage verquickt, sie droht sich als eine Sonderwelt von dem übrigen Leben abzulösen; die Menschenkultur in ihrer Zuspitzung zum Wirtschaftsleben bringt an uns unverwerfliche Probleme, aber diese Probleme finden sehr abweichende Antworten, und auch jenseits des Streites kann dieses Leben die geistigen Bedürfnisse des Menschenlebens nicht befriedigen, es besitzt keinen Selbstwert und keine echte Freudigkeit, auf sich selbst beschränkt droht es leer und hohl zu werden. So wird es zur Aufgabe der Aufgaben, die beiden Bewegungen zusammenzubringen, jedem sein gebührendes Recht zu geben, verbindende Fäden zu ziehen, Tatwelt und Dasein bei allem Abstande aufeinander wirken zu lassen. Die Welt der prinzipiellen Überzeugungen muß auch den Forderungen des unmittelbaren Daseins nähertreten; in dem Dasein aber muß eine Bewegung entstehen, welche jenen Forderungen entgegenkommt, ohne das zerfällt uns das Leben in getrennte Hälften, die nicht zueinander kommen.

B. Einzelne Hauptgebiete.

Auch für die Gestaltung der einzelnen Gebiete stellt die Gegenwart eigentümliche Forderungen, sie verlangt eine neue Struktur des Gesamtbereiches. Früher nämlich wurde durch Religion oder Metaphysik nach Art einer Hierarchie ein Wahrheitsgehalt vom Ganzen her festgelegt und den einzelnen Gebieten zugeführt, diese erschienen als bloße Anwendungen und Ausführungen, die Hauptrichtung war ihnen vorgeschrieben.

Die Neuzeit fand diese Struktur zu gebunden und eng, so hat sie redliche Mühe an das Ziel gesetzt, die einzelnen Gebiete von jener Bindung zu befreien und sie zur vollen Entfaltung ihres besonderen Vermögens anzuhalten. In diesem Lebenszuge wurden Moral, Recht, Kunst, Erziehung selbständig gegenüber der Religion, so auch die einzelnen Wissenschaften gegenüber der Philosophie. Dies Auseinandergehen in selbständige Zweige hat das Leben unermeßlich bereichert und inniger mit den Gegenständen verflochten, es erwuchs eine fruchtbare gegenseitige Durchdringung und Förderung. Aber zugleich erschienen nicht geringe Gefahren. Die wachsende Verfolgung dieser Richtung führte die Gebiete immer weiter auseinander und lockerte immer mehr den Zusammenhang, bis schließlich ein unbegrenzter Spezialismus erwuchs, dem wir uns unmöglich dauernd ergeben können. Zugleich aber verbieten die Erfahrungen und Leistungen der Gegenwart eine einfache Wiederaufnahme der älteren Art, es ist uns unmöglich die gewonnene Freiheit und Bewegung preiszugeben. Der daraus erwachsende Widerspruch ist nur auf dem Wege zu überwinden, daß wir den einzelnen Gebieten eine eigentümliche Bedeutung zuerkennen, aber darüber nicht eine Einheit des Ganzen verlieren. Die von uns vertretene Gedankenwelt macht das möglich, indem sie vom Leben aus eine Haupt- und Gesamtbewegung durch den ganzen Bereich erstreckt, diese aber nicht als fertig abgeschlossen, sondern als im Fluß befindlich und auf die Mitarbeit der einzelnen Gebiete angewiesen versteht. Diese haben nicht nur empfangene Anregungen und Antriebe dienstwillig auszuführen, sondern sie auch an ihren eignen Erfahrungen zu prüfen, zu messen und weiterzubilden. Demnach geht auch bei ihnen der Kampf um das Ganze und macht sie zu selbständigen Arbeitern und Teilnehmern; was die Grundrichtung ihnen an Wegweisung vorhält, das bedeutet mehr eine Frage und Anregung als eine zwingende Vorschrift. So können hier die einzelnen Gebiete vollauf die Bewegung und Spannung teilen ohne daß das Leben in einzelne

Stücke zerfällt. Aber die unumgängliche Voraussetzung dessen ist, daß die einzelnen Bewegungen sich gegenseitig verständigen und ergänzen; ein Verlassen des Gesamtrahmens und ein Einschlagen abgesonderter Wege macht eine Zerwerfung unvermeidlich und mit ihr einen leidenschaftlichen Kampf sowohl innerhalb der einzelnen Gebiete als um die Richtung des Ganzen. Wir wissen, daß bei diesen Fragen die Neuzeit schwerste Gefahren enthält und von einem inneren Zusammenbruch bedroht ist; nur eine gründliche Klärung und eine energische Weiterbewegung, nur eine das Gewirr überragende Synthese kann uns dieser mißlichen Lage entwinden; möchten nur der Neuzeit dafür führende Persönlichkeiten und fördernde Ideen verliehen sein! Einstweilen verbleiben wir im Suchen, und befinden wir uns nur in einem Provisorium. Aber ist im weiteren Sinne nicht vielleicht diese ganze menschliche Existenz nur ein Provisorium? —

Jene Aufgaben haben wir nun in der Wendung zu den einzelnen Gebieten näher zu verfolgen, es gilt ihre Hauptprobleme kurz und knapp darzustellen, dann aber die Möglichkeit einer Lösung zu erörtern; wir beschränken uns dabei auf solche Gebiete, die für den Gewinn eines geistigen Lebensinhaltes besonders wichtig sind.

1. Heutige Fragen und Forderungen der Religion.

a) Die Wendung des religiösen Strebens zum Menschen.

Es entspricht der modernen Denkweise, das Verhältnis des menschlichen Daseins zur Religion sowohl sorgfältiger zu durchforschen als es höher zu bewerten. Diese Annäherung an die menschliche Lage ist ein unbestreitbarer Gewinn, aber sie wird zur Gefahr, wenn sie den Abstand von Grund und Folge verwischt und das Abgeleitete als das Ursprüngliche ausgibt; die innere Erhöhung des Menschenwesens und der unmittelbare Zusammenhang mit den schaffenden Gründen hat stets der Religion als die Hauptsache zu gelten. Förderungen wie Gefahren bestehen hier aber sowohl gegenüber der Gesellschaft als gegenüber der Geschichte.

aa) Religion und Gesellschaft im modernen Leben.

Das Christentum war an die Menschheit gekommen um ihr eine „frohe Botschaft (Evangelium)" zu verkünden, die Menschheit sollte von der Not der Zeit befreit und zu einem höheren Leben geführt werden; die erste Sorge ging naturgemäß auf die Seele, auf die Seligkeit, aber auch die menschliche Wohlfahrt konnte nicht unberührt bleiben. Nun hat die Neuzeit mit gutem Grunde auch die Sorge für die gesellschaftliche Wohlfahrt und für das subjektive Befinden verstärkt und auf eine breitere Grundlage gestellt, die Verhältnisse wurden verwickelter, die Anlässe und Antriebe zur Hilfe und Förderung wuchsen, neue Möglichkeiten wurden gewonnen, auch die Notwendigkeit einer gegenseitigen Hilfe ergrift stärker die Seelen. Aber die Gefahr ist nicht zu verkennen, daß diese an sich sehr schätzbare Bemühung das Streben oft von dem Hauptziel abgelenkt und statt einer inneren Erhöhung nur eine Förderung des menschlichen Wohlseins geboten hat. Die Leistung überwucherte die Gesinnung. Alle überwiegend gesellschaftliche Gestaltung des religiösen Lebens steht in der Gefahr, dieses zu konventionell und formelhaft zu gestalten und es zu einer bloßen Sitte herabzudrücken, die Existenzform der Religion gab sich oft als ihr Wesen. Ein eigentümlicher Typus der Religion ist hier namentlich in der englisch-amerikanischen Welt entstanden; die Ehrlichkeit der hier waltenden religiösen Überzeugung unterliegt keinem Zweifel, aber die soziale Leistung gewährt nicht genügend Raum für ein selbständiges Leben der Religion, über dem Eifer um soziales Wirken kann die Grundfrage der Religion, die geistige Erneuerung und Umwälzung des Menschenwesens, zurücktreten und mehr die Breite als die Tiefe gewinnen.

In engem Zusammenhange mit dieser Gedankenrichtung steht die Wendung zur Religionspsychologie, deren moderne Fassung wir Amerika verdanken (James, Starbuck u. a.). Hier gilt es die Wirkung der Religion auf die einzelnen Seelen näher zu verfolgen und zu prüfen, es gilt die unbegrenzte Fülle der einzelnen Bildungen vollauf zu würdigen, verschiedene Typen deutlich zu scheiden, jeder individuellen Lage ein entgegenkommendes Verständnis zu gewähren; das hat nicht nur den Vorteil Eigendünkel und Fanatismus zu verscheuchen, sein besonderer Wert liegt in der praktischen Behandlung der Menschen, die Seelenfrage kann dadurch viel gewinnen, es ist nicht zufällig, daß der größte christliche Denker, Augustin, ein ausgezeichneter Religionspsycholog war.

Aber alle Religionspsychologie, welche sich in den Dienst der Religion stellt, fordert eine metaphysische Begründung und eine sichere Befestigung des Ganzen der Religion, ohne das wird sie leicht eine Sache des subjektiven Geschmackes oder der Stimmung, die weder erschüttern noch erheben kann. Das Sorgen für die Wirkung der Religion darf nicht die für ihre Wahrheit zurückdrängen, das Metaphysische in der Religion sei nicht als ein nebensächlicher Hintergrund behandelt. Aber innerhalb der begrenzten Grenze anerkennen wir gern das Recht und die Bedeutung der Religionspsychologie, sie kann viel Bereicherung und Klärung bringen.

bb) Religion und Geschichte im modernen Leben.

Religion und Geschichte trennt eine weite Kluft, ihre Überbrückung ist nicht leicht zu erreichen. Denn als das Werk Gottes fordert die Religion eine überzeitliche Wahrheit; wer ihren Kern dem Fluß der Zeit überliefert, der raubt ihr die Wurzel. So hatte jede ausgeprägte und selbstbewußte positive Religion ein gespanntes Verhältnis zur Geschichte, sie verkündete ihre Wahrheit als gültig für alle Zeiten. In Europa hat die Aufklärung in diese Probleme viel Bewegung gebracht, sie verwarf alle positive Religion als ein Erzeugnis der Zeiten und Menschen und folgte der Überzeugung von einer „natürlichen", d. h. einer auf die bloße Vernunft gestellten Religion; nicht nur die innere Lage, auch die wachsende Verbindung der Völker und Völkergruppen unterstützte eine den Unterschieden der einzelnen Religionen überlegene Vernunftreligion; es ist viel Wertvolles daraus hervorgegangen. Aber die weitere Bewegung des Lebens erwies bald die Dürftigkeit und Leere jener, und nun ergriff die mit frischer Kraft aufsteigende historische Denkweise auch das religiöse Gebiet; damit gewann jenes das Vermögen einer unbefangenen Würdigung, einer unbegrenzten Elastizität, eines Verstehens der Bildungen aus ihrem Werden; das ergab mehr Individualität, mehr Anschaulichkeit, mehr Gerechtigkeit, der geistige Horizont wuchs ins Unbegrenzte. Aber auch hier fehlte es nicht an Zweifeln und Bedenken. Der unbestreitbare Gewinn der Erkenntnis bedroht die Religion selbst mit einer nicht geringen Gefahr, es entstand die Gefahr des Relativismus, die Gefahr, das Göttliche gänzlich durch das Menschliche zu verdrängen und die Religionen als bloße Ausstrahlungen menschlicher Vorstellungen, Gefühle, Wünsche zu verstehen, die Ethnographie siegte über die Religion.

Dieser bedrohlichen Wendung ist nicht zu entgehen, wenn nicht gegenüber der geschichtlichen Behandlung eine übergeschichtliche den Vorrang gewinnt; das kann aber auf keinem andern Wege geschehen als auf dem, daß alle Entfaltung der Religion als die Erweisung einer überlegenen Grundtatsache anerkannt und in ihr eine gemeinsame Offenbarung des göttlichen Lebens an die Menschheit gefunden wird; diese Grundtatsache bildet das Maß für alles religiöse Streben, nur sie kann Maßstäbe und Richtlinien liefern, Abstufungen und Scheidungen vollziehen, in dem scheinbaren Gewirr ein Einheitsstreben erkennen, das über den Menschen hinausführt. Nur so wird es möglich, eine geschichtliche und eine übergeschichtliche Religion miteinander zu verbinden. Alle Achtung vor der Geschichte, aber es gilt Erstes und Zweites nicht zu vermengen und der übergeschichtlichen Wahrheit den ersten Platz zu lassen.

b) Der heutige Kampf um die Gestaltung der Religion.

Die heutige Lage der Wissenschaft verbietet uns, das Christentum ohne weiteres als die absolute Religion auszugeben; auch das Christentum hat jetzt den erstrebten Vorrang erst zu begründen, es kann das auf dem Boden der Geschichte am ersten durch eine Auseinandersetzung mit den Höhen der indischen Religionen geschehen. Denn die Vergleichung zeigt hier zwei Haupttypen des religiösen Lebens, denen kein anderer Typus gewachsen ist.

Beide Religionen vollziehen einen Bruch mit dem bloßen Lebenstriebe, beide fordern einen völlig neuen Lebensstand, eine Umwälzung der Wirklichkeit, beide sind daher an erster Stelle nicht Gesetzesreligionen, sondern Erlösungsreligionen; die Inder erstreben eine Beruhigung und Herabsetzung der Lebensbewegung, sei es durch das Eingehen in ein aller Zerstreuung und allem Werden überlegenes Wesen, sei es durch die Auflösung in ein wesensloses Werden; das Christentum sucht eine Rettung durch den Gewinn eines neuen Lebens, das durch Schmerz und Selbstopferung hindurch eine neue Höhe erreicht. Die beiden Religionen suchen die Lösung des Lebensproblems an grundverschiedenen Stellen: die Inder finden die Wurzel des Übels in dem flüchtigen und sinnlosen Weltstande, die Christen in der moralischen Verkehrung, die sich nach ihrer Überzeugung vom Menschen aus auf die ganze Welt erstreckt; jene machen zur Hauptsorge die Überwindung der Täuschung, welche das menschliche Streben an diese nichtige Welt bindet, sie erstreben eine gründliche Befreiung von dem niedrigen Lebensdurst, der „Macht über die Welt hat"; die Christen vertrauen auf die Macht einer erlösenden und erhöhenden Liebe, welche alle Hemmnisse überwindet und der Verneinung eine Bejahung des Lebens entgegensetzt, zugleich aber es völlig umwandelt.

Der Osten sucht das Persönliche möglichst auszutreiben, der Westen macht es zum Gipfel des Lebens, er kann das nicht ohne es über das menschliche Maß hinauszuheben und dem tiefsten Grund der Wirklichkeit zu verbinden; dort hat das Geschichtliche wenig Wert, da das Problem ununterbrochen fortrinnt, hier gewinnt die Geschichte eine überragende Bedeutung, da hier das Leben weltgeschichtliche Entscheidungen in sich trägt, die auch jeden einzelnen zur Entscheidung aufrufen; im Osten überwiegt das Intellektuelle mit seiner Weite, im Westen das Moralische mit seiner Konzentration, im Osten fehlt es nicht an Gemeinschaftsbildung, aber die Gemeinschaft erlangt hier weitaus nicht die Bedeutung, welche ihr die christlichen Kirchen verliehen haben.

Die Stärke der indischen Religionen liegt in ihrer Weichheit, Milde, Friedfertigkeit, auch in ihrer geistigen Weite, aber sie haben wenig Vermögen des Aufbaus, alle Fülle vermittelnder

Stufen verbirgt nicht die Tatsache, daß hier der Mensch unmittelbar auf die ewige Einheit angewiesen ist.

Das Christentum gibt dem Leben mehr Inhalt und mehr innere Bewegung, es tritt dem Weltstande selbständiger entgegen und will ihn nach bestem Vermögen umgestalten, seine Stärke liegt im Dramatischen und Heroischen, während die indische Art mehr lyrisch empfindet. Es ist begreiflich, daß in den Stürmen und Nöten der Gegenwart die indische Denkweise einen Einfluß auch in Europa gewinnt, sie bindet die elementaren Empfindungen und Eindrücke der Wirklichkeit weniger an dogmatische Formen, sie gibt dabei jenen Empfindungen eine große Anschaulichkeit, Zartheit, Einfachheit; so haben auch wir sie unbefangen zu würdigen.

Weshalb wir uns jedoch auf den Boden des Christentums stellen, das uns als eine weltgeschichtliche Eröffnung des schaffenden und überwindenden Geisteslebens gilt, das hat der Verlauf unserer Untersuchung zur Genüge dargestellt. Aber zugleich müssen wir der Überzeugung Ausdruck geben, daß das heutige Christentum zwei Bedingungen zu erfüllen hat, wenn es den Kampf siegreich bestehen soll: 1. es muß sein Grundstreben kräftiger herausarbeiten und den Kampf gegen Unvernunft und Bosheit entschiedener aufnehmen. Das heutige Christentum ist — nicht überall, aber überwiegend — matt und bequem geworden, es muß im besonderen dem wilden Lebensdurst und der ungezügelten Selbstsucht kräftiger widerstehen, welche durch die moderne Welt geht, es darf sein Wirken nicht auf private Kreise und Gesinnungen beschränken, es muß auch die allgemeinen Verhältnisse stärker durchdringen, im besonderen der Heuchelei auf politischem und wirtschaftlichem Gebiet rücksichtsloser entgegentreten; sonst sinkt es zu einer bloßen Umsäumung und Verbrämung eines niederen Lebenstriebes, und wird es zu einer bloßen Scheinreligion. Denken wir nur an die Gewalttaten, die Ungerechtigkeiten, die Unwahrhaftigkeiten, welche jetzt das politische und nationale Leben zeigt! Ist dem Christentum der Gegenwart alles frische Empfinden und aller ehrliche Zorn über solches Böse verlorengegangen?

2. Das Christentum hat aber nicht nur gegen die ihm feindliche schlechte Welt zu kämpfen, es hat auch in seinem eignen Bestande gefährliche Gegensätze zu überwinden. Immer deutlicher wird jetzt der Unterschied der überkommenen und einer neuerstrebten Form des Christentums, immer dringlicher wird hier eine offene Aussprache, es handelt sich dabei nicht um einzelne Verbesserungen, sondern nach unserer Überzeugung um eine durchgehende Reformation.

Die alte Form, deren Würde und Bedeutung fraglos ist, war das Erzeugnis einer eigentümlichen Zeit, welche sich immer weiter von uns entfernt hat, sie hat — meist unbewußt — manche Veränderungen erfahren und sich den späteren Forderungen vielfach angepaßt, ohne die alte Art prinzipiell aufzugeben. Aber schließlich wird die Spannung zu groß, ihr Übersehen und Vertuschen kann eine krasse Unwahrhaftigkeit erzeugen; eine dem Wesen des Christentums angemessene, dabei aber der weltgeschichtlichen Lage entsprechende Form wird um so notwendiger, als heute das Christentum aus verschiedenen Gründen und von verschiedenen Seiten her hart angegriffen wird und einen schweren Kampf zu bestehen hat; mit veralteten Waffen darf man nicht in einen Weltkampf gehen. Die ältere Denkweise ist uns Neueren zu anthropomorph und zeitgebunden geworden, so beim Gottesbegriff, so in der Christologie, so auch im Ganzen des Weltbildes. Auch verlangen wir mehr Selbsttätigkeit und Selbstverantwortlichkeit, wir dürfen diese Forderungen nicht in bequemer Denkweise als Ausfluß von Flachheit und Unglauben abschütteln; dazu geht die Bewegung weit über die einzelnen Individuen hinaus, aus ihr spricht eine weltgeschichtliche Notwendigkeit. Verkennen wir nicht das starke Sehnen der modernen Menschheit nach dem Einfachen und Wesentlichen der Religion, sie möchte das Christentum universaler und aktiver gestalten und dadurch die ihm innewohnenden Kräfte zu erhöhter Wirkung führen, sie möchte sich auch mit der modernen Gedankenwelt klarer und entschiedener auseinandersetzen, das Große an ihr anerkennen, das Verkehrte und Veraltete austreiben. Dafür bedarf es an erster Stelle eines festen Standortes, und diesen kann nur eine metaphysische Umwälzung des gegebenen Daseins liefern. Möchte es dem Christentum gelingen, seine Grundwahrheiten dem heutigen Gewirr der Ansichten und Bestrebungen zu entreißen und sie zu neuer Frische und Kraft zu bringen, es gilt in dem Einfachen das Wesenhafte und Große zu suchen und mit Meister Eckhard zu denken: „Zur Einfaltigkeit der Wahrheit verhelfe uns Gott".

c) Der Kampf um die Grundwahrheit der Religion.

aa) Das Vordringen des Zweifels.

An mannigfachen Zweifeln hat es der Religion von altersher nicht gefehlt, aber die Zweifel beschränkten sich auf besondere Individuen, besondere Kreise, besondere Hauptpunkte, jetzt aber ist der Grundgedanke der Religion, der Zusammenhang des Menschen mit einer Überwelt, erschüttert und ihre Stellung im Ganzen des Lebens unsicher geworden. Versuchen wir zunächst einen raschen Überblick für die Hauptrichtungen des Zweifels zu gewinnen, dann aber zu prüfen, ob und wie eine Gegenwehr möglich ist, und welche Gesamtlage aus dem Kampf hervorgeht.

1. Das Naturbild hat sich seit dem Beginn der Neuzeit völlig verschoben und dem Menschen einen weit bescheideneren Platz vergönnt. Er erscheint als ein recht nebensächliches Stück eines unübersehbaren Naturprozesses, und auch für ihn gelten die Grundformen dieses Naturprozesses, Raum, Zeit, Bewegung, in der Zeit ist er entstanden und in ihr wird er vergehen; auch der nähere Verlauf seines Lebens wird durch die Altersstufen bedingt, welche die Natur ihm auferlegt. Unvergänglich sind lediglich die sog. Naturgesetze, unvergänglich ist das Quantum der Energie in der Natur; ist demgegenüber ein Platz für Unsterblichkeit und für ewiges Leben? Auch für den Gottesbegriff im Sinne der Religion hat die Natur keinen Raum, sie ist ganz mit sich selbst beschäftigt.

2. Der Kern der christlichen Religion liegt darin, dem uns überflutenden Bösen einen festen Damm entgegenzusetzen, sie berief sich dabei auf die Tatsache des Eingehens der göttlichen Macht und Liebe in die zerrüttete Welt, nur eine erlösende Tat

konnte das Menschengeschlecht und die Welt von Schuld und Elend entlasten; über die Tatsächlichkeit dieser Wendung hatte das alte Christentum nicht den mindesten Zweifel. In Wahrheit hat der Zweifel in der Neuzeit immer mehr um sich gegriffen. Schon die historische Kritik hat das Bild erheblich verschoben, auch die Vorgänge der Geschichte samt ihren Gipfelpunkten wurden der kausalen Behandlung eingefügt und ihrer Übernatürlichkeit entkleidet. Die Persönlichkeit des Heilandes sollte Göttliches und Menschliches unmittelbar verbinden, der Mensch Jesus wurde zugleich als die weltbeherrschende Person der göttlichen Dreieinigkeit nicht nur verehrt, sondern angebetet. Die moderne Denkweise fand die Gottesvorstellung dieser Gedankengänge viel zu menschenartig, ja mythologisch; dazu erweckte der historische Kernpunkt der kirchlichen Lehre, die leibliche Auferstehung Jesu samt der Himmelfahrt, immer schwerere Bedenken, die Überzeugungen spalteten sich an diesem Punkt schroff; was dem einen als der entscheidende Grundbeweis der christlichen Wahrheit galt, das behandelte der andere als ein unsicheres, kaum nachweisbares Problem, jedenfalls konnte er nicht seinen Glauben daranhängen. So gehen hier christliche Kirche und modernes Kulturbewußtsein weit auseinander.

3. Alle höhere Religionen fordern und bekennen ein Wirken der Gottheit zum Menschen, das seine Geschicke überwacht, lenkt, zum Guten führt. An erster Stelle gilt das von der Idee einer sittlichen Ordnung, von dem Glauben an die Macht des Guten und an die schließliche Niederlage des Bösen; nur diese Überzeugung schien dem menschlichen Leben und Streben einen Halt zu gewähren und ihm eine freudige Zuversicht einzuflößen. Aber es hat unsägliche Mühe gekostet, eine solche Ordnung zu erweisen; wohl wurden kühne Gedankenbilder entworfen und mit ihrer Hilfe die Wirklichkeit bis ins Grenzenlose erweitert, um jenen unentbehrlichen Gedanken zu retten — denken wir nur an die Seelenwanderung —, aber immer wieder erhob sich gegen ihn die Macht des unmittelbaren Eindrucks, und was immer früher an Bedenken und Zweifeln schlummerte, das hat der unselige Weltkrieg durch seinen

Verlauf und seine Folgen in volles Bewußtsein gehoben; greifbar zeigte sich, wie wenig die Stimme der Gerechtigkeit gegenüber der Ungerechtigkeit durchdringt.

Noch unsicherer wird der modernen Denkweise das Walten einer Vorsehung, die liebevoll sowohl für die Individuen als für die Völker sorgt und ihre Geschicke zum Guten lenkt. Dies ist ein besonders unentbehrliches Hauptstück der christlichen Überzeugung. Wie aber steht es mit seiner Erweisung? Wohl verschlingen sich oft merkwürdig die menschlichen Geschicke, und besondere Stellen erwecken bisweilen den Eindruck, als verhüte eine gütige Fürsorge höherer Macht drohendes Unheil und sichere ein endgültiges Gelingen. Aber diesen Fällen stehen andere entgegen, bei denen kleine und unbeachtete Ursachen schweres Unglück bewirkten, und wo sich dem Strauchelnden keine hilfreiche Hand bot, um ihn vor dem Sturz in den Abgrund zu retten; menschliche Einsicht kann hier unmöglich das Für und das Wider berechnen; so gewiß sich ein glattes Nein verbietet, wir Menschen entdecken in dem tiefen Dunkel der Geschicke keinen leitenden Faden. Und so kommt das Wort an den Zweifler: „Was", so fragt er, „nützt uns die ganze Religion einschließlich des Christentums, wenn sie an diesem entscheidenden Punkt versagt oder doch unsicher wird"? Gegenüber ungeheuren Nöten und Hemmungen genügen nicht bloße Möglichkeiten. Hat Engels, der Freund von Marx, Recht mit seiner Äußerung: „Mit Gott haben wir nichts zu tun"? — So die Stimme des Zweiflers, was hat die Gegenwart ihm entgegenzusetzen?

bb) Die Abwehr des Zweifels.

Der Zweifel umspinnt die Gegenwart mit einem so dichten Netz, daß nur ein Zurückgreifen auf die letzten Gründe unseres Lebens und Seins uns ihm gewachsen machen kann; es gilt im besonderen einfache Grundlinien aus dem Chaos der Weltlage herauszuheben und die Forderungen anzuerkennen, welche sie an die Richtung unseres Strebens stellen.

1. Die erste Forderung ist die Anerkennung einer naturüberlegenen Welt. So sehr wir die strenge Bindung unseres Le-

bens an die Natur anerkennen, es erschöpft sich nicht gänzlich in den Naturprozeß, in ihm erscheint eine Art des Lebens, die sich wesentlich von der Natur unterscheidet und ihre Schranken überschreitet. Die Natur und das sinnliche Dasein zeigt das Leben in lauter einzelne Elemente zerlegt, das Geschehen verläuft in einem Nebeneinander und in einer gegenseitigen Beziehung der Punkte, hier entsteht kein den Punkten überlegenes und sie umfassendes Ganzes, es kommt nicht zur Selbsttätigkeit, es wird kein Raum für ein schaffendes Handeln gewonnen. Auf der Höhe des Menschenlebens dagegen erscheint ein nicht bloß anhängendes, sondern selbständiges Seelenleben, es verbindet untrennbar Selbsttätigkeit und Zusammenstreben zu einem Ganzen; das ergibt ein Lebensgefüge, das sich deutlich von allem Naturgeschen abhebt. Denn in der Natur geht die Bewegung nur von Punkt zu Punkt und durch eine Ansammlung der Elemente, auf der höheren Stufe dagegen geht sie vom Punkt zu einem Ganzen und unter wirksamer Vergegenwärtigung eines solchen Ganzen; nur ein solches kann die Punkte miteinander innerlich verbinden. Wie die Geschichte zeigt, geht auf geistigem Boden durch die einzelnen Punkte ein Streben nach einem inneren Zusammenhang, eine belebende Einheit ist hier sowohl Voraussetzung als Ziel. Zugleich geht die Lebensentfaltung in Natur und Geist weit auseinander; beide sind auf eine Selbsterhaltung gerichtet, aber die Selbsterhaltung geht in der Natur nur auf das Verhältnis zur Umgebung, die geistige Selbsterhaltung dagegen bedeutet ein Aufnehmen der Lebensenergien in ein umfassendes Ganze und eine Erhaltung innerhalb dieses Ganzen; dort erschöpft sich das Leben in der Entwicklung von Beziehungen, hier vermag es einen Inhalt hervorzubringen, dort bleibt die unermeßliche Kraftanspannung innerlich leer, hier kann ein Beisichselbstsein entstehen. So trägt das selbsttätige Leben in Größen, Werten, Zielen einen naturüberlegenen Charakter. Wer diesen Unterschied der beiden Stufen anerkennt, der kann über die kosmische Bedeutung der Bewegung zur Geistigkeit keinen Zweifel hegen; alle geistigen Leistungen gründen sich auf eine zusammenhängende Geisteswelt, ein Reich des Geistes, eine Tiefe der

Wirklichkeit. Wie weit die einzelnen Individuen, Völker, Zeiten diesen Aufstieg teilen, das ist eine Frage für sich; daß aber gegenüber der Natur eine neue Stufe des Lebens sich auch im menschlichen Bereich aufringt, das unterliegt keinem Zweifel. Eine solche Überzeugung muß aber den Gesamtanblick der Wirklichkeit umgestalten; nunmehr bedeutet die Natur, das Reich der Beziehungen, nicht das Ganze der Wirklichkeit, nunmehr gelten die Lebensformen der Natur in Raum, Zeit, Bewegung, Einzelpunkt nicht für den ganzen menschlichen Bereich, dann gewinnt auch in ihm die Wirklichkeit eine Seele. Allerdings führt die Verfolgung dieses Weges noch nicht zur Religion, aber sie kommt dem Streben der Religion ein gutes Stück entgegen; eines ist jedenfalls unbestreitbar: das Nebeneinander der Punkte bedeutet nicht das Ganze der Wirklichkeit.

2. Nunmehr gelangen wir zur eigentümlichen Lage und Aufgabe des Menschen. Zwischen Natur und Geist gestellt, ist er berufen sich selbst und die Weltlage zu fördern, aber er begegnet dabei schweren Verwicklungen. Es erscheint in ihm eine gewisse Geistigkeit und unterscheidet ihn schon durch das Denken von der tierischen Stufe, aber diese beschränkt sich meistens auf eine dünne Schicht des Lebens, sie dringt selten bis zur Wurzel vor; was im Durchschnitt der Menschheit an geistiger Bewegung erscheint, das pflegt nicht höhere Ziele zu verfolgen, sondern naturhaften, kleinmenschlichen, oft verwerflichen Zwecken zu dienen; ein innerer Riß zwischen Aufgabe und Leistung ist beim Menschen unverkennbar, sein Wesen enthält bedeutende Möglichkeiten, aber diese Möglichkeiten finden keine angemessene Verwirklichung; wohl aber wirken sie als Ansprüche oder doch Vorwände und werden oft zur Brutstätte von Schein und Heuchelei. Das gilt sowohl für die Individuen als für die gemeinsamen Verhältnisse; das ganze Menschenleben, auf sich selbst beschränkt, ist von tiefer Unwahrheit durchdrungen; an Fortschritten fehlt es nicht, aber sie gehen nicht auf das Wesentliche, sie gehen nicht auf die ethische Haltung und auf die geistige Tiefe des persönlichen Lebens. So hat der Mensch zwischen Hoffnungslosigkeit und zwischen einer Erhöhung durch die überlegene Macht zu entscheiden;

dem Weg der Verzweiflung aber stellt sich schon die Erwägung entgegen, daß die Bewegung zu einer selbständigen Innenwelt nicht vom bloßen Menschen ausgehen kann, daß sie eine Welttatsache bedeutet, die auch den Menschen umfaßt.

3. So verbleibt nur die Hoffnung auf das Eintreten einer Weltwendung, die Hoffnung auf eine Eröffnung eines läuternden, erhöhenden, umwandelnden Lebens; damit aber erscheint eine Stufe, welche neue Kräfte, neue Werte, neue Ziele bringt und den Kern des Lebens von der matten Möglichkeit zu tatkräftiger Wirklichkeit führt. Diese Stufe bezeugt sich uns sowohl in der Bildung einer ethisch-religiösen Gemeinschaft als in dem Entstehen eines weltüberlegenen und weltdurchdringenden persönlichen Lebens. Eine solche Wendung stellt auch die Geschicke des Menschen in ein neues Licht: er gewinnt einen unermeßlichen Wert, wenn auch er in diese Umwandlung hineingezogen und damit aller Weltverwicklung enthoben wird. Erweisen kann sich das neue Leben nur durch seine eigne Entwicklung, das Erkennen muß hier unmittelbar aus jenem Leben hervorgehen; nur an dieser Stelle ist eine unbedingte Gewißheit zu erreichen.

Jene Grundtatsache einer Weltwendung aber zu voller Anerkennung zu bringen, darin hat das Christentum seine Hauptaufgabe, hier unterscheidet es sich am meisten von den übrigen Religionen; schließlich müssen aber alle Religionen, soweit sie Wahrheit vertreten, jenes Ziel der Lebensumwandlung als ein durchgehendes und unentbehrliches anerkennen.

Jene drei Punkte bilden nicht ein bloßes Nacheinander, sie enthalten eine durchgehende Bewegung, sie verbinden sich durch Ja und Nein zu einer großen Kette, zu einem weltgeschichtlichen Drama: es erhebt sich eine allumfassende Aufgabe, aber sie findet im menschlichen Bereich ungeheure Widerstände, eine schwere Weltverwicklung ist nicht zu verkennen, nur das Eintreten einer höheren Stufe überwindet diese Widerstände; so wird schließlich eine Lösung gefunden. Aber diese Lösung ist keine glatte und rationale, die verschiedenen Phasen bleiben dem Ganzen des Lebens in Aufstieg, Hemmung und Überwindung gegenwärtig und halten es in fortdauernder Spannung; eine Positivität unseres Weltstandes ist unverkennbar, es ist eine besondere Welt, in welcher wir uns befinden, wir dürfen sie nicht als das Ganze der Wirklichkeit erklären.

Uns Menschen liegt jene Welt in einer zwiefachen Art vor, in einer Außensicht und in einer Innensicht. Die ältere Denkweise unterwarf die Außenwelt unbedingt der Innensicht, diese hatte die unbedingte Herrschaft, sie war aber in der Gefahr das Innere zu sehr unter die Formen der menschlichen Betrachtungsweise zu stellen und sich dadurch zu verengen; demgegenüber gewann in der Neuzeit die Außensicht volle Selbständigkeit und einstweilen auch die Führung; sie war geneigt, die Innensicht zu einer bloßmenschlichen Denkweise herabzusetzen; das aber kann nur einem krassen Intellektualismus genügen, denn die geistigen Bildungen sind keineswegs bloße Ansichten und Deutungen, sie sind unmittelbar Wirklichkeiten und Mächte, alle Mühe kann sie nicht aus dem Weltbild entfernen.

Die Hauptschwierigkeit der menschlichen Lage besteht darin, beide Arten zu teilen, ohne sie unmittelbar aufeinander zurückführen zu können; eine Entscheidung darüber ist unvermeidlich, was wir als Hauptsache anzuerkennen haben. Dies aber kann nur die Innensicht sein, nur sie gewährt einen Einblick in das eigne Leben der Wirklichkeit, und sie fordert von uns ein Mitwirken an ihrer Bildung, die Grundtatsachen des schaffenden Lebens müssen uns vor den Geschehnissen der Außenwelt stehen, nur jene Grundtatsachen entscheiden über den Inhalt und Wert des menschlichen Lebens. Aber sie haben sich nach bestem Vermögen mit der Außensicht auseinanderzusetzen, und wir dürfen uns nicht wundern, daß beide sich der menschlichen Beschränkung nicht unmittelbar zusammenschließen. Ein Abstand, ja eine Lücke, ist unverkennbar. Diese Lücke möglichst auszufüllen, haben die geschichtlichen Religionen eine unverwerfliche Aufgabe, künstlerische Phantasie und philosophische Spekulation können sie bei solchem Unternehmen unterstützen, die Hauptsache bleibt der Gewinn einer allumfassenden und charakteristischen Lebenssynthese; diese ist aber an erster Stelle das Werk einzelner großen Persönlichkeiten, die im Ringen von Mensch und Welt deutliche Bahnen vorzeichnen, das scheinbar Unmögliche möglich machen, den Zwiespalt von Innensicht und Außensicht überwinden; nur ein solches Schaffen kann den Menschen den Zweifeln gewachsen machen. Halten wir uns stets vor Augen, daß wir inmitten großer Weltbewegungen und Weltverwicklungen stehen, und daß die Tatsache des geistigen Schaffens den sichersten Weg bildet, uns den Zweifeln zu entreißen. Eine weitere Ausführung dieser Fragen verbietet sich uns in dieser Schrift.

Das aber müssen wir bemerken, daß auch die Gegenwart nicht von geistigen Mächten verlassen ist, daß die weltgeschichtliche Bewegung auch an dieser Stelle bedeutende Aufgaben stellt, daß auch in jener Richtung viel echtes Wahrheitsverlangen durch die Seelen geht. Aber einstweilen findet der Hauptzug des Lebens nicht die Konzentration und die Kraft, die aufstrebenden Notwendigkeiten aus dem Stande der Möglichkeit in den lebendiger Wirklichkeit zu führen. Dieses Zaudern und Zögern ist der Hauptgrund der mißlichen Lage der Gegenwart, wir scheitern nicht sowohl an der Überlegenheit der Außenwelt und der Not der menschlichen Verhältnisse, als in dem Unvermögen der überströmenden Außenwelt eine selbständige Innenwelt entgegenzusetzen und uns in ihr zu verschanzen.

2. Philosophische Fragen der Zeit.

a) Das moderne Auseinandergehen von Philosophie und Religion.

Daß im modernen Leben Religion und Philosophie sich nicht normal zu einander verhalten, das zeigt jeder Blick auf die Gedankenwelten Asiens. Wohl verfolgten auch dort Religion und Philosophie ihre eigenen Wege, aber sie teilten dasselbe Grundgefühl und eine verwandte Wertschätzung der Dinge, eine geistige Einheit verband und verbindet die verschiedenen Ströme, diese Einheit gibt dem Orient eine unverkennbare Überlegenheit über den Westen, mag dieser in der Weltkultur weit voranstehen. Der Westen verfolgt nämlich bei sich selbst verschiedene Ziele, und er verwendet verschiedene Maßstäbe, eine Spaltung des Lebens, ja eine innere Unwahrheit, ist nicht zu verkennen. Nach der Überzeugung der christlichen Welt leidet unsere Welt an einem schweren Widerspruch, die Wirklichkeit hat einen Riß erlitten, der alles Gedeihen und Gelingen gefährdet. Die Überwindung dieses Widerspruches durch göttliche Macht und Liebe wird zur Hauptaufgabe des Christentums; damit entwickelt es einen ethischen und persönlichen Charakter. Die Neuzeit dagegen huldigt der Kraftidee, die Kraft vollauf auszuüben und ihr die Welt zu unterwerfen, ja die ganze Wirklichkeit als ein Erzeugnis der Kraft, sei es physisch, sei es logisch, zu verstehen, das wird ihr zur Hauptaufgabe; so trägt sie einen überwiegend dynamischen und unpersönlichen Charakter; mit diesem kann sich ganz wohl eine gewisse religiöse Denkweise verbinden, aber diese scheidet sich von der christlichen Religion der Erlösung deutlich; so wird auch die Philosophie sich an erster Stelle auf eine Analyse der Welt richten und sie geistig zu bewältigen suchen, sie ist in der Grundstimmung immanent gesinnt, die Religion gilt ihr oft als eine nebensächliche, leicht entbehrliche Zutat, die für die Wissenschaft wenig Belang hat.

Wollen wir nun sowohl an der Philosophie als an der Religion festhalten, so droht ein tiefer Zwiespalt des Lebens, er muß denkende Seelen erschüttern und in eine peinliche Unruhe versetzen. Das ältere Christentum besaß eine gewisse Ausgleichung, es hatte wissenschaftlich in der Scholastik, deren umfassendes Streben nach einer Synthese von Religion und Philosophie wir vollauf anerkennen, einen Halt, aber jene erreichte nur eine Zusammensetzung, nicht eine innere Einheit der Gedankenwelt; die Religion lieferte hier den Inhalt, die aristotelische Philosophie die Form, beides fiel im Grunde auseinander, mit einem transzendenten Inhalt verschmolz sich eine immanente Form; die hier unternommene Abstufung der Welten überschritt nicht ein Nebeneinander, das kein selbständiges und ursprüngliches Denken erzeugte, und das den Problemen der modernen Welt nicht gewachsen war.

Wenn demnach diese Art der Verständigung nicht ausreicht, so muß die Gegenwart neue Wege suchen, welche sowohl der Religion als der Philosophie ihr gebührendes Recht gewähren und beiden Lebensgebieten eine Selbständigkeit zuerkennen. Eine Verständigung ist aber nur erreichbar, wenn sich ein gemeinsamer Boden bietet, auf dem sich beide zusammenfinden; einen solchen Boden kann nur das Ganze des Lebens liefern, wie es in sich selbst eigentümliche Aufgaben trägt und eigentümliche Richtungen verfolgt. Eine nahe Verwandtschaft von Religion und Philosophie ist trotz alles Unterschiedes nicht zu verkennen. Beide bemühen sich um eine Einheit der Gedankenwelt, beide wollen alle Mannigfaltigkeit dieser Einheit unterordnen, beide nehmen ihren Standort im Absoluten, beiden ist damit gemeinsam eine Umkehrung des nächsten Weltbildes, eine metaphysische Begründung. Aber die Philosophie hat die Aufgabe einer genauen Zerlegung und systematischen Ausführung, sie muß deutliche Scheidungen vollziehen, sich mit allen Möglichkeiten und auch mit allen Hemmungen gewissenhaft auseinandersetzen, einen unablässigen Kampf gegen die kleinmenschliche Vorstellung führen, eine sachliche Wahrheit erstreben und dieser das Persönliche unterordnen, ihr Werk fordert unablässige Arbeit, schon deshalb kann sie nur kleinere Kreise gewinnen. Aber sie wird damit nicht zu einem Privatbesitz jener Kreise, ihr Schaffen hebt durch mannigfache Vermittlung hindurch das gemeinsame Leben, es führt dies zur vollen Selbständigkeit und Freiheit, es entbehrt einer ursprünglichen Wurzel, wenn es diese Gedankenarbeit einstellt. In dem allen hat die Philosophie keine andere Voraussetzung als die Tatsache eines geistigen Lebens, allen näheren Inhalt hat sie selbst erst zu erringen.

Die Religion dagegen hat eine bestimmte Grundvoraussetzung, welche die Philosophie nicht unmittelbar teilen kann, sie stellt sich auf die Tatsache einer Eröffnung einer höheren Welt an die Menschheit und an den Menschen; in das Licht dieser Tatsache setzt sie alles Leben, und von ihr aus will sie es gründlich umgestalten. Sie konzentriert das Leben auf jene Hauptaufgabe, auf das Verhältnis zur ewigen Einheit; sie spricht unmittelbar auch zum einfachsten Menschen und zum Kern seines Wesens, sie will die elementarsten Grundzüge herausheben und beleben, sie findet den Haupterweis ihrer Wahrheit in ihrem Wirken auf die Menschheit und in einer selbständigen Organisation, welche die Gegenwart der Gottheit zu voller Anschauung bringt; damit befestigt, unternimmt sie mutig einen Kampf gegen die Widerstände und Gebrechen, welche das menschliche Leben entstellen. Nun aber haben Philosophie und Religion ihre eigentümlichen Erfahrungen; diese Erfahrungen können nicht unmittelbar zusammentreffen, aber je mehr sie allgemeine Ausblicke eröffnen, je mehr diese Erfahrungen sich miteinander verbinden, desto mehr kann das eine das andere fördern und stärken. Was für die Religion die Grundlage und Voraussetzung bildet, das muß der Philosophie Ziel und Problem sein; ob die beiden Wege sich am Ziel miteinander verbinden, das liegt nicht an einer reflektierenden Überlegung, das kann nur der hier und dort gebotene Lebensinhalt entscheiden; nur eine Philosophie, welche diesen Inhalt deutlich und kräftig herausarbeitet, nur eine Philosophie, welche die Erfahrungen der Menschheit aufnimmt und klärt, kann Religion und Religion von der Einheit des Ganzen aus innerlich verbinden, nur so kann eine gemeinsame Grundüberzeugung und ein gemeinsames Grundgefühl beide Gebiete durchströmen und den ganzen Menschen gewinnen. Ob das aber möglich ist, das kann nur eine nähere Prüfung der Leistung beider ergeben; wir müssen uns hier auf die Philosophie beschränken und prüfen, welche Wendung sie dem Leben bringt; die Beziehung zur Religion wird sich dann leicht ergeben. Jedenfalls müssen wir über die Scholastik und auch über die moderne Apologetik hinaus, und wir dürfen uns nicht der modernen Zerspaltung der Gedankenwelt ergeben. Je mehr sie ein deutliches Bewußtsein gewinnt, desto unerträglicher wird die heutige Verfeindung der Hauptströmungen des Lebens, desto mehr muß sie das geistige Schaffen wie den Lebensmut lähmen.

b) Die Unentbehrlichkeit einer Inhaltsphilosophie in der Gegenwart.

Der heutigen Philosophie fehlt es nicht an Rührigkeit, namentlich in Deutschland sind manche vortreffliche Denker eifrig am Werke, und nach verschiedenen Richtungen wird wertvolles geleistet. Aber die Bewegungen verbinden sich nicht zu einer Gesamtwirkung, bei arger Zersplitterung üben sie keinen tiefen Einfluß auf das gemeinsame Leben, und es entspricht der Ertrag des Lebens nicht dem aufgebotenen Vermögen.

Unsere Zeit entbehrt eines Zusammenhanges mit der Gesamtbewegung des Geisteslebens, nicht bloß die philosophische Arbeit, auch das Kulturleben befindet sich in einer bedenklichen Unsicherheit. Aus dem Mittelalter war eine philosophische Tradition erwachsen, welche auch die auseinandergehenden Kräfte irgendwie miteinander verband. Leibniz war der letzte, dessen Wirken sich unmittelbar an die frühere Zeit anschloß, ohne die eigene Selbständigkeit preiszugeben. Den Deutschen hat Kant einen neuen Boden geschaffen, man durfte hoffen, daß von ihm ein neuer Zusammenhang der Geister ausgehen werde; aber wir wissen, daß die von ihm begonnene Bewegung bald weit auseinanderging. Gefährlicher noch als solches Auseinandergehen der Systeme war ein Bruch im Kulturleben der Menschheit. Der deutsche Humanismus hatte die Fahne des Idealismus aufgepflanzt, er hoffte zuversichtlich auf eine Erhöhung des Menschenwesens, eine unsinnliche Welt der Wissenschaft, Kunst und Literatur wurde ihm zum Standort des Lebens. Aber nun kam der völlige Umschwung des Kulturlebens, das unmittelbare Dasein, wie es in der Natur und in der menschlichen Gesellschaft vorliegt, gewann mehr und mehr die Gemüter, diese Wendung mußte auch die Philosophie umgestalten, sie gab dem Positivismus und Sensualismus die Herrschaft; diese haben in Deutschland freilich keine führenden Denker erzeugt wie in anderen Ländern, aber ihr Einfluß auf die Breite des Lebens war unverkennbar. Es kam philosophisch eine Zeit der Ermattung, es kam dann in Kant eine Mahnung zur Selbstbesinnung, und es entstanden neue Antriebe des Erkennens. Aber diese waren überwiegend formaler Art, sie gaben scharfsinnige Erörterungen über die Möglichkeit und über die Wege des Erkennens, sie haben die Methode des Denkens erheblich gefördert, aber sie erzeugten keine

Bewegung, welche die ganze Menschheit ergreifen hätte können, der Stand einer Gelehrtenphilosophie wurde nicht überwunden. Nun sei auch eine solche nicht unterschätzt, aber sie bildet doch nur einen Vorhof zum Erkennen, und die heutige Menschheit, zerrissen und ziellos wie sie ist, sehnt sich danach, den Vorhof zu überschreiten und ein philosophisches Schaffen zu erreichen, welches zum Ganzen der Menschheit spricht und der gegenwärtigen Not entgegenwirkt. Eine solche Lage treibt die Philosophie zur Anbahnung einer Synthese der Gedankenwelt und zu einer engeren Verbindung von Mensch und Welt; Synthese, das ist das große Verlangen der Zeit, die Forderung nach mehr Einheit und Zusammenhang. Aber es ist schlimm, daß wir eben im Suchen nach einem festeren Zusammenhang uns entzweien, ein guter Teil der heutigen Unsicherheit stammt daraus, daß die Denker von verschiedenen Punkten her zu einer Einheit streben, und daß sie uns oft weit auseinandergehende Antworten vorhalten, individuelle Lage, Beschäftigung und Denkweise spielen dabei eine Hauptrolle. Diese schwankende Lage ist nur zu überwinden, wenn über die Individuen hinaus uns das Leben eine Antwort entgegenbringt, das Leben nicht als eine leere Form, sondern als eine Macht, welche aus sich selbst eine gewisse Richtung hervorbringt, als eine, wenn auch nicht fertige, so doch aufstrebende Größe, die aus sich selbst eine Bewegung erzeugt und dadurch Wirkungen ausübt; so verstanden, bedeutet das Leben nicht eine Erscheinung am einzelnen Punkt, sondern eine Macht, die sich mit dem übrigen Tatbestande auszugleichen hat. Bringt ein solches Leben uns nicht eine Synthese entgegen, ein Streben nach einer Wirklichkeitsbildung, so werden wir sie nimmer finden; demnach bildet das Leben unser Ausgangspunkt, und es wird zur Aufgabe, seine Hauptlinien festzustellen und seine Hauptrichtungen zu verfolgen. Das ist gewiß, daß das Leben in diesem Sinne auf eine Einheit angelegt ist, aber zugleich ist gewiß, daß innerhalb der Einheit Scheidungen erfolgen, und daß eben diese Scheidungen unserm Leben und Wirken einen eigentümlichen Charakter geben; diese Scheidungen herauszuarbeiten und sie zu voller Wirkung zu bringen, das vornehmlich entscheidet über den Charakter des philosophischen Welt- und Lebensbildes; suchen wir sie möglichst kurz und knapp an der Hand der Erfahrung der Menschheit darzustellen.

aa) Makrokosmos und Mikrokosmos.

Bei der Ermittelung des Verhältnisses des Ganzen und der einzelnen Punkte scheiden sich nicht nur die philosophischen Systeme, sondern auch die Kulturwelten. Die ältere Denkweise, welche nicht nur den Orient beherrschte, sondern auch in Europa großen Einfluß gewann, stellte das Ganze unbedingt voran, dem Individuum wurde der Lebensinhalt von überlegener Macht durch Religion oder Philosophie zugeführt, über den kosmischen Charakter jener bestand kein Zweifel. Für Europa ist es eigentümlich, daß der Mikrokosmos eine wachsende Bedeutung gewann, und daß er in der Kulturwelt sich selbständiger mit dem Makrokosmos auseinandersetzen konnte, das gab dem Leben mehr Gliederung und Freiheit; schließlich durfte die Neuzeit es unternehmen, sowohl das Weltbild als das menschliche Zusammensein von den Elementen her aufzubauen. Diese Wendung hat unzählige Kräfte erweckt und den Gesamtstand weitmehr in Bewegung gebracht; das war ein unbestreitbarer Gewinn, er läßt sich unmöglich einfach zurücknehmen; aber je mehr diese Denkweise ihre Konsequenzen hervortrieb und eine volle Ausschließlichkeit verlangte, desto deutlicher wurden die Grenzen ihres Vermögens, der Mikrokosmos gelangt nie aus eignen Kräften zu einem Zusammenhang mit dem Makrokosmos, die auf die Individuen gestellte Psychologie erreicht nicht ein Reich der Wahrheit, ebensowenig erzeugen die bloßen Individuen einen inneren Zusammenhang der Gesellschaft: der Mikrokosmos hat sein Vermögen überspannt, es droht eine allgemeine Auflösung, wie wir sie heute erleben. So wurde ein Rückschlag gegen die Zerstückelung unvermeidlich. Aber Freiheit und Bewegung haben den Lebensbestand viel zu sehr verwandelt, als daß die ältere Unterwerfung unter das Ganze einfach herzustellen wäre; so drängt es zu einer neuen Lebensstruktur, welche die Überlegenheit des Ganzen wahrt, innerhalb des Ganzen aber den geistigen Einzelwesen mehr Bedeutung zutraut, ja sie zu selbständiger Mitarbeit beruft, sie selbst haben das Leben mitzutragen und weiter zu fördern. Damit entsteht eine Wechselwirkung zwischen Makrokosmos und Mikrokosmos, sie muß das Gesamtbild der Wirklichkeit beleben und bereichern, sie bringt durchgängig neue Aufgaben und Aussichten. Unzulänglich wird damit die herkömmliche Scheidung von Organisch und Mechanisch, beide Fassungen genügen nicht für die Gestaltung des Lebens. Die mechanische Fassung, welche alles von den Punkten aufbaut, erklärt nicht die innere Teilnahme für das Ganze, sie erklärt nicht Liebe, Hingebung, Aufopferung, ohne die doch das geistige Zusammensein nicht bestehen kann, die organische dagegen, welche allen Lebenstrieb vom Ganzen erwartet und die Individuen jenem einfügt, gefährdet ihre Selbständigkeit und Ursprünglichkeit. Der Eigentümlichkeit des geistigen Schaffens und Zusammenseins entspricht nur eine Lebensstruktur, welche sowohl ein den Individuen überlegenes Ganzes sowie seine unmittelbare Ergreifbarkeit in der Seele des Einzelnen anerkennt. Wie eine solche Gestaltung aber jedem Punkte eine Aufgabe stellt und ihn zur Entscheidung beruft — man könnte sie gegenüber der mechanischen und der organischen eine autonome nennen —, so umfängt sie uns keineswegs von vornherein mit unbestreitbarer Tatsächlichkeit, sondern sie ist von uns erst herzustellen, sie bildet ein Ziel, dem wir uns erst anzunähern haben. Was aber von der Gesellschaft, das gilt auch von der Weltordnung, die Einzelwesen sind als geistige nicht bloße Punkte, sondern sie können eine Teilnahme am Gesamtleben erreichen, ja dieses Leben als eignen Besitz teilen; man möchte hier des merkwürdigen Wortes Goethes gedenken: »Gott begegnet sich immer selbst; Gott im Menschen sich selbst wieder im Menschen. Daher keiner Ursache hat, sich gegen die Größten gering zu achten.« Aber zugleich sei gegenwärtig, daß die Versetzung in das Gesamtleben eine innere Umwälzung bedeutet und gegenüber dem Dasein den Gewinn eines neuen Standortes bringt; insofern bedarf das Leben einer fortwährenden Entscheidung, trägt es einen ethischen Charakter und ist es auf

Freiheit gestellt. Die Erfahrung zeigt den Menschen zwischen zwei Lebensstufen gestellt: als Naturwesen verläuft ihm das Leben von Punkt zu Punkt, dem Geisteswesen eröffnet sich die Möglichkeit einer Teilnahme am Gesamtleben, dem natürlichen Selbst des Punktes tritt ein geistiges Selbst weltumfassender Art entgegen. Die autonome Gestaltung des Lebens muß eingreifende Konsequenzen auch für das philosophische Denken haben, die hier nicht näher zu erörtern sind; das Ganze unserer Überzeugung wird namentlich bestimmt durch die eigentümliche Gestaltung des Verhältnisses von Makrokosmos und Mikrokosmos, welche den Gegensatz von Osten und West, von asiatischer und europäischer Art zu überwinden verspricht.

bb) Tatwelt und Dasein.

Ein weiterer Hauptpunkt für die Gestaltung der Gedankenwelt ist die Scheidung von Tatwelt und Dasein. Das geistige Leben bietet ein neues Lebensgefüge, das sich von dem sinnlichen Zusammensein der Natur wesentlich unterscheidet. Dort haben die einzelnen Punkte nur ein Verhältnis der Berührung in Raum und Zeit, sie bilden kein Ganzes, sie bleiben sich auch in der Wechselwirkung innerlich gleichgültig; die geistige Stufe dagegen erzeugt nicht nur einzelne Tätigkeiten, sondern eine Tatwelt, hier entsteht ein Gesamtleben, das die einzelnen Individuen umfaßt und ihnen ein gemeinsames Werk möglich macht. Erst die Tatwelt gibt dem menschlichen Leben einen geistigen Charakter, aber zugleich verbleibt die Tatsache, daß der Mensch auch an das Dasein gebunden ist, er darf die Erfahrungswelt nicht als gleichgültig und nebensächlich verwerfen. Denn nicht nur die Naturnotwendigkeit kettet ihn daran; auch zur näheren Entfaltung der Tatwelt ist sie dem Mensch unentbehrlich. Es ist unmöglich den Lebensgehalt aus der Tatwelt einfach abzuleiten, diese selbst eröffnet sich nur im Zusammentreffen mit den Beständen des Daseins, sie kann den in ihr angelegten Umriß nur in Auseinandersetzung mit dem Dasein, in Herausarbeitung, Freilegung und Aneignung dessen erreichen, was in ihm an Geistesgehalt steckt; dieses ist der Vermengung erst zu entwinden, um den Lebensstand fortbilden zu können. So scheidet sich unser Weg deutlich von aller Konstruktion aus freischwebenden Begriffen. Aber dies Angewiesensein der Tatwelt auf die Erfahrung macht keineswegs aus der Lebensgestaltung nur eine Zusammensetzung, zu der die höhere Stufe die eine, die niedere die andere Seite liefert. Denn die Tatwelt ist mehr als eine Seite, sie ist ein selbständiges, für den Menschen nur noch unfertiges Geschehen. Der Erfahrungsbestand dient nur so weit der inneren Weiterbildung, als er auf den Boden des selbständigen Lebens versetzt wird und hier zunächst als Widerstand, dann aber als Reiz und Antrieb wirkt. Wird damit das Leben ein Streben zur Selbsterhöhung durch Widerstände hindurch, so verbietet sich eine Zusammensetzung von Form und Stoff, wie sie von Platonismus aus durch die Geschichte geht und durch Kant eine Neubelebung erfahren hat. Denn Form und Stoff ergeben miteinander nun und immer schon ein lebensvolles Ganzes, sonst müßte die Zusammenbringung von korrekter Form und angemessenem Stoff genügen, um ein echtes Kunstwerk zu schaffen, und eine gewissenhafte Beobachtung von Lebensnormen könnte ursprüngliche Persönlichkeiten erzeugen. Wo die Leistung der höheren Stufe vornehmlich in die Form gesetzt ward, da wuchs die Form weit über eine Seite einer Zusammensetzung hinaus, und das Leben ward unvergleichlich mehr als im Anwenden der Form auf einen Stoff; es gewann damit die Form bei sich selbst eine Seele, sei es, daß ein Plato ihr diese mit Hilfe der künstlerischen Anschauung lieh, sei es, daß ein Kant sie ihr mit Hilfe des ethischen Persönlichkeitsbegriffes zuerkannte. Das Entscheidende ist nicht Form, sondern die Seelenbildung, jene ist die unentbehrliche Entfaltung des Lebens, nicht aber sein Träger und Kern.

Unsere Fassung von Tatwelt und Dasein stellt dem Denken und Streben eine durchgehende Aufgabe, es wird ein Aufklimmen zu der eigenen Höhe, welche ein Weltleben eröffnet.

cc) Subjekt und Objekt.

Nur die geistige Stufe vermag eine Scheidung von Subjekt und Objekt zu vollziehen, die Natur bringt nur eine Berührung der Elemente, sie erreicht kein inneres Verhältnis ihrer. Dem geistigen Bereich dagegen ist wesentlich, eine Scheidung zu vollziehen: Subjekt und Objekt treten auseinander; indem das Leben sich in Zustand und Gegenstand zerlegt, erfolgt eine Weiterbildung und Klärung. Aber zugleich sieht der Mensch sich vor eine schwere Aufgabe gestellt, das bloße Nebeneinander kann nicht genügen, es treibt über sich selbst hinaus, es wird zunächst zur Frage, ob das Subjekt, oder ob das Objekt die Führung des Lebens zu übernehmen habe; je nach der Entscheidung darüber entstehen grundverschiedene Welt- und Lebensbilder; die Geschichte zeigt, daß anfänglich das Objekt die Herrschaft hatte, daß allmählich das Subjekt zu größerer Geltung kam, bis es schließlich die Oberhand gewann und schließlich es wagen durfte die Welt der Objekte aus sich selbst zu erzeugen. Aber dieses gewagte Unternehmen stieß auf unüberwindliche Hemmungen, es drohte schließlich allen Lebensinhalt zu verflüchtigen. Die Durchschnittslage pflegt sich in einem unablässigen Schwanken zwischen beiden Seiten zu befinden, die eine treibt zur anderen zurück, ihre gegenseitige Spannung erhöht nicht den Wesensbestand der Wirklichkeit, es bleibt die Gefahr eines Verfallens in eine Halbwirklichkeit. So ist der Gegensatz nur zu überwinden, wenn ein erhöhendes Wirken beide Seiten umspannt und in fortwährender Wechselwirkung hält; das allein kann den Wahrheitsbegriff von unzulänglichen und irreleitenden Fassungen befreien. Eine Überwindung der Spaltung des Lebens zwischen Kraft und Gegenstand, zwischen Subjekt und Objekt, wie sie beim Wahrheitsstreben in Frage steht, kann unmöglich erfolgen durch die Unterordnung der einen Seite unter die andere, sei es daß das Subjekt unter das Objekt nach der älteren, sei es daß das Objekt unter das Subjekt nach der neuen Art gebeugt wird, sondern nur durch ein Zusammenwirken beider zu einem umfassenden Werke; dieses als Ganzes betrachtet ist nichts anderes als die Erzeugung einer echten Wirklichkeit. Nunmehr wird klar, daß Wahrheit nicht eine Übereinstimmung der einen Seite mit der anderen bedeutet, als wäre die eine der beiden schon fertig, sondern das, daß durch die Verbindung zu gemeinsamem

Schaffen beide Seiten weitergebildet und ihrer einigenden Höhe zugeführt werden. Das aber kann nur durch die Erhebung auf einen dem Dasein überlegenen Standort und durch eine Umwälzung des vorgefundenen Standes geschehen.

dd) Die drei Lebensstufen.

Weiter beschäftigte uns die folgenreiche Tatsache, daß das Geistesleben nicht eine gerade Linie verfolgt, sondern daß es in sich selbst eine Weiterbewegung und eine Abstufung enthält, zugleich aber sich selbst als eine Aufgabe zu behandeln hat. Wir sahen, daß das Ganze der dem Menschen erreichbaren Wirklichkeit in die drei Stufen einer grundlegenden, einer im Kampf begriffenen, einer überwindenden Geistigkeit auseinandergehen muß, um seinen Inhalt zu erschöpfen und seine Erfahrungen anzueignen. Jene grundlegende Geistigkeit ist die Voraussetzung und Emporhebung aller Geistigkeit gegenüber der Natur, die kämpfende hat alle Hemmungen und Zweifel auszukosten, die überwindende erschließt die Aussicht und verspricht die Kraft zur Erreichung des Zieles, erst sie gewährt dem Menschenleben einen sicheren Halt und eine feste Zuversicht.

Je nach den verschiedenen Stufen hat auch das philosophische Denken verschiedene Aufgaben, es muß das Eigentümliche jener Stufen vollauf anerkennen ohne deshalb auf ein Gesamtbild zu verzichten. Die grundlegende Stufe hat namentlich den Gesamtcharakter des geistigen Lebens gegenüber der naturgebundenen herauszuarbeiten, sie muß die Zusammenhänge verfolgen und zeigen, daß hier Grundzüge einer selbsttätigen Wirklichkeit entstehen, die alle kleinmenschlichen Ziele überschreiten und auch das Weltbild eigentümlich gestalten, Analyse und Synthese müssen dabei zusammenwirken, von hier aus wird sich bei allem Ernst der Arbeit eine freudige Lebensstimmung rechtfertigen. Sodann aber hat die kämpfende Geistigkeit die Tatsache zu würdigen, daß die Bewegung zur Geistigkeit in der menschlichen Lage ungeheuren Widerständen begegnet, sie stammen nicht nur aus der Natur, welche bis in die Lebensformen hinein das geistige Leben als eine Nebensache behandelt, sondern auch aus der Schwäche und mehr noch aus der Verkehrung der geistigen Bewegung im eigenen Bereich des Menschen; der Weltprozeß scheint sich selbst zu widersprechen, indem er etwas Großes unternimmt, aber mitten in dem Streben abbricht. Die Philosophie darf diese mißliche Lage in keiner Weise verdecken oder beschönigen, sie hat den Tatbestand mit voller Unbefangenheit anzuerkennen, sie muß in alle Abgründe hinabsteigen, sie darf sich nicht verpflichtet fühlen, die Wirklichkeit dem Menschen möglichst angenehm oder doch erträglich darzustellen. Was hier das philosophische Denken an Tatsachen ausbreitet, das muß der Erfahrung entsprechen und ihr zu einem treuen Ausdruck verhelfen. Erst nach ihrem Gehör gewinnt die Frage ein gutes Recht, was schließlich aus dem menschlichen Leben wird. Je mehr diese Erwägungen sich vertiefen und in einen Gesamtanblick zusammenschließen, desto dringender wird die Frage: sind wir den Widersprüchen gänzlich überliefert, die uns bald hierher bald dorthin werfen, oder eröffnet sich die Möglichkeit einer Befreiung? Diese Frage versetzt auch die Philosophie in eine mißliche Lage. Es ist begreiflich, daß sie hier eine Zurückhaltung übt, daß sie die Gefahr scheut, zu viel den menschlichen Wünschen und Hoffnungen nachzugeben und damit ins Subjektive zu fallen, aber schließlich kann auch sie sich einer Entscheidung nicht entziehen. Lehnt sie alle Beantwortung jener Hauptfrage ab, so kann sie dem Ganzen der Menschheit keinen Halt gewähren und muß sie sich bescheiden, eine bloße Formalphilosophie zu werden und sich auf eine Erörterung der Bedingungen und Möglichkeiten des Erkennens zu beschränken; so unentbehrlich schließlich die Bildung eines geistigen Charakters des Lebens und zugleich einer Inhaltsphilosophie ist, so notwendig ist eine unumwundene Antwort. Was uns zur Bejahung trieb, das ist an dieser entscheidenden Stelle durch das Ganze unserer Untersuchung zur Genüge behandelt. Der Philosophie erwächst hier die Aufgabe, den Aufstieg des neuen Lebens über die Zweifel hinaus zu verfolgen, sie hat zu zeigen, was jenseits der Wendung an neuen Inhalten erscheint, sie hat das Mehr gegenüber der grundlegenden Geistigkeit deutlich zu verfolgen, sie muß dabei als Wegweiser nicht die Reflexion, sondern die Entwicklung jenes tatsächlichen Lebens ergreifen, sie muß die einzelnen Züge zu einer Gesamtbewegung verbinden und sie gegen Mißgriffe wie Mißdeutungen schützen, sie muß weitere Ausblicke eröffnen und zuversichtlich einen Kampf für die Erreichung einer neuen Stufe unternehmen. Ohne Wagnis, ohne eine erhöhende Phantasie und durch ein Vordringen des Lebens ist hier nicht auszukommen, es sind nicht bloß die Religionen, es ist auch die Philosophie, welche zum Vordringen und zum Zusammenschluß der Phantasie bedarf, um eine lebendige und belebende Einheit zu erreichen. Wir müssen uns gefallen lassen, daß bei diesen Fragen der geistige Inhalt sich nur annähernd mit der menschlichen Vorstellung deckt, ein Abstand zwischen Inhalt und Form ist hier unverkennbar, aber wir brauchen, ja wir dürfen den Inhalt nicht deshalb preisgeben, weil seine Darstellung unangemessen ist. Wie das Ganze des Lebens, so hat auch die Philosophie gewisse Forderungen anzuerkennen, denen nur ein eignes Teilnehmen am schaffenden Leben eine Sicherheit verleiht.

Halten wir stets fest im Auge, daß wir nicht in einer geschlossenen Welt, sondern in einer Welt der Bewegung und des Kampfes stehen, und daß auch wir Menschen die Bewegung und den Aufstieg als Mithandelnde zu teilen haben.

ee) Das gegenwärtige Fehlen einer Lebenssynthese.

Der zweite Hauptteil unserer Untersuchung hat sich näher mit dem Problem der Lebenssynthesen (Syntagmen) beschäftigt und gezeigt, daß diese Synthesen nicht bloße Einfälle der Individuen, sondern Erzeugnisse des geschichtlich-gesellschaftlichen Lebens sind; freilich gipfeln sie in großen Persönlichkeiten, aber es bedarf geschichtlicher Zusammenhänge, um diese auf die volle Höhe zu bringen und eine überlegene Bewegung zu erzeugen, welche die einzelnen Punkte miteinander verbindet und ihnen einen gemeinsamen Charakter verleiht. Wenn diese Lebenssysteme überhaupt für das Schaffen der Philosophie eine große Bedeutung haben, so findet diese in der Gegenwart besonders viel zu tun, sie ist unentbehrlich, um unseren geistigen Besitz sowohl zu klären und ihn vor schweren Widersprüchen zu bewahren, als auch über solche Widersprüche hinaus eine überlegene Synthese anzubahnen. Mannigfache, ja widerstrebende Bewegungen durchkreuzen heute einander: die vom Altertum erzeugte Synthese der lebendigen Gestalt übt noch immer eine unversiegliche Macht, zugleich aber können wir uns nicht der Herrschaft der moralischen Seelenvertiefung entziehen, für die uns das Christentum aufruft, die Neuzeit brachte die Epoche der Kraft, sie gab damit dem Leben einen neuen Charakter, aber schwere Verwickelungen entsprangen daraus, daß einmal die überlieferten Synthesen ihr Wirken keineswegs aufgaben, daß im besonderen das Christentum nicht als veraltet gelten darf, daß ferner aber das Kraftideal der Neuzeit in zwei verschiedene Ströme auseinanderging: hier war es die sinnliche Natur, dort der Intellekt, welche das ganze Leben zu unterwerfen suchte (Naturalismus und Intellektualismus). Ferner fordert die Tatsache eine nachdenkliche Erwägung, daß die wissenschaftliche Ausrüstung der Systeme recht verschieden war: Griechentum und Neuzeit gewannen eine angemessene technische Durchbildung und ergossen sie in die Breite der Verhältnisse, die christliche Welt, deren Grundstreben ein ethischer Idealismus ist, hat eine solche philosophische Durcharbeitung nicht erlangt; das aber aus zwei Hauptgründen: einmal blieb es über seine wissenschaftliche Gestaltung hinaus viel zu sehr unter dem Einfluß des Altertums, sodann hat es mit einer anthromorphen Gestaltung nicht gründlich genug gebrochen, die unserer Kulturwelt oft als mythologisch erscheint. Daraus ergibt sich die schwierige Lage, daß das Christentum mit seinem im Grunde ethischen Idealismus den anderen Systemen überlegen ist, und daß wir nicht von ihm ablassen dürfen, daß es aber in der Form den anderen Systemen nicht gewachsen ist. Eine Lösung dieses Problems läßt sich nur auf dem Wege finden, daß die angreifbare Form des Christentums überwunden wird, und daß es eine seinem eignen Grundstreben entsprechende Form gewinnt. Nur damit kann der ethische Idealismus das Berechtigte der Systeme der Form und der Kraft sich aneignen, mit seinem Streben verbinden und seine Überlegenheit erweisen. Das aber kann nicht durch einen bequemen Kompromiß, sondern nur durch eine Gesamterhöhung des Lebensniveaus geschehen, es müssen in diesen Richtungen eingreifende Umwandlungen vorgehen, ein frisches und zuversichtliches Schaffen in der Richtung eines universal-ethischen Idealismus erfolgen; nur von hier aus läßt sich eine Lebenssynthese anbahnen, die dem Stand dem weltgeschichtlichen Stande des Geisteslebens entspricht. Das eröffnet auch der Philosophie neue Aufgaben und Ziele.

Zugleich ergibt sich damit die Möglichkeit, Philosophie und Religion einander enger zu verbinden und die gegenwärtige, immer unträglicher werdende Spaltung des Lebens zu überwinden.

Ein Rückblick zeigt, daß das Erkenntnisstreben nur durch ein Vornehmen von Scheidungen einen ausgeprägten Charakter gewinnt, jede einzelne der Scheidungen eröffnete eigentümliche Züge, es erschien dabei eine Bewegung von den Umrissen zu näheren Ausführungen; diese Scheidungen waren für uns Wegweisungen zu einem Aufbau, nur mit ihrer Hilfe läßt es sich unternehmen, ein selbständiges Ganzes der Gedankenwelt zu entwerfen. Die Bewegung ging über die einzelnen Individuen hinaus, das Ganze des menschlichen Strebens stand hinter ihr, nur so war es möglich, die Zufälligkeit der bloßen Individuen abzustreifen und zugleich der schaffenden Persönlichkeit im Geistesleben ihr Recht zu gewähren. Nur auf diesem Wege läßt sich auch die Eigentümlichkeit der Gegenwart würdigen und dem Zufall wechselnder Strömungen entwinden. Unser Streben findet seinen Kern in den Grunderfahrungen des Lebens bei der Menschheit, aber diese Erfahrungen sind auf eine zeitüberlegene Betrachtung aufzutragen, um uns echte Wahrheit eröffnen zu können.

c) Ethische Probleme der Gegenwart.

aa) Das Fehlen eines ethischen Hauptzieles.

Der Kampf um einen geistigen Lebensinhalt verbindet Ethik und Metaphysik eng miteinander, beide wollen den sinnlichen Anblick der Dinge umkehren; die besondere Aufgabe der Ethik liegt darin, den Inhalt des Geisteslebens in ein eignes Wollen und Handeln umzusetzen; die Erfahrung zeigt, daß dabei verschiedene Wege möglich sind, diese Möglichkeiten herauszuarbeiten und miteinander zu würdigen, darin findet die Gegenwart eine eigentümliche Aufgabe. Es ist uns klar geworden, daß unser Streben unter zwei Hauptgegensätze fällt, auf der einen Seite steht der Gegensatz von Tatwelt und Dasein, auf der andern der eines persönlichen und eines unpersönlichen Lebens; je nachdem der eine oder andere Gegensatz überwiegt, scheiden sich eine religiöse, eine rationale, eine soziale, eine technische Moral; persönliche Tatwelt, unpersönliche Tatwelt, persönliches Dasein, unpersönliches Dasein miteinander erzeugen vier verschiedene Lebensströme und Gedankenkreise; es ist eine Stärke der Gegenwart, ihnen allen eine gewisse Selbständigkeit zu gewähren und die ihnen eigentümlichen Antriebe voll zu entwickeln, aber es ist ihre Schwäche, keine überlegene Einheit zu erreichen und die Bewegungen nicht einem umfassenden Ganzen einzufügen; so droht uns eben im Innersten der Gesinnung das Leben auseinanderzufallen; wo der Mensch nicht ein Ganzes seines Wesens einsetzt, da überwiegt leicht die Leistung die Gesinnung, zugleich gerät die besondere Bewegung in zu enge Bahnen und wird das Wirken an die Oberfläche gedrängt.

Heute schöpft die religiöse Moral vornehmlich aus der Überlieferung der Jahrtausende und der Jahrhunderte; mag sie auch heute weite Volkskreise einnehmen und fortwährend manche ernstgesinnte Persönlichkeiten an sich ziehen, es fehlt ihr ein durchdringendes und hinreißendes Schaffen im Ganzen des Lebens. Die rationale Moral durchdringt von der Stoa her die Zeiten, sie wirkt auf uns nicht nur durch die Aufklärung, sondern durch die geistige Macht von Männern wie Kant und Fichte; aber daß sie heute nicht mit ursprünglicher und zündender Kraft wirkt, das erweist schon die Tatsache, daß wir uns nach Art von Epigonen fortdauernd um fremde Hilfe bemühen, nicht ein ursprüngliches Vermögen der Gegenwart aufbieten; die Stärke der gegenwärtigen Moral liegt in der

Sozialethik, mehr als alle frühere Zeiten hat sie sich nach allen Seiten verzweigt und die mannigfachsten Wirkungen hervorgetrieben, aber ihr Streben gewinnt weit mehr die Weite und Breite als die Tiefe, sie gewinnt nicht den Kern des Menschen, die ungeheuren innern Konflikte des modernen Lebens finden sie wehrlos; die Arbeitsmoral richtet sich auf das Werk und seine Forderungen, sie darf der Macht des Tätigkeitstriebes vertrauen, der den Menschen über den subjektiven Zustand hinausführt, aber sie verengt das Wirken durch die Bindung an einen gegebenen Stand der Arbeit, um so mehr, da ihre wachsende Differenzierung die Leistung immer mehr auf einen besonderen Punkt beschränkt und den ganzen Menschen immer weniger gewinnen läßt.

So fehlt es nicht an mannigfachen Betätigungen in der Richtung der Ethik, aber es fehlt an der Aufbietung der ganzen Persönlichkeit und an einer Wesensbildung, welche alle besonderen Leistungen überschreitet und über alle Mannigfaltigkeit hinaus einen festen Zusammenhang mit dem schaffenden Leben herbeiführt; daß das nur unter besonderen Bedingungen geschehen kann, das wird uns weiter beschäftigen. Zunächst gilt es, die geistigen Strömungen zu würdigen, welche vom Ganzen des Kulturlebens her an das ethische Streben der Gegenwart kommen.

α) Das Übergewicht der Bewegung.

Die moderne Verstärkung der Bewegung, welche früher als eine niedere Stufe des Lebens galt, hat auch auf das ethische Handeln beträchtlich gewirkt, sie hat neue Kräfte geweckt, neue Möglichkeiten entworfen, neue Verbindungen hergestellt, das ganze Leben aufgerüttelt und einer energischen Prüfung unterworfen, die Gegenwart gewann immer mehr Raum gegenüber der Vergangenheit. Zugleich verschob sich die Schätzung des geistigen Besitzes: nicht das Alte, Überkommene, Eingewurzelte, sondern das Jugendliche, Aufsteigende, Ursprüngliche wurde hochgeachtet, zu einer Hauptaufgabe wurde es, den jeweiligen Augenblick zu ergreifen und seinen Forderungen zu entsprechen. Auch das Weltbild mußte sich umgestalten, indem das Verstehen vom Werden her die Wirklichkeit durchsichtiger und auch dem menschlichen Handeln zugänglicher machte. Das ethische Handeln gewann viel durch diese größere Beweglichkeit und Elastizität, alle Trägheit wurde ausgetrieben, mehr eigne Verantwortlichkeit übernommen. Was in dem Ganzen an Gefahren und Verwicklungen lag, das konnte als ein reiner Gewinn erscheinen, solange dem Bewegungsstreben ein Beharren das Gleichgewicht hielt und den etwaigen Zusammenstoß milderte. Aber je ausschließlicher die Bewegung das Feld gewann, desto mehr wuchsen die Verwicklungen, immer mehr wich alles Absolute einem Relativen, desto schwankender und flüchtiger gestaltet sich das gegenwärtige Leben. Das Drängen von Augenblick zum Augenblick untergrub allen inneren Zusammenhang mit der Vergangenheit. Treue, Pietät, Ehrfurcht verloren die alte Schätzung, die Wendung zum jeweiligen Eindruck war allem ungünstig, was die sinnliche Lage überschreitet, die Gesinnung verlor einen festen Halt, die Bildung eines Charakters sank zu einer Nebensache; das sind Gefahren, noch keine Wirklichkeiten, aber sie können leicht zu Wirklichkeiten werden, wenn nicht das Walten einer Tatwelt den Menschen über den Wandel und Wechsel des Daseins emporhebt.

β) Die Übermacht des Individuums.

Der modernen Richtung des Lebens zur Bewegung entspricht die zum Individuum; das verleiht nicht nur dem Erkennen, sondern auch dem Handeln eine besondere Art, auch das ethische Streben empfing daraus viel Vorteil. Es erwuchs daraus ein starker Antrieb, die Eigentümlichkeit der Individuen sowie der Völker zu entwickeln und sie in den Lebenskampf einzusetzen, die Freiheit wurde zur Hauptforderung erhoben, sie brachte Licht und Glanz in das menschliche Dasein. Mittelalter und Neuzeit schieden sich hier völlig. Jenes behandelte das Individuum als geistig hilflos und fortwährend fremder Hilfe bedürftig, strenge Bindungen erschienen unentbehrlich, um Mißgriffe und Gefahren zu verhüten; die Neuzeit hat solche Abhängigkeit mehr und mehr aufgegeben und das Individuum vertrauensvoll auf seine eigne Kraft gestellt, auch die gesellschaftliche Ordnung sollte vom Individuum ausgehen, die Organisation wich der Emanzipation. Der Freiheitsgedanke erhielt je nach den Völkern und nach den Gebieten verschiedene Formen, aber der Gipfel dieses Strebens war die Anerkennung einer sittlichen, aller Natur überlegenen Freiheit, sie forderte eine neue Ordnung der Wirklichkeit. So konnte ein Kant es wagen, nicht bloß einzelne freie Wesen, sondern ein Reich der Freiheit, der Selbsttätigkeit und Ursprünglichkeit zu verkünden.

Aber wenn auf der höchsten Höhe des Lebens der bloße Individualismus überwunden wurde, so bereitete ihm der Bereich der Erfahrung schwere Gefahren. Indem das freischwebende Individuum die Leitung an sich riß und alle Bindung abwarf, überspannte es sein Vermögen, und unterlag es einem ungebändigten Lebenstrieb des Einzelwesens, es entstand ein Mißverhältnis zwischen dem begrenzten Lebensraume und den unbegrenzten Wünschen und Ansprüche der Individuen, schließlich droht ein wilder Kampf aller gegen alle auszubrechen. Solche Erfahrungen erzeugen einen starken Rückschlag gegen den Individualismus; Zusammenhänge, wie die Geschichte und mehr noch der Staat sie liefern, widerstehen der Vereinzelung und halten die Elemente zusammen. Aber solange diesem Verlangen keine geistige Einheit lebendiger und erhöhender Art entgegenkommt, und der Zusammenhang nur von außen erzwungen wird, muß das zu einem ursprünglichen Leben erweckte Individuum das als einen unerträglichen Druck empfinden. Die bloße Verkettung in Raum und Zeit erzeugt keine gegenseitige Liebe, und sie schafft keine geistigen Lebensinhalte, wir befinden uns heute in der mißlichen Lage, die starren Grenzen des Individuums klar zu empfinden, ihm aber keine genügende Macht entgegensetzen zu können. Dieser Widerspruch hemmt alles durchgreifende ethische Unternehmen auf dem Boden dieser Zeit und ein Wirken fester Charaktere.

So können weder die Versetzung in ein bloßes Werden noch die Auslieferung an die Einzelpunkte dem Leben einen ausreichenden Halt und Gehalt verleihen, schmerzlich vermissen wir eine Lebensordnung, welche die Bewegung mit einem

Beharren und den Einzelpunkt mit einem Gesamtleben verbinden und jede Seite wesentlich erhöhen könnte. Es bleibt dabei, daß die alte Art innerlich überwunden ist, die neue sich aber als unzulänglich erwiesen hat, nur ein mutiges Vordringen zu einer neuen Ordnung kann die Zeit von diesem zerstörenden Widerspruch retten.

bb) Menschentum und Geistesleben.

Wie das moderne Denken vom Menschen ausging, so hat es sich auch mehr als andere Zeiten mit dem Menschen, mit seinem Ergehen und Befinden, beschäftigt, der Mensch des Daseins erhielt mehr Sorge, Pflege, Förderung. Frühere Zeiten behandelten oft den Zustand des Subjekts, das menschliche Befinden, als eine Nebensache; wie viel Beschränkungen, Härten, ja Grausamkeiten enthielten die damaligen Sitten und Rechtsordnungen; indem die Neuzeit sich mehr auf den Standpunkt des Menschen stellte, hat sie das Leben durchweg humaner gestaltet. Eine solche Wendung ergriff alle Gebiete; denken wir nur an die Erziehung, an die schroffe Scheidung der Stände, denken wir auch daran, daß sowohl der materielle als der geistige Besitz den Individuen unmittelbarer zugeführt wird; in allen menschlichen Verhältnissen wird das Individuum mehr zu selbständiger Teilnahme berufen und wird dem Subjekt freierer Spielraum gewährt.

Aber so berechtigt eine solche Würdigung des menschlichen Zustandes ist, die Wendung liegt nahe, daß das Subjekt nicht nur mehr anerkannt wird, sondern daß es alle begründenden Zusammenhänge aufgibt, sich lediglich auf sein eigenes Vermögen und Interesse stellt und sein Befinden zum Maß aller Dinge macht, die geistigen Inhalte werden damit bloße Mittel und Werkzeuge für das menschliche Wohlsein, das erzeugt die Denkweisen des Utilitarismus, Pragmatismus usw.; sie alle glauben das höchste Ziel durch möglichste Annäherung an den Menschen finden zu können, in Wahrheit schädigen sie ihn mehr als alle vermeintlichen Hilfen, indem sie seinen Zusammenhang mit der Tatwelt zerstören und seinem Leben alle tieferen Wurzel rauben, der erhoffte Gewinn verwandelt sich damit in einen schweren Verlust, und es sinkt nicht nur das Individuum, es sinkt auch der Gesamtstand des gemeinsamen Lebens durch die Beugung unter die menschliche Zwecke.

Diese Wendung zum selbstherrlichen Menschen, wir möchten sie in Kürze als einen Anthropismus bezeichnen, hat für alle Lebensgebiete verhängnisvolle Folgen. Die Philosophie verliert ihren Kern, wenn die Wirklichkeit lediglich nach dem Ertrage für das menschliche Wohlbefinden gemessen wird, keine innere Erweiterung und Läuterung durch ein Erringen einer überlegenen Wahrheit zustande kommt; die Religion entbehrt aller Seele, wenn sie als Vorspann politischen oder sozialen Zwecken dienen soll, es fehlt ihr alsdann alles, was den Menschen über das Alltagsgetriebe erheben, ihm Ehrfurcht einflößen, Scheu vor etwas Heiligem erwecken könnte, das ganze Leben verläuft in einer gleichförmigen Ebene ohne Höhen, ohne Ausblicke. Diesem Anthropismus bedeutet das Recht nicht eine Eröffnung einer ursprünglichen Tiefe des Geisteslebens, welche durch tiefen Ernst das Menschenwesen erhöht, sondern eine bequeme Anpassung an die Bedürfnisse und die Zwecke der Menschen. Die Erziehung erweckt hier nicht in der Menschenseele ein ursprüngliches und schaffendes Leben, sondern sie begnügt sich damit, den Menschen für das gesellschaftliche Zusammensein tauglich zu machen. Leistungsfähigkeit und Geschicklichkeit verdrängen alle Sorge um die Bildung eines festen Charakters und einer geistigen Individualität. Auch für Kunst und Literatur bietet das wurzellose Leben des Anthropismus keinen günstigen Boden; wohl vermag jene künstlerische Betätigung die überströmende Fülle der Umgebung eindringlich zu schildern und in die Schilderung starke Affekte hineinzulegen, aber die Grundprobleme des Menschen, die ungeheuren Widersprüche im eignen Innern, im Verhältnis zur Menschheit, in der Stellung zum Weltganzen gewinnen hier nicht die Seele des Schaffens, die Bewegung und Aufregung reicht nicht von der Oberfläche in den Grund des Lebens. Dabei gewahren wir eine unsägliche Zerklüftung. Im Bemühen, die Nöte der Zeit zu packendem Ausdruck zu bringen, geraten die literarischen Erzeugnisse leicht ins Maßlose, Forcierte, Krankhafte; was aber demgegenüber Maß und Gesundheit erstrebt, das fällt leicht ins Spießbürgerliche und Matte, indem die Gesinnung das Talent ersetzen soll, es fehlt der Zeit das Vermögen, die erschütternden Ereignisse, welche über sie hinbrausten und unter deren Wirkung sie steht, künstlerisch zu fassen und ihnen die Höhe eines tragischen Erlebnisses zu geben, das zugleich niederbeugen und erheben könnte. Vielleicht stehen wir jenen Ereignissen heute noch zu nahe, um sie zur vollen künstlerischen Aneignung und Verklärung zu bringen; jedenfalls erfahren wir auch in dieser Richtung einen schmerzlichen Abstand zwischen dem Wollen und dem Können. Es fehlt heute der geistigen Bewegung eine Substanz und ein Gehobenwerden durch innere Notwendigkeiten, aller Eifer und alles Geschick der Individuen ersetzt diesen Mangel nicht. Auch die Lehre vom Übermenschen führt hier nicht weiter. Denn alle Scheidung einzelner Individuen von der Masse hebt nicht den Gesamtstand der Menschheit, sie eröffnet keine ursprünglichen Tiefen, sie verbindet das Menschenwesen nicht mit schaffenden Zusammenhängen; innerhalb der gegebenen Lage über das Menschenwesen hinauszukommen, das bleibt eine nutzlose und verlorene Sache.

Solche Ablehnung des Anthropismus und seiner Beugung aller Zwecke unter den wurzellosen Menschen kann sehr wohl mit einer vollen Würdigung des menschlichen Befindens zusammengehen, aber stets muß die Tatwelt über dem Menschen stehen; wer das Übermenschliche streicht, der nimmt dem Menschen alle Größe und Würde, der macht aus der Kultur ein Possenspiel; an dieser Stelle gibt es keine Vermittlung zwischen Ja und Nein; daß die Gegenwart eine solche Vermittlung eifrig sucht, kein Entweder-Oder kennt, das trägt ein gutes Stück Schuld an der heutigen Zerfahrenheit. Geist oder Mensch, das ist die große Frage, dazwischen haben wir zu wählen.

Demnach setzen wir dem Anthropismus einen ethischen Idealismus und die Forderung einer Wesensbildung entgegen, nur so wird uns die Welt bei allem Reichtum der Erscheinungen nicht zu einem Schattenreich. Jener Idealismus sieht im Menschen das Aufsteigen einer neuen Lebensstufe, aber dies Ziel bedeutet zunächst nur eine Möglichkeit, ohne Selbsttätigkeit ist es nicht zu erreichen. Echte Selbsttätigkeit aber hat ihre eigenen Forderungen, sie kann nicht aus dem bloßen Punkte stammen, nur als eine Offenbarung eines überlegenen Gesamtlebens ist sie zu verstehen. Selbsttätigkeit und Getragenwerden durch eine höhere Macht, dies mit einander scheidet die geistige Stufe von der Stufe der Natur. Das menschliche Geistesleben aber hat seine Höhe erst durch Kampf und Erfahrung hindurch zu erringen, es muß die Stufen der Grundlegung, der Verwicklung, der Überwindung sowohl durchlaufen als sich gegenwärtig halten; alle diese Stufen fordern vom ethischen Handeln ausgeprägte Richtungen der Gesinnung. Die grundlegende Geistigkeit fordert von jenem Handeln vornehmlich Gerechtigkeit und Sachlichkeit, die bestrittene und kämpfende fordert Tapferkeit und Ausdauer im Kampf, die überwindende fordert endlich innere Aneignung und Umwandlung durch die Aneignung. Die Gerechtigkeit hat den Weltstand zu ordnen, sie trägt einen überwiegend regulativen Charakter, die Liebe will ihn durch ursprüngliches Schaffen erneuern; das Ganze bedarf eines Zusammenwirkens von Gerechtigkeit und Liebe, die getrennt leicht das Leben nach entgegengesetzten Richtungen ziehen; es hatte guten Grund, daß Persönlichkeiten allerersten Ranges wie Augustin und Dante dies Problem in den Mittelpunkt ihrer Lebensarbeit stellten. Die Tapferkeit gewinnt einen besonderen Wert aus der Tatsache, daß die dem Menschen zugängliche Welt nicht ein Reich reiner Vernunft bedeutet, sondern eine Stätte bildet, wo sich freilich ein Gutes aufringt, wo es aber einen harten Kampf gegen das Böse zu bestehen hat; wohl ist ihr eine Erhebung über die Widerstände aus überlegener Macht möglich, aber sie darf das innerlich Überwundene nie aus den Augen verlieren. Daher bleibt die Tapferkeit ein unentbehrliches Hauptstück der ethischen Haltung, nur durch sie geht der Weg vom Nein zum Ja, ohne sie fehlt dem Unternehmen Saft und Kraft.

Eine Betrachtung und Behandlung der Lebensprobleme, welche überwiegend die grundlegende Stufe im Auge behält, kann leicht dem Optimismus zu viel nachgeben, die kämpfende, von dem Fortgang abgelöst, kann leicht eine trübe Schätzung ergeben, erst von der überwindenden aus kann eine Ausgleichung erfolgen, und läßt sich durch Optimismus und Pessimismus hindurch zu einem universalen Aktivismus vordringen. Nach der Überzeugung des ethischen Idealismus handelt es sich bei der Entscheidung nicht um den bloßen Menschen, sondern um eine Weltbewegung, bei der mitzuwirken auch wir Menschen berufen sind, nur eine solche Berufung vermag unserem Streben eine Größe und eine Zuversicht zu verleihen. Der bloße Anthropismus aber mit seinem selbstgefälligen Gebahren liegt dann tief unter uns.

Unsere Fassung des ethischen Lebens entscheidet auch über unsere Stellung zu Kant und Hegel, zwischen denen sich heute nicht nur die Philosophie, sondern auch die Höhe des Kulturlebens bewegt.

Kant hat nicht nur dem ethischen Handeln einen überragenden Wert zuerkannt, sondern eine Welt des ethischen Lebens, eine Welt der Freiheit, verkündet und sie zur Seele der ganzen Wirklichkeit erhoben; die nähere Ausführung dessen ist angreifbar, sie folgte vielfach Gedankengängen des 18. Jahrhunderts, auch die scharfe Scheidung der theoretischen und der praktischen Vernunft ist unhaltbar, aber der Grundgedanke der Selbstwertigkeit einer schaffenden Ethik hebt sich mit leuchtender Klarheit über alle Anfechtungen und Einschränkungen hinaus.

Hegel dagegen verstand das Ethische nur als eine Hingebung des Menschen an das Ganze des Weltprozesses, er verwarf mit Recht, einen kleinmenschlichen Moralismus mit seinem Tugendstolz, aber er sah in dem Ethischen nicht die Verkörperung einer naturüberlegenen Welt der Freiheit und der Inhalte, sondern nur ein Mittel, die Einzelnen dem Weltprozeß einzufügen, er verwies es in den Bereich der Subjektivität, hier ward die Welt, im besonderen die Weltgeschichte, nur ein System der intellektuellen Kraftentwicklung, das eines selbständigen Inhalts, eines vollen Beisichselbstseins entbehrt.

Wie diese Frage die beiden großen Denker auseinandertreibt, das zeigt ihre entgegengesetzte Stellung zum Problem des Krieges. Für Kant liegt die Entscheidung in dem ethischen Verhalten; von hier aus verwirft er es, daß Vernunftwesen ihre wichtigsten Angelegenheiten nicht auf Recht und Vernunft, sondern auf Macht und List setzen, er weiß sehr wohl, daß der ewige Friede ein fernes Ziel bedeutet, aber er kann unmöglich den Stand des Krieges als einen normalen anerkennen; schon darin liegt, daß ihm diese Welt nicht ein Reich reiner Vernunft bedeutete. Hegel dagegen sieht in der Welt eine volle Verwirklichung der Vernunft, der Krieg erscheint ihm als ein unentbehrliches Mittel zur Entfaltung der Kraft und zur Entwicklung des Geistes; so verteidigt er den Krieg nicht als eine gelegentliche Ausnahme, sondern als ein durchgängiges Werkzeug des Fortschrittes. Offenbar siegt hier die intellektuelle Kraftentwicklung über die ethische Wesensbildung, und das Unpersönliche über das Persönliche; wir selbst müssen uns bei diesem Hauptpunkte entschieden zu Kant stellen, so gewiß uns der Inhalt des geistigen Lebens vor seinen Formen steht.

3. Verwicklungen und Aufgaben für den menschlichen Kreis.

a) Die Erfahrungen der Neuzeit vom Menschenwesen.

Die Neuzeit hat in der Schätzung des Menschenwesens merkwürdige Schwankungen erfahren. Diese Erfahrungen deutlich vor Augen zu haben, ist auch für das politische Leben unentbehrlich. Der Beginn der Zeit fand die europäische Menschheit unter der sicheren Herrschaft der christlich-religiösen Überzeugung: der Mensch erschien als Ebenbild Gott zu einer hohen Aufgabe berufen, aber sein Abfall hatte ihn mit schwerer Schuld belastet, die nur eine liebevolleErlösungstat tilgen konnte. In dieser Gedankenwelt hatte der Mensch demütig und vertrauensvoll zu empfangen, nur die Verbindung mit der Gottheit gab seinem Streben einen Wert. Gegen das Ende des Mittelalters erwachte ein frischer Lebensdrang, der Mensch fühlte sich der Gottheit unmittelbarer verbunden, die Einsetzung seines eigenen Vermögens schien zur Erreichung der hohen Ziele unentbehrlich. Dies Selbstvertrauen des Menschen hat sich im Lauf der Jahrhunderte fortwährend gesteigert; was aber frühere Geschlechter in dieser Richtung taten, das hat das 18. Jahrhundert, das philosophische Jahrhundert, wie es sich selbst gern nannte, zu vollem Bewußtsein gebracht. Vieles verband sich namentlich in Frankreich zur Anerkennung der überlegenen Größe des Menschen (la grandeur de l'homme). Der Verlauf der Jahrhunderte hatte viel geistige und wirtschaftliche Kraft aufgespeichert, die Gesellschaft sehnte sich mehr nach Freiheit und Weite, auch die politischen Mißstände verliehen der Menschheitsidee eine wachsende Anziehungskraft, sie wurde ein leuchtender Hoffnungsstrahl einer suchenden und aufstrebenden Zeit. So wurde schließlich der auf sich selbst gestellte und von aller geschichtlichen Bindung befreite Mensch, der Mensch als Mensch, zum höchsten Wertbegriff und zum Maßstab alles Handelns. Was aber in Frankreich sich in stürmischen Wirren aufrang, das gewann auf der Höhe des deutschen Humanismus eine wunderbare Vertiefung und Verklärung, die hier vollzogene Verbindung vom Ethischen und Künstlerischen verlieh dem Menschenwesen eine unvergleichliche Würde, ohne daß ein flacher Optimismus sich hervorwagte. — Dieser idealistische Humanismus wich im weiteren Verlauf des 19. Jahrhunderts immer mehr einem vordringenden Realismus, aber — merkwürdig genug — erhielt sich die überkommene Schätzung des Menschenwesens auch in den realistischen Systemen wie im Positivismus, ja im Materialismus; je mehr die religiöse und metaphysische Gedankenwelt für diese Kreise verblich, desto eifriger wurde der Menschengedanke als der einzig mögliche Halt ergriffen, das gilt auch für den Sozialismus; je greller er die politischen und wirtschaftlichen Zustände malt, desto zuversichtlicher und freudiger bekennt er sich zum Menschengedanken.

Nun aber läßt sich nicht verkennen, daß eine solche Verherrlichung des Menschen den Erfahrungen und Eindrücken unserer eignen Zeit direkt widerspricht; der Pessimismus, den Schopenhauer in sein Bild des Menschen legte, stimmt besser zu unseren Eindrücken als die romantische Vorstellung der Aufklärung und Rousseaus, eine unbefangene Betrachtung des menschlichen Tuns und Treiben mit seinem Durcheinander der Interessen und Parteien liefert heute wahrlich kein anziehendes Bild; auch die naturwissenschaftliche Würdigung des Menschen als einer zoologischen Gattung rechtfertigt nicht die Auszeichnung, welche frühere Zeiten ihm erwiesen; die Kultur ist voll ungelöster Probleme, sie entbehrt eines festen Zieles, das Niedere, Selbstische, Unwahre hat einen so weiten Raum gewonnen, daß zum Preisen des Menschenwesens wenig Anlaß vorliegt, eher greift ein starker Zweifel am Menschenwesen um sich und lähmt die Freudigkeit des Handelns. Oft verfallen wir dem Widerspruch, die alte Schätzung, welche in geistigen Zusammenhängen wurzelte, auf den naturhaften, geistig wurzellosen Menschen zu übertragen und daraus unberechtigte Ansprüche abzuleiten; das aber heißt an die Stelle echter Gebilde leere Einbildungen setzen.

Aber wenn wir demnach von diesen Grundüberzeugungen aus nicht hoch vom ethischen Stande des Menschen denken, so sei der Unterschied zwischen einer absoluten und einer relativen Würdigung des Menschen nicht vergessen, im besonderen fällt die religiöse und philosophische Schätzung des Menschen mit der politischen nicht unmittelbar zusammen; die Philosophie darf, die Religion muß absolute Maße anlegen, die den ganzen menschlichen Stand tief herabdrücken, der Staatsmann dagegen muß mit gegebenen Verhältnissen rechnen, er muß sich bemühen, dem dürren Boden menschlich-geistiger Betätigung ein leidliches Ergebnis abzuringen, er darf nicht das ganze Menschengeschlecht in Bausch und Bogen verwerfen, er hat auch die Unterschiede zu beachten, welche die Erfahrung des Lebens zeigt. Diese Unterschiede deutlich herauszuarbeiten und sie in ihren praktischen Konsequenzen zu verfolgen, das ist eine besondere Größe der griechischen Denker, an der Spitze steht dabei Aristoteles. Seine durchdringende Beobachtung scheidet die Menschheit in folgende Hauptstufen: Große, Tüchtige, Ehr- und Machtliebende, Gewinn und Genuß Erstrebende, schließlich eigentliche Verbrechernaturen. Unser modernes Denken vermag nicht so scharf zu scheiden, es anerkennt mehr Übergänge und Vermittlungen, es entdeckt auch im Großen kleine Züge, während umgekehrt unter besonderen Umständen auch das Kleine etwas Bedeutendes leistet; aber wenn wir jene ausschließlichen Typen verwerfen, zu denen die antike Art neigt, so müssen auch wir jene Grundzüge anerkennen und sie der politischen Betrachtung empfehlen. Der Staatsmann darf nicht auf das Erscheinen großer, genialer, schaffender Naturen rechnen, solche bleiben eine seltene Ausnahme; wohl aber darf er auf das Wirken einer Anzahl tüchtiger Menschen vertrauen, die selbstlos für die gemeinsamen Zwecke wirken, aber auch sie bleiben immer in entschiedener Minderzahl; ihr gegenüber steht die große Mehrzahl, welche selbstischen Zwecken nachläuft; aber es bedeutet dabei einen erheblichen Unterschied, ob eine höhere Art Macht und Ruhm erstrebt und damit eine gewisse Empfänglichkeit für höhere Zwecke bekundet, oder ob eine niedere lediglich Genuß und Vorteil erstrebt; auch jene Machtliebenden bleiben in der Minderzahl gegenüber den Gewinnsüchtigen, ihre Scheidung und Emporhebung aber ist wichtig für die praktische Politik; nach Aristoteles gehört der große Haufe zur vierten Klasse, während ausgeprägte Verbrechernaturen unbedingt auszuschließen sind.

Nach Aristoteles beruht die Hoffnung auf eine leidlich vernünftige Gestaltung des Staatslebens auf der Erwartung, daß die an Zahl Geringeren in der festen staatlichen Gemeinschaft und in einem zusammengehörigen Lebenskreise einen Einfluß über das Ganze ausüben; er meint, daß die Durchschnittsmenschen einzeln freilich wenig leisten, daß sie aber, in eine gemeinsame Ordnung verbunden, das Gute aller verbinden und vereint auch die bedeutendsten Individuen übertreffen können. Diese Lehre von der Summierung der Vernunft faßt augenscheinlich das Problem viel zu intellektualistisch und optimistisch, sie verkennt die unheimliche Macht der niederen Triebe und Affekte, des Egoismus, des Neides, überhaupt die Macht des »radikalen Bösen« (Kant) in der Menschennatur; aber so gewiß auch wir dieses Böses anerkennen, wir müssen auch einen Trieb zum Höheren nicht unterschätzen, der den Menschen über sein eignes Bewußtsein hinaustreibt, wir dürfen einen Glauben, freilich nicht an den bloßen Menschen, wohl aber an das im Menschen wirksame Geistige und Göttliche festhalten und daraus Glauben und Mut auch für ein Wirken im menschlichen Zusammenleben schöpfen. Alle Theorien, welche das Böse in der Menschennatur ignorieren, müssen sich schließlich in haltlose Utopien erweisen, es läßt sich aber das Böse nur aussichtsreich bekämpfen, wenn eine aufsteigende Bewegung des Gesamtlebens den Menschen trägt und seine Kraft erhöht. Ohne diesen Lebensglauben ist auch alles politische Wirken verloren, auch dieses bedarf einer gewissen metaphysischen Überzeugung.

cc) Menschheit und Nation.

Auch das Verhältnis von Menschheit und Nation stellt heute manche Fragen. Der Menschheitsgedanke hatte in Europa zunächst die Scheidung der religiösen Bekenntnisse zu überwinden, Schiller rechnete es Rousseau zum Verdienst, »aus Christen Menschen zu machen«. Auch der Friedensgedanke, wie ihn zuerst der Abbé de Saint-Pierre in einem mehrbändigen Werke (1712—1716) mit genauen Vorschlägen vertrat, hatte als Hauptziel das wirtschaftliche Wohl der Völker, der Gegensatz der verschiedenen Nationen spielte noch keine Rolle, es war auch auf der Höhe der deutschen klassischen Kultur der Humanitätsgedanke und eine kosmopolitische Kultur, welche die Besten beherrschten. Die Idee des Kulturstaates ließ Fichte unmittelbar vor 1806 die Worte sprechen: »Welches ist denn das Vaterland des wahrhaft ausgebildeten Europäers. Im allgemeinen ist es Europa, insbesondere ist es in jedem Zeitalter derjenige Staat in Europa, der auf der Höhe der Kultur in Europa steht.« Bei der näheren Ausführung dessen heißt es: »Und in diesem Weltbürgersinn können wir dann über die Handlungen und Schicksale der Staaten uns vollkommen beruhigen für uns selbst und für unsere Nachkommen bis an das Ende der Tage.« Es war zunächst das erwachende Volksleben und die Literatur, ihr Ausdruck, welche eine geschichtliche und romantische Denkart heraufbeschworen und dem Gedanken der Nationalität eine leitende Stellung gaben; als eine unermeßliche Bereicherung des Lebens wurde es begrüßt, die Eigentümlichkeit der einzelnen Völker in Geschichte, Sprache, Kunst, Recht usw. voll auszubilden und sie in alle Verzweigung zu begleiten; das Ganze eines Volkes erschien als eine überaus wertvolle Verkörperung des Menschheitsgedankens; so hat unter den Denkern namentlich Schleiermacher, und zwar noch vor Fichte, den Nationalgedanken vertreten. Es war zunächst die Abwehr des Napoleonischen Angriffs, welche die Gemüter von der literarischen Tätigkeit zur politischen führte. Diese Wendung hat Fichte in seinen Reden an die deutsche Nation in klassischer Weise verkörpert, auch heute spricht sein Wort eindringlich zum deutschen Volke. Aber auch bei seiner Schätzung der deutschen Art galt ihm die Nation als Glied der Menschheit, und er sah ihren Wert vornehmlich in ihrer Leistung für die Menschheit; die Frage der Macht nach außen hin stand ihm zurück vor der Ausprägung der eignen geistigen Art. Das Anschwellen des Nationalgedankens erzeugte aber den begreiflichen Wunsch und ein wachsendes Verlangen, alle Glieder eines Volkes einander staatlich zu verbinden; das erzeugte harte Kämpfe gegen die gegebenen Verhältnisse und brachte manche Verwicklungen. Dazu kam die Wendung der Zeit von der unsichtbaren zur sinnlichen Welt, die Fragen der inneren Bildung verblaßten vor dem Streben nach politischer und wirtschaftlicher Macht, die Völker wurden sich gegenseitig mehr und mehr zu unbequemen Konkurrenten, die Nation wurde weniger ein hohes Ziel als eine gegebene Naturgröße, der man sich schlechthin einfügen muß. Daraus erwuchs ein ausgeprägter Nationalismus und leicht ein schroffer Zwist der Völker, ihre geistige Leistung stand oft im umgekehrten Verhältnis zu der Leidenschaft, mit der sie die Ausdehnung ihres Volkstums betrieben, viel Haß und Ungerechtigkeit ist daraus entsprungen. Freilich sollten wir nicht die ganzen Völker und ihre Regierungen zusammenwerfen, wir wissen z. B. ganz wohl, daß keineswegs alle Franzosen das Gebahren der französischen Regierung billigen, aber die Gefahr liegt nahe, daß Gewalttaten einer imperialistischen Politik die gegenseitigen Beziehungen der Völker vergiften. Bedenklich ist namentlich die enge Verquickung nationaler Machtgelüste mit wirtschaftlichen Interessen, indem sie Berechtigtes und Unberechtigtes durcheinander schiebt und niederen Interessen den Mantel patriotischer Tendenzen umhängt. Bedauerlich ist im besonderen die Neigung der meisten Völker, andern, welche in ihrem Bereich wohnen, ihre Sprache und Kultur gewaltsam aufzudrängen, hier fehlt es stark an einer internationalen Ethik, welche jedem Volksstamm sein gebührendes Recht zuerkennt. Wir Deutschen haben in dieser Zeit besonders unter solcher Ungerechtigkeit zu leiden.

Je mehr Gefahren eine solche falsche Liebe zum eigenen Volk mit sich bringt, desto wichtiger ist die Tatsache, daß der Beschränkung manche Bewegungen der Gegenwart widersprechen; es wirkt heute auch manches dahin, eine Lebensgemeinschaft zwischen den Völkern anzuknüpfen; denken wir nur an die Leistungen der Weltwirtschaft, denken wir an das stille, aber fortwährende Wirken der übernationalen Wissenschaft, an die breiten Wogen der allgemeinen Kultur, welche früher oder später alle Völker ergreifen, auch an das wachsende Streben der Religionen nach einer freundschaftlichen gegenseitigen Aussprache und Verständigung. Direkter ergreift der Sozialismus mit seinem Internationalismus das Problem, aber er pflegt die Verschiedenheit der Nationen zu gering einzuschätzen und sein Einheitsstreben einseitig auf die Fabrikarbeiter zu richten, damit aber die gemeinsame Aufgabe der Menschheit zu einer Parteisache herabzudrücken und einen wilden Klassenkampf zu empfehlen.

Mit mehr Besonnenheit wirken die modernen Bestrebungen nach einem Völkerbunde und nach einer vernunftgemäßen Behandlung der Streitigkeiten der Völker, sie dürfen sich auf die weltgeschichtliche Analogie berufen, daß innerhalb der Staaten die uralten Fehden schließlich durch eine feste Ordnung geschlichtet wurden, und daß die Selbsthilfe mehr und mehr wegfiel. Aber die Verfolgung dieser Analogie stößt auf verschiedene Bedenken. Auch die Streitigkeiten der Privaten haben die Voraussetzung, daß die Richter völlig unparteiisch und ohne den Einfluß eigner Interessen urteilen; sobald darüber Zweifel entsteht, ist eine Ablehnung ihrer möglich;

in den Angelegenheiten der hohen Politik aber besteht kein derartiges Recht, damit aber die Gefahr, daß das Recht zugunsten der Macht gebeugt wird, wenn auch weniger direkt als indirekt. Wir Deutsche haben bei der oberschlesischen Frage so traurige Erfahrungen gemacht, daß große Vorsicht angebracht ist. Hüten wir uns vor der Gefahr, abstrakten Erwägungen zu sehr nachzugeben und das Tatsächliche des betreffenden Falles darüber zu vergessen; im Handeln gilt es nicht deduktiv, sondern induktiv zu verfahren. Auch über den Pazifizismus ließe sich eher reden, wenn nicht manche Deutschen geneigt wären, möglichst deduktiv zu verfahren und aus irregeleitetem Gerechtigkeitsgefühl sich möglichst auf die Seite des Gegners zu stellen, die Schwächen der Deutschen dagegen hervorzukehren.

Doch diese Fragen berühren mehr den praktischen Politiker als den Philosophen. Darauf aber muß dieser bestehen, daß nur ein besonderer Begriff des Menschen eine Hochschätzung, ja Verehrung der Menschheit rechtfertigt. Vom bloßen Dasein aus und in der streng kausalen Betrachtung verdient diese besondere Gattung der Lebewesen keineswegs eine so hohe Schätzung, daß sich von hier aus eine Umgestaltung des Weltbildes und der Lebensführung rechtfertigen könnte; nur daß beim Menschen eine naturüberlegene Lebensstufe durchbricht und ihn zur selbständigen Mitarbeit aufruft, stellt an die Glieder dieser Lebensstufe die Forderung einer gegenseitigen Schätzung und Förderung. Der Begriff des Ganzen bedeutet hier nicht eine leere Abstraktion, sondern eine zusammenhaltende und erhöhende Macht, die Menschheit als Ganzes steht in unserer Welt an einem Wendepunkt, sie hat ein großes und schwieriges Werk zu verrichten. An diesem Werke aber haben die einzelnen Völker selbständig und mit eigentümlicher Leistung mitzuarbeiten, sie sind nicht bloße Ansammlungen von Individuen, Haufen, die sich beliebig so oder anders gruppieren lassen, sondern sie sind unvergleichliche Individualitäten, sie vermögen die Entwicklung des Geisteslebens im menschlichen Kreise wesentlich zu fördern, auch für die Individuen sind sie wertvolle, ja unentbehrliche Hilfen, um den Egoismus zu überwinden und das Streben auf hohe Ziele zu richten. Mit Recht sagte daher Schleiermacher: »Alle, die Gott zu etwas Großem berufen hat, in dem Gebiet der Wissenschaften, in den Angelegenheiten der Religion, sind immer solche gewesen, die von ganzem Herzen ihrem Vaterlande und ihrem Volke anhingen und dieses fördern, heilen, stärken wollten.« Nur ein flacher Optimismus kann diesen Halt und diese Hilfe verschmähen.

Daher verwerfen wir eine Denkweise, welche das Leben mit der Nation als etwas Minderwertiges gegenüber den gemeinsamen Aufgaben in Wissenschaft und Kunst betrachtet. Das entspricht der Art des Intellektualismus und Optimismus, die wir unsererseits als minderwertig ablehnen. Heute deckt sich viel Flachheit mit dem wohlklingenden Wort der Menschheit, ohne diesem Wort irgendwelchen Gehalt und irgendwelche Kraft der Erhöhung zu verleihen.

Nur eine lebendige Wechselwirkung von Volk und Menschheit kann das gegenseitige Mißtrauen überwinden, das heute durch die Welt geht, und es in ein Verhältnis freundschaftlicher Ergänzung verwandeln. Es ist sehr wohl möglich, die Bedeutung der eignen Nation vollauf anzuerkennen ohne einem schrofferen Nationalismus zu verfallen sowie den Zusammenhang mit dem geistigen Gesamtleben der Menschheit vollauf zu wahren ohne dem gehaltlosen Menschheitsbegriff der sinkenden Aufklärung und des gegenwärtigen Radikalismus zu huldigen.

c) Die Gefahr des Politismus.

Vom Politismus sprechen wir, um mit einem kurzen Worte die Überschätzung des Staates zu bezeichnen, welche immer stärker durch die Gegenwart geht und schließlich das ganze Kulturleben bedroht. Diese Bejahung des Staates ist durch eine frühere Verneinung hindurchgegangen. Die mittelalterliche Ordnung genügte dem modernen Antrieb nicht; was früher als wohlbegründete Vernunft wirkte, das verwandelte der Verlauf der Zeit in Unvernunft; mit manchem Überholten hat der Obrigkeitsstaat aufgeräumt, ihm aber widersprach ein wachsendes Verlangen nach Befreiung und Beweglichkeit der

Individuen; der Recht- und Freiheitsstaat der Aufklärung begann sich von England aus zu entwickeln, er zog die Grenzen des Staates möglichst eng. Das stimmte zur Bewegung des wirtschaftlichen Gebiets, die in Adam Smith eine hervorragende Verkörperung fand. In Deutschland gestaltete sich die Sache anders, die Höhe des Kulturlebens suchte sich möglichst vom Staate abzulösen und in Kunst, Literatur, Philosophie ein selbständiges Reich zu schaffen; dem deutschen Humanismus dünkte gegenüber der inneren Bildung der Seelen nebensächlich, was das Staatsleben mit seinen zwingenden Forderungen enthielt. Man soll sich nach Goethes Ausdruck »nicht in die Zwiste der Könige mischen«; der Staat erscheint als ein freilich unentbehrliches, aber seelenloses Getriebe, aller wesentliche Fortschritt wird nicht von seiner Organisation, sondern von schaffenden Persönlichkeiten erwartet. In solchem Sinne untersucht Wilhelm von Humboldt in einer frühen Schrift die »Grenzen der Wirksamkeit des Staates«, bezeichnet der aufstrebende Fichte als den Zweck aller Regierung »die Regierung überflüssig zu machen«, und spricht Fr. Schlegel die merkwürdigen Worte: »Nicht in die politische Welt verschleudere du Glauben und Liebe, aber in der göttlichen Welt der Wissenschaft und der Kunst opfere dein Innerstes in den heiligen Feuerstrom ewiger Bildung.«

Ihren philosophischen Gegenpol hat diese Bewegung vornehmlich in Hegel gefunden, für ihn vornehmlich gilt das Wort, daß der Denker seine Zeit in Gedanken zu fassen hat. Wie seine Gedankenwelt alles Einzelwesen einem überlegenen Ganzen unterordnet, so stellt er auch den Staat hoch über das Individuum und scheidet ihn deutlich von der bürgerlichen, nicht organisierten Gesellschaft; mit Kraft und Witz bekämpft er die eingewurzelte Neigung, an dem Staat eine räsonnierende Kritik zu üben und vornehmlich bei den Mißständen zu verweilen, die unter menschlichen Verhältnissen unvermeidlich sind, er fordert eine Versetzung in das innere Leben und Wesen des Staates, nur vom Ganzen her sind alle einzelnen Betätigungen zu verstehen. So hat er vom Staate würdiger zu denken und ihm größere Aufgaben zuzutrauen gelehrt. Aber er trägt auch ein gutes Stück Schuld an der Überspannung der Staatsidee, an jenem Politismus, der die Selbständigkeit und Ursprünglichkeit des Lebens gefährdet. Kaum je wurde der Staat mit so übertriebenen Ausdrücken gefeiert, wie es von Hegel geschah. Ihm erschien der Staat als die vollgültige Verkörperung der Weltvernunft, als der Richter über Gut und Böse, er sieht in ihm den »göttlichen Willen als gegenwärtigen, sich zur wirklichen Gestalt und Organisation einer Welt entfaltenden Geist«, er verehrt ihn als ein »Irdisches Göttliches«, er setzt ihm keine Grenzen, er konnte als das erste Prinzip eines Staates erklären: »daß es keine höhere Vernunft, Gewissen, Rechtschaffenheit gibt, als das, was der Staat für Recht erkennt«. Ein solches Streben hat später Marx ins Wirtschaftliche übertragen und dadurch, wie wir wissen, dämonische Bewegungen hervorgerufen.

Einer solchen Machtsteigerung des Staates kommt aber augenscheinlich die gegenwärtige Lage der Kultur in manchen Zügen entgegen; eine straffere Zusammenfassung und eine fürsorglichere Einrichtung der Verhältnisse ist zu einer Notwendigkeit geworden, denken wir nur an die wirtschaftliche Gesetzgebung, denken wir auch an die durchgreifende Förderung der Volksbildung, denken wir auch an das Streben, im Staat eine den Parteien überlegene Macht zu gewinnen. Aber vergessen wir auch nicht die Gefahren dieser Wendung; die prinzipielle Schätzung des Staates läßt leicht übersehen, wie sich das Wirken des Staates in der menschlichen Erfahrung ausnimmt, auch Hegels abstrakte Denkweise war dabei im Spiel. Zur greifbaren Erscheinung kommt das Staatswesen zunächst im Beamtentum; seine Bedeutung und seine Unentbehrlichkeit unterliegt keinem Zweifel, aber es steht in der Gefahr sowohl die Freiheit der Individuen ungebührlich einzuengen als die staatliche Angelegenheiten zu mechanisch, auch zu selbstgerecht zu behandeln. Von einem Zentralpunkt wird alles Handeln angeordnet und überlegt, aber es wird dabei das flutende Leben in starre Schablonen gezwängt, es entspinnt sich ein unablässiger Kampf mit der unbegrenzten Mannigfaltigkeit der einzelnen Fälle, dieser Kleinkampf aber lähmt die Frische und Freudigkeit des Handelns. Das Beamtentum neigt dahin, das Staatsleben in einzelne Schubfächer, in »Ressorts« zu zerlegen und dadurch eine Einheit des Handelns zu hemmen, die besondere Stelle denkt oft nur an das besondere Gebiet und wird gleichgültig gegen das Ergehen des Ganzen; auch besagt es eine Grenze das Beamtentums, daß es nur für Zeiten paßt, welche die Geschäfte ruhig betreiben; außerordentliche Verhältnisse finden das Beamtentum leicht ratlos. Die Tüchtigkeit des Beamtentums hängt zum guten Teil an der Bildung der Tradition, eine solche Tradition ist schwer zu erreichen, leicht zu zerstören, bloße Programme bedeuten dabei wenig, der Weg vom Dekretieren zum Schaffen verlangt Erfahrung und Geduld. Die Bedeutung des Beamtentums liegt darin, die Staatszwecke unmittelbar durch treue Arbeit zu fördern; das Beamtentum kann aber diese Aufgabe nur erfüllen, wenn es sich den Parteien überlegen weiß und das Bewußtsein hat einem übersubjektiven Vernunftszweck zu dienen. Das war das Große des überkommenen deutschen Staates, und das gab ihm eine hohe Würde, daß dieses Bewußtsein seine Seele durchdrang und ihn willig schwere Opfer tragen ließ, die Pflicht war ihm ein fester Halt. Friedrich der Große hatte keine persönliche Religion, aber indem er Leib und Leben unbedingt für den Staat einsetzte, fühlte er sich einer höheren Ordnung eingefügt und durch sie über alles subjektive Glück gehoben. Es ist ein schwerer Schade, wenn der Staat der Gegenwart diesen tieferen Grund aufgibt und sich lediglich auf menschliche Vorstellungen und Interessen stellt; unvermeidlich wird dann aus dem Kulturstaat, ja dem Vernunftstaat Hegels, der bloße Parteistaat. Bei solcher unseligen Wendung wird der Staatsgedanke wohl äußerlich festgehalten, aber alles geistigen Inhalts beraubt. Wenn Hegel den Staatsgedanken stark überspannt hat, so verband er den Staat eng mit den Tiefen des Geisteslebens. Der Politismus des Parteistaates dagegen gerät unvermeidlich in Abhängigkeit von dem unwürdigen Menschengetriebe, das keine Macht der Ideen kennt. Hier dient alle Einrichtung der gemeinsamen Verhältnisse den selbstischen Zwecken einer besonderen Richtung, ja einer besonderen Partei, es fehlt hier eine überlegene Einheit, welche über das Nebeneinander hinausheben könnte.

Je mehr ein solcher geistloser Politismus vordringt und alles an sich rafft, um so notwendiger wird es, dem Staate feste Grenzen zu ziehen, zunächst der Schädigung der Unabhängigkeit der Individuen und besonderer Verbände nach bestem Vermögen zu widerstehen, dann aber auch die prinzipielle Begründung des Politismus zu prüfen. Die moderne Staatsidee ruht schließlich auf der Überzeugung von einer Immanenz einer Vernunft in unserem Bereich; ohne eine solche Immanenz muß auch das staatliche Leben auseinanderfallen. Aber es wird zu einer ungeheuren Gefahr, dieses immanente Wirken als ein absolutes zu geben und sich ihm unbedingt zu beugen.

Zunächst gilt es auch die Bedeutung der freien Gesellschaft anzuerkennen, ihr Vorangehen ist unentbehrlich, um das Leben im frischen Fluß zu halten, so sind z. B. im modernen Leben alle wesentlichen Fortschritte der Erziehung von Privatschulen bis zu den Landeserziehungsheimen hin ausgegangen. Alle staatlichen Einrichtungen bedürfen der Ergänzung und der Kritik seitens der freien Gesellschaft. Es sollte doch zu denken geben, daß ein moderner Denker wie Comte mit größtem Eifer darauf drang, die Leitung des Erziehungswesens dem Staat und seinem Wechsel der Parteien zu entreißen. Die Sorge für die Freiheit innerhalb des Staates sollte nicht die Sorge um eine Freiheit gegenüber dem Staate verdrängen.

Tiefer noch geht die Frage nach der Stellung des Staates im Ganzen menschlicher Zwecke. Eine große Bewegung hat in dieser Hinsicht das Christentum gebracht, indem es die Religion vom Staat ablöste und eine Freiheit der Religion forderte (libertas religionis, nach Tertullians Ausdruck). Das hat schwerste Verwicklungen im Verhältnis von Staat und Kirche erzeugt, die auch heute viel zu tun geben, unmöglich aber können wir das Gemeinschaftsleben ganz in den Staat aufgehen lassen. Wir können es im letzten Grunde deshalb nicht, weil der Bereich des menschlichen Lebens nicht eine reine Verkörperung des Geisteslebens bedeutet, sondern eine Stätte ist, wo die Vernunft einen harten Kampf gegen die Unvernunft oder, sagen wir einfacher, das Gute gegen das Böse zu führen hat; diesem Kampf ist der Staat mit seinen eigenen Mitteln nicht gewachsen, er ist zu sehr an das Gebiet der menschlichen Interessen und Kämpfe gebunden, um ursprüngliche Kräfte des ganzen Menschen zu erzeugen und ihn durch die Verbindung mit überlegenen Mächten innerlich umzuwandeln; dafür ist ein Gedankenreich der Religion unentbehrlich, um nicht das menschliche Leben zu verengen und zu verflachen. Es liegt hier vor der heutigen Menschheit die große Aufgabe, eine Befreiung von einer kirchlichen Lebensgestaltung zu vollziehen, welche uns zu eng und bloßmenschlich geworden ist, und eine ethischreligiöse Gestaltung anzustreben, welche die Aufgabe universaler erfaßt und dabei der weltgeschichtlichen Lage entspricht. Diese Frage darf uns heute nicht beschäftigen, aber des Politismus müssen wir uns nach besten Kräften erwehren. Er hatte die Voraussetzung einer vollen Immanenz der Vernunft in unserem Bereich; den Gedanken irgendwelcher überlegenen Vernunft bei uns hat der Hauptzug der Gegenwart aufgegeben, aber seine Ansprüche hält er trotzdem fest; ein innerlich leeres Staatsgefüge soll den geistigen Bedürfnissen des Menschen genügen. Es bleibt ein unerträglicher Widerspruch, aus dem bloßen Menschen eine Ordnung der Dinge hervorzuzaubern, die zwingend über ihn hinausführt; dieser Widerspruch ist der Hauptquell der Unwahrhaftigkeit, welche das Leben der Gegenwart durchdringt.

d) Der Kampf um die Verfassungsform.

Die Schätzung der Verfassungsform als des entscheidenden Hauptfaktors des Staatslebens entspricht der antiken Denkweise; die Menschen, so hieß es, wechseln, aber die Form bleibt, und sie gibt dem Staatsgefüge den Charakter. Daß eigentümliche Zeitlagen gewisse Durchschnitte der Verfassungen mit sich bringen, das hat schon der Scharfblick des Aristoteles erkannt und gewürdigt, aber dieser schied deutlich zwischen dem Staatsideal und der Durchschnittslage; es war die Aufklärung, welche aus abstrakter Vernunft eine besondere Verfassung als die beste für alle erklärte und geneigt war, sie allen Völkern vorzuschreiben. Die historische Schule widersprach dem entschieden, sie forderte eine Anpassung der Verfassungen an die Besonderheit der einzelnen Völker und Staaten, aber so sehr sie damit die Wissenschaft förderte, das Leben wurde davon wenig berührt, das prinzipielle Streben nach einer Normalverfassung siegte und beherrschte die Gestaltung der Verhältnisse.

Die moderne Verfassungsbewegung begann von England, aber dieses verband die Leitgedanken eng mit geschichtlichen Verhältnissen und Bedingungen, es war das Frankreich des 18. Jahrhunderts, das alle geschichtliche Bindung zurückschob, die Forderungen möglichst rein herausarbeitete, ihnen auch eine einschmeichelnde Form gab. Durchgängig verlangte der Zug der Zeit eine Beschränkung der absoluten Monarchie und mehr Teilnahme des Volkes, mehr und mehr wurde das Volk zur Hauptsache, und verlegte sich in den modernen Staaten der Schwerpunkt des politischen Lebens in die Parlamente als in den Ausdruck des Volkswillens; sie erhielten immer mehr eine demokratische Gestalt, so daß schließlich eine reine Demokratie erwuchs, die nur gewisse äußere Formen der Monarchie entlehnte, in Wahrheit die Macht unmittelbar der ungegliederten Masse des Volkes übertrug. Obwohl es keinem Zweifel unterlag, daß eine solche Regierung einen besonderen Stand der Kultur und der Wirtschaft voraussetzt, so wurde sie durch den dämonischen Zwang der öffentlichen Meinung auch den neugebildeten Völkern vorgeschrieben, das Schema siegte über die wirklichen Bedürfnisse. Das erzeugte manche Verwicklungen, aber alle Unterschiede und Bedenken verschwanden vor dem Grundgedanken der reinen und hemmungslosen Demokratie.

Zu dieser Wendung haben geschichtliche und prinzipielle Beweggründe zusammengewirkt. Wie schon früher gezeigt wurde, stellt die Neuzeit die Bewegung vor das Beharren, und die Individuen vor irgendwelche Gesamtgebilde. Das Leben geriet damit in mehr Fluß, der Mensch wurde mehr und mehr auf sein eigenes Vermögen gestellt, das Subjekt fand mehr Beachtung und Schätzung, die überkommenen Abstufungen wurden erschüttert und schließlich aufgegeben. Eine neue Gestaltung der Gesellschaft wurde ein allgemeines Verlangen. Bis dahin trugen nur begrenzte Kreise wie die Kulturarbeit so auch die politische Macht, erst nach der hier gewonnenen Befestigung und Durchbildung kam diese an die anderen, und zwar mehr zu gehorsamer Aufnahme als zu selbständiger Mitarbeit, so vom Altertum her durch das Mittelalter bis zur Neuzeit hinein, die Art der Abstufung veränderte sich, aber Abstufungen blieben bestehen. Nunmehr aber erhebt sich das Verlangen, möglichst allen Individuen vollen Anteil an den materiellen und geistigen Gütern zu geben; eine solche Teilnahme verspricht eine wesentliche Hebung des Gesamtstandes, es gilt alle Kräfte aufzurütteln, sie voll zu beleben und zu höchster Leistung anzuspornen, alle Hemmung der Freiheit dünkt ein schreiendes Unrecht. Später hat sich zum Gedanken der Freiheit der zur Gleichheit gesellt und die Führung übernommen, er hat seit der französischen Revolution die Gemüter stark bewegt und hält sie in fortdauernder Spannung. Dieses Verlangen enthält jedoch nicht geringe Verwicklungen, denen sich auch die philosophische Betrachtung nicht entziehen kann. Wie begründet sich das Verlangen nach Gleichheit? Es läßt sich nicht von der Natur und auch nicht von der Geschichte aus begründen; denn beide zeigen unsägliche Verschiedenheit, und diese wächst im Verlauf der Zeit mehr als sie sinkt; es wurzelt in einer ideellen Betrachtung des Menschenwesens, wie Religion und Vernunftkultur sie vertreten; sei es als Kind Gottes, sei es als Vernunftwesen schien der Mensch einen absoluten Wert zu besitzen. Diese prinzipielle Überzeugung hat sich aber nur sehr allmählich in die tatsächlichen Verhältnisse hineingearbeitet, es blieb eine weite Kluft; diese Kluft zu mindern, ja sie möglichst ganz aufzuheben, das ist ein Hauptzug und ein Hauptstreben des modernen Lebens; die Kluft zwischen Idee und Dasein zu überwinden, nach Hegels Ausdruck das Wirkliche vernünftig und die Vernunft wirklich zu machen, das ist die Größe, aber das ist auch die Gefahr des modernen Lebens.

Indem nämlich die Zeit diesen Gedankengängen folgt, vergißt sie meist die Voraussetzungen jenes Gleichheitsstrebens. Sie pflegt ihr Leben ganz und gar in die sinnliche Erfahrung zu stellen, sie widerspricht der Gottesidee, und die Vernunft bedeutet ihr nur ein Erzeugnis menschlichen Vorstellens. Aber was wird nun aus dem Gleichheitsgedanken? Es entsteht hier folgendes Dilemma: »Anerkennt die Zeit eine Gleichheit alles Menschenwesens, so anerkennt sie eine ideelle Macht und muß sie eine Umwandlung des Erfahrungsstandes fordern; entspricht sie dem Tatbestande der Erfahrung, so muß sie den Gleichheitsgedanken aufgeben und die Unterschiede hinnehmen wie sie vorliegen«. Die Vernunft rechtfertigt eine demokratische, die Erfahrung eine aristokratische Gestaltung der Verhältnisse, Vernunft und Erfahrung widersprechen hier einander. Nietzsche dachte klarer als die Mehrzahl seiner Zeitgenossen, wenn er erklärte, das Verschwinden der Gottesidee zerstöre auch den Gleichheitsgedanken. Die reine Demokratie kommt in die Gefahr, die Forderung der Vernunft unmittelbar auf den Menschen des Daseins zu übertragen, damit aber verfällt sie der Neigung, diesen Daseinsmenschen zu idealisieren, sein Erkennen wie sein Wollen höher zu schätzen als die Wirklichkeit es erlaubt, die Macht der Unvernunft und des Bösen in der Menschheit zu unterschätzen. Ein solcher Irrtum muß aber verhängnisvoll wirken, indem er einen unberechtigten Schein erweckt und diesem Schein zu viel zutraut; mit Recht meinte Aristoteles, daß auf dem Gebiete der Politik leicht ein scheinbares Gut ein reales Übel erzeuge. Sicherlich haben wir im Menschen etwas Geistiges und Göttliches anzuerkennen, aber wir müssen zugleich die schweren Verwicklungen anerkennen, welche die Erfahrung des menschlichen Standes zeigt. Der Kern des Menschen gewinnt nicht dadurch, daß man die Oberfläche mit einer glänzenden Farbe bestreicht.

Die parlamentarische Verfassung hat unbestreitbare Vorzüge. Sie zieht alle Volksgenossen unmittelbar in das politische Leben hinein und steigert wie das Interesse so auch die Verantwortlichkeit dafür, sie wirkt anregend und aufrüttelnd auf weiteste Kreise, wohltuend kann es wirken, daß sie alle Unterschiede zurückstellt und dem Leben mehr Frische und Fluß gibt. — Den Vorzügen entsprechen aber auch große Gefahren. Das Staatswesen gerät leicht unter die Macht der Parteien, es kann dabei eine zufällige Mehrheit die Minderheit völlig unterdrücken und unter dem Schein der Freiheit viel Unfreiheit erzeugen; es können die dauernden Aufgaben, die Ewigkeitswerte des Menschenwesens, der Lage und Laune des Augenblicks verfallen, was namentlich Erziehung und Bildung schädigen muß; der Schwerpunkt des Staatslebens verlegt sich mehr und mehr in die ungegliederte Masse, die Überzeugung und das Wirken der höhergebildeten Kreise kommen dagegen nicht auf, der Gesamtstand der Kultur sinkt bei Wachstum äußerer Verbreitung. Im besonderen reißt die moderne Wendung eine schroffe Kluft zwischen Fabrikarbeitern und Bürgern und hemmt eine gegenseitige Verständigung und Wechselwirkung der Klassen.

Ferner pflegt eine streng parlamentarische Regierung die Eigentümlichkeit der einzelnen Völker zu unterschätzen und starren Schablonen zu huldigen. In England bewegte sich Jahrhunderte hindurch das politische Leben um den Gegensatz von Whigs und Tories, erst neuerdings ist dieser Rahmen zu eng geworden, in Deutschland wurden schon wegen des konfessionellen Gegensatzes mehr Parteien notwendig; eine solche Scheidung mag für die innere Politik den Vorteil einer gewissen Mittellinie besitzen, aber sie macht eine kräftige Außenpolitik unmöglich, und sie hemmt auch eine ausgesprochene Kulturpolitik. Überhaupt wird hier die geistige Art und auch die geschichtliche Bewegung eines Volkes zu wenig beachtet. Diese abstrakte Art, welche namentlich von Frankreich ausgegangen ist, ist eine ernstliche Gefahr für alle Völker, sie ist es besonders für Deutschland. Die deutsche Art enthält von Haus aus und durch das Ganze ihrer Geschichte eigentümliche Schätzungen und Forderungen, denen jene parlamentarische Denkweise wenig Verständnis entgegenbringt. Die deutsche Art besteht auf einer Schätzung des persönlichen Elementes, auf einer Gliederung der gemeinsamen Verhältnisse, auf der Würdigung der verschiedenen Berufe, ihr gilt die Arbeit nicht bloß als eine wirtschaftliche Leistung und eine Ware, die man meistbietend losschlägt, sondern als der Kern des Lebens, sie findet im Gedeihen der Arbeit das Hauptglück des Lebens. Man darf wohl sagen, daß es heute an einem vollen Einklang des gemeinsamen Kulturideals und der eigentümlich deutschen

Art fehlt. Auf der einen Seite stehen die Forderungen der weltgeschichtlichen Lage, welche kein Volk ungestraft übersehen darf, — es war ein entschiedener Mißgriff, daß man in Deutschland einer politischen Bewegung, welche durch alle Kulturvölker ging, ignorieren zu können glaubte —, aber man darf solche Lage nicht unbesehens aufnehmen, es gilt bei ihr Notwendiges und Problematisches zu scheiden, das Notwendige vollauf anzuerkennen, das Problematische unbefangen zu prüfen; so aber gerieten wir in die Gefahr, einmal hartnäckig berechtigte Forderungen abzulehnen, dann aber in schroffem Umschlag uns wehrlos von den Wogen der Zeit treiben zu lassen. Die Forderungen der weltgeschichtlichen Lage der Zeit anzuerkennen und zugleich den Charakter des eignen Volkes zu wahren und zu verteidigen, das ist eine schwere, aber für das politische Gedeihen des deutschen Volkes unerläßliche Aufgabe.

Das politische Leben der Gegenwart umfängt uns mit so viel Wirren und Sorgen, daß begreiflicherweise manche sich möglichst aus diesem Gewirr flüchten und im Gebiet von Kunst und Wissenschaft eine geistige Heimat suchen. Aber wir dürfen dieser Versuchung nicht nachgeben, jene gewähren uns keinen Ersatz für den fehlenden Staatsgedanken und die innere Verbindung mit einem festgegliederten Ganzen einer Nation. Es fehlt dem Leben das Mark, wenn es sich von der staatlichen Gemeinschaft ablöst, es entbehrt dann eines festen Charakters und einer vollen Mannhaftigkeit; schließlich ist es eine Art von Feigheit, sich der Teilnahme an jenen Aufgaben und Verwicklungen zu entziehen. Was daraus entsteht, das zeigt uns das Schicksal der späteren Griechen. Sie waren den Römern in Bildung und Kunst weit überlegen, aber hatten jene Unrecht, wenn sie auf jene hochgebildeten Menschen hinabsahen, weil jene der vollen staatlichen Unabhängigkeit entbehrten? In eine solche Lage dürfen die Deutschen sich nicht bringen lassen, ethischer Charakter ist unvergleichlich mehr als alle Kunst und Wissenschaft, und zum ethischen Charakter gehört notwendig auch eine Teilnahme am Staatsleben.

c) Die Verwicklungen der wirtschaftlichen Aufgabe.

In der Behandlung der wirtschaftlichen Güter ist ein elementares Problem anzuerkennen, das die ganzen Jahrtausende begleitet, jetzt aber in einen akuten Stand getreten ist. Zur Orientierung darüber bedarf es eines Blickes auf die Erfahrungen der Weltgeschichte, sie sind auch für das Streben unserer Zeit nicht gleichgültig.

Eine klare Bestimmung des Verhältnisses von materiellen und geistigen Gütern hat uns das Griechentum entgegengebracht, im besonderen war es Aristoteles, dem wir eine präzise Formulierung verdanken.

Er schied deutlich zwischen den Zwecken und den Mitteln des Lebens. Den Hauptzweck des Handelns suchte er in der Versetzung des Lebens in volle Tätigkeit, welche unter der Leitung der Vernunft eine harmonische Einheit zu vollziehen hat, die Volltätigkeit, die Selbstdarstellung des Vernunftwesens, wurde ihm das höchste Gut, die Glückseligkeit (εὐδαιμονία). Für jene Tätigkeit sind auch die äußeren Mittel unentbehrlich, aber sie sollten nie Selbstzweck sein, sondern nur Bedingungen, sie haben in der Beziehung auf die Tätigkeit eine feste Grenze, es liegt im Interesse des eignen Glückes, diese Grenze zu wahren. Wie aber der Einzelne, so soll auch das Ganze des Staates handeln, auch er soll nicht die Sorge um die materiellen Güter zur Hauptsache machen, vielmehr sich selbst in jener Richtung begrenzen, sowie den schrankenlosen Erwerbstrieb der natürlichen Individuen als etwas Gefährliches überwachen und bändigen.

Wie diese Lebensordnung die wirtschaftliche Betätigung den ethischen und politischen Zielen unbedingt unterordnet, so faßt sie jene nicht in ein Ganzes zusammen und gibt ihr keine Eigengesetzlichkeit.

Das christliche Mittelalter hat diese Grundlage in der Hauptsache festgehalten; seit dem Beginne der Neuzeit aber, d. h. seit dem 15. Jahrhundert, hat die Sache sich wesentlich verschoben. Es drängte jene Menschheit zu einer unbegrenzten Steigerung des Lebens, zu einer vollen Entwicklung der Kraft;

in diese Bewegung wurden auch die äußeren Güter eingeschlossen, sie bleiben nun nicht bloße Mittel, sondern sie werden wertvolle Gehilfen des Lebens, Äußeres und Inneres treten in ein Verhältnis der Wechselwirkung, von den äußeren Gütern wird viel Anregung und Förderung erwartet; damit steigt auch ihr Wert und ihre Schätzung. Nach und nach gewinnt das wirtschaftliche Leben die Führung der gesamten Kulturwelt, auch das politische Leben, auch die Betrachtung der Geschichte, folgt diesem Zuge, das wirtschaftliche Leben gilt als die Grundquelle alles menschlichen Wohlergehens.

Mit dieser Richtung des Strebens auf die wirtschaftlichen Güter verbindet sich ein weiterer Hauptzug des modernen Lebens, die Sorge für ihre gerechte Verteilung: der Gewinn der menschlichen Arbeit soll auch den Einzelnen zufließen und sie fördern; was aber in dieser Richtung auf den Menschen wirkt, das hat ungeheure Verwicklung erzeugt, seit Naturforschung und Technik lehrten, die Naturkräfte in den Dienst des Menschen zu ziehen. Das dünkte zunächst ein reiner Gewinn; wir verstehen vollauf die Begeisterung, mit welcher Bacon die eben beginnende Bewegung begrüßte. Aber die weitere Entwicklung hat die glänzenden Erfolge in ungeheuere Verwicklungen verkehrt. Eine gewaltige Dialektik nicht der Worte, sondern der geistigen Mächte ist eingetreten, der Mensch wollte die Natur beherrschen und aus der Herrschaft unermeßliches Glück ziehen, nun aber hat die seelenlose Natur mit den ihr innewohnenden Kräften den Menschen bezwungen und seinem Handeln seine Richtung vorgeschrieben. Wir brauchen nicht näher zu schildern, wie der Mensch als Arbeiter sich gegen die drohende Bedrückung wehrte, wie er in der Steigerung der Organisation eine tüchtige Waffe fand, wie daraus ein harter Kampf der wirtschaftlichen Mächte entstand, der schließlich zum Mittelpunkt des gemeinsamen Lebens geworden ist. Das Bedenklichste in der Wendung zur technischen und fabrikmäßigen Gestaltung der Arbeit war dieses, daß der Mensch alles persönliche Verhältnis zur Arbeit und zugleich die innere Freude an ihr verlor. Die Arbeit wurde ihm seelisch fremd, es drohte nicht bloß eine Gleichgültigkeit, sondern sogar eine

Abneigung, ja ein Haß gegen den Druck einer seelenlosen und unpersönlichen Arbeit.

Wir kommen damit auf die verhängnisvolle Rolle, welche die Industrie heute im modernen Leben spielt. Sie hat Großartiges nach außen hin geleistet, sie hat uns nicht im einzelnen gewaltig gefördert, sie hat uns in ein neues Verhältnis zur Umgebung gebracht, sie macht uns zum Herrn der Dinge, wir können der modernen Technik und Industrie nicht entbehren, unser ganzes Kulturleben ist ihm unzertrennlich verwachsen. Aber zugleich sind schwerste Gefahren unverkennbar. Die Industrie ist eine ungeheuere Macht, sie hat nicht unmittelbar einen ethischen Charakter, ihre Macht läßt sich nicht nur zum Guten, sondern auch zum Bösen wenden, sie kann sowohl Ormuzd als Ahriman dienen. Mit unheimlichen Mitteln kann sie die öffentliche Meinung beherrschen und sie in ihr eignes Interesse ziehen, mit unsichtbaren Fäden sie nach ihren Zwecken lenken. Ferner vermag sie mit ihren Folgen den Erwerbstrieb der Menschen bis ins Unbegrenzte zu steigern, in Verbindung mit dem modernen Geldwesen werden unbegrenzte Leidenechaften aufgestachelt, um den redlichen Erwerb der Arbeit durch sine unehrliche Spekulation zurückzudrängen. Das ist freilich nicht die direkte Folge der Industrie, es wäre ein schweres Unrecht, ihre hochverdienten Leiter anzutasten, aber es handelt sich hier nicht um die persönliche Gesinnung, die stets außer Frage bleibt, sondern um die ganze Atmosphäre, welche dadurch erzeugt wird, sie kann namentlich haltlose Seelen vergiften. So verquickt sich hier oft mit unbestreitbarem Gutem ein unbestreitbares Böse.

Ebenso unerfreulich ist das Bild, welches die Breite der menschlichen Verhältnisse liefert: die Bevölkerung wird immer mehr in einzelne Knotenpunkte zusammengedrängt, das offne Land mehr und mehr entvölkert, in der großen Masse aber verliert sich mehr und mehr der Einzelne und folgt er willenlos dunklen Strömungen, er sinkt zu einer gleichgültigen Nummer des unübersehbaren Getriebes, mit der Preisgebung der Bodenständigkeit verliert auch der Begriff der Heimat für ihn alle Bedeutung; durch die unaufhaltsame Ausdehnung des Fabrikwesens leidet schwer auch das Familienleben, namentlich wenn auch die Frauen an der Fabrikarbeit teilnehmen. Selbst bei steigenden Löhnen und bei Ermäßigung der Arbeitszeit kann ein solches Leben keine rechte Freude bereiten, namentlich wenn alle seelische Tiefe und aller Zusammenhang mit geistigen Mächten aufgegeben wird. Hat ein solches Leben irgendwelchen Sinn und Wert bei sich selbst? Es ist lediglich der leidenschaftliche Kampf gegen politische oder soziale Gegner, welcher eine innere Spannung hervorbringt, sonst bleibt dies Leben öde und auch bei äußerem Erfolge freudlos.

Versetzen wir uns in die weltgeschichtlichen Zusammenhänge, und erwägen wir unsern Abstand von den anderen Zeiten. Gewiß hatte Aristoteles gutes Recht, die Überlegenheit der geistigen Güter über die materiellen zu verfechten, die geistigen Güter allein geben dem Leben einen Inhalt, die materiellen können nur ein Nebeneinander einzelner Reize liefern. Aber seine Lösung des Verhältnisses beider Güter stand unter anderen Bedingungen, und sie kann der modernen Menschheit nicht genügen. Sein Kosmos war geschlossen und begrenzt, das Leben ruhte auf einer Volltätigkeit, welche alle Möglichkeit zur Wirklichkeit bringen sollte, aber diesem Streben fehlte aller Ausblick ins Unbegrenzte, auch kannte dies Seelenleben keine schweren Verwicklungen, keine Zusammenstöße, mit denen wir heute zu ringen haben. Dies Leben enthielt bei aller Tätigkeit eine sichere Ruhe, die bloß anstrebende Tätigkeit schied sich deutlich von der in sich selbst begründeten »Energie«. Der klaren Bestimmung des Zieles entsprach eine scharfe Begrenzung der Mittel, ein Überschuß dünkte ein Nachteil, ja eine Gefahr. Wie sehr hat sich das alles jetzt verändert!

Zunächst haben wir anerkannt, daß jenes Verhältnis von Zwecken und Mitteln nur möglich war, indem die Sorge für die Beschaffung der Mittel auf einen besonderen Teil der Menschheit abgewälzt wurde, jener hohe Idealismus wurde nur möglich durch die Anerkennung der Sklaverei, also durch eine Erniedrigung eines Teils der Menschheit zugunsten der anderen, durch eine offenbare Ungerechtigkeit. Schon das versperrt uns die Festhaltung jener antiken Lösung.

Wenn uns ferner die antike Lösung zu eng geworden ist, so dürfen wir uns nicht mit dem schlechthin Unbegrenzten zufrieden geben, wir müssen nur die Ziele weiter zurückverlegen; es bedarf mehr Überwindung großer Hemmungen, es bedarf mehr Umgestaltung, um zu ihnen zu gelangen, aber ein festes Ziel aufgeben, das heißt allen Sinn und Wert des Lebens zerstören. Zum mindesten müssen wir deutliche Richtlinien ausbilden, welche uns den Weg zum Ziele weisen, gegenüber der bloßen Kraftsteigerung muß sich ein Ideal der Wesensbildung erheben, das ein Beisichselbstsein des Lebens erstrebt und dem sinnlosen Nebeneinander der Erscheinungen eine echte Wirklichkeit entgegensetzt.

Ebenso deutlich ist unsere Entfernung von der antiken Lösung bei der Frage der Mittel. Die Versetzung des modernen Lebens in unablässiges Werden und Fortschreiten macht es uns unmöglich, nach Art des Aristoteles einen Überschlag des Notwendigen zu unternehmen, aber es schließt nicht aus, daß wir auch bei der Beschaffung der Mittel die Ziele des Ganzen in Augen behalten, und daß wir die Art der Mittel sorgfältig prüfen. Hier kommt namentlich das Fabrikwesen und die Industrie in Betracht. Wir müssen voll anerkennen, daß das Fabrikwesen für die Kultur unentbehrlich ist, aber zugleich, daß es mit seiner Anhäufung der Menschen und mit der völligen Bindung der Individuen der Natur widerspricht; zu seiner Beschränkung müßte alles geschehen, was möglich ist. Im besonderen müßte die Leistung der Industrie auf ihre Vernunftmäßigkeit geprüft und einer ethischen Kontrolle unterworfen werden, das Ethische bedeutet uns dabei nicht bloß die Wirkung auf die einzelnen Individuen und ihr subjektives Befinden, sondern die Hebung des gemeinsamen geistigen Wohles der Menschen, dies muß den letzten Maßstab der einzelnen Unternehmungen bilden, das Ganze muß uns immer vor dem Einzelnen stehen. So sollten gewisse Betätigungen der Industrie und des Fabrikwesens prinzipiell verworfen, andere möglichst eingeschränkt werden, es wird heute viel zu viel Kraft und Interesse auf nichtige oder überflüssige Dinge, z. B. auf sinnlosen Luxus, verwandt; immer ist sowohl die Wirkung auf die Arbeitenden als die auf den

Empfangenden zu bemessen; der Arbeiter hat gewöhnlich in diesen Dingen keine Wahl, er wird meist durch die Not getrieben, aber an den Unternehmer sind strenge Forderungen zu stellen, über welche die Staatsordnung gewissenhaft zu wachen hat. Es kommen bei diesen Problemen manche Dinge in Frage, auf die wir nicht näher eingehen können, wie z. B die Frage der Möglichkeit der Individualisierung der Arbeit, wie ferner die Probleme der Bevölkerungspolitik. Wir befinden uns gerade hier vor gewaltigen Verwicklungen, das Problem der Übervölkerung rückt uns unheimlich näher. Im 19. Jahrhundert hat sich die Bevölkerung in Europa ums dreifache vermehrt; wir dürfen das nicht als einen unbedingten Gewinn betrachten und nicht in törichter Weise es als ein Zeichen unablässigen Fortschritts begrüßen, wenn die Großstädte immer mehr anschwellen. Die wirtschaftliche Erhaltung der Menschheit ist uns zu einem überaus ernsten Problem geworden, wir können uns heute auch nicht mit der Unbegrenztheit des Raumes trösten, wie es zu Beginn der Aufklärung und bei der Erschließung neuer Kontinente möglich war.

Was immer aber an Vorbeugungen und Förderungen geschehen kann, es kann nie genügen, wenn nicht dem Ganzen des Lebens ein geistiger Inhalt gegeben und damit ein würdiges Ziel gegeben wird. Alle Sorge um die Hebung des wirtschaftlichen Wohlseins gewährt an sich keine innere Befriedigung, ihre Ausschließlichkeit ist mit einem schweren Widerspruch behaftet, es wird unsägliche Mühe an die physische Erhaltung gesetzt, dieser Erhaltung aber kein überlegenes Ziel gegeben, so viel Anstrengung, Sorge, Aufregung, so viel Kampf und Verwicklung und das alles schließlich für ein inneres Nichts, pro nihilo. So kann eine Rettung aus diesem Wirrsal nur erfolgen durch den Gewinn eines echten Lebenszieles; das aber verlangt eine Umwälzung des ersten Anblicks des Lebens, es verlangt eine Anerkennung einer geistigen Welt, nur sie kann unserm sonst verlorenen Dasein einen Sinn und Wert verleihen, nur sie kann das Menschenleben in einen inneren Zusammenhang mit dem Alleben bringen und ihm erhöhende Mächte zuführen, welche den Verwicklungen des Daseins draußen und drinnen überlegen sind. An dieser Stelle gilt es zwischen einem Entweder-Oder zu entscheiden: Geist oder Mensch, Aufstieg oder Zurücksinken. Ein Ausweichen, wie es der Durchschnitt der heutigen Kultur liebt, verrät eine matte und haltlose Denkweise.

Wir erwähnten schon vorher die Tatsache, daß das Leben der Gegenwart sich um zwei Pole bewegt: den Stand der Religion und den des Wirtschaftslebens. Beide enthalten ungeheure Verwicklungen, gemeinsam ist das Verlangen nach einer durchgreifenden Weiterbildung des überkommenen Standes, wir können diesen Stand nicht gelassen fortführen, wir müssen ihn wesentlich erhöhen, um den Widerständen der Weltlage gewachsen zu sein. Es liegt alles daran, daß diese beiden Bewegungen, die über das Geschick der nächsten Geschlechter entscheiden, nicht getrennte Wege einschlagen und sich gegenseitig durchkreuzen, sondern daß sie bei aller Verschiedenheit ihrer Ausgangspunkte sich schließlich zu einem umfassenden und erhöhenden Ziele zusammenfinden.

4. Die Forderung der Gegenwart.

Daß die Gegenwart sich in ungeheuren Verwicklungen befindet, das hat unsere eigne Betrachtung zur Genüge gezeigt, diese Verwicklungen erstrecken sich nicht auf ein besonderes Volk, sie treffen die ganze Menschheit. Aber so schwer wir diese Lage empfinden, wir dürfen keineswegs das Ganze der Zeit preisgeben und es dem sinkenden Altertum zur Seite stellen. Bei diesem herrschte eine durchgängige Ermattung und Ermüdung, es fehlten aufrichtende Ziele, das Leben versiegte, auch die Kunst erzeugte nichts Neues, es fehlte auch eine Hoffnung und ein Ausblick auf eine bessere Zukunft. Der Gegenwart aber kann niemand bestreiten, daß sie unermüdlich arbeitet, so in der Wissenschaft, so in der Technik, so in dem Bestreben, die wirtschaftlichen Verhältnisse zu heben; nein, die Zeit ist nicht matt und müde, aber sie ist voller Widersprüche und ihrer Hauptrichtung unsicher; indem sie nach allen Seiten der Peripherie fast krampfhaft wirkt, entbehrt sie eines Zentrums, das die Widersprüche ausgleichen, sie überwinden, ihnen einen überlegenen Stand entgegensetzen könnte. Unsägliche Mühe und Scharfsinn ist darauf verwandt, diese Lage zu überwinden; wir sehen deutlich, daß das Erkennen einer Schranke nicht schon ein Überwinden bedeutet; denn die Schranke ist uns völlig klar, aber einen Weg zur Überwindung finden wir nicht.

Die philosophische Erwägung hatte zunächst die Richtung zu suchen, welche unser Streben einzuschlagen hat, unsere Untersuchung war nach bestem Vermögen bemüht, dafür zu wirken. Es gilt sowohl eine Besinnung über die menschliche Lage als eine Weiterführung zu erreichen; wir Menschen haben die Weltbewegung nicht bloß zu betrachten, sondern uns in sie zu versetzen; es gilt dabei, die Erfahrungen nicht des einzelnen Menschen, sondern die der ganzen Menschheit zu überschauen und sie in ein Gesamtbild zu fassen.

Verschiedene Stufen traten dabei auseinander. Der erste Anblick zeigte uns von einem gewaltigen Getriebe umfangen, dessen Sinn uns dunkel, durch das eine unablässige Bewegung geht; diese Bewegung ist der erfahrungsmäßige Beginn der menschlichen Lage. In sie bringt aber eine völlige Wendung das Aufsteigen eines selbsttätigen Lebens, es bedeutet eine neue Stufe gegenüber der Natur; indem hier die Wirklichkeit ein Beisichselbstseinerreicht, verändert sich das Gesamtbild; von hier aus entsteht eine Einheit des Ganzen, und es entstehen neue Größen und Aufgaben, es vollzieht sich eine Umkehrung, indem was anfänglich das Ganze schien, zu einer besonderen Art der Welt wird. Nun aber bereitet diese Scheidung der Weltstufen schwerste Verwicklungen: die geistige Stufe gibt sich als die höhere, und sie verteidigt diesen Anspruch gegen die Naturstufe; die Natur aber behandelt den näheren Inhalt des Geisteslebens als nebensächlich, und sie erstreckt ihre Lebensformen tief auch in das Geistesleben hinein, sie verhindert ein geschlossenes Bild des Geisteslebens, das der Geschlossenheit der Natur ebenbürtig ist, wir müssen uns auf geistigem Gebiet mit Postulaten, Aussichten, Bildern begnügen, die freilich den Kern des Geisteslebens nicht antasten, aber ihrem menschlichen Bereich keine angemessene Verkörperung gewähren; wir befinden uns in der Lage, daß, was sich innerlich als das Höhere gibt, äußerlich an eine niedere Stufe gebunden wird. Dazu kommt eine dem Menschenwesen eigentümliche Verwicklung: in ihm entsteht eine geistige Bewegung und bringt eine neue Weltstufe, aber diese Bewegung wird durch eine feindliche durchkreuzt, welche nicht nur ein Minder, sondern auch einen direkten Widerspruch gegen das Geistige enthält. Die Weltlage gestaltet sich damit zu einem Kampf, dieser Kampf beschränkt sich nicht auf den Menschen, er scheint unsere ganze Welt zu durchdringen. Die damit entstandene Lage wäre hoffnungslos, wenn nicht eine weitere Erhöhung erfolgte, wenn nicht eine überlegene Macht ursprüngliche Kräfte einsetzte, den Gesamtstand umwandelte, eine Steigerung brächte, die letzte Tiefe dem Machtgebiet des Kampfes entzöge. Nur das macht es möglich, den Ernst des Kampfes vollauf anzuerkennen und ihm doch überlegen zu bleiben.

Aus einer solchen Besinnung über den menschlichen Stand muß aber unmittelbar eine Verstärkung erwachsen; denn das Leben ist dem Menschen nicht ein bloßes Schauspiel, das er gelassen betrachtet, sondern er selbst ist als geistiges Wesen berufen, jenen Kampf zu teilen und ihn durch Aufbietung eigner Gesinnung und Kraft zu fördern, immer freilich nur, sofern er durch das Wirken des Gesamtlebens, durch einen überlegenen Weltwillen getragen wird. Damit gewinnt das ganze Leben einen ausgesprochen ethischen Charakter; ein ethischer Idealismus scheidet sich deutlich von einem intellektuellen und ästhetischen.

Eine solche Grundüberzeugung ist die Voraussetzung alles echten Wirkens, nur von ihr aus läßt sich auch die Besonderheit der Gegenwart würdigen. Von zwei Seiten werden wir bedrängt, sowohl bei unseren Überzeugungen vom Weltganzen als bei denen von der menschlichen Lebensgestaltung sind wir in eine peinliche Unsicherheit geraten, eine alte Form ist uns zu eng geworden, eine neue aber ist erst im Werden, kein Wunder, daß unser geistiges und soziales Leben stockt.

Neben der Sorge um unsere Weltstellung erhebt sich die Sorge um die materiellen Lebensbedingungen, sie hat sonst mehr die einzelnen Menschen oder doch nur einzelne Kreise betroffen, jetzt packt sie die ganze Menschheit und stellt ihr eine große Aufgabe; aber wir zerwerfen uns bei der Lösung und finden keine genügende Antwort für die immer dringlicher werdende Frage. Die beiden Probleme stehen in einem engen Zusammenhang. Geistiges und Sinnliches müssen sich schließlich zusammenfinden, sie können das aber nicht, wenn nicht eine überlegene Synthese sie zu einer lebendigen Einheit verbindet.

Zugleich ist uns das prinzipielle Verhältnis des Menschen zum Geistesleben in arge Bedrängnis geraten. Frühere Zeiten verbanden beides unmittelbar miteinander, das eine floß in das andere ein, jetzt sucht das Geistesleben sich durch eine enge Verbindung mit der Natur zu befestigen, aber es kann das nur auf Kosten seiner Selbständigkeit, die gerade in den Kämpfen und Wirren der Gegenwart besonders unentbehrlich ist; demgegenüber suchte das Geistesleben aus eigner Kraft eine Welt aufzubauen, es sucht das, indem es sich auf den freischwebenden Intellekt stellt und von ihm aus eine eigne Welt entwickeln möchte, aber diese Welt entbehrt bei sich selbst eines festen Grundes, sie kann sich ohne eine Ergänzung aus weiteren Zusammenhängen leicht in bloße Schattenbilder verflüchtigen. Wir sahen, daß weder der Naturalismus noch der Intellektualismus die Erfahrungen der Menschheit in sich aufnehmen kann, und daß nur ein ethisches Inhaltssystem dieser Aufgabe gewachsen ist.

Einstweilen bleibt eine peinliche Lücke zwischen dem Menschen und dem Geistesleben; dessen menschliche Fassung ist uns zu eng geworden, aber der Versuch, die Enge zu sprengen, droht uns ins Vage und Grenzenlose zu führen. Unser Streben nach einer überlegenen Synthese hatte namentlich zwei Hauptbedingungen: ein Zurückgehen auf die einfachsten Grundelemente des Lebens und ihre Aneignung durch volle Selbsttätigkeit, nur so läßt sich zu einem geistigen Lebensinhalt gelangen und ein ethischer Aktivismus ausbilden. Er kann aber nicht in Fluß geraten ohne die Überzeugung, von der Macht des schaffenden Lebens getragen zu werden und ihr zu vertrauen.

Schluß.

Wendung zur deutschen Lage.

Dürfen wir etwas als besonders charakteristisch für das deutsche Leben bezeichnen, so ist es die Fülle von Widersprüchen, welche dieses Leben aufweist. Von den Grundzügen des Ganzen reichen diese Widersprüche bis in die einzelnen Gebiete hinein, sie betreffen sowohl die Gegenstände als die Menschen. Dasselbe Volk ist überaus tüchtig und eifrig in der Arbeit an der Welt, aber es hat eine besondere Stärke in der Bildung einer weltüberlegenen Innerlichkeit, das kann leicht einander schroff widersprechen. Die Tiefe der deutschen Seele hängt an der Religion, aber zugleich hat beim Deutschen die Religion besonders viel Kritik und Verneinung erfahren; er ringt als Denker leidenschaftlich mit dem Weltproblem, er ist insofern metaphysisch angelegt wie kein anderes Volk außer den Indern, aber zugleich begegnet bei ihm die Metaphysik fortwährend harter Bestreitung und Abweisung; dasselbe Volk hat in der Neuzeit sowohl dem philosophischen Optimismus als dem philosophischen Pessimismus eine klassische Ausprägung in Leibniz und Schopenhauer gegeben. Es gibt kein anderes Volk, dessen Streben so weit auseinander geht, ja sich selbst widerspricht.

Diesen Gegensätzen am Gegenstande entspricht der fortwährende Streit der Menschen, wie er in Uneinigkeit und unablässigem Zwist durch unsere ganze Geschichte geht. Eine Größe der deutschen Art ist die unbegrenzte Mannigfaltigkeit und das Streben, diese Mannigfaltigkeit vollauf durchzusetzen; aber was auf dem Gebiet der Wissenschaft und Kunst ein unbestreitbarer Vorteil ist, das verwandelt sich in einen schweren Nachteil, sobald die Bildung eines gemeinsamen Willens in Frage kommt. Der Deutsche ist mehr Gedankenmensch als Willensmensch, es fehlt ihm ein fester nationaler Instinkt;

was anderen Völkern selbstverständlich ist, das muß bei ihm geistige Arbeit mühsam hervorbringen, sie stößt dabei immer von neuem auf harte Widerstände; sich in Freiheit unterzuordnen und einen gemeinsamen Willen auszubilden, das fällt dem Deutschen überaus schwer, jeder verfolgt seinen eignen Weg, und sei es zur direkten Schädigung des Ganzen, immer wieder verfallen wir der Gefahr, unerläßliche Zwecke preiszugeben, weil wir uns nicht über die Mittel und Wege verständigen.

So ist es sehr begreiflich, daß der Deutsche im politischen Gebiete gegenüber den anderen Völkern im entschiedenen Nachteil ist, und daß nur die äußerste Not ihn zu einem gemeinsamen Handeln treibt. Ob wir nach der jetzigen traurigen Katastrophe in absehbarer Zeit eine leidliche Rolle in der Weltpolitik spielen werden, das liegt im Rate der Götter, zunächst gilt es, alle Kraft dafür aufzubieten, um unsere nationale Selbständigkeit zu retten und nicht dem Schicksal des späteren Griechentums zu verfallen.

Aber so tief wir das beklagen, und so sehr es uns mit ehrlichem Zorn erfüllt, wir dürfen anerkennen, daß keines der gegenwärtigen Völker die großen Lebensprobleme mit ihren Gegensätzen mit solcher Tiefe und zugleich mit solcher inneren Weite behandelt hat. Es wirkt bei diesem Volke, wenn es nur seiner eignen Art treu bleibt und nicht fremden Götzen nachläuft, ein unermeßlicher Ernst und ein unerschöpflicher Reichtum; wenn es seine ganze Kraft an die Sache setzt, so kann es zu ursprünglichsten Tiefen vordringen und getrost einen Kampf gegen Tod und Teufel wagen. Gewiß stecken in seinem Wesen schroffe Widersprüche, aber mögen sie die Oberfläche und das Alltagsleben oft arg zerreißen: wenn es die volle Höhe seines Schaffens erreicht, so kann es durch alle Verneinung und Entgegensetzung hindurch ein überlegenes Ja erreichen und in ihm seinen geistigen Halt erringen; es ist besonders stark, das Lebensproblem mit dem Weltproblem zu verbinden und dadurch dem Menschenwesen eine echte Größe zu geben; er ist bei diesen Fragen der ganzen Menschheit unentbehrlich. Auch seine hervorragende Arbeitsfreudigkeit und Geschicklichkeit sowie seine Richtung auf die Förderung der Sache seien nicht vergessen, kein anderes Volk hat dem Beruf und der Arbeit eine solche innere Weihe verliehen wie das deutsche. Ferner kann die Betrachtung unserer Geistesgeschichte uns mit der Hoffnung erfüllen, daß auch uns das deutsche Regenerationsvermögen nicht versagt sein wird. In den Jahrzehnten, die dem verheerenden 30jährigen Kriege folgten, sind Größen wie Leibniz, Bach, Händel geboren, und über die einzelnen Persönlichkeiten hinaus kam dann die geistige Bewegung in vollen Fluß, welche die Neuzeit zur höchsten geistigen Höhe geführt hat. Aber wenn wir darauf vertrauen, so gilt es alle Kraft und alle Gesinnung daran zu setzen, damit über die einzelnen Persönlichkeiten hinaus eine mächtige geistige Bewegung aufkomme, die Einzelnen zusammenhalte, sie durch die Gemeinschaft eines festen Zieles verbinde. Auch des Ganze der Menschheit bedarf einer solchen Gemeinschaft des Zieles, um die Hemmungen und Verwicklungen zu überwinden; nur vereintes Streben kann heute dem Leben einen geistigen Inhalt erringen.

Register.

FSC
www.fsc.org
MIX
Papier | Fördert
gute Waldnutzung
FSC® C083411

Kolibri 360 GmbH
Ferdinand-Jühlke-Straße 7
99095 Erfurt, Deutschland
produktsicherheit@kolibri360.de